普通高等教育"十一五"国家级规划教材

传感器原理及应用

第 2 版

程德福　凌振宝　编
赵　静　王言章

施文康　刘希芳　主审

机械工业出版社

本书为普通高等教育"十一五"国家级规划教材。本书以被测量为物理量并转换为可用电信号的传感器为主体,以传感器的工作原理、结构、主要参数及典型应用为主要内容,包括:概述、力传感器、温度传感器、磁传感器、光传感器、其他类型传感器及智能化网络化传感器技术七章,每章都附有思考题与习题。

本书参考借鉴了许多国内外专家学者的教材和论著,反映了国内外传感器的新发展以及有特色的科研成果,适应不同层次和不同学时的教学要求。本书的电子教案、多媒体课件、网络课程、实验、自我测试等资源可通过 www.cmpedu.com 注册下载,或发邮件(注明姓名,学校,院系等信息)至 jinacmp@163.com 索取。

本书可作为本科测控技术与仪器、自动化、电气工程及其自动化、电子信息工程等专业的教材,也可供工程技术人员参考。

图书在版编目(CIP)数据

传感器原理及应用/程德福等编. —2 版. —北京:机械工业出版社,2019.5(2025.2 重印)

普通高等教育"十一五"国家级规划教材

ISBN 978-7-111-62875-0

Ⅰ.①传… Ⅱ.①程… Ⅲ.①传感器-高等学校-教材 Ⅳ.①TP212

中国版本图书馆 CIP 数据核字(2019)第 105969 号

机械工业出版社(北京市百万庄大街 22 号 邮政编码 100037)

策划编辑:吉 玲 责任编辑:吉 玲 刘丽敏

责任校对:朱继文 封面设计:张 静

责任印制:单爱军

北京虎彩文化传播有限公司印刷

2025 年 2 月第 2 版第 5 次印刷

184mm×260mm·20.5 印张·480 千字

标准书号:ISBN 978-7-111-62875-0

定价:49.80 元

电话服务 网络服务

客服电话:010-88361066 机 工 官 网:www.cmpbook.com

010-88379833 机 工 官 博:weibo.com/cmp1952

010-68326294 金 书 网:www.golden-book.com

封底无防伪标均为盗版 机工教育服务网:www.cmpedu.com

前　言

　　本书第 1 版于 2011 年出版，入选了普通高等教育"十一五"国家级规划教材，是省级精品课"传感器原理及检测技术"的配套教材。课程组根据国家对高等教育教学改革与人才培养提出的新要求，结合传感器技术的新发展，征求了部分读者的意见及建议，提出了本书第 2 版的修订方案，并列入吉林大学"十三五"教材建设规划。

　　传感器在当代科学技术中占有十分重要的地位。传感器是测量系统、自动控制系统中信息获取的首要环节和关键技术，可以说所有的测控系统都依赖于传感器提供的信息。随着科技的高速发展，传感器技术已经成为重要的基础性技术，掌握传感器原理与技术，合理应用传感器，几乎是所有工程技术人员必须具备的基本素养。传感器类课程已成为高等学校中仪器类、电子信息类、自动化类等学科专业的主干课。"传感器原理及检测技术"作为省级精品课程，将长期持续建设。

　　近年来，以原子钟、原子磁力仪、超导量子干涉器等为代表的量子计量与量子传感成为高精度仪器发展的前沿领域。在互联网与无线通信等信息技术带动下，传感器广泛应用于航天、航海、国防、工农业、医疗、交通和机器人等各个领域。"万物互联与智能化"成为时代的显著标志，传感器的网络化与智能化受到高度关注。以此为背景，课程组参考借鉴了国内外专家学者的教材和论著，在第 1 版的基础上，讲解了国内外传感器的新发展以及有特色的科研成果中的相关内容。

　　全书保留了原七章顺序结构，坚持以被测物理量（力、温度、磁、光等）转化为电信号的传感器为分类体系，以传感器的工作原理、结构、主要参数及典型应用为主要内容，更正了原书的文字和图形错误，增减了每章所附思考题与习题，重点编写了第四章和第七章的内容。

　　第一章是绪论。论述了传感器的定义、作用和组成等基本概念；介绍了传感器的分类；重点对传感器的特性进行了分析并给出了主要技术指标；新增了传感器标定方法，归纳总结了应用传感器需遵循的原则与考虑的主要因素；概括性地介绍了传感器技术的发展历程及其趋势。

　　第二章是力传感器。力学量敏感的器件或装置应用广泛，种类很多。本章选择了具有代表性的应变式传感器、电感式传感器、电容式传感器、压电式传感器等四种力传感器，分析它们的工作原理、组成结构、特点，并给出了应用实例。

　　第三章是温度传感器。自然界中几乎所有的物理与化学过程都紧密地与温度相联系。温度传感器是种类繁多和应用最广泛的传感器。本章首先概述了温度传感器的标准、分类，以热电偶温度传感器、热敏电阻温度传感器、集成温度传感器为重点，介绍材料特性，分析工作原理和主要应用；概括性地介绍了其他类型的温度传感器。

　　第四章是磁传感器。测量磁场的方法很多，各种方法的测量原理、测量范围、测量精度均不相同。本章中前四节分别对应霍尔磁传感器、磁阻传感器、感应式磁传感器、磁通门式传感器，比较详细地论述了它们的工作原理、结构和典型应用；本章第五节为质子旋进式磁传感器，针对微弱磁测量，介绍了质子旋进式、光泵式、铯原子等高灵敏度磁传感器和超导量子干涉器（SQUID），以简明方式讨论了量子磁测的原理、结构、检测方法及仪器组成等。

第五章是光传感器。光传感器是将光信号（红外、可见及紫外光辐射）的参量（强度、波长、相位、偏振等）转换为电信号的一类元器件。在本章中介绍了常用光敏传感器和光纤传感器的工作原理、技术指标及应用。

第六章是其他类型传感器。本章主要讲述气敏传感器、湿度传感器和生物传感器的工作原理及应用。

第七章是智能化网络化传感器技术。本章介绍了智能传感器的概念与发展、构成与功能以及主要应用领域；重点论述了科研成果"IEEE1451标准网络化智能传感器及其应用"和IEEE802.15.4/ZigBee无线传感器网络，对模糊传感器也做了必要的讨论。

本教材的主要特点：

1）注重教材内容更新。增加了数字式和网络化智能化传感器及其应用的新内容。

2）便于组织教学（可教性）、便于引导自学、富有启发性，主要章节列举了典型实例，使学生能够较好地结合例题理解和掌握原理，能够举一反三。难点和重点分布合理。

3）传感器的机理研究分析和设计研制与传感器应用并重，适用于研究型学校，兼顾应用型学校选用。

4）传感器的物理模型体现机理、结构模型中体现工艺结构、数学模型体现函数关系，把三者有机结合起来，建立传感器模型化研究方法。

本书在编写过程中参考并引用了有关文献，在此对文献中的作者表示衷心感谢。

本书承蒙上海交通大学博士生导师施文康教授、吉林大学刘希芳教授审阅了全稿并提出了很多宝贵意见和建议，在此表示诚挚的谢意。

传感器种类多、技术发展快、应用领域广。限于编者的学识水平，书中存在不当之处甚至错误在所难免，恳切希望读者指正。

编　者

目　　录

前言
第一章　绪论 ··········· 1
第一节　传感器的基本概念 ········· 1
第二节　传感器的分类 ·········· 3
第三节　传感器的特性与主要性能
　　　　指标 ·········· 6
第四节　应用传感器需遵循的原则
　　　　与考虑的主要因素 ····· 19
第五节　传感器技术的发展 ······· 22
思考题与习题 ·········· 28
第二章　力传感器 ··········· 30
第一节　应变式传感器 ········· 30
第二节　电感式传感器 ········· 52
第三节　电容式传感器 ········· 73
第四节　压电式传感器 ········· 89
思考题与习题 ·········· 105
第三章　温度传感器 ········· 107
第一节　概述 ·········· 107
第二节　热电偶温度传感器 ······· 111
第三节　热敏电阻温度传感器 ····· 122
第四节　集成温度传感器 ······· 131
第五节　其他温度传感器 ······· 141
思考题与习题 ·········· 148
第四章　磁传感器 ··········· 150
第一节　霍尔磁传感器 ········· 150
第二节　磁阻传感器 ·········· 161
第三节　感应式磁传感器 ······· 166
第四节　磁通门式磁传感器 ······· 174

第五节　质子旋进式磁传感器 ····· 183
第六节　光泵式磁传感器 ······· 188
第七节　SQUID 磁传感器 ······· 196
第八节　SERF 原子磁传感器 ····· 206
思考题与习题 ·········· 210
第五章　光传感器 ··········· 212
第一节　概述 ·········· 212
第二节　外光电效应器件 ······· 220
第三节　内光电效应器件 ······· 224
第四节　其他光传感器 ········· 235
第五节　光电传感器的应用举例 ··· 241
第六节　光纤传感器 ·········· 247
思考题与习题 ·········· 260
第六章　其他类型传感器 ········· 262
第一节　气敏传感器 ·········· 262
第二节　湿度传感器 ·········· 272
第三节　生物传感器 ·········· 285
思考题与习题 ·········· 292
第七章　智能化网络化传感器
　　　　技术 ·········· 293
第一节　智能传感器 ·········· 293
第二节　IEEE 1451 标准网络化智
　　　　能传感器 ·········· 297
第三节　基于 ZigBee 技术的无线
　　　　传感器网络 ·········· 305
第四节　模糊传感器 ·········· 315
思考题与习题 ·········· 319
参考文献 ············· 321

第一章 绪 论

我们的生活中到处都能遇到测量。工业、商业、医学和科学研究工作都离不开测量或检测。由于传感器能够提供包含被测对象信息的电信号而使测量成为可能，通过电子系统（硬件和软件）对信号进行处理，以提取所包含的信息。因此，传感器是测量或检测系统的首要环节。传感器技术是信息时代的关键技术之一，它是获取准确、可靠信息的重要手段。本章将介绍传感器的基本概念、特性指标、应用中考虑的主要因素和技术发展。

第一节 传感器的基本概念

一、传感器的地位和作用

人类的日常生活、生产活动和科学实验都离不开测量。人们为了从外界获取信息，必须借助于感觉器官。而单靠人们自身的感觉器官，在研究自然现象和规律以及生产活动中它们的功能就远远不够了。为适应这种情况，就需要传感器。可以说，传感器是人类五官的延长，因此又称之为电五官。

在当今高新技术迅速发展的信息时代，获取准确、可靠的信息成为做好一切的前提。传感器是获取自然和生产领域中信息的主要途径与手段。

在现代工业生产尤其是自动化生产过程中，要用各种传感器来检测、监视和控制生产过程中的各个参数，使设备工作在正常状态或最佳状态，并使产品达到最好的质量。因此可以说，没有众多种类的优良的传感器，现代化生产也就失去了基础。

在科学研究中，传感器更具有突出的地位。现代科学技术的发展，进入了许多新领域。例如，在宏观上要观察上千光年的茫茫宇宙，微观上要观察小到 10^{-13} cm 的粒子世界，纵深上要观察长达数十万年的天体演化，也需观察短到 10^{-24} s 的瞬间反应。此外，还出现了对深化物质认识，开拓新能源、新材料等具有重要作用的各种极端技术研究，如超高温、超低温、超高压、超高真空、超强磁场、超弱磁场等。显然，要获取大量人类感官无法直接获取的信息，没有相适应的传感器是不可能的。许多基础科学研究的障碍，首先就在于对象信息的获取存在困难，而一些新机理和高灵敏度的检测传感器的出现，往往会引发该领域的突破。一些传感器的发展，往往是一些边缘学科或交叉学科发展的先驱。

传感器早已渗透到诸如工业生产、航空航天、海洋探测、环境保护、资源调查、医学诊断、生物工程，甚至文物保护等极其广泛的领域。可以毫不夸张地说，从茫茫的太空到浩瀚的海洋，以至各种复杂的工程系统，几乎每一个现代化项目都离不开各种各样的传感器。

总之，传感器是科学仪器等测量系统、自动控制系统中信息获取的首要环节和关键技术。如果没有传感器对原始参数进行准确、可靠、在线、实时的测量，那么无论信息分析处理和传输的功能多么强大，都没有任何实际意义。传感器的作用就是测量，在自动化技术领域，就是通过传感器来实现测量的。没有测量，就没有科学，就没有技术。在世界范围内，一个国家的重大工程（如三峡工程）中所用的传感器的数量和水平直接标志着其技术的先进程度。因此，传感器技术成为信息时代的焦点，大力发展传感器技术在任何时候都是十分重要的。

二、传感器的定义

GB/T 7665—2005 对传感器（Transducer/Sensor）的定义是："能够感受规定的被测量并按照一定规律转换成可用输出信号的器件或装置"。它是一种以一定的精确度把被测量（包含被测对象信息）转换为与之有确定对应关系的、便于应用的某种物理量的测量装置或器件。

这一定义包含了以下几方面的意思：①传感器是测量装置，能完成检测任务；②它的输入量是某一被测量，可能是物理量，也可能是化学量、生物量等；③它的输出量是某种物理量，这种量要便于传输、转换、处理、显示等，这种量可以是气、光、电物理量，但主要是电信号；④输出输入有对应关系，且应有一定的精确程度。

关于传感器，我国曾出现过多种名称，如发送器、传送器、变送器、检测器、探头等，它们的内涵相同或相似，所以近来已逐渐趋向统一，大都使用传感器这一名称了。从字面上可以作如下解释：传感器的功用是一感二传，即感受被测信息，并传送出去。上述传感器的定义是 20 年前的产物，随着科学技术的快速发展，出现了智能传感器、网络传感器、模糊传感器等新的传感技术产品，人们对传感器的认识不断深入和扩展。传感器的基本作用体现在测量或检测上，是应用传感器的目的，也是学习本课程的目的。

三、传感器的组成

传感器一般由敏感元件、转换元件、基本转换电路三部分组成，其组成框图如图 1-1 所示。

图 1-1　传感器组成框图

敏感元件：直接感受被测量，并输出与被测量成确定关系的某一物理量的元件。传感器的工作机理体现在敏感元件上。敏感元件是传感器技术的核心，也是研究、设计和制作传感器的关键，更是我们学习的重点。图 1-2 是一种气体压力传感器的示意图。膜盒 2 的下半部与壳体 1 固接，上半部通过连杆与磁心 4 相连，磁心 4 置于电感线圈 3 中，后者接入转换电路 5。这里的膜盒就是敏感元件，其外部与大气压力 p_0 相通，内部感受被测压力 p。当 p 变化时，引起膜盒上半部移动，即输出相应的位移量。

转换元件：敏感元件的输出就是它的输入，它把输入转换成电路参量。在图 1-2 中，转换元件是电感线圈 3，它把输入的位移量转换成电感的变化。

基本转换电路：上述电路参数接入基本转换电路（简称转换电路），便可转换成电量输出。传感器只完成被测参数至电量的基本转换，然后输入到测控电路，进行放大、运算、处理等进一步转换，以获得被测值或进行过程控制。

实际上，有些传感器很简单，有些则较复杂，大多数是开环系统，也有些是带反馈的闭环系统。

最简单的传感器由一个敏感元件（兼转换元件）组成，它感受被测量时直接输出电量，如热电偶就是这样。如图 1-3 所示，两种不同的金属材料 A 和 B，一端连接在一起，放在被测温度为 T 的环境中，另一端为参考，温度为 T_0，则在回路中将产生一个与温度 T、T_0 有关的电动势，从而进行温度测量。

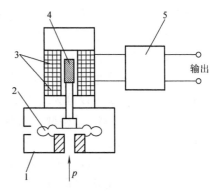

图 1-2 气体压力传感器

1—壳体 2—膜盒 3—电感线圈
4—磁心 5—转换电路

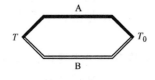

图 1-3 热电偶

图 1-4 压电式加速度传感器

有些传感器由敏感元件和转换元件组成。如图 1-4 所示的压电式加速度传感器，其中质量块 m 是敏感元件，压电片（块）是转换元件。因转换元件的输出已是电量，故无需转换电路。

有些传感器，转换元件不只一个，要经过若干次转换。敏感元件与转换元件在结构上常常是组装在一起的，而为了减小外界的影响也需将转换电路和它们装在一起。因为不少传感器要在通过转换电路后才能输出电信号，从而决定了转换电路是传感器的组成环节之一。

第二节 传感器的分类

为了更好地学习研究和应用传感器，需要有一个科学的分类方法。由于传感器知识技术密集，涉及许多学科，应用领域广泛，种类繁多，并且随着科技进步，传感器也在不断发展变化，所以到目前，国内外尚没有形成完整统一的分类方法，只是按不同准则形成不同的分类方法。经典传感器主要按其工作原理和被测量来分类。

一、按工作原理分类

传感器按其敏感的工作原理，一般可分为物理型、化学型、生物型三大类。

（1）物理型传感器 物理型传感器是利用某些敏感元件的物理性质或某些功能材料的特殊物理性能制成的传感器。例如，利用金属材料在被测量作用下引起电阻值变化的应变效应制成的应变式传感器；利用半导体材料在被测量作用下引起电阻值变化的压阻效应制成的压阻式传感器；利用电容器在被测量作用下引起电容值的变化制成的电容式传感器；利用磁阻随被测量变化制成的简单电感式、差动变压器式传感器；利用压电材料在被测力作用下产生的压电效应制成的压电式传感器等。

物理型传感器又可以分为结构型传感器和物性型传感器。

1）结构型传感器。结构型传感器是以结构（如形状、尺寸等）为基础，利用某些物理规律来感受（敏感）被测量，并将其转换为电信号实现测量的。例如，电容式压力传感器必须有按规定参数设计制成的电容式敏感元件，当被测压力作用在电容式敏感元件的动极板上时，引起极板间隙的变化导致电容值的变化，从而实现对压力的测量。又如，谐振式压力传感器必须设计制作一个合适的感受被测压力的谐振敏感元件，当被测压力变化时，改变谐振敏感结构的等效刚度，导致谐振敏感元件的固有频率发生变化，从而实现对压力的测量。

2）物性型传感器。物性型传感器就是利用某些功能材料本身所具有的内在特性及效应感受（敏感）被测量，并转换成可用电信号的传感器。例如，压电式压力传感器就是利用石英晶体材料本身具有的正压电效应而实现对压力测量的；压阻式传感器是利用半导体材料的压阻效应而实现对压力测量的。

一般而言，物理型传感器对物理效应和敏感结构都有一定要求，但侧重点不同。结构型传感器强调要依靠精密设计制作的结构的动作或变形来保证其正常工作，而物性型传感器则主要依靠材料本身的物理特性、物理效应来实现对被测量的敏感。近年来，由于材料科学技术的飞速发展，物性型传感器应用越来越广泛，这与该类传感器便于批量生产、成本较低及易于小型化等特点密切相关。

（2）化学传感器　化学传感器一般是利用电化学反应原理，把无机或有机化学的物质成分、含量等转换为电信号的传感器。最常用的是离子敏传感器，即利用离子选择性电极，测量溶液的 pH 值或某些离子的活度，如 K^+、Na^+、Ca^{2+} 等。其测量原理基本相同，主要是利用电极界面（固相）和被测溶液（液相）之间的电化学反应，即利用电极对溶液中离子的选择性响应而产生的电位差，所产生的电位差与被测离子活度对数呈线性关系，故检测其反应过程中的电位差或由其影响的电流值，即可给出被测离子的活度。化学传感器的核心部分是离子选择性敏感膜。膜可以分为固体膜和液体膜。玻璃膜、单晶膜和多晶膜属固体膜；而带正、负电荷的载体膜和中性载体膜则为液体膜。化学传感器广泛应用于化学分析、化学工业的在线检测及环保检测中。

（3）生物传感器　生物传感器是近年来发展很快的一类传感器。它是利用生物活性物质选择性来识别和测定生物化学物质的传感器。生物活性物质对某种物质具有选择性亲和力，也称其为功能识别能力；利用这种单一的识别能力来判定某种物质是否存在，其含量是多少，进而利用电化学的方法进行电信号的转换。生物传感器主要由两大部分组成：其一是功能识别物质，其作用是对被测物质进行特定识别。这些功能识别物有酶、抗原、抗体、微生物及细胞等。用特殊方法把这些识别物固化在特制的有机膜上，从而形成具有对特定的从小分子到大分子化合物进行识别功能的功能膜。其二是电、光信号转换装置。此装置的作用是把在功能膜上进行的识别被测物所产生的生物反应转换成便于传输的电信号或光信号。其中最常应用的是电极，如氧电极和过氧化氢电极。近来有把功能膜固定在场效应晶体管上代替栅—漏极的生物传感器，使得传感器整个体积做得非常小。如果采用光学方法来识别在功能膜上的反应，则要靠光强的变化来测量被测物质，如荧光生物传感器等。变换装置直接关系着传感器的灵敏度及线性度。生物传感器的最大特点是能在分子水平上识别被测物质。按标准 CMOS 工艺实现的阵列式细胞电生理信号传感芯片，不仅在化学工业的监测上，而且在医学诊断、环保监测等方面都有着广泛的应用前景。

二、按被测量分类

按传感器的输入信号——被测量分类，能够很方便地表示传感器的功能，也便于用户使用。按这种分类方法，传感器可以分为力学量、温度、磁学量、光学量、流量、湿度、气体成分等传感器。生产厂家和用户都习惯于这种分类方法。

上面所述仍很概括，仅温度传感器中就包括有用不同材料和方法制成的各种传感器，如热电偶温度传感器、热敏电阻温度传感器、金属热电阻温度传感器、PN 结二极管温度传感器、红外温度传感器等。通常对传感器的命名就是将其工作原理和被测参数结合在一起，先说工作机理，后说被测参数，如硅压阻式压力传感器、电容式加速度传感器、压电式振动传感器、谐振式流量传感器等。

针对传感器的分类，不同的被测量可以采用相同的测量原理，同一个被测量可以采用不同的测量原理。因此，要注重掌握不同的测量原理之间测量不同的被测量时，各自具有的特点。

三、其他分类

按传感器的输出信号分类，可分为模拟传感器和数字传感器。对于模拟传感器，输出信号在宏观上以连续方式改变，信息一般由幅度获得，很多传感器属于此类。我们在设计测控系统时，要把传感器输出的模拟信号通过 ADC 转换成数字信号。而数字传感器的输出不需要 ADC，便于传输，不但重复性好、可靠性高而且往往更精确。目前数字传感器种类不是很多，但此类传感器是发展的方向。通常把输出可变频率的传感器称为准数字传感器。

电子工程师们更喜欢依据可变电参量进行分类，如按阻抗形式分类就有电阻型、电感型或电容型传感器，如按产生变化量纲分类就有电压型、电荷型或电流型传感器。这种分类方法能减少传感器的类别数并能直接研究设计相关的信号转换调节器。

按传感器的能量来源分类，可分为能量控制型传感器和能量转换型传感器。能量控制型传感器携带信息量的变化信号，其能量需要外加电源供给，如电阻、电感、电容等电参量传感器都属于这一类传感器。基于应变电阻效应、磁阻效应、热阻效应、霍尔效应等的传感器也属于此类传感器，如热敏电阻。能量转换型传感器主要由能量变换元件构成，它不需要外电源。基于压电效应、热电效应、光电动势效应等的传感器都属于此类传感器，如热电偶。

按传感器技术发展分类，传感器从诞生到现在，已经经历了聋哑传感器（Dumb Sensor)、智能传感器（Smart Sensor）、网络化传感器（Networked Sensor）的发展历程。传统的传感器是把被测信息变换成模拟电压或电流信号。这类传感器的输出幅值小，灵敏度低，而且功能单一，因而被称为"聋哑传感器"。随着时代的进步，在高新技术的渗透下，使微处理器和传感器得以结合，产生了具有一定数据处理能力，并能自检、自校、自补偿的新一代传感器——智能传感器。智能传感器的出现是传感技术的一次革命，对传感器的发展产生了深远的影响。传感器智能化的发展，输出量是非数值符号的模糊传感器的产生，拓展和延伸了智能传感器。网络通信技术逐步走向成熟并渗透到各行各业，当网络接口芯片与智能传感器集成起来并嵌入通信协议，就产生了网络传感器。网络传感器继承了智能传感器的全部功能，并且能够和计算机网络进行通信，因而在现场总线控制系统（Fieldbus Control System，FCS）中得到了广泛的应用，成为 FCS 中现场级数字化传感器。为解决现场总线的多样性问题，IEEE 1451.2 工作组制定了智能传感器接口标准。该标准描述了传感器网络适配器或微处理器之间的硬件和软件接口，是 IEEE 1451 网络传感器标准的重要组成部分，为传感器与各种网络连接提供了条件和方便。网络化传感器的发展，大大提高了人类信息获取能力。

在军事领域、生态环境检测、交通管理等迫切需求刺激下，随着无线通信技术、嵌入式计算技术以及传感器技术的飞速发展和日益成熟，具有感知能力、计算能力和无线通信能力的传感器开始在世界范围内出现。这些集成化的微型传感器协作地实时监测、感知和采集各种环境或监测对象的信息，如军事战场状况信息、温度、湿度、土壤成分甚至放射或化学元素的存在等。采用飞行器、直升机或炮弹携带等方式将微型传感器"投放"在监测区域，然后通过自组织无线通信网络（网络的布设或展开不依赖任何网络设施）以多跳中继方式将所感知信息传送到用户终端，使人们能够实时准确地获取监测区域的详细信息。由于其广泛的应用前景，国内外众多的大学、科研机构都从不同的方向开始了对无线传感器网络的研究。2000 年 12 月，国际电子电气工程师协会成立 IEEE 802.15.4 工作组，致力于定义一种供廉价的固定、便携或移动设备使用的极低复杂度、低成本和低功耗的低速率无线连接技术。2002 年 8 月，由英国 Invensys 公司、日本三菱电气公司、美国摩托罗拉公司以及荷兰飞利浦半导体公司成立了 Zigbee 联盟。IEEE 802.15.4 标准一出现就引起了业界的广泛重视，短短一年多的时间内，便有上百家集成电路制造商、运营商等宣布支持 IEEE 802.15.4/Zigbee，并且很快在全球自发成立了若干联盟。现在大多数无线传感器网络标准都是建立在该标准的基础之上。

第三节　传感器的特性与主要性能指标

由于传感器特性和性能指标会影响甚至决定了整个测量系统的特性，无论是传感器的选用，还是设计研制传感器，学习理解并掌握传感器的基本特性都是必要的。传感器的特性主要是指输入 x（被测量）与输出 y 之间的量化关系。当输入量为常量，或变化极慢时，这一关系就称为静态特性；当输入量随时间较快地变化时，这一关系就称为动态特性。

有很多传感器在一定条件下可以认为是线性系统，其输出与输入关系能够用微分方程来描述。理论上，将微分方程中的一阶及以上的微分项取为零时，便可得到静态特性。

因此，传感器的静态特性只是动态特性的一个特例。

一、传感器的静态特性与主要性能指标

传感器的静态特性表示输入量（被测量）x 不随时间变化，输出量 y 与输入量 x 之间的函数关系，通常表示为

$$y = a_0 + a_1 x + a_2 x^2 + a_3 x^3 + \cdots + a_n x^n \tag{1-1}$$

式中 a_n——传感器的标定系数，反映了传感器静态特性曲线的形态。

通过静态测得 n 个数据对，利用有关方法拟合而成的曲线，称为传感器的静态特性曲线，如图 1-5 所示。

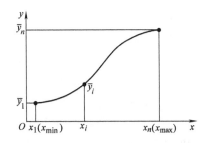

1. 测量范围和量程

传感器所能测量到的最小被测量（输入）$x_{\min}$ 与最大被测量（输入）$x_{\max}$ 之间的范围称为传感器的测量范围（Measuring Range），表示为 $(x_{\min}, x_{\max})$。传感器测量范围的上限值与下限值的差 $x_{\max} - x_{\min}$ 称为量程（Span）。例如，某温度传感器的测量范围是 $-30 \sim +120℃$，那么该传感器的量程为 $150℃$。

图 1-5　传感器的静态特性曲线示意图

2. 静态灵敏度与灵敏度误差

传感器输出的变化量 Δy 与引起该变化量的输入变化量 Δx 之比即为其静态灵敏度（Sensitivity），表达式为

$$k = \Delta y / \Delta x \tag{1-2}$$

由此可见，传感器静态特性曲线的斜率就是其静态灵敏度，反映了传感器输入（被测量）单位变化引起的输出变化的大小。对具有线性特性的传感器，其特性曲线的斜率处处相同，灵敏度 k 是一常数，与输入量大小无关。而非线性传感器的静态灵敏度为变量。静态灵敏度是重要的性能指标，可以根据传感器的测量范围、抗干扰能力等进行选择。特别是传感器中的敏感元件灵敏度尤为关键。在选择或设计敏感元件结构及其参数时，输出对被测量的灵敏度尽可能地大，而对干扰量的灵敏度尽可能地小。

由于某种原因，会引起静态灵敏度变化，产生灵敏度误差。灵敏度误差用相对误差表示，即

$$\gamma_{\mathrm{S}} = (\Delta k / k) \times 100\% \tag{1-3}$$

3. 分辨力与分辨率

传感器的输入与输出关系在整个测量范围内不可能做到处处连续。输入量变化太小时，输出量不会发生变化；只有当输入量变化到一定程度时，输出量才发生变化，即输出呈现"阶梯型"。传感器能检测到的最小的输入增量 $\Delta x_{\min}$ 的绝对值称为分辨力（Resolution）。分辨力就是输出量的每个"阶梯"所代表的输入量的大小。分辨力反映了传感器检测输入微小变化的能力。影响传感器分辨力的因素很多，如机械运动部件的干摩擦和卡塞、电路中的储能元件和 A-D 的位数等。在传感器的测量范围内，由于其输入/输出之间呈非线性关系，所以在不同输入时分辨力不同，用 $\max|\Delta x_{i,\min}|$ 表示传感器的分辨力。

用满量程的百分数表示时称为分辨率，即

$$\gamma = \frac{\max|\Delta x_{i,\min}|}{x_{\max} - x_{\min}} \times 100\% \tag{1-4}$$

在传感器输入最小测点（或零点）处的分辨力称为阈值（Threshold）或死区（Dead Bend）。

4. 线性度

理想的传感器静态特性是一条直线。而实际传感器的输出输入关系或多或少地存在非线性问题。因此，传感器实际的静态特性校准曲线与某一参考直线不吻合程度的最大值称为线性度（Linearity）。在不考虑迟滞、蠕变、不稳定性等因素的情况下，其静态特性可用下列多项式代数方程表示：

$$y = a_0 + a_1 x + a_2 x^2 + a_3 x^3 + \cdots + a_n x^n \tag{1-5}$$

式中　　　　a_0——零点输出；

a_1——理论灵敏度；

$a_2, a_3, \cdots, a_n$——非线性项系数。

各项系数不同，决定了特性曲线的具体形式。

静态特性曲线可由实际标定测试获得。在获得特性曲线之后，可以说问题已经得到解决。但是为了数据处理的方便，希望得到线性关系。这时可采用各种方法，其中也包括硬件或软件补偿，进行线性化处理。一般来说，这些办法都比较复杂。所以在非线性误差不太大的情况下，总是采用直线拟合的办法来线性化。

在采用直线拟合线性化时，输出输入的校正曲线与其拟合直线之间的最大偏差，就称为非线性误差，通常用相对误差 γ_L 来表示，即

$$\gamma_L = \pm(\Delta L_{\max}/y_{FS}) \times 100\% \tag{1-6}$$

式中　$\Delta L_{\max}$——最大非线性误差；

y_{FS}——满量程输出。

由此可见，非线性误差的大小是以一定的拟合直线为基准直线而得出来的。拟合直线不同，非线性误差也不同。所以，选择拟合直线的主要出发点，应是获得最小的非线性误差。另外，还应考虑使用是否方便，计算是否简便。

目前常用的拟合方法有：①理论拟合；②过零旋转拟合；③端点连线拟合；④端点连线平移拟合；⑤最小二乘拟合；⑥最小包容拟合等。前四种方法如图1-6所示。图中实线为实际输出曲线，虚线为拟合直线。

图1-6a中，拟合直线为传感器的理论特性，与实际测试值无关。该方法十分简

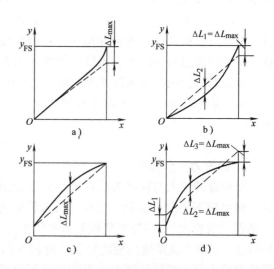

图1-6　各种直线拟合方法

a）理论拟合　b）过零旋转拟合

c）端点连线拟合　d）端点连线平移拟合

单，但一般来说 $\Delta L_{\max}$ 较大。图 1-6b 为过零旋转拟合，常用于曲线过零的传感器。拟合时，使 $\Delta L_1 = |\Delta L_2| = \Delta L_{\max}$。这种方法也比较简单，非线性误差比前一种小很多。图 1-6c 中，把输出曲线两端点的连线作为拟合直线。这种方法比较简便，但 $\Delta L_{\max}$ 也较大。图 1-6d 是在图 1-6c 的基础上使直线平移，移动距离为原先 $\Delta L_{\max}$ 的一半，这样输出曲线分布于拟合直线的两侧，$\Delta L_2 = |\Delta L_1| = |\Delta L_3| = \Delta L_{\max}$，与图 1-6c 相比，非线性误差减小一半，提高了精度。

采用最小二乘法拟合时，如图 1-7 所示。设拟合直线方程为

$$y = kx + b \qquad (1-7)$$

若实际校准测试点有 n 个，则第 i 个校准数据与拟合直线上响应值之间的残差为

$$\Delta_i = y_i - (kx_i + b) \qquad (1-8)$$

最小二乘法拟合直线的原理就是使残差二次方和为最小值，即

$$\sum_{i=1}^{n} \Delta_i^2 = \sum_{i=1}^{n} \left[y_i - (kx_i + b) \right]^2 \Rightarrow \min \qquad (1-9)$$

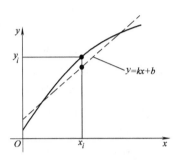

图 1-7　最小二乘拟合法

也就是 $\sum \Delta_i^2$ 对 k 和 b 一阶偏导数等于零，即

$$\frac{\partial}{\partial k} \sum \Delta_i^2 = 2 \sum (y_i - kx_i - b)(-x_i) = 0 \qquad (1-10)$$

$$\frac{\partial}{\partial b} \sum \Delta_i^2 = 2 \sum (y_i - kx_i - b)(-1) = 0 \qquad (1-11)$$

从而求出 k 和 b 的表达式为

$$k = \frac{n \sum x_i y_i - \sum x_i \sum y_i}{n \sum x_i^2 - (\sum x_i)^2} \qquad (1-12)$$

$$b = \frac{\sum x_i^2 \sum y_i - \sum x_i \sum x_i y_i}{n \sum x_i^2 - (\sum x_i)^2} \qquad (1-13)$$

在获得 k 和 b 之后代入式（1-7）即可得到拟合直线，然后按式（1-8）求出残差的最大值 $\Delta L_{\max}$ 即为非线性误差。

顺便指出，大多数传感器的输出曲线是通过零点的，或者使用"零点调节"使它通过零点。某些量程下限不为零的传感器，也应将量程下限作为零点处理。

5. 迟滞

传感器在正（输入量增大）反（输入量减小）行程中输出输入曲线不重合的现象称为迟滞（Hysteresis）。迟滞特性如图 1-8 所示，它一般是由实验方法测得的。迟滞误差一般以满量程输出的百分数表示，即

$$\gamma_{\mathrm{H}} = \pm (1/2)(\Delta H_{\max}/y_{\mathrm{FS}}) \times 100\% \qquad (1-14)$$

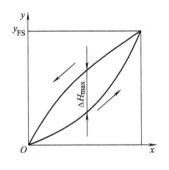

图 1-8　迟滞特性

式中 ΔH_{max}——正反行程间输出的最大差值。

迟滞误差的另一名称叫回程误差。回程误差常用绝对误差表示。检测回程误差时，可选择几个测试点。对应于每一输入信号，传感器正行程及反行程中输出信号差值的最大者即为回程误差。

6. 稳定性

传感器的稳定性有两个指标：一是测量传感器输出值在一段时间中的变化，以稳定度表示；二是传感器外部环境和工作条件变化引起输出值的不稳定，用影响量表示。

稳定度指在规定时间内，测量条件不变的情况下，由传感器中随机性变动、周期性变动、漂移等引起输出值的变化，一般用精密度和观测时间长短表示。例如，某传感器输出电压值每小时变化 $1.3mV$，则其稳定度可表示为 $1.3mV/h$。

影响量指传感器由外界环境或工作条件变化引起输出值变化的量。它是由温度、湿度、气压、振动、电源电压及电源频率等一些外加环境影响所引起的。说明影响量时，必须将影响因素与输出值偏差同时表示。例如，某传感器由于电源变化10%而引起其输出值变化 $0.02mA$，则应写成 $0.02mA/(U \pm 10\%U)$。

7. 重复性

传感器的输入在按同一方向变化时，在全量程内连续进行多次重复测试时所得特性曲线不一致，同一测点，每一次的输出值都不一样，其大小是随机的。为反映这一现象，引入重复性（Repeatability）指标。图1-9所示为输出曲线的重复特性，正行程的最大重复性偏差为 ΔR_{max1}，反行程的最大重复性偏差为 ΔR_{max2}。重复性误差差取这两个偏差之中较大者为 ΔR_{max}，再以满量程输出 y_{FS} 的百分数表示，即

$$\gamma_R = \pm (\Delta R_{max}/y_{FS}) \times 100\% \qquad (1\text{-}15)$$

重复性误差也常用绝对误差表示。检测时也可选取几个测试点，对应每一点多次从同一方向趋近，获得输出值

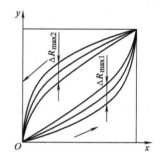

图1-9 重复特性

系列 y_{i1}，y_{i2}，y_{i3}，…，y_{in}，算出最大值与最小值之差或 3σ 作为重复性偏差 ΔR_i，在几个 ΔR_i 中取出最大值 ΔR_{max} 作为重复性误差。

8. 静态误差与精确度

静态误差是指传感器在其测量范围内任一点的输出值与其理论值的偏离程度，反映了传感器的精度，而精度是十分重要的性能指标。

静态误差的求取方法：把全部输出数据与拟合直线上对应值的残差视为随机分布，求出其标准偏差 σ，即

$$\sigma = \sqrt{\frac{1}{n-1}\sum_{i=1}^{n}(\Delta y_i)^2} \qquad (1\text{-}16)$$

式中 Δy_i——各测试点的残差；

n——测试点数。

取 3σ 值即为传感器的静态误差。静态误差也可用相对误差表示，即

$$\gamma = \pm(3\sigma/y_{FS}) \times 100\% \qquad (1\text{-}17)$$

式（1-17）中的 y_{FS} 表示传感器量程，因此，有时把静态误差称为满量程误差。在选择传感器时，要注意的是当量程一定时，满量程误差大小反映了静态误差大小。当 σ 一定时，量程越大，相对误差越小。

静态误差是一项综合性指标，它基本上包括了前面叙述的非线性误差、迟滞误差、重复性误差、灵敏度误差等，若这几项误差是随机的、独立的、正态分布的，也可以把这几个单项误差综合而得，即

$$\gamma = \pm \sqrt{\gamma_L^2 + \gamma_H^2 + \gamma_R^2 + \gamma_S^2} \tag{1-18}$$

与精度有关的指标有三个：精密度、准确度和精确度。

1）精密度。它说明传感器输出值的分散性，即对某一稳定的被测量，由同一个测量者，用同一个传感器，在相当短的时间内连续重复测量多次，其测量结果的分散程度。例如，某测温传感器的精密度为 0.5℃，即表示多次测量结果的分散程度不大于 0.5℃。精密度是随机误差大小的标志，精密度高意味着随机误差小。但必须注意，精密度与准确度是两个概念，精密度高不一定准确度高。

2）准确度。它说明传感器输出值与真值的偏离程度。例如，某流量传感器的准确度为 $0.2 m^3/s$，表示该传感器的输出值与真值偏离 $0.2 m^3/s$。准确度是系统误差大小的标志，准确度高意味着系统误差小。同样，准确度高不一定精密度高。

3）精确度。它是精密度与准确度两者的总和，精确度高表示精密度和准确度都比较高。在最简单的情况下，可取两者的代数和。精确度常以测量误差的相对值表示。

图 1-10 所示的射击例子有助于加深对精密度、准确度和精确度三个概念的理解。图 1-10a 表示准确度与精密度都低，图 1-10b

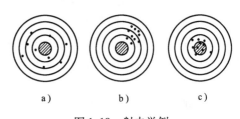

图 1-10 射击举例

表示准确度低而精密度高，图 1-10c 表示精确度高。在测量中我们希望得到精确度高的结果。

二、传感器的动态特性与动态指标

动态特性是指传感器对随时间变化的输入量的响应特性。被测量可能以各种形式随时间变化。只要传感器输入量 $x(t)$ 是时间的函数，则其输出量 $y(t)$ 也将是时间的函数，其间的关系要用动态特性方程来描述。设计传感器时，要根据其动态性能要求及使用条件选择合理的方案，确定合适的参数；使用传感器时，要根据其动态特性及使用条件确定合适的使用方法，同时对给定条件下的传感器动态误差、响应速度（延时）和动态灵敏度作出估计。

传感器动态特性方程就是指在动态测量时，传感器的输出量与输入被测量之间随时间变化的函数关系。它依赖于传感器本身的测量原理、结构，取决于系统内部机械参数、电气参数、磁性参数、光学参数等，而且这个特性本身不因输入量、时间和环境条件的不同而变化。为了便于分析、讨论问题，本书只能够将传感器等效为线性时不变系统，就假定了传感器输入和输出由常系数线性微分方程相联系。传感器输出与输入之间的关

系可以通过对每个信号进行拉普拉斯变换，获得传感器的传递函数。应当注意，传递函数给出的是输出与输入之间的普遍关系，而不是它们的瞬时值之间的关系。因此，传感器动态特性的研究可以针对典型输入情况按照传感器传递函数的阶次对其加以分类。通常无需使用高于二阶函数的模型。

动态误差是当静态误差为零时，被测量的指示值与真值之间的差，它描述输入随时间而变，传感器对相同输入幅度响应之间的差别；响应速度表示测量系统跟踪输入变量的变化快慢，即输出与对应外加输入之间的延迟，在频率域就是传感器的相频特性；动态灵敏度是传感器幅频特性，反映了输入量幅度相同而频率变化时，输出幅度随频率变化的情况。

在估计传感器的动态误差和响应速度（或延迟时间）性能指标时，为简单起见，通常只根据规律性的输入来考察传感器的响应。复杂周期输入信号可以分解为各种谐波，所以可用正弦周期输入信号来代替。其他瞬变输入可看作若干阶跃输入，可用阶跃输入代表。因此，研究传感器阶跃响应和正弦稳态响应来表征动态特性指标。

1. 零阶传感器动态特性指标

零阶传感器的输出通过下列类型的方程与其输入相联系：

$$y(t) = kx(t) \tag{1-19}$$

传感器的传输函数 $G(s) = k$

传感器的频率特性 $G(j\omega) = k$

零阶传感器是比例传感系统，它的性能由静态灵敏度 k 表征并维持恒定不变，而不管输入 $x(t)$ 怎样变化或频率如何，是理想无失真传感系统。因此，传感器的动态误差和延迟两者皆为零。

诸如式（1-19）所示的输入-输出关系要求传感器不包含任何储能元件。例如，用来测量线性位移和旋转位移的电位器型传感器。

由图1-11表示的符号得，$y = U_r x/x_m$，其中，$0 \leq x \leq x_m$，U_r 是参考电压。在这种情况下，$k = U_r/x_m$。

像这样的模型终究是一种理想化的数学抽象，而实际中做到是十分困难的。其在应用过程中存在一些缺陷无法完全消除。例如，对于电位器，由于滑动片的摩擦而不能将其用于快速移动的场合。

2. 一阶传感器动态特性指标

在一阶传感器中包含一个储能元件和一些耗能元件。输入 $x(t)$ 和输出 $y(t)$ 由一阶微分方程描述：

$$a_1 \frac{dy(t)}{dt} + a_0 y(t) = x(t) \tag{1-20}$$

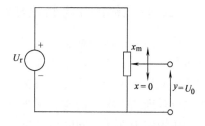

图1-11　线性电位器式的位置传感器

相应的传递函数为　　　$\dfrac{Y(s)}{X(s)} = \dfrac{k}{\tau s + 1}$

式中　k——静态灵敏度（或称为静态增益），$k = 1/a_0$；

　　　τ——传感器系统的时间常数，$\tau = a_1/a_0$。

（1）输入为单位阶跃信号 $u(t)$ 时的传感器输出

$$u(t) = \begin{cases} 1 & t \geq 0 \\ 0 & t < 0 \end{cases}$$

(1-21)

$$y(t) = k(1 - e^{-\frac{t}{\tau}})u(t)$$

图 1-12 给出了一阶传感器阶跃响应归一化曲线。为了便于分析传感器的动态误差，引入"相对动态误差" $\varepsilon(t)$，按下式计算：

$$\varepsilon(t) = \frac{y(t) - y_s}{y_s} \times 100\% = e^{-\frac{t}{\tau}} \times 100\%$$

(1-22)

式中 y_s——传感器的稳态输出，$y_s = y(\infty) = k$。

一阶传感器动态误差是时间的函数，随着时间呈指数衰减。时间常数 τ 决定了一阶传感器的动态性能指标。对于传感器的实际输出特性曲线，可以选择几个特征时间点作为其时域动态性能指标。例如，输出 $y(t)$ 由零上升到稳态值 y_s 的 63% 所需的时间称为"时间常数 τ"；输出 $y(t)$ 由零上升到稳态值 y_s 的一半所需要的时间定义为"延迟时间 t_d"；此外，还有"上升时间、响应时间"等。

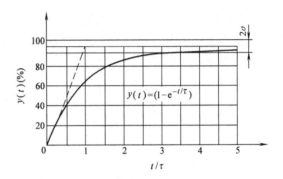

图 1-12 一阶传感器阶跃响应归一化曲线

（2）一阶传感器的频域特性和输入为正弦信号的输出 一阶传感器归一化幅频和相频特性分别为

$$|H(\omega)| = \frac{1}{\sqrt{(\tau\omega)^2 + 1}}$$

$$\varphi(\omega) = -\arctan(\tau\omega)$$

归一化幅频（幅度增益）与所希望的无失真归一化幅度增益的误差为

$$\Delta|H(\omega)| = |H(\omega)| - |H(0)| = \frac{1}{\sqrt{(\tau\omega)^2 + 1}} - 1$$

相位差为 $$\Delta\varphi(\omega) = \varphi(\omega) - \varphi(0) = -\arctan(\tau\omega)$$

当输入量 $x(t) = A\sin\omega t$，$y(t) = \dfrac{kA}{\sqrt{1 + \omega^2\tau^2}}\sin(\omega t + \varphi)$ 时，正弦响应稳态动态误差为

$$1 - \frac{1}{\sqrt{1 + \omega^2\tau^2}}$$

延迟为 $$\frac{\arctan(\omega\tau)}{\omega}$$

当输入被测量的频率 ω 变化时，传感器稳态响应的幅度和相位随之而变化。在 $\omega_B = 1/\tau$ 固定不变时，当 ω 小时，幅度误差小，相位差小；反之，ω 增大，幅度误差增大，相位滞后增大，趋于 $-\pi/2$。

总之，一阶传感器对正弦周期输入信号的响应与输入信号频率密切相关。当频率较低时，传感器的输出在幅度值和相位上能较好地跟踪输入量；反之，当频率较高时，其输出就很难跟踪输入量，出现较大的幅度衰减和相位滞后。因此就必须对输入信号的工作频率范围加以限制。

对一阶传感器而言，可用通频带 $\omega_B = 1/\tau$ 或 $-3\mathrm{dB}$ 带宽表示工作频带。传感器工作频带 ω_g 是指归一化幅值误差不大于所规定的允许误差 σ_F 时，幅频特性所对应的频率范围。

由 $\quad 1 - \dfrac{1}{\sqrt{1 + (\tau \omega_g)^2}} \leqslant \sigma_F$ 可得

$$\omega_g \leqslant \frac{1}{\tau}\sqrt{\frac{1}{(1 - \sigma_F)^2} - 1} \tag{1-23}$$

一般工作频带均小于 $-3\mathrm{dB}$ 带宽。提高一阶传感器工作频带的有效途径是减小时间常数。

[例 1-1] 设计一个无外壳的温度传感器（一阶动态响应）用于测量起伏达 100Hz 的湍流，要求动态误差维持小于 5%，试设计传感器的时间常数。

解： 根据式（1-23）得

$$\tau \leqslant \frac{1}{\omega_g}\sqrt{\frac{1}{(1 - \sigma_F)^2} - 1}, \quad \omega_g = 100 \times 2\pi\mathrm{rad/s}, \quad \sigma_F \leqslant 5\%$$

则有 $\tau \leqslant 0.52\mathrm{ms}$，用小时间常数的温度传感器。

3. 二阶传感器动态特性指标

二阶传感器包含两个储能元件和一些耗能元件。例如，由质量、弹簧和阻尼器构成的加速度传感器，由可变电感、电容和匹配电阻构成的位移传感器，均为经典的二阶系统。传感器输入 $x(t)$ 和输出 $y(t)$ 由二阶微分方程描述：

$$a_2 \mathrm{d}^2 y(t)/\mathrm{d}t^2 + a_1 \mathrm{d}y(t)/\mathrm{d}t + a_0 y(t) = b_0 x(t) \tag{1-24}$$

相应的传递函数为

$$\frac{Y(s)}{X(s)} = \frac{1}{\tau^2 s^2 + 2\xi \tau s + 1}$$

式中 τ——时间常数，$\tau = \sqrt{a_2/a_0}$；

ξ——阻尼因数，$\xi = a_1/(2\sqrt{a_0 a_2})$。

静态灵敏度 $k = b_0/a_0$。

注意，上述二阶传感器动态特性指标与静态灵敏度 k、固有频率 ω_0 和阻尼因数 ξ 有关。但是三个参数相互联系，其中一个参数变更会使另一个参数改变，只有 a_0、a_1、a_2 是独立的。

（1）输入为阶跃信号的响应（过渡函数）与稳定时间 过渡函数就是输入为阶跃信号的响应。传感器的输入由零突变到 A，且保持为 A（见图 1-13a），输出 y 将随时间变化（见图 1-13b）。

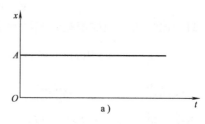
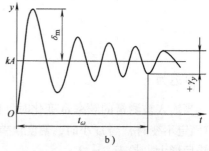

图 1-13 阶跃输入响应

$y(t)$ 可能经过若干次振荡（或不经振荡）缓慢地趋向稳定值 kA，这里 k 为仪器的静态灵敏度，这一过程称为过渡过程，$y(t)$ 称为过渡函数。

过渡函数曲线上各点到 $y = kA$ 直线的距离就是动态误差。当过渡过程基本结束，y 处于允许误差 γ_y 范围内所经历的时间称为稳定时间 t_ω。稳定时间也是重要的动态特性之一。当后续测量控制系统有可能受到过渡函数的极大值的影响时，过冲量 δ_m 应给予限制。

根据阻尼因数的大小不同，可得到三种情况下的阶跃响应。

1）$\xi > 1$（过阻尼）：

$$y(t) = kA\left[1 + \frac{\xi - \sqrt{\xi^2 - 1}}{2\sqrt{\xi^2 - 1}}\exp\left(\frac{-\xi + \sqrt{\xi^2 - 1}}{\tau}t\right) - \frac{\xi + \sqrt{\xi^2 - 1}}{2\sqrt{\xi^2 - 1}}\exp\left(\frac{-\xi - \sqrt{\xi^2 - 1}}{\tau}t\right)\right] \quad (1-25)$$

2）$\xi = 1$（临界阻尼）：

$$y(t) = kA\left[1 - \exp(-t/\tau) - \frac{t}{\tau}\exp(-t/\tau)\right] \quad (1-26)$$

3）$0 < \xi < 1$（欠阻尼）：

$$y(t) = kA\left[1 - \frac{\exp(-\xi t/\tau)}{\sqrt{1-\xi^2}}\sin\left(\frac{\sqrt{1-\xi^2}}{\tau}t + \arctan\frac{\sqrt{1-\xi^2}}{\xi}\right)\right] \quad (1-27)$$

欠阻尼情况下的阶跃响应曲线如图 1-14 所示。这是一个衰减振荡过程。ξ 越小，振荡频率越高，衰减越慢。

由式（1-27）还可求得稳定时间 t_ω、过冲量 δ_m 及其发生时间 t_m，即

$t_\omega = 4\tau/\xi$（设允许相对误差 $\gamma_y = 0.02$），$\delta_m = \exp(-\xi t_m/\tau)$，$t_m = \tau\pi\sqrt{1-\xi^2}$

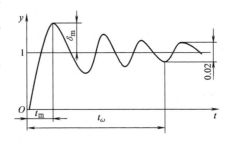

图 1-14　$0 < \xi < 1$ 的二阶传感器的阶跃响应曲线

二阶传感器系统的动态误差和延迟不仅取决于输入波形，而且也取决于 ω_0 和 ξ，其表示式的复杂程度远大于一阶系统的表达式。

式（1-25）、式（1-26）表明，当 $\xi \geq 1$ 时，该系统由两个一阶阻尼环节组成，前者两个时间常数不同，后者两个时间常数相同，响应中无过冲，稳态动态误差趋于零。

在欠阻尼（$0 < \xi < 1$）系统中，阶跃响应呈现衰减振荡过程，稳态动态误差趋于零，但是瞬态响应的速度与过冲相关。一般而言，响应速度越快，过冲越大，稳定时间 t_ω 越长。实际传感器的 ξ 值一般可适当安排，兼顾过冲量 δ_m 在 $\pm 5\%$ 范围内，稳定时间 t_ω 不要过长，在 $\xi = 0.6 \sim 0.8$ 范围内，可以获得较为合适的综合特性。

（2）二阶传感器的频率特性　二阶传感器的幅频特性、相频特性分别为

$$H(\omega) = k/\sqrt{(1 - \omega^2\tau^2)^2 + (2\xi\omega\tau)^2} \quad (1-28)$$

$$\varphi(\omega) = -\arctan[2\xi\omega\tau/(1 - \omega^2\tau^2)] \quad (1-29)$$

图 1-15a 所示为不同阻尼情况下幅频特性与静态灵敏度之比（归一化）的曲

线图。

由此可见，阻尼 ξ 的影响较大。当 $\xi \to 0$ 时，在 $\omega\tau = 1$ 处 $H(\omega)$ 趋近无穷大，这一现象称为谐振。随着 ξ 的增大，谐振现象逐渐不明显。当 $\xi \geqslant 0.707$ 时，不再出现谐振，这时 $H(\omega)$ 将随着 $\omega\tau$ 的增大而单调下降。

对于正弦输入来说，当 $\xi = 0.6 \sim 0.707$ 时，幅值比 $H(\omega)/k$ 在比较宽的范围内变化较小。计算表明在 $\omega\tau = 0 \sim 0.58$ 范围内，幅频特性变化不超过 5%，动态灵敏度误差不超过 5%，相频特性 $\varphi(\omega)$ 接近于线性关系，即群延时接近常数，可以忽略对周期性输入产生的非线性相位失真。

三、传感器的标定

传感器的标定是指通过试验建立传感器输入量与输出量之间的量化关系，同时确定出不同使用条件下的误差分布情况。当出现以下两种情况时，需进行传感器标定。

1）新研制的传感器需进行全面技术性能的检定，用检定数据进行量值传递，同时检定数据也是改进传感器设计的重要依据。

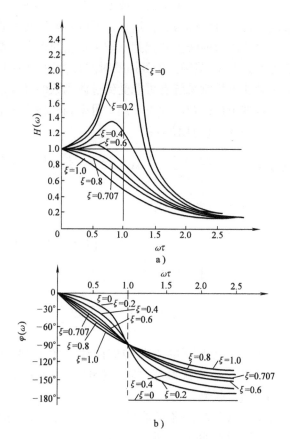

图1-15　二阶传感器幅频与相频特性

a）幅频特性　b）相频特性

2）经过一段时间的使用或储存后，对传感器的复测工作。

传感器的标定分为静态标定和动态标定两种。静态标定的目的是确定传感器的静态特性指标，如线性度、静态灵敏度、迟滞特性和重复性等。动态标定的目的是确定传感器的动态特性，如幅频特性（即动态灵敏度）、相频特性、时间常数、固有频率和阻尼因数等。

1. 传感器的静态特性标定

（1）静态标定条件　没有加速度、振动、冲击（除非这些参数本身就是被测物理量），环境温度一般为室温（20℃ ±5℃），相对湿度不大于 85%，大气压力为（101 ± 7）kPa。

（2）标定仪器设备准确度等级的确定　对传感器进行标定，就是根据试验数据确定传感器的各项性能指标，实际上也是确定传感器的测量准确度。标定传感器时，所用的测量仪器的准确度至少要比被标定的传感器的准确度高一个等级。这样，通过标定确定的传感器的静态性能指标才是可靠的，所确定的准确度才是可信的。

（3）静态特性的标定方法 静态特性的标定过程可按以下步骤进行。

1）将传感器全量程（测量范围）分成若干等间距点。

2）根据传感器量程分点情况，由小到大逐点输入标准量值，并记录与输入值相对应的输出值。

3）由大到小逐点输入标准量值，同时记录与各输入值相对应的输出值。

4）按步骤2）和步骤3）所述过程，对传感器进行正、反行程反复循环多次测试，将得到的输入-输出测试数据用表格列出或画成曲线。

5）对测试数据进行必要的处理，根据处理结果就可以确定传感器的线性度、静态灵敏度、迟滞特性和重复性等静态特性指标。

2. 传感器的动态特性标定

前面已经讨论了传感器的动态特性指标以及相关的参数。例如，一阶传感器只有一个时间常数 τ，二阶传感器则有固有频率 ω_0 和阻尼 ξ 两个参数。可采用标准的阶跃信号为激励，记录传感器的阶跃响应特性波形，能够辨识出上升时间、过冲量、稳定时间等。多数情况下，普遍采用标准的扫频式正弦信号为激励，获得传感器的幅频和相频特性，清晰表征传感器的频率响应，也可以推断传感器阶数、时间常数、固有频率等参数。

四、传感器的可靠性

前面论述的静态特性和动态特性及其性能指标不能表征传感器在应用中是否可靠工作。而传感器的可靠性恰恰是最重要的指标。由于影响传感器可靠性的因素比较多，描述、研究和试验比较复杂，往往在大多数教材中没有重视，甚至被忽略。

传感器只有在规定条件和规定期间无故障工作才是可靠的。可靠性在统计学上描述为：高可靠性意味着按要求工作的概率接近于1（即在所考虑的期间，该传感器几乎不失效）。目前，用可靠率 $R(t)$、失效率 $\lambda(t)$、失效率 λ 随时间变化规律（浴盆曲线）和平均无故障时间 MTBF 来评价可靠性。

1. 可靠率

可靠率是指在规定条件下和规定时间内传感器完成所规定任务的成功率。设有 N 个相同的传感器，使它们同时工作在同样的条件下，从它们开始运行到 t 时刻的时间内，有 $F(t)$ 个传感器发生故障，其余 $S(t)$ 个传感器工作正常，则该传感器的可靠率 $R(t)$ 可定义为

$$R(t) = S(t)/N \tag{1-30}$$

传感器的不可靠率 $Q(t)$ 可相应地表示为

$$Q(t) = F(t)/N \tag{1-31}$$

由于一个传感器发生故障和无故障是互斥事件，必然满足 $R(t) + Q(t) = 1$，因此可靠率还可写成

$$R(t) = 1 - Q(t) = [N - F(t)]/N \tag{1-32}$$

2. 失效率

失效率有时也称瞬时失效率或称故障率，是指传感器运行到 t 时刻后单位时间内发生

故障的传感器个数与 t 时刻完好传感器个数之比。假定 N 个传感器的可靠率为 $R(t)$，在 t 时刻到 $t+\Delta t$ 时刻的失效率为 $N[R(t)-R(t+\Delta t)]$，那么单位时间内的失效率为 $N[R(t)-R(t+\Delta t)]/\Delta t$。$t$ 时刻完好传感器个数为 $NR(t)=S(t)$。于是，失效率 $\lambda(t)$ 可表示为 $\lambda(t)=N[R(t)-R(t+\Delta t)]/(NR(t)\Delta t)$，写成微分形式得

$$\lambda(t)\mathrm{d}t = -\frac{\mathrm{d}R(t)}{R(t)}$$

解得

$$R(t) = \mathrm{e}^{-\int_0^t \lambda(t)\mathrm{d}t} \tag{1-33}$$

正常使用状态下，认为传感器失效率 $\lambda(t)$ 不随时间而变化或变化很小，$\lambda(t)=\lambda=$ 常数，式（1-33）积分得

$$R(t) = \mathrm{e}^{-\int_0^t \lambda(t)\mathrm{d}t} = \mathrm{e}^{-\lambda t} \tag{1-34}$$

可见，传感器经过一段时间老化后，其可靠率符合指数衰减规律。当某一时间的可靠率 $R(t)$ 已知时，可利用式（1-34）计算失效率。失效率也可用下式进行计算：

$$\lambda = \gamma/T \tag{1-35}$$

式中 γ——传感器失效数；

T——传感器工作个数与其工作时间的乘积。

传感器的平均失效率具有与元器件失效率相同的变化规律，如图 1-16 所示的"浴盆曲线"。由图 1-16 可以看出，在传感器刚投入使用时，大多由于设计不当与工艺上的缺陷，使有些传感器很快出现早期故障而失效，这时的失效率较高，即图中的早期失效期。要提高传感器的可靠性，应当采取合理设计方案，通过元器件筛选、老化和整机加速试验等措施来尽可能缩短早期失效期的时间，并尽可能使早期失效期在厂内渡过。图 1-16 中的

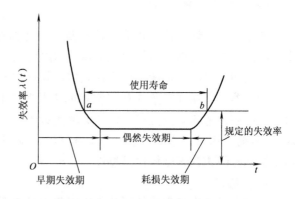

图 1-16 传感器系统典型的失效率浴盆曲线

第二段为偶然失效期，这一段是在早期失效期的缺陷全部暴露之后，平均失效变得较小且为常数，此期间发生的故障是由随机因素影响而造成的。这种偶然失效来源于随机产生的应力、材料性质的随机分布及随机环境条件。这是传感器最佳使用期，也是可靠性技术充分发挥作用的时期。

将某传感器的若干产品投入使用较长时间以后，它们的失效数量便开始逐渐增多，可靠性大幅下降。这是由于磨损、疲劳、热循环或传感器的部分元器件使用寿命已到造成的，此时故障称为耗损故障，如图 1-16 中的第三段，这个阶段称为耗损失效期，耗损失效的作用超过偶然失效。如果能够知道元器件寿命的统计分布规律，预先更换某些寿命将到的元器件，就可以防止发生耗损故障。这种预先更换元器件的维护方法称为预防

性维护。显然，进行预防性维护能够延长系统的实际使用期。

3. 平均无故障时间

平均无故障时间（$MTBF$）与可靠率 $R(t)$ 之间的关系为

$$MTBF = \int_0^\infty R(t)\,\mathrm{d}t = \int_0^\infty e^{-\lambda t}\,\mathrm{d}t = -\frac{1}{\lambda}e^{-\lambda t}\Big|_0^\infty = \frac{1}{\lambda} \tag{1-36}$$

可见，只要知道产品的失效率，就很容易获得平均无故障时间 $MTBF$。

[**例1-2**] 我们在 1000h 内对 50 个加速度传感器进行测试试验。若假定失效率恒定，有 2 个传感器失效，试确定失效率和 $MTBF$。

解： 根据式（1-35），有

$$\lambda = 2/(50 \times 1000\mathrm{h}) = 40 \text{ 次故障}/10^6\mathrm{h}$$

根据式（1-36），得

$$MTBF = 25000\mathrm{h}$$

高可靠性对于传感器十分重要，应成为传感器选择或设计遵循的原则之一。

第四节 应用传感器需遵循的原则与考虑的主要因素

传感器的作用就是测量，是测试计量系统和自动化系统的关键环节。无论是设计研制传感器，还是选择配置传感器，都可以认为是在测控系统中应用传感器。上一节从理论和概念方面论述了传感器的主要特性指标，这些特性并不能完全描述应用传感器时的特性，如环境条件特性、测量方法是否始终适合于应用；同一被测量有多种传感器可供灵活选择，但是也存在优化选择问题；多项因素影响着传感器的性能，在应用传感器时不可能把所有因素都考虑到，重点是在遵循一定原则下抓住主要因素。

一、应用传感器需遵循的原则

1. 坚持从测控系统整体设计要求研制或选择传感器，即遵循整体需要的原则

往往传感器技术指标作为孤立单元产品或部件给出，而不是测量或自动化系统整体目标和实际应用需要的指标。例如，在测量流量时，如果根据流量传感器技术指标能够满足测量精度要求，但是插入管道后流量传感器对管道疏通造成明显妨碍，便会引起较大误差；再如，当我们利用质量相当大的温度传感器来测量某个晶体管达到的温度时，由于相互接触，传感器可能使晶体管冷却而给出比晶体管初始温度更低的读数。所以选择传感器和测量方法必须适合应用场合。

由于传感器技术的研究和发展非常迅速，各种各样的传感器应运而生，这对选用传感器带来了很大的灵活性。前面已提及，对于同种被测量，可以选用多种不同的传感器。例如，测量某一对象的温度适应性，要求适应 0 ~ 150℃ 温度范围，测量精度为 ±1℃，且要多点（128 点）测量，那么选用何种温度传感器呢？能胜任这一要求的温度传感器有：各种热电偶、热敏电阻、半导体 PN 结温度传感器、IC 温度传感器等，它们都能满足测量范围、精度等条件。在这种情况下，我们侧重考虑成本低，测量电路、相配设备是否简单等因素进行取舍。相比之下选用半导体 PN 结温度传感器最为恰当。倘若

上述测量范围为0～400℃，其他条件不变，此时只能选用热电偶中的镍铬-考铜或铁-康铜等热电偶。

从测量系统技术指标分配上，如通过提高 A-D 位数，降低对传感器灵敏度要求；一般测控系统都采用了计算机或微处理器，就可以运用必要的软件方法校正传感器的非线性，在选用或设计传感器时不必对线性指标提出过分要求了。

2. 高可靠性原则

对传感器及其测量系统来说，尽管要求各种各样，但可靠性是最突出也是最重要的，因为系统能否正常可靠地工作，将直接影响测量结果的正确与否，也将影响工作效率和信誉，甚至造成无法弥补的重大损失。例如，在线检测与控制系统，由于传感器的故障可造成整个生产过程的混乱，甚至引起严重后果。所以，应遵循高可靠性原则，采取各种措施提高可靠性。在测控系统或仪器的设计过程中，不应盲目追求复杂、高级的方案。在满足性能指标的前提下，应尽可能采用简单的方案，因为方案简单意味着元器件少，开发、调试、生产方便，可靠性高。在多种可选择的传感器中，在满足基本技术指标情况下，必须把可靠性列为最高原则。例如，在相同指标下，结构简单比结构复杂更可靠；集成式传感器比分离式传感器可靠；数字式比模拟式可靠等。对技术参数应留有一定的余量，并进行必要的老化和筛选，要承受低温、高温、冲击、振动、干扰、烟雾等试验，以保证其对环境的适应性。此外，已经成熟并大量应用定型的传感器产品远比新研制的样品可靠得多。

3. 较高的性价比原则

我们从性能和造价两方面来选择或研制传感器，应遵循较高性价比原则。

对研制和批量生产传感器而言，造价取决于研制成本和生产成本。前者是一次性的，主要的花费在于系统设计、调试、试验和改进，硬件成本不是主要因素，人力资本（软成本）投入大于硬件。当投入生产时，生产数量越大，每件产品的平均研制费就越低，此时，生产成本就成为传感器造价的主要因素。显然，传感器硬件成本和加工工艺要求对产品的生产成本有很大影响。相反，当传感器产量较小时，研制成本决定造价。此时，宁可多花费一些硬件开支，也要尽量降低研制经费。

对研制测控系统或检测仪器而言，面临着是自主研制传感器，还是选择传感器的问题。对通用类传感器，能够从已有的多种型号、多个厂家的标准产品中选购，没有必要自己研制，以保证完成项目任务；现有产品指标虽然不能完全满足要求，但是厂家适当改进就可以达到的，采用委托厂家加工非标准产品或合作方式进行。在考虑经济性时，除造价外，还应顾及使用成本，即使用期间的维护费、备件费、运转费等。必须在综合考虑后才能看出真正的经济效果，从而做出选用方案的正确决策。

二、应用传感器考虑的主要因素

为了设计或选择适合于测量目的的传感器，要遵循上面提出的三条原则。但在具体应用传感器时应考虑的事项很多，有被测量（输入）、干扰、温度、电源、传感器固有的特性、传感器的输出量等，如图 1-17 所示。

抓住主要因素，根据传感器应用的目的、指标、环境条件和成本等限制条件，从不同的侧重点，优先考虑几个重要的条件就可以了。例如，需要长时间连续工作的传感器，就必须重点考虑那些长期稳定性好的传感器；而对化学分析等时间比较短的测量过程，则需要考虑灵敏度和动态特性均好的传感器。总之，选择使用传感器时，具体情况要具体分析，一般应从以下四方面的条件考虑。

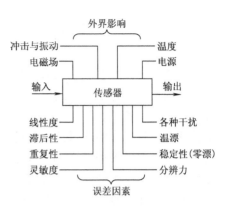

图 1-17 传感器输入输出作用图

1. 与测量条件有关的因素

1）测量的目的。

2）被测试量的选择。

3）测量范围。

4）输入信号的幅值、频带宽度。

5）精度要求。

6）测量所需要的时间。

2. 与传感器有关的技术指标

1）精度。

2）稳定度。

3）响应特性。

4）模拟量与数字量。

5）输出幅值。

6）对被测物体产生的负载效应。

7）校正周期。

8）超标准过大的输入信号保护。

3. 与使用环境条件有关的因素

1）安装现场条件及情况。

2）环境条件（湿度、温度、振动等）。

3）信号传输距离。

4）所需现场提供的电源及要求。

4. 与购买和维护有关的因素

1）价格。

2）零配件的储备。

3）服务与维修制度、保修时间。

4）交货日期。

以上是有关选择传感器时主要考虑的因素。为了提高测量精度，应注意平常使用时的显示值应接近满量程来选择测量范围或刻度范围。选择传感器的响应速度，目的是适应输入信号的频带宽度，从而得到高信噪比、高精度的传感器。此外，还要合理选择使用现场条件，注意安装方法，了解传感器的安装尺寸和重量等；要注意从传感器的工作原理出发，联系被测对象中可能会产生的负载效应问题，从而选择最合适的传感器。

第五节　传感器技术的发展

传感器在科学技术领域、工农业生产及日常生活中发挥着越来越重要的作用。人类社会对传感器提出的越来越高的要求是传感器技术发展的强大动力。其发展与现代科学技术突飞猛进密切相关。

从传感器的测量作用来讨论，传感器的历史相当久远，可以说伴随着人类的文明进程。传感器技术的发展程度影响、决定着人类认识世界的程度与能力。人类认识到的客观世界就是能够利用各种各类的传感器技术测量到的范围与程度。但如果将传感器限定于可用的电信号输出时，那么传感器技术兴起于 20 世纪。

近年来迅速发展起来的现代信息技术的三大技术——传感器技术完成信息的获取，通信技术完成信息的传输，计算机技术完成信息处理，它们分别构成了信息系统的"感官""神经"和"大脑"。20 世纪 70 年代以来，由于微电子技术的大力发展与进步，极大地促进了通信技术与计算机技术的快速发展。而传感器技术发展明显缓慢，制约了信息技术的发展，成为技术发展的瓶颈。这种发展不协调的状况以及由此带来的负面影响，在近些年科学技术的快速发展过程中表现得尤为突出，甚至局部领域出现了由于传感器技术的滞后，反过来影响、制约了其他相关科学技术的发展与进步的情况。因此许多国家都把传感器技术列为重点发展的关键技术之一。美国曾把 20 世纪 80 年代看成传感器技术时代，并列为 20 世纪 90 年代 22 项关键技术之一；日本把传感器技术列为 20 世纪 80 年代十大技术之首。从 20 世纪 80 年代中后期开始，我国也把传感器技术列为国家优先发展的技术之一。

可见，传感器技术是与现代技术密切相关的尖端技术，近年来得到了较快的发展。不仅采取有效的技术途径不断改善传感器性能，而且在开发新材料新功能、采用新的加工工艺、与其他技术交叉融合，使传感器呈现出数字化、微型化、集成化、多功能化、智能化、网络化为主要特征的发展趋势。

一、改善传感器性能的技术措施

1. 差动技术

差动技术的应用可显著地减小温度变化、电源波动、外界干扰等对传感器精度的影响，抵消了共模误差，减小非线性误差等。不少传感器由于采用了差动技术，提高了灵敏度。

2. 累加平均技术

在传感器中采用平均技术可产生平均效应。其原理是利用若干个传感单元同时感受被测量，其输出则是这些单元输出的平均值，若将每个单元可能带来的误差 δ 均可看作随机误差且服从正态分布，根据误差理论，总的误差将减小为

$$\delta_\Sigma = \pm\delta/\sqrt{n}$$

式中　n——传感单元数。

可见，在传感器中利用累加平均技术不仅可使传感器误差减小，而且可增大信号量，即增大传感器灵敏度。

光栅、磁栅、容栅、感应同步器等传感器，由于其本身的工作原理决定有多个传感单元参与工作，可取得明显的误差平均效应的效果。这也是这一类传感器固有的优点。另外，误差平均效应对某些工艺性缺陷造成的误差同样起到弥补作用。因此，设计时在结构允许情况下，适当增多传感单元数，可收到很好的效果。例如，圆光栅传感器，若让全部栅线都同时参与工作，设计成"全接收"形式，误差平均效应就可较充分地发挥出来。

3. 补偿与修正技术

补偿与修正技术在传感器中得到了广泛的应用。针对传感器本身特性，可以找出误差的变化规律，或者测出其大小和方向，采用适当的方法加以补偿或修正，改善传感器的工作范围或减小动态误差；针对传感器工作条件或外界环境进行误差补偿，也是提高传感器精度的有力技术措施。例如，不少传感器对温度敏感，由于温度变化引起的误差十分可观。为了解决这个问题，必要时可以控制温度，采用恒温装置，但往往费用太高，或使用现场不允许。而在传感器内引入温度误差补偿又常常是可行的。这时应找出温度对测量值影响的规律，然后引入温度补偿措施。在激光式传感器中，常常把激光波长作为标准尺度，而波长受温度、气压、湿度的影响，在精度要求较高的情况下，就需要根据这些外界环境情况进行误差修正。

补偿与修正，可以利用电子电路（硬件）来解决，也可以采用微型计算机通过软件来实现。

4. 屏蔽、隔离与干扰抑制

传感器大都要在现场工作，现场的条件往往是难以充分预料的，有时是极其恶劣的。各种外界因素要影响传感器的精度等性能。为了减小测量误差，保证其原有性能，就应设法削弱或消除外界因素对传感器的影响。其方法归纳起来有二：一是减小传感器对影响因素的灵敏度；二是降低外界因素对传感器实际作用的程度。

对于电磁干扰，可以采用屏蔽、隔离措施，也可用滤波等方法抑制。对于如温度、湿度、机械振动、气压、声压、辐射甚至气流等，可采用相应的隔离措施，如隔热、密封、隔振等，或者在变换成为电量后对干扰信号进行分离或抑制，减小其影响。

5. 稳定性处理

传感器作为长期测量或反复使用的器件，其稳定性显得特别重要，其重要性甚至胜过精度指标，尤其是对那些很难或无法定期标定的场合。随着时间的推移和环境条件的变化，构成传感器的各种材料与元器件性能将发生变化，造成了传感器性能不稳定。

为了提高传感器性能的稳定性，应该对材料、元器件或传感器整体进行必要的稳定性处理。例如，永磁材料的时间老化、温度老化、机械老化及交流稳磁处理，电气元件的老化筛选等。

在使用传感器时，若测量要求较高，必要时也应对附加的调整元件、后续电路的关键元器件进行老化处理。

二、传感器的发展动向

1. 开发新型传感器

新型传感器，大致应包括：①采用新原理；②填补传感器空白；③仿生传感器等诸方面。它们之间是互相联系的。

传感器的工作机理是基于各种效应和定律，由此启发人们进一步探索具有新效应的敏感功能材料，并以此研制出具有新原理的新型物性型传感器件，这是发展高性能、多功能、低成本和小型化传感器的重要途径。结构型传感器发展得较早，目前日趋成熟。一般而言，结构型传感器的结构复杂，体积偏大，价格偏高。物性型传感器大致与之相反，具有不少诱人的优点，加之过去发展也不够，世界各国都在物性型传感器方面投入大量人力、物力加强研究，从而使它成为一个值得注意的发展动向。其中，利用量子力学诸效应研制的高灵敏度传感器用来检测微弱的信号，是发展新动向之一。例如，利用核磁共振吸收效应的磁敏传感器，可将灵敏度提高到地磁强度的 10^{-7}；利用约瑟夫逊效应的热噪声温度传感器，可测 $10^{-6}℃$ 的超低温；利用光子滞后效应，做出了响应速度极快的红外传感器等。此外，利用化学效应和生物效应开发的、可供实用的化学传感器和生物传感器，更是有待开拓的新领域。

大自然是生物传感器的优秀设计师和工艺师。它通过漫长的岁月，不仅造就了集多种感官于一身的人类，而且还构造了许多功能奇特、性能高超的生物感官。例如，狗的嗅觉（灵敏度为人的 10^6），鸟的视觉（视力为人的 8～50 倍），蝙蝠、飞蛾、海豚的听觉（主动型生物雷达——超声波传感器）等。这些动物的感官功能超过了当今传感器技术所能实现的范围。研究它们的机理，开发仿生传感器，也是引人注目的方向。

2. 开发新材料

传感器材料是传感器技术的重要基础。无论何种传感器，都要选择恰当的材料来制作。近年来对传感器材料的开发研究有较大进展，用复杂材料来制造性能更加良好的传感器是今后的发展方向之一。

（1）半导体敏感材料　半导体敏感材料在传感器技术中具有较大的优势，在今后相当长时间内仍占主导地位，是制作力敏、热敏、光敏、磁敏、气敏、离子敏及其他敏感元件的主要材料。

硅材料可分为单晶硅、多晶硅和非晶硅。单晶硅最简单，非晶硅最复杂。单晶硅内的原子处处规则排列，整个晶体内有一个固定晶向；多晶硅是由许多单晶颗粒构成的，每一单晶颗粒内的原子处处规则排列，单晶颗粒之间以界面相分离，且各单晶颗粒晶向不同，故整个多晶硅并无固定的晶向。用这三种材料都可制成压力传感器，这些压力传感器大致可分为四种形式，即压阻式、电容式、MOS 式和薄膜式。目前压力传感器仍以单晶硅为主，但有向多晶和非晶硅的薄膜方向发展的趋势。

蓝宝石上外延生长单晶硅膜是单晶硅用于敏感元件的典型应用。由于绝缘衬底蓝宝石是良好的弹性材料，而在其上异质结外延生长的单晶硅是制作敏感元件的半导体材料，故用这种材料研制的传感器具有无需 P-N 结隔离、耐高温、高频率响应、长寿命、可靠性好等优点，可以制作磁敏、热敏、离子敏、力敏等敏感元件。

多晶硅压力传感器的发展十分引人注目。这是由于这种传感器具有一系列优点，如温度特性好、制造容易、易小型化、成本低等。

非晶硅应用于传感器，主要有应变传感器、压力传感器、热电传感器、光传感器（如图像传感器和颜色传感器）等。非晶硅由于具有光吸收系数大，可用作薄膜光电器

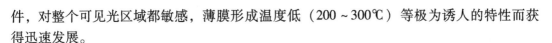

件，对整个可见光区域都敏感，薄膜形成温度低（200～300℃）等极为诱人的特性而获得迅速发展。

用金属材料和非金属材料结合成化合物半导体是另一个思路。目前不仅用金属 Ga 和非金属 As 合成了 GaAs，而且制成了许多化合物半导体，形成了一个庞大的家族。GaAs 发光效率高、耐高温、抗辐射、电子迁移率比 Si 大 5～6 倍，故可制成高频率器件。GaAs 在光敏、磁敏效应方面得到越来越多的应用。例如，采用炉内合成生长 GaAs 单晶，重复性、均匀性有较大提高，再采用离子注入技术，可制成性能优良的霍尔器件，线性误差为 0.2%，霍尔电动势温度系数为 $3 \times 10^{-4}/℃$。

在半导体传感器中，场效应晶体管（Field Effect Transistor，FET）的应用令人瞩目。FET 是一种电压控制器件，若在栅极上加一反向偏压，偏压的大小可控制漏极电流的大小。若能用某种敏感材料将所要测量的参量以偏压的方式加到栅极上，就可以从漏极电流或电压的数值来确定该参量的大小。FET 很容易系列化、集成化，可做成各种敏感场效应晶体管，如离子敏场效应晶体管（ISFET）、PH-FET、温度-FET、湿度-FET、气敏-FET 等。

（2）石英晶体材料 石英晶体材料包括压电石英晶体和熔凝石英晶体（又称石英玻璃）。它具有极高的机械品质因数和非常好的温度稳定性，同时，天然的石英晶体还具有良好的压电特性，因此，可采用石英晶体材料研制各种微小型化的高精密传感器。

（3）陶瓷材料 陶瓷材料在敏感技术中具有较大的技术潜力。陶瓷材料可分为很多种。具有电功能的陶瓷又叫电子陶瓷。电子陶瓷可分为绝缘陶瓷、压电陶瓷、介电陶瓷、热电陶瓷、光电陶瓷和半导体陶瓷。这些陶瓷在工业测量方面都有广泛的应用，其中以压电陶瓷、半导体陶瓷应用最为广泛。陶瓷敏感材料的发展趋势是继续探索新材料，发展新品种，向高稳定性、高精度、长寿命和小型化、薄膜化、集成化和多功能化方向发展。

半导体陶瓷是传感器常用材料，尤其以热敏、湿敏、气敏、电压敏最为突出。热敏陶瓷的主要发展方向是高温陶瓷，如添加不同成分的 $BaTiO_3$、ZrO_2、$Mg(AlCrFe)_2O_4$ 和 $ZnO\text{-}TiO_2\text{-}NiO_2$ 等；湿敏陶瓷的主要发展方向是不需要加热清洗的材料；气敏陶瓷的主要发展方向是不使用催化剂的低温材料和高温材料；电压敏陶瓷的发展方向是低压用材料和高压用材料，如 $ZnO\text{-}TiO_2$ 为低压用材料，而 $ZnO\text{-}Sb_2O_2$ 为高压用材料。

陶瓷敏感材料在使用时的结构形式也是各种各样的。以陶瓷湿敏传感器为例，可以是体型结构、厚膜结构、薄膜结构或涂覆型结构等。

（4）磁性材料 不少传感器采用磁性材料。目前磁性材料正向非晶化、薄膜化方向发展。非晶磁性材料具有磁导率高、矫顽力小、电阻率高、耐腐蚀、硬度大等特点，因而将获得越来越广泛的应用。

由于非晶体不具有磁的各向同性，因而是一种高磁导率和低损耗的材料，很容易获得旋转磁场，而且在各个方向都可得到高灵敏度的磁场，故可用来制作磁力计或磁通敏感元件，也可利用应力-磁效应制得高灵敏度的应力传感器，基于磁致伸缩效应的力敏元件也得到发展。

由于这类材料灵敏度比坡莫合金高几倍，这就可大大降低涡流损耗，从而获得优良的磁特性，这对高频更为可贵。利用这一特点，可以制造出用磁性晶体很难获得的快速响应型传感器。

（5）智能材料　智能材料是指设计和控制材料的物理、化学、机械、电学等参数，研制出生物体材料所具有的特性或者优于生物体材料性能的人造材料。

有人认为，具有下述功能的材料可称为智能材料：具备对环境的判断可自适应功能；具备自诊断功能；具备自修复功能；具备自增强功能（或称时基功能）。

生物体材料的最突出特点是具有时基功能，因此这种传感器特性是微分型的，它对变化部分比较敏感。反之，长期处于某一环境并习惯了此环境，则灵敏度下降。一般来说，它能适应环境调节其灵敏度。除了生物体材料外，最引人注目的智能材料是形状记忆合金、形状记忆陶瓷和形状记忆聚合物。智能材料的探索工作刚刚开始，相信不久的将来会有很大的发展。

3. 微型传感器加工工艺的发展

在发展新型传感器中，离不开新的加工工艺。新工艺的含义范围很广，这里主要指与发展微型传感器联系特别密切的微细加工技术：应用集成电路（IC）工艺和微机械加工（MEMS）以低成本大批量生产的微型传感器，越来越受到人们的关注。它是离子束、电子束、分子束、激光束和化学刻蚀等用于微电子加工的技术，目前已越来越多地用于传感器领域，如溅射、蒸镀、等离子体刻蚀、化学气相沉积（CVD）、外延、扩散、腐蚀、光刻等。

以应变式传感器为例。应变片可分为体型应变片、金属箔式应变片、扩散型应变片和薄膜应变片，而薄膜应变片则是今后的发展趋势。这主要是由于近年来薄膜工艺发展迅速，除采用真空沉积、高频溅射外，还发展了磁控溅射。等离子体增强化学气相沉积、金属有机化合物化学气相沉积、分子束外延、光 CVD 技术对传感器的发展起了很大推动作用。例如，目前常见的溅射型应变计是采用溅射技术直接在应变体（即产生应变的柱梁、振动片等弹性体）上形成的。这种应变计厚度很薄，大约为传统的箔式应变计的 1/10 以下，故又称薄膜应变计。溅射型应变计的主要优点是：可靠性好，精度高，容易做成高阻抗的小型应变计，无迟滞和蠕变现象，具有良好的耐热性和耐冲击性能等。

用化学气相沉积法制备薄膜，以其成膜温度低（50~300℃）、可靠性好、系统简单等优点而发展很快，在制备多晶硅微晶硅传感器方面有许多报道。

硅杯是力敏元件中非常重要的结构。目前已极少采用机械方法加工硅杯，而改为可控的化学腐蚀方法。化学腐蚀方法可做到工艺稳定，硅杯尺寸很小，膜片均匀度很高，结构从 C 形、E 形发展到梁膜式，性能和生产率都有很大提高。

4. 传感器多功能集成化发展

传感器集成化包括两方面含义：一是同一功能的多元件阵列化，即将同一类型的单个传感元件用集成工艺在同一平面上排列起来，CCD 图像传感器就属于这种情况；另一是多功能一体化，即将传感器与放大、运算以及温度补偿等环节一体化，组装成一个器件。

目前，各类集成化传感器已有许多系列产品，有些已得到广泛应用。集成化已经成为传感器技术发展的一个重要方向。

随着集成化技术的发展，各类混合集成和单片集成式压力传感器相继出现，有的已经成为商品。集成化压力传感器有压阻式、电容式、MOSFET 等类型。其中压阻式集成化传感器发展快、应用广。自从压阻效应发现后，有人把四个力敏电阻构成的全桥做在硅膜上，就成为一个集成化压力传感器。国内在 20 世纪 80 年代就研制出了把压敏电阻、电桥、电压放大器和温度补偿电路集成在一起的单块压力传感器，其性能与国外同类产品相当。由于采用了集成工艺，将压敏部分和集成电路分为几个芯片，然后混合集成为一体，提高了输出性能及可靠性，有较强的抗干扰能力，完全消除了二次仪表带来的误差。

20 世纪 70 年代国外就出现了集成温度传感器，它基本上是利用晶体管作为温度敏感元件的集成电路。其性能稳定，使用方便，温度范围为 $-40 \sim +150℃$。国内在这方面也有不少进展，如近年来研制的集成热电堆红外传感器等。集成化温度传感器具有远距离测量和抗干扰能力强等优点，具有很大的实用价值。

传感器的多功能化也是其发展方向之一。作为多功能化的典型实例，美国某大学传感器研究发展中心研制的单片硅多维力传感器可以同时测量三个线速度、三个离心加速度（角速度）和三个角加速度，主要元件是由四个正确设计安装在一个基板上的悬臂梁组成的单片硅结构，九个正确布置在各个悬臂梁上的压阻敏感元件。多功能化不仅可以降低生产成本，减小体积，而且可以有效地提高传感器的稳定性、可靠性等性能指标。

为同时测量几种不同被测参数，可将几种不同的传感器元件复合在一起，做成集成块，如一种温、气、湿三功能陶瓷传感器已经研制成功。气体传感器在多功能方面的进步最具有代表性，能够同时测量 H_2S、C_8H_{18}、$C_{10}H_{20}O$、NH_3 四种气体。

把多个功能不同的传感元件集成在一起，不仅可同时进行多种参数的测量，还可对这些参数的测量结果进行综合处理和评价，反映出被测系统的整体状态。

5. 传感器的智能化和网络化发展

传感器与微处理器相结合，传感器技术正在向智能化方向发展，这也是信息技术发展的必然趋势。该类传感器不仅具有检测功能，还具有信息处理、逻辑判断、自诊断及自学习等人工智能，称之为传感器的智能化。借助于半导体集成化技术把传感器部分与信号预处理电路、输入/输出接口、微处理器等制作在同一块芯片上，即成为大规模集成智能传感器。可以说智能传感器是传感器技术与大规模集成电路技术相结合的产物，它的实现将取决于传感技术与半导体集成化工艺水平的提高与发展。这类传感器具有多功能、高性能、体积小、适宜大批量生产和使用方便等优点，可以肯定地说，是传感器重要的发展方向之一。

智能传感器又叫灵巧（Smart）传感器。这一概念最早是由美国宇航局在开发宇宙飞船过程中提出来的。飞船上天后需要知道其速度、位置、姿态等数据。为使宇航员能正常生活，需要控制舱内的温度、湿度、气压、加速度、空气成分等。为了进行科学考察，需要进行各种测试工作。所有这些都需要大量的传感器。众多传感器获得的大量数据需要处理，显然在飞船上安放大型计算机是不合适的。为了不丢失数据，又要降低费用，提出了分散处理这些数据的方法，即传感器获得的数据自行处理，只送出必要的少量数据。由此可见，智能传感器是电五官与微型计算机的统一体，是对外界信息具有检测、数据处理、逻辑判断、自诊断和自适应能力的集成一体化多功能传感器。这种传感器还具有与主机互相对话的功能，也可以自行选择最佳方案。

随着模糊理论技术的发展，在20世纪80年代末出现的以自然语言符号描述的形式输出测量结果的智能传感器，得到了国内外学者的广泛关注。一般认为，模糊传感器是在经典传感器数值测量的基础上，经过模糊推理与知识集成，能产生和处理与其相关测量的符号信息的传感器件。

为解决现场总线的多样性问题，IEEE 1451.2 工作组制定了智能传感器接口模块（STIM）标准。该标准描述了传感器网络适配器和微处理器之间的硬件和软件接口，是 IEEE 1451 网络传感器标准的重要组成部分，为传感器与各种网络连接提供了条件和方便。智能传感器和网络化传感器的飞速发展可大大提高信号检测能力。

近几年，无线通信技术和传感器技术的迅速发展推动了无线传感器网络在军事、环境监测、家居智能、医疗健康、科学研究等领域中的应用。无线传感器网络是一种以数据为中心的网络，具有小型化、低复杂度、低成本的特点。这就要求在构建无线传感器网络时要考虑选用合适的通信技术。IEEE 802.15.4（ZigBee）相对于蓝牙技术主要的特点有：①极低的功耗，无需更换电池；②组网方式非常灵活，可直接组成各种网络拓扑形式；③传感器器件不和网络通信时处于休眠状态，通信前须将其唤醒。这些特点决定了 ZigBee 非常适合用于构建无线传感器网络。

关于模糊传感器、智能传感器和网络传感器将在第七章做较详细的介绍。

思考题与习题

1-1 GB/T 7665—2005 对传感器是怎样定义的？经典的传感器一般由哪几部分组成？它们的作用及相互关系如何？结合实际理解传感器含义。

1-2 传感器最基本的作用是什么？随着信息技术的高速发展，与经典传感器相比，现代传感器有哪些特点？

1-3 传感器分类有哪几种？它们各适合在什么情况下使用？

1-4 传感器数学模型的一般描述方法有哪些？为什么说建立其模型是必要的但又是很困难的？

1-5 传感器的静态特性是什么？由哪些性能指标描述？它们一般用哪些公式表示？

1-6 传感器的动态特性是什么？其分析方法有哪几种？

1-7 怎样理解传感器动态灵敏度指标？如何获得幅频特性和相频特性？

1-8 在理解非线性传感器系统和传感器的非线性概念基础上，讨论两者的异同点。

1-9 浴盆曲线描述了传感器失效率 λ 随时间变化规律。试根据此规律，采取怎样的措施来提高传感器的可靠性？

1-10 在理解传感器的物理模型（或电路模型）、数学模型的含义基础上，讨论它们与传感器的关系，试结合具体传感器讨论模型化研究方法。

1-11 下列测量数值结果中，哪些表示不正确：（100 ± 0.1）℃，（100 ± 1）℃，100（1 ± 1%）℃，100（1 ± 0.1%）℃？

1-12 某传感器给定精度为 2% FS（FS 表示满量程），满刻度值输出为 50mV，求可能出现的最大误差 δ（以 mV 计）。当传感器使用在满刻度的 1/2 和 1/8 时计算可能产生的百分误差。由你的计算结果能得出什么结论？

1-13 某一传感器具有 1% 规定线性读数误差外加 0.1% FS 误差。第二个具有相同测量范围的传感器则具有 0.5% 规定读数误差外加 0.2% FS 误差。试问在什么数值范围第一个传感器比第二个传感器更精确？如果第二个传感器的测量范围是第一个传感器的两倍，它将在什么数值范围更精确？

1-14 有一个传感器，其微分方程为 $30\mathrm{d}y/\mathrm{d}t + 3y = 0.15x$，其中 y 为输出电压（mV），x 为输入温度（℃），试求该传感器的时间常数 τ 和静态灵敏度 k。

1-15 用某一阶传感器装置测量频率为 100Hz 的正弦信号，要求幅值误差限制在 5% 以内，问其时间常数应取多少？如果用具有该时间常数的同一装置测量频率为 50Hz 的正弦信号，试问此时的幅值误差和相位差分别为多少？

1-16 设用一个时间常数为 $\tau = 0.1\mathrm{s}$ 的一阶装置测量输入为 $x(t) = \sin 4t + 0.2\sin 40t$ 的信号，试求其输出 $y(t)$ 的表达式。设静态灵敏度 $k = 1$。

1-17 某 $\tau = 0.1\mathrm{s}$ 的一阶装置，当允许幅值误差在 10% 以内时，试确定输入信号的频率范围。

1-18 试分析 $A\dfrac{\mathrm{d}y(t)}{\mathrm{d}t} + By(t) = Cx(t)$ 传感器系统的频率响应特性。

1-19 某压电式加速度计动态特性可用下述微分方程描述：

$$\frac{\mathrm{d}q^2}{\mathrm{d}t^2} + 3.0 \times 10^3 \frac{\mathrm{d}q}{\mathrm{d}t} + 2.25 \times 10^{10} q = 11.0 \times 10^{10} a$$

式中，q 为输出电荷（pC）；a 为输入加速度（m/s^2）。试确定该测量装置的固有振荡频率 ω_0、阻尼因数 ξ、静态灵敏度 k 的值。

1-20 对某二阶装置输入一单位阶跃信号后，测得其响应中数值为 1.5 的第一个超调量峰值，同时测得其振荡周期为 6.82s。若该装置的静态灵敏度 $k = 3$，试求该装置的动态特性参数及其频率响应函数。

1-21 已知某二阶传感器系统的自振频率 $f_0 = 20\mathrm{kHz}$，阻尼因数 $\xi = 0.1$，若要求传感器的输出幅值误差小于 3%，试确定该传感器的工作频率范围。

1-22 设某力传感器可作为二阶振荡系统处理，已知传感器的固有频率为 800Hz，阻尼因数 $\xi = 0.14$，使用该传感器测试 400Hz 的正弦信号，问此时的振幅误差和相位差分别为多少？

1-23 查阅参考文献，全面学习传感器的标定（校准）知识和方法，选择一种类型传感器，开展静态特性和动态特性的标定研究，并提交标定方案报告。

第二章 力 传 感 器

力传感器是指对力学量敏感的一类器件或装置。这类传感器应用广泛、影响面宽，不仅可以测量力，也可用于测量加速度、位移、振动、扭矩、流量、负荷、密度、温度等其他物理量。传统的测量力的方法是利用弹性元件的形变和位移来表示的，其特点是成本低、输出信号弱、存在非线性和温度误差。随着微电子技术和微机械加工技术的发展，利用半导体材料或电介质材料的压阻效应、压电效应和良好的弹性，研制出了不同种类的力传感器，主要有压阻式、电容式、压电式等。它们具有体积小、重量轻、灵敏度高等优点，因此使这类传感器有了广泛应用和长足进步。同时，半导体压力传感器正向集成化、智能化和网络化方向发展。

对力学量敏感的器件或装置种类繁多，如应变式传感器、电感式传感器、电容式传感器、压电式传感器、声表面波传感器、谐振式传感器、电位式传感器等。本章由于篇幅所限仅介绍前四种力传感器。

第一节 应变式传感器

一、金属应变片式传感器

金属应变片式传感器的核心元件是金属应变片，它可将试件上的应变转换成电阻变化。当试件受力变形时，应变片的敏感栅也随之变形，引起应变片电阻值变化，通过测量电路将其转换为电压或电流信号输出。

应变式传感器已成为目前非电量电测技术中非常重要的检测部件，广泛地应用于工程测量、过程检测和科学实验中。它具有以下几个特点：

1）精度高，测量范围广。对测力传感器而言，量程从零点几牛至几十万牛，精度可达 0.01% FS；对测压传感器，量程从几十帕至 10^{11} Pa，精度为 0.1% FS。应变测量范围一般可由几个微应变至数千微应变（$1\mu\varepsilon$ 相当于长度为 1m 的试件，其变形为 $1\mu m$ 时的相对变形量，即 $1\mu\varepsilon = 1 \times 10^{-6}\varepsilon$）。

2）频率响应特性较好。一般电阻应变式传感器的响应时间为 10^{-7} s，半导体应变式传感器可达 10^{-11} s，若能在弹性元件设计上采取措施，则应变式传感器可测频率为几万赫甚至几十万赫的动态过程。

3）应变片结构简单、尺寸小、重量轻。因此粘贴在被测试件上对其工作状态和应力分布的影响很小，同时使用维修方便。

4）可在高（低）温、高速、高压、强烈振动、强磁场及核辐射和化学腐蚀等恶劣条件下正常工作。

5）易于实现小型化、整体化。随着大规模集成电路工艺的发展，目前已有将测量电路甚至 A/D 转换器与传感器组成一个整体。传感器的输出可直接接入计算机进行数据处理。

6）价格低廉，品种多样，便于选择。

但是应变式传感器也存在一定缺点：在大应变状态中具有较明显的非线性；应变式传感器输出信号微弱，抗干扰能力较差，因此信号线需要采取屏蔽措施；应变式传感器测出的只是一点或应变栅范围内的平均应变，不能显示应力场中应力梯度的变化等。

尽管应变式传感器存在上述缺点，但可采取一定补偿措施，因此，它仍不失为非电量电测技术中应用最广和最有效的敏感元件。

（一）金属丝式应变片

1. 应变效应

金属丝式应变片的工作基础是应变效应。所谓应变效应是指导体或半导体在受到外力的作用下，会产生机械变形，从而导致其电阻值发生变化的现象。1856 年，开尔文（Lord Kelvin）公布了导体中的这一效应。1954 年，史密斯（C. S. Smith）研究了硅和锗中的应变效应。

对于长度为 L，截面积为 S，电阻率为 ρ 的金属丝，其电阻 R 为

$$R = \rho \frac{L}{S} \tag{2-1}$$

当金属丝沿轴线方向（纵向）受外力 F 拉伸时，如图 2-1 所示，影响电阻 R 的三个参数中的每一个量都要改变，因而 R 值发生的变化可由下式给出：

$$\frac{\mathrm{d}R}{R} = \frac{\mathrm{d}\rho}{\rho} + \frac{\mathrm{d}L}{L} - \frac{\mathrm{d}S}{S} \tag{2-2}$$

图 2-1 金属丝应变效应示意图

式中 $\dfrac{\mathrm{d}R}{R}$——电阻的相对变化；

$\dfrac{\mathrm{d}\rho}{\rho}$——电阻率的相对变化；

$\dfrac{\mathrm{d}L}{L}$——金属丝长度的相对变化，用 ε 表示，也称为金属丝长度方向上的应变或轴向应变；

$\dfrac{\mathrm{d}S}{S}$——截面积的相对变化。

因为 $S = \pi r^2$，r 为金属丝的半径，则 $\mathrm{d}S = 2\pi r\mathrm{d}r$，$\dfrac{\mathrm{d}S}{S} = 2\dfrac{\mathrm{d}r}{r}$，$\dfrac{\mathrm{d}r}{r}$ 为金属丝半径的相对变化，即径向应变，用 ε_r 表示。

根据材料力学知识，在弹性范围内金属丝沿长度方向伸长时，径向（横向）尺寸缩小；反之，亦然。即轴向应变 ε 与径向应变 ε_r 存在以下关系：

$$\varepsilon_\mathrm{r} = -\mu\varepsilon \tag{2-3}$$

式中 μ——金属材料的泊松比。

将上述各关系式一并代入式（2-2），得

$$\frac{\mathrm{d}R}{R} = \frac{\mathrm{d}\rho}{\rho} + \frac{\mathrm{d}L}{L}(1 + 2\mu) = \frac{\mathrm{d}\rho}{\rho} + \varepsilon(1 + 2\mu)$$

将 $\mathrm{d}R$、$\mathrm{d}\rho$ 改写成增量 ΔR、$\Delta\rho$，则

$$\frac{\Delta R}{R} = \left(1 + 2\mu + \frac{\Delta\rho/\rho}{\Delta L/L}\right)\frac{\Delta L}{L} = K_S\varepsilon \tag{2-4}$$

可见，金属丝电阻的相对变化与金属丝的伸长或缩短之间存在比例关系。比例因数 K_S 称为金属丝的应变灵敏系数，其物理意义为单位应变引起的电阻相对变化。由式(2-4)可知，K_S 由两部分组成：前一部分仅由金属丝的几何尺寸变化引起，一般金属的 $\mu \approx 0.3 \sim 0.5$；后一部分为电阻率随应变而引起的变化。对金属材料，以前者为主；对半导体材料，主要由后者决定。

实验表明，在金属丝拉伸比例极限内，电阻相对变化与轴向应变成正比。通常 K_S 在 1.8～3.6 范围内。

2. 应变片的结构

图 2-2 所示为电阻应变片的典型结构示意图。它由敏感栅 1、基底 2、盖片 3、引线 4 和黏结剂等组成，它们直接影响应变片的性能。因此，应根据使用条件和要求合理地加以选择。

（1）敏感栅 敏感栅是应变片最重要的组成部分，它由某种金属细丝绕成栅形（见图 2-2）。电阻应变片的电阻值有 60Ω、120Ω、200Ω、350Ω、600Ω、1000Ω 等多种规格，其中 120Ω（应力分析用）和 350Ω（传感器用）较为常用。敏感栅在纵轴方向的长度称为栅长，用 l 表示。在与应变片轴线垂直的方向上，敏感栅外侧之间的距离称为栅宽，用 b 表示。应变片栅长大小关系到所测应变的准确度，应变片测得的应变大小实际上是应变片栅长和栅宽所在面积内的平均轴向应变量。栅长有 100mm、200mm 及 1mm、0.5 mm、0.2mm 等规格，分别适应于不同的用途。

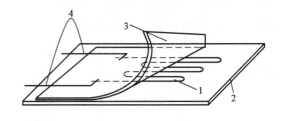

图 2-2 电阻应变片结构示意图
1—敏感栅 2—基底 3—盖片 4—引线

（2）基底和盖片 基底用于保持敏感栅、引线的几何形状和相对位置；盖片既保持敏感栅和引线的形状和相对位置，还可保护敏感栅。最早的基底和盖片多用专门的薄纸制成。基底厚度一般为 0.02～0.05mm，基底的全长称为基底长，其宽度称为基底宽。

（3）黏结剂 黏结剂用于将敏感栅固定于基底上，并将盖片与基底粘贴在一起。使用金属应变片时，也需用黏结剂将应变片基底粘贴在弹性体表面某个方向和位置上，将

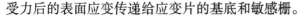

受力后的表面应变传递给应变片的基底和敏感栅。

（4）引线 引线是从应变片的敏感栅中引出的细金属线，常用直径为 $0.1 \sim 0.15 \text{mm}$ 的镀锡铜线，或扁带形的其他金属材料制成。对引线材料的性能要求为：电阻率低、电阻温度系数小、抗氧化性能好、易于焊接。大多数敏感栅材料都可制作成引线。

3. 应变片的主要特性

（1）灵敏系数 金属丝感受拉伸或压缩时的电阻相对变化与其应变之间具有线性关系，用金属丝的应变灵敏系数 K_S 表示。当金属丝制成应变片后，其电阻-应变特性与金属单丝情况不完全相同。

实验表明，金属应变片的电阻相对变化 $\dfrac{\Delta R}{R}$ 与应变 ε 在很宽的范围内均为线性关系，即

$$\frac{\Delta R}{R} = K\varepsilon$$

$$K = \frac{\Delta R}{R} \Big/ \varepsilon \tag{2-5}$$

式中 K——金属应变片的灵敏系数。

应该指出，K 是在试件受一维应力作用，应变片的轴向与主应力方向一致，且试件材料的泊松比为 0.285 时测得的。

实验结果表明，应变片的灵敏系数 K 恒小于线材的灵敏系数 K_S。其原因是：①胶层传递变形失真；②存在横向效应。

（2）横向效应及横向效应系数 由于金属应变片的敏感栅两端为半圆弧形的横栅，测量应变时，构件的轴向应变 ε 使敏感栅电阻发生变化，其横向应变 ε_r 也将使敏感栅半圆弧部分的电阻发生变化（除了 ε 起作用外），应变片既受轴向应变影响，又受横向应变影响而引起电阻变化的现象称为横向效应。

图 2-3 表示应变片敏感栅半圆弧部分的横向效应。沿轴向应变为 ε，沿横向应变为 ε_r。若敏感栅有 n 根纵栅，每根纵栅长为 l，半圆弧部分的半径为 r，在轴向应变 ε 作用下，全部纵栅的变形 ΔL_1 为

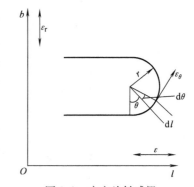

图 2-3 应变片敏感栅
半圆弧部分的横向效应

$$\Delta L_1 = nl\varepsilon$$

半圆弧横栅同时受到 ε 和 ε_r 的作用，在任一微小段长度 $\mathrm{d}l = r\mathrm{d}\theta$ 上的应变 ε_θ 为

$$\varepsilon_\theta = \frac{1}{2}(\varepsilon + \varepsilon_r) + \frac{1}{2}(\varepsilon - \varepsilon_r)\cos 2\theta \tag{2-6}$$

每个圆弧形横栅的变形量 Δl 为

$$\Delta l = \int_0^{\pi r} \varepsilon_\theta \mathrm{d}l = \int_0^{\pi} \varepsilon_\theta r\mathrm{d}\theta = \frac{\pi r}{2}(\varepsilon + \varepsilon_r)$$

纵栅为 n 根的应变片共有 $n-1$ 个半圆弧横栅，全部横栅的变形量 ΔL_2 为

$$\Delta L_2 = \frac{(n-1)\pi r}{2}(\varepsilon + \varepsilon_{\mathrm{r}})$$

应变片敏感栅的总变形 ΔL 为

$$\Delta L = \Delta L_1 + \Delta L_2 = \frac{2nl + (n-1)\pi r}{2}\varepsilon + \frac{(n-1)\pi r}{2}\varepsilon_{\mathrm{r}}$$

敏感栅栅丝的总长为 L，当敏感栅的灵敏系数为 K_{S} 时，其电阻相对变化量为

$$\frac{\Delta R}{R} = K_{\mathrm{S}}\frac{\Delta L}{L} = \frac{2nl + (n-1)\pi r}{2L}K_{\mathrm{S}}\varepsilon + \frac{(n-1)\pi r}{2L}K_{\mathrm{S}}\varepsilon_{\mathrm{r}} = K_x\varepsilon + K_y\varepsilon_{\mathrm{r}}$$

式中　K_x——轴向灵敏系数，当 $\varepsilon_{\mathrm{r}} = 0$ 时，$K_x = \left(\dfrac{\Delta R}{R}\right)_x \Big/ \varepsilon$；

　　　　K_y——横向灵敏系数，当 $\varepsilon = 0$ 时，$K_y = \left(\dfrac{\Delta R}{R}\right)_y \Big/ \varepsilon_{\mathrm{r}}$。

横向灵敏系数与轴向灵敏系数的比值称为横向效应系数 H，因此有

$$H = \frac{K_y}{K_x} = \frac{(n-1)\pi r}{2nl + (n-1)\pi r} \tag{2-7}$$

由式（2-7）可见，r 越小，l 越大，则 H 越小。即敏感栅越窄、基长越长的应变片，其横向效应引起的误差越小。

（3）机械滞后　粘贴在试件表面的应变片在一定温度下，加载与卸载过程不重合的现象称为机械滞后，如图 2-4 所示，加载与卸载特性的最大差值 $\varepsilon_{\max}$ 称为机械滞后量。

应变片在承受机械应变后，其内部会产生残余变形，使敏感栅电阻发生少量不可逆变化，这是产生机械滞后的主要原因。在制造或粘贴应变片时，如果敏感栅受到不适当的变形或者黏结剂固化不充分，都会造成较大的机械滞后。机械滞后的大小还与应变片所承受的应变量有关，加载时的机械应变愈大，卸载时的滞后也愈大。所以，对于新粘贴的应变片，可通过反复加卸载若干次以减少机械滞后所产生的误差。

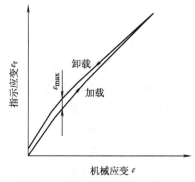

图 2-4　应变片的机械滞后

（4）零点漂移和蠕变　当温度恒定时，对于粘贴好的应变片，试件未承受应力的情况下，应变片的指示应变随时间变化的特性称为应变片的零点漂移，简称零漂。产生零点漂移的主要原因是敏感栅通以工作电流后的温度效应，应变片的内应力逐渐变化，黏结剂固化不充分以及敏感栅材料、黏结剂和基底材料性能的变化等。

如果温度不变，应变片承受恒定的机械应变量，应变片的指示应变随时间变化的特性称为蠕变。蠕变产生的原因是胶层在传递应变的开始阶段出现"滑动"，使力传到敏感栅的应变量逐渐减少。蠕变中包括零漂，零漂可以看作蠕变的一个特例。

（5）应变极限　理想情况下，应变片电阻的相对变化与所承受的轴向应变成正比，即灵敏系数为常数，但这种情况只能保持在一定的应变范围内，当试件表面的应变超过某一数值时，它们之间的比例关系将不再成立。

在图 2-5 中，纵坐标是应变片的指示应变 ε_i，横坐标为试件表面的真实应变 ε_z。真实应变是由于工作温度变化或承受机械载荷，在被测试件内产生应力（包括机械应力和热应力）时所引起的表面应变。当应变量不大时，应变片的指示应变值随试件表面的真实应变的增加而线性增加。如图 2-5 中曲线 1 所示，随着初始应变不断增加，曲线 1 由直线开始逐渐变弯，产生非线性误差，用相对误差 δ 表示为

$$\delta = \frac{|\varepsilon_z - \varepsilon_i|}{\varepsilon_z} \times 100\% \qquad (2-8)$$

在图 2-5 中，规定的相对误差用两条虚线表示，当曲线 1 与其中的一条相交时，对应该点的真实应变值即为应变极限。

在多数情况下，影响应变极限的主要因素是黏结剂和基底材料传递变形的性能及应变片的安装质量。制造与安装应变片时，应选用抗剪强度较高的黏结剂和基底材料。基底和黏结剂的厚度不宜过大，并应进行固化处理，才能获得较高的应变极限。

（6）动态特性　应变片的动态特性关系到所能测量的动态应变的频率范围。当测量频率很高的应变时，需考虑应变片的动态特性。由于应变片基底和粘贴胶层很薄，构件的应变波传到应变片的时间很短（估计约 $0.2\mu s$），故只需考虑应变沿应变片栅长方向传播时应变片的动态响应。

设一频率为 f 的正弦应变波在构件中以速度 v 沿应变片栅长方向传播，在 t 时刻，应变量沿构件分布如图 2-6 所示。

设应变波波长为 λ，则有 $\lambda = \dfrac{v}{f}$。应变片栅长为 l，t 瞬时应变波沿构件分布为

$$\varepsilon(x) = \varepsilon_0 \sin \frac{2\pi}{\lambda} x \qquad (2-9)$$

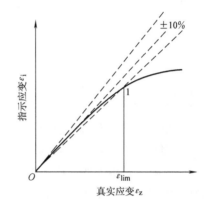

图 2-5　应变片的应变极限

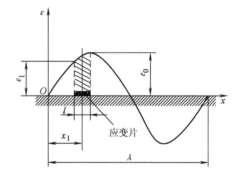

图 2-6　应变片对应变波的动态响应

应变片中点的应变为 $\varepsilon_t = \varepsilon_0 \sin \dfrac{2\pi}{\lambda} x_t$，$x_t$ 为 t 瞬时应变片中点的坐标。由应变片测得的应变为栅长 l 范围内的平均应变 ε_m，其数值等于 l 范围内应变波曲线下的面积除以 l，即

$$\varepsilon_m = \frac{1}{l} \int_{x_t - \frac{l}{2}}^{x_t + \frac{l}{2}} \varepsilon_0 \sin \frac{2\pi}{\lambda} x \, \mathrm{d}x = \varepsilon_0 \sin \frac{2\pi}{\lambda} x_t \frac{\sin \dfrac{\pi l}{\lambda}}{\dfrac{\pi l}{\lambda}}$$

平均应变 ε_m 与中点应变 ε_t 相对误差 δ 为

$$\delta = \frac{\varepsilon_t - \varepsilon_m}{\varepsilon_t} = 1 - \frac{\varepsilon_m}{\varepsilon_t} = 1 - \frac{\sin \frac{\pi l}{\lambda}}{\frac{\pi l}{\lambda}} \qquad (2-10)$$

当 $l/\lambda \ll 1$ 时，将 $\sin(\frac{\pi l}{\lambda})/(\frac{\pi l}{\lambda})$ 级数展开，略去高阶项，可得

$$\delta = -\frac{1}{6}(\frac{\pi l}{\lambda})^2 = -\frac{1}{6}(\frac{\pi f l}{v})^2$$

根据上式可进行动态应变测量时的误差计算或选择应变片栅长以满足某种频率范围内的误差要求，表 2-1 给出了不同栅长应变片对应的最高工作频率。

表 2-1　不同栅长应变片对应的最高工作频率

应变片栅长 l/mm	1	2	3	5	10	15	20
最高工作频率 f/kHz	250	125	83.3	50	25	16.7	12.5

4. 应变片的温度误差及其补偿

（1）温度误差　用作测量应变的金属应变片，希望其阻值仅随应变变化，而不受其他因素的影响。在用应变计测量时，由于环境温度变化所引起的附加电阻变化与试件受应变所造成的电阻变化几乎在相同数量级上，从而产生很大的测量误差。因环境温度改变而引起电阻变化的主要因素是应变片的电阻丝具有一定温度系数和电阻丝材料与测试材料的线膨胀系数不同。

设环境引起的构件温度变化 Δt 时，粘贴在试件表面的应变片敏感栅材料的电阻温度系数为 α_t，则应变片产生的电阻相对变化为

$$\left(\frac{\Delta R}{R}\right)_1 = \alpha_t \Delta t \qquad (2-11)$$

由于敏感栅材料和被测构件材料两者线膨胀系数不同，当 Δt 存在时，引起应变片的附加应变，其值为

$$\varepsilon_{2t} = (\beta_e - \beta_g)\Delta t \qquad (2-12)$$

式中　β_e——试件材料的线膨胀系数；

　　　β_g——敏感栅材料的线膨胀系数。

相应的电阻相对变化为

$$\left(\frac{\Delta R}{R}\right)_2 = K\varepsilon_{2t} = K(\beta_e - \beta_g)\Delta t$$

因此，由温度变化引起的总电阻相对变化为

$$\left(\frac{\Delta R}{R}\right)_t = \left(\frac{\Delta R}{R}\right)_1 + \left(\frac{\Delta R}{R}\right)_2 = \alpha_t \Delta t + K(\beta_e - \beta_g)\Delta t \qquad (2-13)$$

产生的虚假应变为

$$\varepsilon_t = \left(\frac{\Delta R}{R}\right)_t \bigg/ K = \frac{\alpha_t}{K}\Delta t + (\beta_e - \beta_g)\Delta t$$

上式为应变片粘贴在试件表面上，当试件不受外力作用，在温度变化 Δt 时，应变片的温度效应用应变形式表现出来，ε_t 称为热输出。式（2-13）表明，应变片热输出的大小不仅与应变计敏感栅材料的性能（α_t，β_g）有关，而且与被测试件材料的线膨胀系数（β_e）有关。

（2）温度补偿

1）单丝自补偿法。由于工作温度变化 Δt，使应变片产生热输出，由式（2-13）可知，要想消除该温度误差，必须满足

$$\alpha_t + K(\beta_e - \beta_g) = 0$$

即

$$\alpha_t = K(\beta_g - \beta_e) \tag{2-14}$$

由于每种被测试件材料的线膨胀系数 β_e 都为定值，可在有关的材料手册中查到。在选择应变片时，若应变片的敏感栅是用单一的合金丝制成，并使其电阻温度系数 α_t 和线膨胀系数 β_g 满足式（2-14）的条件，即可实现温度自补偿。具有这种敏感栅的应变片称为单丝自补偿应变片。其优点是结构简单，制造和使用都比较方便，但它必须在具有一定线膨胀系数材料的试件上使用，否则不能达到温度自补偿的目的。

2）双丝组合式自补偿法。适合双丝组合式自补偿的应变片是由两种不同电阻温度系数（一种为正值，一种为负值）的材料串联组成敏感栅，以达到一定的温度范围内在一定材料的试件上实现温度补偿的目的，如图 2-7 所示。这种应变片的自补偿条件要求粘贴在某种试件上的两段敏感栅随温度变化而产生的电阻增（减）量大小相等，符号相反，即

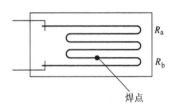

图 2-7　双丝组合式自补偿应变片

$$(\Delta R_a)_t = -(\Delta R_b)_t$$

所以，两段敏感栅的电阻大小可按下式选择：

$$\frac{R_a}{R_b} = -\frac{(\Delta R_b/R_b)_t}{(\Delta R_a/R_a)_t} = -\frac{\alpha_b + K_b(\beta_e - \beta_b)}{\alpha_a + K_a(\beta_e - \beta_a)}$$

该补偿方法的优点是：制造时，可以调节两段敏感栅的丝长，以实现对某种材料的试件在一定温度范围内获得较好的温度补偿。补偿效果可达 $\pm 0.55\mu\varepsilon/℃$。

3）电路补偿法。电路补偿法是最常用和最好的温度补偿方法之一，如图 2-8 所示，电桥输出电压与桥臂参数的关系为

$$U_{sc} = A(R_1R_4 - R_2R_3) \tag{2-15}$$

式中　A——由桥臂电阻和电源电压决定的常数。

由式（2-15）可知，当 R_3、R_4 为常数时，R_1 和 R_2 对输出电压的作用方向相反。利用这个基本特性可实现对温度的补偿，并且补偿效果较好。

测量应变时，工作应变片 R_1 贴在被测试件的表面，另选一个特性与 R_1 相同的补偿应变片 R_2 贴在与被测试件材料相同的补偿块上，温度与试件相同但不承受应变，如图 2-9 所示。

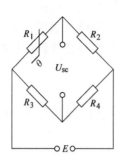

图 2-8 桥路补偿法

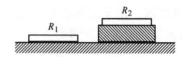

图 2-9 补偿应变片粘贴示意图

当被测试件不承受应变时，R_1 和 R_2 处于同一温度场，调整电桥参数，可使电桥输出电压为零，即

$$U_{sc} = A(R_1 R_4 - R_2 R_3) = 0$$

上式中可以选择 $R_1 = R_2 = R$ 及 $R_3 = R_4 = R'$。

当温度升高或降低时，若电阻 R_1 和 R_2 的变化量 $\Delta R_{1t} = \Delta R_{2t}$，即两个应变片的热输出相等，由式（2-15）可知电桥的输出电压为零，即

$$
\begin{aligned}
U_{sc} &= A\left[(R_1 + \Delta R_{1t}) R_4 - (R_2 + \Delta R_{2t}) R_3 \right] \\
&= A\left[(R + \Delta R_{1t}) R' - (R + \Delta R_{2t}) R' \right] \\
&= A(RR' + \Delta R_{1t} R' - RR' - \Delta R_{2t} R') \\
&= AR'(\Delta R_{1t} - \Delta R_{2t}) = 0
\end{aligned}
$$

若此时有应变作用，只会引起电阻 R_1 发生变化，R_2 不承受应变。故由式（2-15）可得输出电压为

$$U_{sc} = A\left[(R_1 + \Delta R_{1t} + R_1 K \varepsilon) R_4 - (R_2 + \Delta R_{2t}) R_3 \right] = AR'RK\varepsilon$$

由上式可知，电桥输出电压只与应变 ε 有关，与温度无关。

在某些测试条件下，可以巧妙地粘贴应变片，而不需另加专门的补偿块，又能提高输出的灵敏度，如图 2-10 所示的贴法。图2-10a为一个梁受弯曲应变时，应变片 R_1 和 R_2 的变形方向相反，上面受拉，下面受压，应变绝对值相等，符号相反，将它们接入电桥的相邻臂后，可使输出电

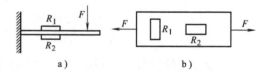

图 2-10 温度补偿法
a）物件受弯曲应力 b）物件受单向应力

压增加一倍。当温度变化时，应变片 R_1 和 R_2 的阻值变化的符号相同，大小相等，电桥不产生输出，达到了补偿的目的。图 2-10b 是受单向应力的构件，将工作应变片 R_2 的轴线顺着应变方向，补偿应变片 R_1 的轴线和应变方向垂直，根据被测试件承受应变的情况，R_1 和 R_2 接入电桥相邻臂，此时电桥的输出为

$$U_{sc} = AR_1 R_2 K(1 + \mu)\varepsilon$$

这种方法既起到了温度补偿的作用，又消除了横向效应误差。

还有一种热敏电阻补偿的方法，补偿原理如图 2-11 所示。热敏电阻 R_t 与应变计 R_1

处于相同的温度条件下，当应变计的灵敏度系数随温度的升高而下降时，热敏电阻的阻值也随之下降，从而使电桥的输入电压随温度的升高而增加，这样，便提高了电桥的输出电压，补偿了因应变计温度变化引起的输出下降。适当地选择分流电阻 R_5 的阻值，可以得到良好的补偿。

（二）金属箔式应变片

金属箔式应变片的工作原理和电阻丝式应变片基本相同。它的敏感栅是通过光刻、腐蚀等工艺制成的，如图 2-12 所示。箔栅的厚度一般为 $0.002 \sim 0.005mm$，最薄的达 $0.00035\ mm$。它的基片和盖片多为胶质膜，基片厚度一般为 $0.03 \sim 0.05mm$。

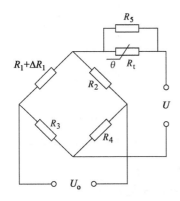

图 2-11　热敏电阻补偿法

图 2-12　金属箔式应变片

金属箔式应变片和丝式应变片相比较，具有如下特点：

1）金属箔栅很薄，因而它所感受的应力状态与试件表面的应力状态更为接近；当箔材和丝材具有同样的截面积时，箔材与粘接层的接触面积比丝材大，使它能更好地和试件共同工作；箔栅的端部较宽，横向效应较小，因而提高了应变测量的精度。

2）箔材表面积大，散热条件好，故允许通过较大电流，因而可以输出较大信号，提高了测量灵敏度。

3）箔栅的尺寸准确、均匀，且能制成任意形状，特别是为制造应变花和小栅长应变片提供了条件，从而扩大了应变片的使用范围。

4）蠕变小，疲劳寿命长。

5）便于成批生产，而且生产效率高。

由于金属箔式应变片有很多显著的特点，用箔式应变片取代丝式应变片已成为目前总的发展趋势。

（三）测量电路

电阻应变片的测量电路根据采用的电源不同，分为交流电桥和直流电桥两种。直流电桥比较简单，因此以直流电桥为例分析说明，如图 2-13 所示。图中 E 为电桥供电电源，R_1、R_2、R_3、R_4 为四个桥臂电阻，当电桥的负载电阻 R_g 为无穷大时，电桥的输出电压 U_g 为

$$U_g = U_{BD} = E\frac{R_1R_4 - R_2R_3}{(R_1 + R_2)(R_3 + R_4)} \tag{2-16}$$

当 $U_g = 0$ 时，直流电桥处于平衡状态，则有

$$R_1 R_4 = R_2 R_3$$

上式称为直流电桥平衡条件。该式说明,电桥平衡时,其相对两臂电阻的乘积相等或相邻两臂电阻的比值相等。

图2-14为单臂工作电桥,R_1为工作应变片,R_2、R_3、R_4为固定电阻,E为电桥供电电源,U_g为电桥的输出电压,负载电阻R_g为无穷大。应变片电阻R_1有一增量ΔR_1时,电桥的输出电压为

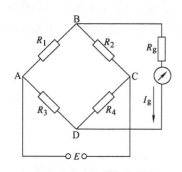
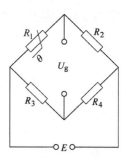

图2-13 直流电桥原理图   图2-14 单臂工作电桥

$$U_g = E \frac{(R_1 + \Delta R_1)R_4 - R_2 R_3}{(R_1 + \Delta R_1 + R_2)(R_3 + R_4)} \tag{2-17}$$

设桥臂比$n = R_2/R_1$,根据直流电桥平衡条件$R_1 R_4 = R_2 R_3$,忽略分母中的ΔR_1,整理后可得

$$U_g = \frac{n}{(1+n)^2} \frac{\Delta R_1}{R_1} E \tag{2-18}$$

则直流电桥电压灵敏度为

$$K_U = \frac{U_g}{\Delta R_1/R_1} = \frac{n}{(1+n)^2} E$$

可见,要想提高直流电桥电压灵敏度,可以提高电桥供电电源E,但E值的大小受应变片功耗的限制,不能无限增大。在E值确定后,取$\mathrm{d}K_U/\mathrm{d}n = 0$,得$(1-n^2)/(1+n)^4 = 0$,可得$n = 1$,即$R_1 = R_2$,$R_3 = R_4$时,电桥电压灵敏度最高,实际应用中常取$R_1 = R_2 = R_3 = R_4$。

当$n = 1$,且$R_1/R_2 = R_3/R_4$时,由式(2-18)可得单臂工作电桥的输出电压为

$$U_g = \frac{E}{4} \frac{\Delta R_1}{R_1} \tag{2-19}$$

式(2-19)说明,当单臂工作电桥的供电电源不变,负载电阻无穷大时,在应变片承受应变引起的电阻变化量ΔR_1相对$R_1 + R_2$的值可忽略的情况下,电桥输出电压U_g与应变片电阻相对变化呈线性关系,即单臂直流电桥电压灵敏度为常数。

如果在电桥的相临两个桥臂同时接入性能和指标完全相同的工作应变片,一片受拉,另一片受压,如图2-15a所示,使$R_1 = R_2$,$R_3 = R_4$,就构成差动双臂电桥,从而可导出差动双臂电桥的输出电压为

$$U_g = \frac{E}{2} \frac{\Delta R_1}{R_1} \tag{2-20}$$

如果在电桥的相对两个桥臂同时接入性能和指标完全相同的工作应变片，使两片都受拉或受压，如图 2-15b 所示，使 $R_1 = R_2$，$R_3 = R_4$，也可导出式（2-20）。

如果电桥的四个桥臂都接入性能和指标完全相同的工作应变片，如图 2-16 所示，则称为全桥电路，可导出全桥电路的输出电压为

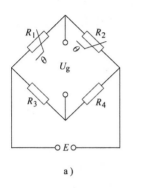

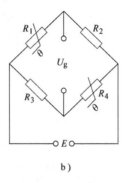

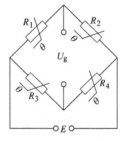

图 2-15　双臂工作电桥　　　　　　　　图 2-16　全桥电路

$$U_g = E \frac{\Delta R_1}{R_1} \tag{2-21}$$

可见，全桥电路的电压灵敏度是单臂工作电桥的 4 倍。全桥电路和相邻臂工作的双臂电路不仅灵敏度高，而且当负载电阻无穷大时，没有非线性误差，同时还起到温度补偿作用。

[例 2-1]　某应变片的电阻 $R = 350\Omega$，$K = 2.05$，用作应变 ε 为 $800\mu m/m$ 的传感元件。

1）求 $\Delta R/R$ 和 ΔR。

2）若电桥供电电源电压为 $E = 3V$，计算全桥电路的输出电压 U_o。

解：根据式（2-5），有

$$\Delta R/R = K\varepsilon = 800 \times 2.05 \times 10^{-6} = 0.00164$$

则　　　　　　　　　　$\Delta R = K\varepsilon R = 0.00164 \times 350\Omega = 0.574\Omega$

根据式（2-21），有

$$U_o = E\frac{\Delta R}{R} = 3 \times \frac{0.574}{350}V = 4.92mV \quad 或 \quad U_o = K\varepsilon E = 0.00164 \times 3V = 4.92mV$$

[例 2-2]　一个 $K = 2.1$ 的 350Ω 应变片被粘贴到铝支柱（其弹性模量 $E = 73GPa$）上。支柱的外径为 50mm，内径为 47.5mm。试计算当支柱承受 1000kgf 负荷时电阻的变化。（提示：$\sigma = \varepsilon E$，σ 为测试的应力，ε 为应变，E 为材料的弹性模量）

解：根据式（2-5），有

$$\Delta R = K\varepsilon R = KR\sigma/E = KR(F/S)/E$$

根据几何学，承受力的面积 S 为

$$S = \frac{\pi(D^2 - d^2)}{4} = \frac{\pi \times 97.5mm \times 2.5mm}{4} = 191mm^2$$

因此，对于 $R = 350\Omega$，$K = 2.1$，$F = 1000kgf = 9800N$ 和 $E = 73GPa$，有

$$\Delta R = 350\Omega \times 2.1 \times \frac{9800N}{(191 \times 10^{-6}m^2) \times 73GPa} = 0.52\Omega$$

（四）应变式传感器的应用

应变式传感器包括两个部分：一是弹性敏感元件，利用它将被测物理量转换为弹性体的应变值；另一个是应变片，它作为转换元件将应变转换为电阻的变化。金属应变片除直接用于测量机械、仪器及工程结构等的应变外，还可与某种形式的弹性敏感元件组成其他物理量的测试传感器，如测量加速度、密度、液位等。

1. 应变式测力传感器

荷重、拉压力传感器的弹性元件结构繁多，如柱形、筒形、梁形及环形等。

（1）圆柱式力传感器　圆柱式力传感器的弹性元件有实心和空心两种形式，如图 2-17 所示。应变片粘贴在弹性体外壁应力分布均匀的中间位置，并均匀对称地粘贴多片。为了减小弹性元件的高度对传感器精度和动态特性的影响，一般取实心圆柱高度 $H \geqslant 2D + l$，空心圆柱高度 $H \geqslant D - d + l$，D 为圆柱外径，d 为圆柱内径，l 为应变片栅长。应变片在圆柱面上的展开相对位置及桥路连线如图 2-18a、b 所示，R_1 和 R_3 串接，R_2 和 R_4 串接，并置于相对臂，以减小弯矩的影响，图中横向应变片 $R_5 \sim R_8$ 作温度补偿用。

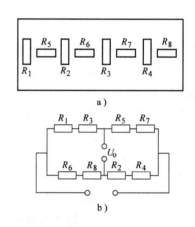

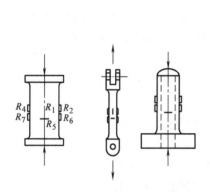

图 2-17　圆柱式力传感器

图 2-18　柱面展开及电桥

a）圆柱面展开　b）桥路连接图

（2）梁式力传感器　梁式力传感器的梁弹性元件有多种形式，如图 2-19 所示。图 2-19a 是等强度梁，集中力 F 作用于梁端三角形顶点上，梁内各断面产生的应力相等，表面上的应变也相等，与 l 方向粘贴的应变片位置无关。图 2-19b 是等截面梁，适合于 5000N 以下的载荷测量，也可用于小压力测量，其特点是结构简单、灵敏度高，由于表面沿 l 方向各点受力分布不均匀，因此应变片粘贴位置必须对称。图 2-19c 为双孔梁，多用于小量程工业电子秤和商业电子秤。图 2-19d 为 S 形弹性元件，适于拉伸形式的较小荷重测量。

2. 应变式压力传感器

测量气体或液体压力的应变式传感器有薄板式、膜片式、筒式、组合式等结构。下面以薄板式传感器为例说明，如图 2-20 所示。当气体或液体压力作用在薄板承压面上时，薄板变形，粘贴在另一面的电阻应变片随之变形，并改变阻值。这时测量电路中的电桥平衡被破坏，产生输出电压。

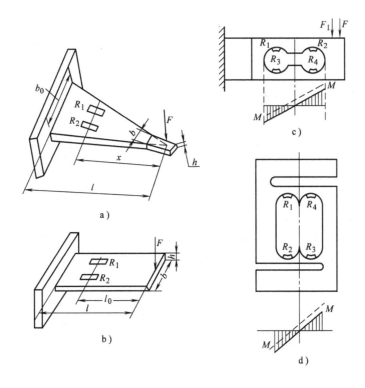

图 2-19 梁式力传感器

a）等强度梁 b）等截面梁 c）双孔梁 d）S形弹性元件

圆形薄板固定形式可以采用嵌固形式，也可以与传感器外壳做成一体，如图 2-20 所示。

当均布压力 p 作用于薄板时，圆板上各点径向应力和切向应力可表示为

$$\sigma_r = \frac{3p}{8h^2}[(1+\mu)r^2 - (3+\mu)x^2] \quad (2\text{-}22)$$

$$\sigma_t = \frac{3p}{8h^2}[(1+\mu)r^2 - (1+3\mu)x^2] \quad (2\text{-}23)$$

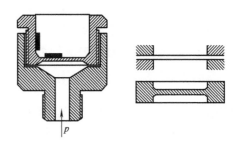

图 2-20 应变式压力传感器

圆板内任一点的应变计算式为

$$\varepsilon_r = \frac{3p}{8h^2E}(1-\mu^2)(r^2 - 3x^2) \quad (2\text{-}24)$$

$$\varepsilon_t = \frac{3p}{8h^2E}(1-\mu^2)(r^2 - x^2) \quad (2\text{-}25)$$

式中 σ_r、σ_t——径向和切向应力；

ε_r、ε_t——径向和切向应变；

r、h——圆板的半径和厚度；

μ——圆板材料的泊松系数；

x——与圆心的径向距离。

应变分布如图 2-21 所示。由上列各式可以得出以下结论：

1）由式（2-22）、式（2-23）可知，圆板边缘处的应力为

$$\sigma_r = -\frac{3p}{4h^2}r^2$$

$$\sigma_t = -\frac{3p}{4h^2}r^2\mu$$

因此，周边处的径向应力最大。设计薄板时，此处的应力不应超过允许应力。

2）由图 2-21 可知，$x=0$ 时，在圆板中心位置处的应变为

$$\varepsilon_r = \varepsilon_t = \frac{3p}{8h^2}\frac{1-\mu^2}{E}r^2 \qquad (2\text{-}26)$$

$x=r$ 时，在圆板边缘处的应变为

$$\varepsilon_t = 0$$

$$\varepsilon_r = -\frac{3p}{4h^2}\frac{1-\mu^2}{E}r^2 \qquad (2\text{-}27)$$

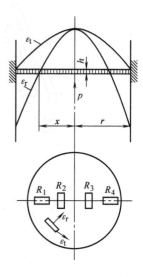

图 2-21 圆板表面应变分布图

此值比中心处应变大一倍；$x=\dfrac{r}{\sqrt{3}}$ 时，$\varepsilon_r=0$。由应变分布规律可找出贴片方法：由于切应变均为正且中心最大，径向应变沿圆周分布，有正有负，在中心处与切应变相等，而在边缘处最大，为中心处的两倍，在 $x=\dfrac{r}{\sqrt{3}}$ 处为零，故贴片时应避开 $\varepsilon_r=0$ 处。一般圆板中心处沿切向贴两片，在边缘处沿径向贴两片。应变片 R_1、R_4 和 R_2、R_3 接在桥路的相对臂内，以提高灵敏度并进行温度补偿。

3. 应变式加速度传感器

图 2-22 为应变式加速度传感器基本原理图。它由端部固定并带有惯性质量块 m 的悬臂梁（弹簧片）及贴在梁根部的应变片、基座及外壳等组成，是一种惯性式传感器。

测量时，根据所测振动体加速度的方向，把传感器固定在被测部位。当被测点的加速度沿图 2-22 中箭头所示方向运动时，悬臂梁自由端受惯性力 $F=-ma$ 的作用，质量块向箭头 a 相反的方向相对于基座运动，引起悬臂梁的弯曲，其上粘贴的应变片电阻发生变化，产生输出信号，输出信

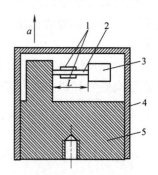

图 2-22 应变式加速度传感器

1—应变片 2—弹簧片

3—质量块 m

4—外壳 5—基座

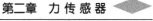

号大小与加速度成正比，从而确定物体运动的加速度大小和方向。

二、压阻式传感器

利用硅的压阻效应和微电子技术制成的压阻式力传感器是发展非常迅速的一种物性型传感器。它具有灵敏度高、响应速度快、可靠性好、精度较高、易于微型化和集成化等一系列突出优点。早期的压阻传感器是利用半导体应变片制成的粘贴型压阻传感器。20 世纪 70 年代以后，研制出力敏电阻与硅膜片一体化的扩散型压阻传感器。它易于批量生产，能够方便地实现微型化、集成化和智能化，因而成为受到人们普遍重视并重点开发的、具有代表性的新型传感器。它主要用于测量压力、加速度和载荷等物理量。

（一）压阻效应

随着固体物理学的发展，固体的各种效应逐渐被人们发现。固体材料在应力作用下发生形变时，其电阻率发生变化的现象称为压阻效应。

对于条形半导体材料，其电阻相对变化量由式（2-2）得出

$$\frac{\mathrm{d}R}{R} = \frac{\mathrm{d}\rho}{\rho} + (1+2\mu)\varepsilon \tag{2-28}$$

对金属来说，电阻变化率 $\frac{\mathrm{d}\rho}{\rho}$ 较小，有时可忽略不计。因此，主要起作用的是应变效应，即

$$\frac{\mathrm{d}R}{R} = (1+2\mu)\varepsilon$$

而半导体材料，若以 $\mathrm{d}\rho/\rho = \pi\sigma = \pi E\varepsilon$ 代入式（2-28），则有

$$\frac{\mathrm{d}R}{R} = \pi\sigma + (1+2\mu)\varepsilon = (\pi E + 1 + 2\mu)\varepsilon \tag{2-29}$$

式中　π——压阻系数；

　　　　E——弹性模量；

　　　　σ——应力；

　　　　μ——材料的泊松比；

　　　　ε——应变。

由于 πE 一般都比（$1+2\mu$）大几十倍甚至上百倍，因此，引起半导体材料电阻相对变化的主要参数是压阻系数，所以式（2-29）可近似表示为

$$\frac{\mathrm{d}R}{R} = \pi E\varepsilon \tag{2-30}$$

式（2-30）表明压阻传感器的工作原理是基于压阻效应的。

扩散硅压阻式传感器的基片是半导体单晶硅。单晶硅是各向异性材料，取向不同其特性不一样。而取向是用晶向表示的，所谓晶向就是晶面的法线方向。

（二）晶向、晶面的表示方法

结晶体是具有多面体形态的固体，由分子、原子或离子有规则排列而成。这种多面体的表面由称为晶面的许多平面围合而成。晶面与晶面相交的直线称为晶棱，晶棱的交点称为晶体的顶点。为了说明晶格点阵的配置和确定晶面的位置，通常引进一组对称轴

线，称为晶轴，用 X、Y、Z 表示。硅为立方晶体结构，取立方晶体的三个相邻边为 X、Y、Z。在晶轴 X、Y、Z 上取与所有晶轴相交的某一晶面为单位晶面，如图2-23 所示。晶面与坐标轴上的截距为 OA、OB、OC。已知某晶面在 X、Y、Z 轴上的截距为 OA_x、OB_y、OC_z，它们与单位晶面在坐标轴截距的比可写成

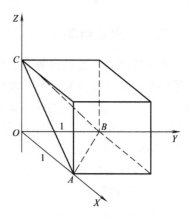

$$\frac{OA_x}{OA}:\frac{OB_y}{OB}:\frac{OC_z}{OC} = p:q:r \qquad (2\text{-}31)$$

式中 p、q、r——没有公约数（1除外）的简单整数。

为了方便取其倒数得

$$\frac{OA}{OA_x}:\frac{OB}{OB_y}:\frac{OC}{OC_z} = \frac{1}{p}:\frac{1}{q}:\frac{1}{r} = h:k:l \qquad (2\text{-}32)$$

式中 h、k、l——没有公约数的简单整数。

图 2-23　晶体晶面的截距表示

由式（2-32）可以看出截距 OA_x、OB_y、OC_z 的晶面，能用三个简单整数 h、k、l 来表示。h、k、l 称为密勒指数。而晶向是晶面的法线方向，根据有关的规定，晶面符号为 (hkl)，晶面全集符号为 $\{hkl\}$，晶向符号为 $[hkl]$，晶向全集符号为 $\langle hkl\rangle$。晶面所截的线段对于 X 轴，O 点之前为正，O 点之后为负；对于 Y 轴，O 点右边为正，O 点左边为负；对于 Z 轴，O 点之上为正，O 点之下为负。

依据上述规定的晶体符号的表示方法，可用来分析立方晶体中的晶面、晶向。在立方晶体中，所有的原子可以看成是分布在与上下晶面相平行的一簇晶面上，也可以看作是分布在与两侧晶面相平行的一簇晶面上，要区分这不同的晶面，需采用密勒指数对晶面进行标记。晶面若在 X、Y、Z 轴上截取单位截距时，密勒指数就是1、1、1，故晶面、晶向、晶面全集及晶向全集分别表示为(111)、$[111]$、$\{111\}$、$\langle111\rangle$。若晶面与任一晶轴平行，则晶面符相对于此轴的指数等于零，因此与 X 轴相交而平行于其余两轴的晶面用 (100) 表示，其晶向为$[100]$；与 Y 轴相交而平行于其余两轴的晶面为 (010)，其晶向为 $[010]$；与 Z 轴相交而平行于 X、Y 轴的晶面为 (001)，其晶向为 $[001]$。同理，与 X、Y 轴相交而平行于 Z 轴的晶面为 (110)，其晶向为 $[110]$；其余类推。硅立方晶体内几种不同晶向及符号表示如图2-24所示。

对于同一单晶，不同晶面上原子的分布不同。例如，硅单晶中，(111) 晶面上的原子密度最大，(100) 晶面上原子密度最小。各晶面上的原子密度不同，所表现出的性质也不同，如 (111) 晶面上的化学腐蚀速率为各向同性，而 (100) 晶面上的化学腐蚀速率为各向异性。单晶硅是各向异性的材料，取向不同，则压阻效应也不同。硅压阻传感器的芯片，就是选择压阻效应最大的晶向来布置电阻条的。同时利用硅晶体各向异性、腐蚀速率不同的特性，采用腐蚀工艺来制造硅杯形的压阻芯片。在压阻传感器的设计中，有时要判断两晶向是否垂直，可将两晶向作为两向量来表示。$\boldsymbol{A}[hkl]$ 与 $\boldsymbol{B}[h_1k_1l_1]$ 两向量点乘时，若 $\boldsymbol{A}\perp\boldsymbol{B}$，必有

$$hh_1 + kk_1 + ll_1 = 0 \qquad (2\text{-}33)$$

可根据上式判断两晶向垂直与否。有时需要求出与两晶向都垂直的第三晶向，这可根据

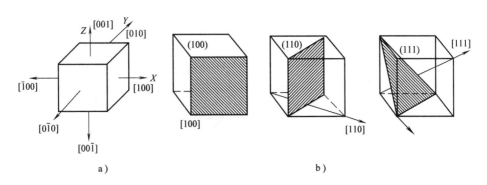

图 2-24 单晶硅内集中不同晶向与晶面

两向量的叉乘求出，即满足 $A \times B = C$ 的向量 C 必然与向量 A 及向量 B 都垂直。

（三）压阻器件

1. 压阻器件的结构原理

利用半导体材料做成的压阻式传感器有两种类型：一种是利用半导体材料的体电阻做成的粘贴式应变片，其使用方法与金属应变片相同；另一种是在半导体材料的基片上用集成电路工艺制成扩散电阻，称为扩散型压阻传感器。扩散型压阻传感器是利用固体扩散技术，将 P 型杂质扩散到一片 N 型硅底层上，形成一层极薄的导电 P 型层，装上引线接点后，即形成扩散型半导体应变片。若在圆形硅膜片上扩散出四个 P 型电阻，构成惠斯通电桥的四个臂，这样的敏感器件通常称为压阻器件，如图 2-25 所示。

当硅单晶在任意晶向受到纵向和横向应力作用时，如图 2-26a 所示，其阻值的相对变化为

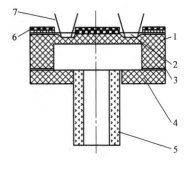

图 2-25 固态压阻器件
1—N-Si 膜片 2—P-Si 导电层
3—黏结剂 4—硅底座 5—引压管
6—SiO₂ 保护膜 7—引线

$$\frac{\Delta R}{R} = \pi_l \sigma_l + \pi_t \sigma_t \qquad (2\text{-}34)$$

式中 σ_l ——纵向应力；

σ_t ——横向应力；

π_l ——纵向压阻系数；

π_t ——横向压阻系数。

在硅膜片上，根据 P 型电阻的扩散方向不同可分为径向电阻和切向电阻，如图 2-26b 所示。扩散电阻的长边平行于膜片半径时为径向电阻 R_r；垂直于膜片半径时为切向电阻 R_t。当圆形硅膜片半径比 P 型电阻的几何尺寸大得多时，其径向和切向电阻相对变化可分别表示为

$$\left(\frac{\Delta R}{R}\right)_r = \pi_l \sigma_r + \pi_t \sigma_t \qquad (2\text{-}35)$$

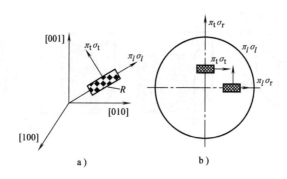

图 2-26　力敏电阻受力情况示意图

$$\left(\frac{\Delta R}{R}\right)_{t} = \pi_l \sigma_{t} + \pi_t \sigma_{r} \qquad (2\text{-}36)$$

若圆形硅膜片周边固定，在均布压力 p 作用下，当膜片位移远小于膜片厚度时，其膜片的应力分布可由式（2-22）、式（2-23）计算，即

$$\sigma_{r} = \frac{3p}{8h^{2}}[(1+\mu)r^{2} - (3+\mu)x^{2}] \qquad (2\text{-}37)$$

$$\sigma_{t} = \frac{3p}{8h^{2}}[(1+\mu)r^{2} - (1+3\mu)x^{2}] \qquad (2\text{-}38)$$

式中　r、x、h——膜片的有效半径、计算点半径、厚度（m）；

　　　　μ——泊松系数，对于硅，$\mu = 0.35$；

　　　　p——压力（Pa）。

根据式（2-37）、式（2-38）作出圆形平膜片上各点的应力分布曲线，如图 2-27 所示。当 $x = 0.635r$ 时，$\sigma_{r} = 0$；$x < 0.635r$ 时，$\sigma_{r} > 0$，即为拉应力；$x > 0.635r$ 时，$\sigma_{r} < 0$，即为压应力。当 $x = 0.812r$ 时，$\sigma_{t} = 0$，仅有 σ_{r} 存在，且 $\sigma_{r} < 0$，即为压应力。

下面结合图 2-28 讨论在压力作用下电阻相对变化的情况。在法线为 [1 1 0] 晶向的 N 型硅膜片上，沿 [1 1 0] 晶向，在 $0.635r$ 半径的内外各扩散两个 P 型硅电阻。由于 [1 1 0] 晶向的横向为 [0 0 1]，根据其晶向，可计算出 π_l 及 π_t 为

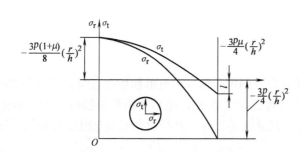

图 2-27　平膜片的应力分布图

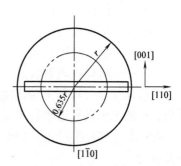

图 2-28　晶向是 [1 1 0]
的硅膜片传感元件

$$\pi_l = \frac{\pi_{44}}{2}, \ \pi_t = 0$$

故每个电阻的相对变化量为

$$\frac{\Delta R}{R} = \pi_l \sigma_r = \frac{1}{2}\pi_{44}\sigma_r$$

由于在 $0.635r$ 半径之内 σ_r 为正值，在 $0.635r$ 半径之外 σ_r 为负值，内、外电阻值的变化率应为

$$\left(\frac{\Delta R}{R}\right)_i = \frac{1}{2}\pi_{44}\overline{\sigma}_{ri}$$

$$\left(\frac{\Delta R}{R}\right)_o = -\frac{1}{2}\pi_{44}\overline{\sigma}_{ro}$$

式中 $\overline{\sigma}_{ri}$、$\overline{\sigma}_{ro}$——内、外电阻所受径向应力的平均值；

$\left(\frac{\Delta R}{R}\right)_i$、$\left(\frac{\Delta R}{R}\right)_o$——内、外电阻的相对变化。

设计时，适当安排电阻的位置，可以使得 $\overline{\sigma}_{ri} = -\overline{\sigma}_{ro}$，于是有

$$\left(\frac{\Delta R}{R}\right)_i = -\left(\frac{\Delta R}{R}\right)_o$$

即可组成差动电桥。

2. 测量桥路及温度补偿

压阻传感器实际工作时一般采用全桥测量电路，这样既减少了温度影响，又提高了灵敏度。这种测量电路电源采用恒流源供电效果较好，如图 2-29 所示。

假设图 2-29 中 ABC 和 ADC 两个支路的电阻相等，即 $R_{ABC} = R_{ADC} = 2(R + \Delta R_T)$，故有

$$I_{ABC} = I_{ADC} = \frac{1}{2}I$$

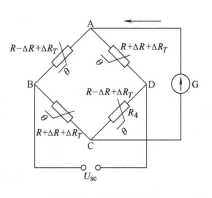

图 2-29 恒流源供电

因此,电桥的输出为

$$U_{sc} = U_{BD} = \frac{1}{2}I(R + \Delta R + \Delta R_T) - \frac{1}{2}I(R - \Delta R + \Delta R_T) = I\Delta R \tag{2-39}$$

可见，电桥输出与电阻变化量成正比，即与被测量成正比，与恒流源电流成正比，即与恒流源电流大小和精度有关，但与温度无关，因此不受温度的影响。

但是，压阻器件本身受到温度影响后，要产生零点温度漂移和灵敏度温度漂移，因此必须采取温度补偿措施。

（1）零点温度补偿 零点温度漂移是由于四个扩散电阻的阻值及其温度系数不一致造成的，一般用串、并联电阻的方法进行补偿，如图 2-30 所示。其中，串联电阻 R_s 起调零作用，并联电阻 R_p 起补偿作用。只要合理选择 R_s、R_p 值和温度系数，就能达到较好的补偿效果。其补偿原理如下：

由于电桥零点漂移，导致 B、D 两点电位不等，假设当温度升高时，R_2 的增加较快，使 B 点电位高于 D 点，B、D 两点的电位差即为零位漂移。要消除 B、D 两点的电位差，最简单的办法是在 R_2 上并联一个阻值较大的负温度系数电阻 R_p，用来约束 R_2 的变化。这样，当温度变化时，可减小 B、D 两点之间的电位差，以达到补偿的目的。当然，也可在 R_4 上并联一个阻值较大的正温度系数电阻进行补偿。下面给出计算 R_s、R_p 的方法。

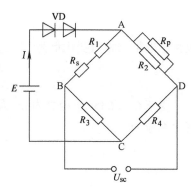

图 2-30　温度漂移的补偿

设 R_1'、R_2'、R_3'、R_4' 与 R_1''、R_2''、R_3''、R_4'' 为四个桥臂电阻在低温和高温下的实测数据，R_s'、R_p' 与 R_s''、R_p'' 分别为 R_s、R_p 在低温与高温下的欲求数值。根据低温与高温下 B、D 两点的电位应该相等的条件，得

$$\frac{R_1' + R_s'}{R_3'} = \frac{\dfrac{R_2' R_p'}{R_2' + R_p'}}{R_4'} \tag{2-40}$$

$$\frac{R_1'' + R_s''}{R_3''} = \frac{\dfrac{R_2'' R_p''}{R_2'' + R_p''}}{R_4''} \tag{2-41}$$

设 R_s、R_p 的温度系数 α、β 为已知，则得

$$R_s'' = R_s'(1 + \alpha\Delta T) \tag{2-42}$$

$$R_p'' = R_p'(1 + \beta\Delta T) \tag{2-43}$$

将式（2-42）、式（2-43）代入式（2-40）、式（2-41）中，计算出 R_s'、R_p'，再由 R_s'、R_p' 可计算出常温下 R_s、R_p 的数值。这样，选择该温度系数的电阻接入桥路，便起到温度补偿的作用。

（2）灵敏度温度补偿　灵敏度温度漂移是由于压阻系数随温度变化而引起的。温度升高时压阻系数变小，温度降低时压阻系数变大，说明传感器的灵敏度温漂为负值。

补偿灵敏度温漂可以采用在电桥的电源回路中串联二极管 VD 的方法。因为二极管 PN 结的温度特性为负值，温度每升高 1℃ 时，正向压降减小 1.9 ~ 2.4mV。将适当数量的二极管串联在电桥的电源回路中，如图 2-30 所示。电源采用恒压源，当温度升高时，二极管的正向压降减小，于是电桥的桥压增加，使其输出增大。只要计算出所需二极管的个数，将其串入电桥电源回路，便可以达到补偿的目的。

根据电桥的输出表达式，有

$$\Delta U_{sc} = \Delta E \frac{\Delta R}{R}$$

假设传感器工作在低温时测得电桥满量程输出为 U_{sc}'，高温时测得满量程输出为 U_{sc}''，则 $\Delta U_{sc} = U_{sc}' - U_{sc}''$，因此

$$U_{sc}' - U_{sc}'' = \Delta E \frac{\Delta R}{R}$$

而 $\Delta R/R$ 可根据常温下传感器的电桥电源电压与满量程输出计算,从而可以求出 ΔE。该值是为了补偿灵敏度随温度下降,电桥电源电压需要提高的数值。

当 n 只二极管串联时,可得

$$n\alpha\Delta T = \Delta E$$

式中　α——二极管 PN 结正向压降的温度系数,一般为 $-2\mathrm{mV/℃}$;

　　　n——串联二极管的个数;

　　　ΔT——温度的变化范围。

根据上式可计算出

$$n = \frac{\Delta E}{\alpha\Delta T}$$

用这种方法进行补偿时,必须考虑二极管正向压降的阈值,一般情况下,硅管为 $0.7\mathrm{V}$,锗管为 $0.3\mathrm{V}$。因此,要求恒压源提供的电压应有一定的提高。

图 2-31 是扩散硅差压变送器典型的测量电路原理图。它由应变电桥、温度补偿网络、恒流源、输出放大及电压-电流转换单元等组成。

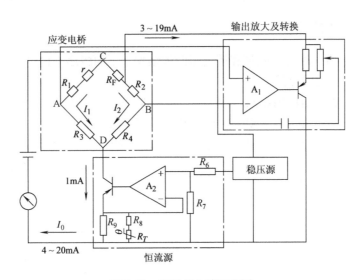

图 2-31　变送器电路原理图

电桥由电流值为 $1\mathrm{mA}$ 的恒流源供电。压阻传感器未承受负荷时,$R_1 = R_2 = R_3 = R_4$,$I_1 = I_2 = 0.5\mathrm{mA}$,A、B 两点电位相等($U_{AC} = U_{BC}$),电桥处于平衡状态,因此电流 $I_0 = 4\mathrm{mA}$。压阻传感器受压时,R_2 减小,R_4 增大,因 I_2 不变,导致 B 点电位升高。同理,R_1 增大,R_3 减小,引起 A 点电位下降,电桥失去平衡,从而使 A、B 间的电位产生增量 ΔU_{AB}。ΔU_{AB} 是运算放大器 A_1 的输入信号,A_1 的输出电压经过电压-电流变换器转换成相应的电流 ΔI_0,这个增加的回路电流经过反馈电阻 R_F,使反馈电压增加 ΔU_F,于是导致 B 点电位下降,直至 $U'_{AC} = U'_{BC}$。扩散硅应变电桥在差压作用下达到了新的平衡状态,完成了"力平衡"过程。当差压力达到上限值时,$I_0 = 20\mathrm{mA}$,变送器的净输出电流 $I_0 = (20 - 4)\mathrm{mA} = 16\mathrm{mA}$。

第二节　电感式传感器

电感式传感器是利用线圈自感或互感的变化实现非电量测量的一种装置，主要有自感式传感器和差动变压器两种，用于测量位移、振动、压力、应变、流量、密度等物理量。

电感式传感器具有以下特点：结构简单、可靠，测量力小（衔铁重为 $(0.5 \sim 200) \times 10^{-4}N$ 时，磁吸力为 $(1 \sim 10) \times 10^{-4}N$）；分辨力高，能测量 $0.1\mu m$，甚至更小的机械位移，能感受 $0.1''$ 的微小角位移；传感器的输出信号强，电压灵敏度可达数百毫伏每毫米，有利于信号的传输和放大；重复性好，在一定位移范围（最小几十微米，最大达数十甚至数百毫米）内，输出特性的线性度较好，且比较稳定。其缺点是存在交流零位信号，不宜于高频动态测量。

此外，利用电涡流效应的电涡流传感器，利用压磁效应的压磁传感器，利用平面绕组互感原理的感应同步器等，也属于此类。

一、自感式传感器

自感式传感器常见的有气隙型和螺管型两种结构，下面将逐一讨论。

（一）气隙型自感传感器

图 2-32 是气隙型自感传感器的原理图，传感器主要由线圈、衔铁和铁心等组成。由于衔铁和铁心间空气隙很小，所以图中点画线表示封闭磁路。设磁路中空气隙总长度为 l_δ，工作时衔铁与被测体接触，被测体的移动引起气隙磁阻的变化，从而使线圈自感变化。当传感器线圈与测量电路连接后，可将自感的变化转换成电压、电流或频率的变化，完成从非电量到电量的转换。

由磁路基本知识可知，线圈自感为

$$L = \frac{N^2}{R_m} \qquad (2\text{-}44)$$

式中　N——线圈匝数；

R_m——磁路总磁阻。

对于气隙型自感传感器，因为空气隙较小（一般 $l_\delta = 0.1 \sim 1mm$），可以认为气隙磁场是均匀的，若忽略磁路铁损，则磁路总磁阻为

$$R_m = \frac{l_1}{\mu_1 S_1} + \frac{l_2}{\mu_2 S_2} + \frac{l_\delta}{\mu_0 S} \qquad (2\text{-}45)$$

式中　l_1——铁心磁路总长；

l_2——衔铁的磁路长；

S——气隙磁通截面积；

S_1——铁心横截面积；

S_2——衔铁横截面积；

μ_1——铁心磁导率；

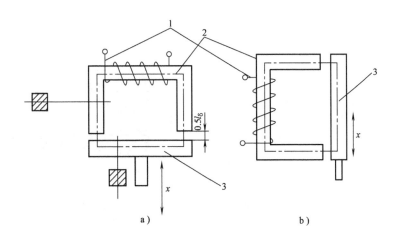

图 2-32 气隙型自感传感器

a) 变隙式 b) 变截面式

1—线圈 2—铁心 3—衔铁

μ_2——衔铁磁导率；

μ_0——真空磁导率，$\mu_0 = 4\pi \times 10^{-7}\mathrm{H/m}$。

将式（2-45）代入式（2-44），得

$$L = N^2 \Big/ \left(\frac{l_1}{\mu_1 S_1} + \frac{l_2}{\mu_2 S_2} + \frac{l_\delta}{\mu_0 S} \right) \tag{2-46}$$

由于自感传感器的铁心和衔铁一般在非饱和状态下，它们的磁导率远大于空气的磁导率，因此式（2-46）可简化为

$$L = \frac{N_2 \mu_0 S}{l_\delta} \tag{2-47}$$

由式（2-47）可知，自感 L 是气隙截面积 S 和长度 l_δ 的函数，即 $L=f(S, l_\delta)$。如果 S 保持不变，则 L 为 l_δ 的单值函数，可构成变隙式传感器；若保持 l_δ 不变，使 S 随位移变化，则可构成变截面式传感器。它们的结构原理如图 2-32a、b 所示。它们的特性曲线如图 2-33 所示。由式（2-47）及图 2-33 可见，$L=f(l_\delta)$ 为非线性关系。当 $l_\delta=0$ 时，L 为 ∞，考虑导磁体的磁阻，即根据式（2-46），当 $l_\delta=0$ 时，L 并不等于 ∞，而具有一定的数值，在 l_δ 较小时其特性曲线为图 2-33 中虚线。若上下移动衔铁使面积 S 改变，从而改变 L 值时，则 $L=f(S)$ 的特性曲线为图 2-33 中的直线。

（二）螺管型自感传感器

螺管型自感传感器工作原理是基于线圈磁力线泄漏路径上的磁阻的变化。它属于大气隙传感器，分为单线圈和差动式两种结构形式。

图 2-34 为单线圈螺管型自感传感器结构图，主要由螺线管和圆柱形衔铁（又称磁心）组成。传感器工作时，通过改变磁心在线圈中的相对位置，引起螺管线圈自感量的变化。当用恒流源激励时，假定线圈内磁场强度是均匀的，且磁心插入线圈的长度小于线圈本身的长度，则此时线圈输出的自感量为

53

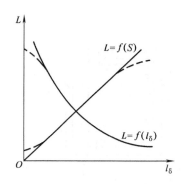

图 2-33　气隙型自感传感器特性曲线　　　图 2-34　单线圈螺管型自感传感器结构图
1—磁心　2—螺线管

$$L = \frac{4\pi^2 N^2}{l^2} \left[lr^2 + (\mu_r - 1) l_c r_c^2 \right] \times 10^7 \tag{2-48}$$

式中　　L——线圈的自感量；

　　　　N——线圈的匝数；

　　　　r——线圈的平均半径；

　　　　r_c——磁心半径；

　　　　l——螺管线圈长度；

　　　　l_c——磁心插入线圈的长度；

　　　　μ_r——铁心相对磁导率。

根据传感器灵敏度的定义，由式（2-48）可得到单线圈螺管型自感传感器灵敏度 K_z 的表达式：

$$K_z = \frac{\Delta L}{\Delta l_c} = \frac{4\pi^2 N^2}{l^2} (\mu_r - 1) r_c^2 \times 10^7 \tag{2-49}$$

或

$$\frac{\Delta L}{L} = \frac{\Delta l_c}{l_c} \cdot \frac{1}{1 + (l/l_c)(r/r_c)^2 \left[1/(\mu_r - 1) \right]} \tag{2-50}$$

从式（2-49）和式（2-50）可以看出，在线圈和磁心长度一定时，自感相对变化量与磁心插入长度的相对变化量成正比，但由于线圈内磁场强度的不均匀性，实际单线圈螺管型自感传感器的输出特性并非线性。而差动螺管型自感传感器较单线圈螺管型的非线性有所改善。

为了提高灵敏度与线性度，常采用由两个线圈组成的差动螺管型自感传感器，如图 2-35a 所示，沿轴向的磁场强度分布为

$$H = \frac{IN}{2l} \left[\frac{l-x}{\sqrt{r^2 + (l-x)^2}} - \frac{l+x}{\sqrt{r^2 + (l+x)^2}} + \frac{2x}{\sqrt{r^2 + x^2}} \right] \tag{2-51}$$

图 2-35b 为磁场分布曲线。该曲线表明，为了得到较好的线性，磁心长度取 $0.6l$ 时，则磁心工作在 H 曲线的拐弯处，磁场强度 H 变化小。设磁心长度为 $2l_c$，小于线圈长度

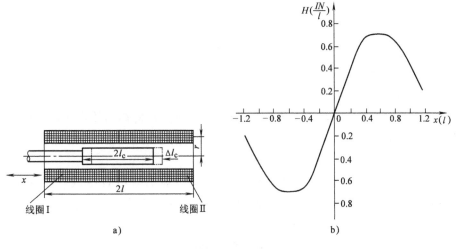

图 2-35　差动螺旋管型自感传感器

a）结构示意图　b）磁场分布曲线

$2l$，当磁心向线圈 Ⅱ 移动 Δl_c 时，线圈 Ⅱ 自感增加 ΔL_2。线圈 Ⅰ 电感变化 ΔL_1 与 ΔL_2 大小相等，符号相反，所以差动输出为

$$\frac{\Delta L}{L} = \frac{\Delta L_1 + \Delta L_2}{L} = 2\frac{\Delta l_c}{l_c}\frac{1}{1 + (l/l_c)(r/r_c)^2[1/(\mu_r - 1)]} \tag{2-52}$$

式 （2-52） 说明，$\frac{\Delta L}{L}$ 与磁心长度相对变化 $\frac{\Delta l_c}{l_c}$ 成正比，比单个螺管型自感传感器灵敏度高一倍。为了使灵敏度增大，应使线圈与磁心尺寸比值 l/l_c 和 r/r_c 趋于 1，且选用磁心磁导率 μ_r 大的材料。这种差动螺管型自感传感器的测量范围为 $5 \sim 50\text{mm}$，非线性误差在 0.5% 左右。

（三）电感线圈的等效电路

前面分析自感式传感器工作原理时，假设电感线圈为一理想纯电感，但实际的传感器中，线圈不可能是纯电感，它包括了线圈的铜损电阻（R_c）、铁心的涡流损耗电阻（R_e）和线圈的分布电容（C）。因此，自感传感器的等效电路如图 2-36 所示。

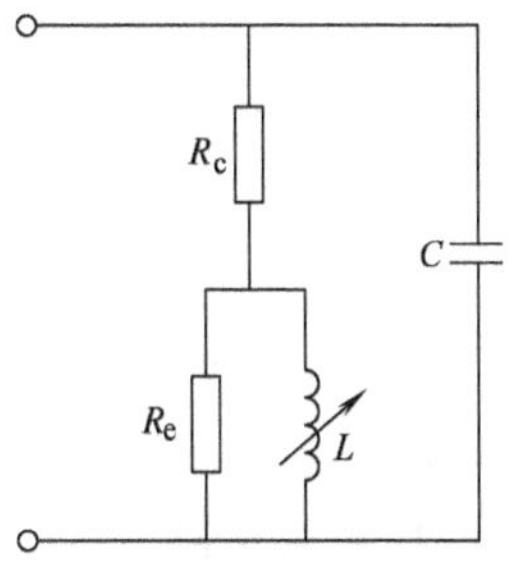

1. 铜损电阻 R_c

若线圈匝数为 N，平均每匝长度为 l_{cp}，线径为 d，导线电阻率为 ρ_c，当忽略导线趋肤效应时，线圈电阻为

$$R_c = \frac{4\rho_c N l_{cp}}{\pi d^2} \tag{2-53}$$

2. 涡流损耗电阻 R_e

当铁心由某种磁材料片叠压制成时，导磁体材料的电

图 2-36　自感传感器的等效电路

阻率为 ρ_i，且每片叠片厚度为 t。由于自感式传感器是带有铁心的，则电磁场将在铁心中产生电涡流效应，当涡流穿透深度小于薄片厚度的一半时，等效电路中代表铁心磁体中

涡流损耗的并联电阻 R_e 为

$$R_e = \frac{6}{(t/h)^2} \omega L = \frac{12\rho_i S N^2}{lt^2} \tag{2-54}$$

式中　h——涡流的"穿透深度"；

　　　　N——线圈匝数；

　　　　S——气隙截面积。

由此可见，铁心叠片的并联涡流损耗电阻 R_e，在铁心材料的使用频率范围内，与铁心材料的磁导率无关。

3. 并联分布电容

并联分布电容主要由线圈绕组的分布电容及电缆引线电容组成。设 $R_s = R_c + R_e$ 为总等效损耗电阻，传感器线圈的自感为 L，在忽略传感器电容 C 时，其串联等效阻抗为

$$Z = R_s + j\omega L$$

当考虑并联分布电容 C 影响时，等效阻抗 Z_p 为

$$Z_p = \frac{(R_s + j\omega L)\dfrac{1}{j\omega C}}{(R_s + j\omega L) + \dfrac{1}{j\omega C}}$$

$$= \frac{R_s}{(1 - \omega^2 LC)^2 + (\omega^2 LC/Q)^2} + j\frac{\omega L[(1 - \omega^2 LC) - \omega^2 LC/Q^2]}{(1 - \omega^2 LC)^2 + (\omega^2 LC/Q^2)^2} \tag{2-55}$$

式中，$Q = \omega L/R_s$。当 $Q \gg 1$ 时，式（2-55）可简化为

$$Z_p = \frac{R_s}{(1 - \omega^2 LC)^2} + j\frac{\omega L}{(1 - \omega^2 LC)} = R_p + j\omega L_p \tag{2-56}$$

由式（2-56）可知，并联电容 C 的存在，使等效串联损耗电阻和等效电感都增大了，等效 Q_p 值较前减少，为

$$Q_p = \frac{\omega L_p}{R_p} = (1 - \omega^2 LC)Q \tag{2-57}$$

其电感的相对变化为

$$\frac{dL_p}{L_p} = \frac{1}{1 - \omega^2 LC} \frac{dL}{L} \tag{2-58}$$

式（2-58）表明，并联电容后，传感器的灵敏度提高了。因此在测量中若需要改变电缆长度时，则应对传感器的灵敏度重新校准。

（四）测量电路

1. 交流电桥

实际应用中，交流电桥常和差动式自感传感器配合使用，这样既提高了灵敏度，又改善了线性度，如图 2-37 所示。传感器的两个线圈作为电桥的两个工作臂，电桥的平衡臂为纯电阻，设 R_1、R_2 为电桥的平衡电阻，Z_1、Z_2 为工作臂，即传感器的阻抗。

根据电桥平衡条件$\dfrac{Z_1}{Z_2} = \dfrac{R_1}{R_2}$，又设 $Z_1 = Z_2 = Z = R_s +$ jωL，$R_{s1} = R_{s2} = R_s$，$L_1 = L_2 = L$，$R_1 = R_2 = R$。工作时，$Z_1 = Z + \Delta Z$ 和 $Z_2 = Z - \Delta Z$，则可导出

$$U_{sc} = E\frac{\Delta Z}{Z}\frac{Z_L}{2Z_L + R + Z}$$

式中　E——电桥电源；

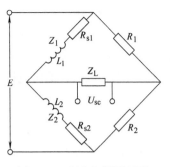

　　　Z_L——负载阻抗。

当 $Z_L \to \infty$ 时，上式可写成

图 2-37　交流电桥原理图

$$U_{sc} = E\frac{\Delta Z}{2Z} = \frac{E}{2}\frac{\Delta R_s + \mathrm{j}\omega\Delta L}{R_s + \mathrm{j}\omega L} \tag{2-59}$$

其输出电压幅值为

$$|U_{sc}| = \frac{\sqrt{\omega^2\Delta L^2 + \Delta R_s^2}}{2\sqrt{R_s^2 + (\omega L)^2}}E \approx \frac{\omega\Delta L}{2\sqrt{R_s^2 + (\omega L)^2}}E \tag{2-60}$$

输出阻抗为

$$Z_{sc} = \frac{\sqrt{R + R_s^2 + (\omega L)^2}}{2} \tag{2-61}$$

式（2-59）整理后可写成

$$U_{sc} = \frac{E}{2}\frac{1}{\left(1 + \dfrac{1}{Q^2}\right)}\left[\left(\frac{1}{Q^2}\frac{\Delta R_s}{R_s} + \frac{\Delta L}{L}\right) + \mathrm{j}\frac{1}{Q}\left(\frac{\Delta L}{L} - \frac{\Delta R_s}{R_s}\right)\right] \tag{2-62}$$

式中　Q——电感线圈的品质因数，$Q = \dfrac{\omega L}{R_s}$。

式（2-62）表明：

1）电桥输出电压 U_{sc} 包含着与电源 E 同相和正交的两个分量。在实际测量中，只希望有同相分量。从式（2-62）中可看出，如能使$\dfrac{\Delta L}{L} = \dfrac{\Delta R_s}{R_s}$，或 Q 值比较高，均能达到此目的。但在实际工作时，$\dfrac{\Delta R_s}{R_s}$一般很小，所以要求线圈有高的品质因数。当 Q 值很高时，$U_{sc} = \dfrac{E}{2}\dfrac{\Delta L}{L}$。

2）当 Q 值很低时，自感线圈的自感远小于电阻，自感线圈相当于纯电阻的情况（$Z = R_s$），交流电桥即为电阻电桥，此时电桥输出电压 $U_{sc} = \dfrac{E}{2}\dfrac{\Delta R_s}{R_s}$。

这种电桥结构简单，其电阻 R_1、R_2 可用两个电阻和一个电位器组成，调零方便。

57

2. 变压器电桥

变压器电桥电路原理如图2-38所示，图中相邻两个工作臂为Z_1、Z_2，是差动自感传感器的两个线圈的阻抗，另外两个臂为变压器二次线圈的两半（每半电压为$E/2$），当负载阻抗为无穷大时，输出电压为

$$U_{sc} = \frac{E}{Z_1 + Z_2} Z_2 - \frac{E}{2} = \frac{E}{2} \frac{Z_1 - Z_2}{Z_1 + Z_2} \quad (2-63)$$

假设$Z_1 = Z_2 = Z = R_s + j\omega L$，电桥初始平衡时，$U_{sc} = 0$。双臂工作时，即$Z_1 = Z - \Delta Z$，$Z_2 = Z + \Delta Z$，相当于差动式自感传感器的衔铁向一边移动，可得

$$U_{sc} = \frac{E}{2} \frac{\Delta Z}{Z} \quad (2-64)$$

同理，当衔铁向反方向移动时，$Z_1 = Z + \Delta Z$，$Z_2 = Z - \Delta Z$，故

$$U_{sc} = -\frac{E}{2} \frac{\Delta Z}{Z} \quad (2-65)$$

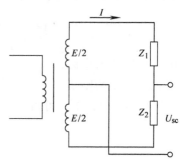

图2-38 变压器电桥原理图

由式（2-64）和式（2-65）可见，当衔铁向不同方向移动时，输出电压相位相反，且随衔铁位置的变化输出电压也相应地改变。据此，经适当电路处理后可判别衔铁移动的方向。

这种电桥与电阻平衡电桥相比，元件少，输出阻抗小，桥路开路时电路呈线性；缺点是变压器二次侧不接地，容易引起来自一次侧的静电感应电压，使高增益放大器不能工作。

（五）自感式传感器的应用

自感式传感器主要应用于测量位移和尺寸，也可以测量能够转换为位移量的其他参数，如力、压力、压差、张力、加速度、扭矩、应变等。

图2-39所示为一个测量尺寸的轴向自感式传感器结构图。可换测头10通过螺纹拧在测杆8上，测杆8可在钢球导轨7上作轴向移动，测杆8上端固定衔铁3，当测杆8移动时，带动衔铁3在自感线圈中移动，线圈4放在圆筒形铁心2中，线圈配置成差动形式，即当衔铁3由中间位置向上移动时，上线圈的自感量增加，下线圈的自感量减少，两线圈的输出信号由引线1引出。弹簧5提供测量力，以保证测量时测头始终与被测物体接触。防转销6用来限制测杆转动，以减小测量重复性误差。密封套9用来防止灰尘进入传

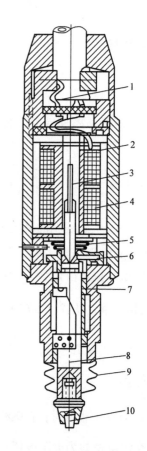

图2-39 轴向自感式传感器
1—引线 2—铁心 3—衔铁 4—线圈
5—弹簧 6—防转销 7—钢球导轨
8—测杆 9—密封套 10—可换测头

感器内部。

图 2-40 所示为一种压力传感器结构图。当被测压力 p 变化时,弹簧 1 的自由端产生位移,带动与自由端连接的差动自感传感器的衔铁 5 发生移动,使传感器两个差动线圈 4 和 6 中的自感量一个增加,一个减小。传感器输出信号的大小由衔铁位移的大小决定,输出信号的相位由衔铁移动的方向决定。线圈 4 和 6 分别安装在铁心 3 和 7 上,2 是调节螺钉,用来调节传感器初始位置时的机械零点。

二、差动变压器

差动变压器分为气隙型和螺管型两种类型。气隙型差动变压器由于行程小,非线性严重,且结构较复杂,因此近年来使用逐渐减少。螺管型差动变压器,虽然其灵敏度较低,但其行程大,制造装配较方便,因而获得广泛的应用。下面仅讨论螺管型差动变压器。

(一) 结构原理与等效电路

螺管型差动变压器的结构形式如图 2-41 所示,主要包括衔铁、一次线圈、二次线圈和线圈框架等部分。一次线圈作为差动变压器激励用,相当于变压器的一次侧,而二次线圈由结构尺寸和参数相同的两个线圈反向串接而成,相当于变压器的二次侧。根据一、二次线圈排列形式不同,螺管型差动变压器有二节式、三节式、四节式和五节式等形式,如图 2-42 所示。三节式的零点电位较小,二节式比三节式灵敏度高、线性范围大,四节式和五节式可以改善传感器的线性度。

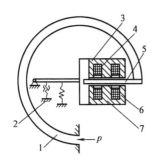

图 2-40 压力传感器

1—弹簧 2—调节螺钉 3、7—铁心 4、6—差动线圈 5—衔铁

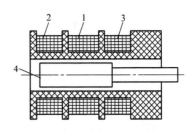

图 2-41 差动变压器结构示意图

1——次线圈 2、3—二次线圈 4—衔铁

差动变压器的工作原理与一般变压器基本相同,不同点是:一般变压器是闭合磁路,而差动变压器是开磁路;一般变压器一次侧、二次侧间的互感是常数(有确定的磁路尺寸),而差动变压器一次侧、二次侧之间的互感随衔铁移动作相应变化。差动变压器正是工作在互感变化的基础上的。

在理想情况(忽略线圈寄生电容及衔铁损耗)下,三节式差动变压器的等效电路如图 2-43 所示。图中 e_1 为一次线圈激励电压,L_1、R_1 分别为一次线圈电感和电阻,M_1、M_2 分别为一次线圈与二次线圈 1、2 间的互感,L_{21}、L_{22} 分别为两个二次线圈的电感,R_{21}、R_{22} 分别为两个二次线圈的电阻。

根据图 2-43,一次线圈的复数电流值为

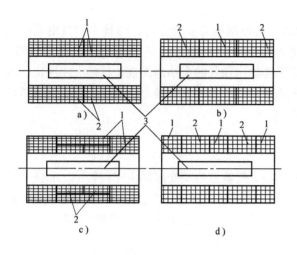

图 2-42 差动变压器线圈各种排列形式

1——次线圈 2—二次线圈 3—衔铁

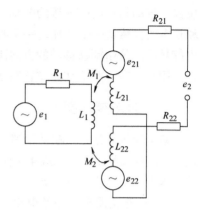

图 2-43 差动变压器等效电路

$$i_1 = \frac{e_1}{R_1 + j\omega L_1} \tag{2-66}$$

式中 ω——激励电压的角频率；

e_1——激励电压的复数值。

由于 i_1 的存在，在线圈中产生磁通 $\Phi_{21} = \frac{N_1 i_1}{R_{m1}}$ 和 $\Phi_{22} = \frac{N_1 i_1}{R_{m1}}$，$R_{m1}$ 及 R_{m2} 分别为磁通通过一次线圈及两个二次线圈的磁阻，N_1 为一次线圈匝数。于是在二次线圈中感应出电压 e_{21} 和 e_{22}，其值分别为

$$\left.\begin{array}{l} e_{21} = -j\omega M_1 i_1 \\ e_{22} = -j\omega M_2 i_1 \end{array}\right\} \tag{2-67}$$

式中，$M_1 = N_2 \Phi_{21}/i_1 = N_2 N_1/R_{m1}$，$M_2 = N_2 \Phi_{22}/i_1 = N_2 N_1/R_{m2}$，$N_2$ 为二次线圈匝数。

因此，空载输出电压 e_2 为

$$e_2 = e_{21} - e_{22} = -j\omega(M_1 - M_2)\frac{e_1}{R_1 + j\omega L_1} \tag{2-68}$$

其幅值为

$$|e_2| = \frac{\omega(M_1 - M_2)|e_1|}{\sqrt{R_1^2 + (\omega L_1)^2}} \tag{2-69}$$

输出阻抗为

$$Z = (R_{21} + R_{22}) + j\omega(L_{21} + L_{22}) \tag{2-70}$$

或 $$|Z| = \sqrt{(R_{21} + R_{22})^2 + (\omega L_{21} + \omega L_{22})^2}$$

差动变压器输出电动势 e_2 与衔铁位移 x 的关系如图 2-44 所示。图中 x 表示衔铁偏离中心位置的距离。由于 e_2 是交流输出信号，其输出的交流电压只能反映位移 x 的大小，不能

反映移动方向，所以一般输出特性为 V 形曲线。为反映铁心移动方向，需要采用相敏检波电路。

（二）误差因素分析

1. 激励电源电压幅值与频率的影响

激励电源电压幅值和频率的波动，会使线圈激励磁场的磁通发生变化，由式（2-68）可以看出，将直接影响输出电动势。差动变压器激励频率的选择至少要大于衔铁运动频率的 10 倍，即可测信号频率取决于激励频率，一般在 2kHz 以内，另外还受到测量系统机械负载效应的限制。

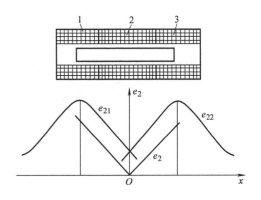

图 2-44 差动变压器的输出特性
1—二次线圈Ⅰ 2——次线圈 3—二次线圈Ⅱ

2. 温度变化的影响

在周围环境温度变化时，会引起差动变压器线圈电阻及导磁体磁导率的变化，从而导致输出电压、灵敏度、线性度和相位的变化。当线圈品质因数较低时，这种影响更为严重。在这方面采用恒流源激励比恒压源激励有利。适当提高线圈品质因数并采用差动电桥可以减小温度的影响。

3. 零点残余电压

当差动变压器的衔铁处于中间位置时，由于对称的两个二次线圈反向串接，理论上其输出电压为零。但实际上，当使用桥式电路时，差动输出电压并不为零，总会有零点几毫伏到数十毫伏的微小的电压值存在，不论怎样调整也难以消除，零位移时差动变压器输出的电压称为零点残余电压。零点残余电压使得传感器输出特性不过零点。图 2-45 是零点残余电压的输出特性，图中虚线 2 为理想特性，实线 1 表示实际特性。零点残余电压的存在造成零点附近的不灵敏区；零点残余电压输入放大器内会使放大器末级趋向饱和，影响电路正常工作等。

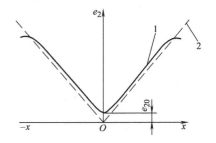

图 2-45 差动变压器零点残余电压的输出特性
1—实际特性 2—理想特性

零点残余电压的波形比较复杂而且不规则。从示波器上观察零点残余电压波形如图 2-46 中的 e_{20} 所示，图中 e_1 为差动变压器一次侧的激励电压。通过谐波分析，零点残余电压 e_{20} 主要由基波和高次谐波组成，基波（与输入电压同频率）还分为同相分量与正交分量，高次谐波中主要有偶次谐波、三次谐波和幅值较小的电磁干扰波等。

零点残余电压的存在使得传感器输出特性在零位附近的范围内不灵敏，不利于测量，并会带来测量误差。因而零点残余电压的大小是评价差动变压器性能优劣的重要指标。

（1）零点残余电压产生的原因

1）基波分量。由于差动变压器两个二次线圈不可能完全一致，因此它的等效电路参

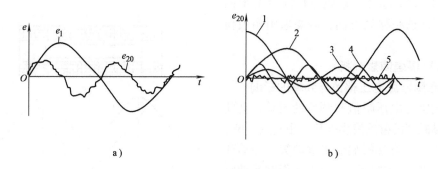

a)   b)

图 2-46 零点残余电压及其组成

a) 残余电压的波形 b) 波形分析

1—基波正交分量 2—基波同相分量 3—二次谐波 4—三次谐波 5—电磁干扰

数（互感 M、自感 L 及损耗电阻 R）不可能相同，从而使两个二次线圈的感应电动势幅值不等。又因一次线圈中铜损电阻及导磁材料的铁损和材质的不均匀，线圈匝间电容的存在等因素，使激励电流与所产生的磁通相位不同。

上述因素使得两个二次线圈中的感应电动势不仅数值不等，相位也存在误差。因相位误差所产生的零点残余电压，无法通过调节衔铁的位移来消除。可见，无论衔铁如何移动都不可能使合成电动势为零。

2）高次谐波。高次谐波分量主要由导磁材料磁化曲线的非线性引起。由于磁滞损耗和铁磁饱和的影响，使得激励电流与磁通波形不一致产生了非正弦（主要是三次谐波）磁通，从而在二次线圈感应出非正弦电动势。图 2-47 是利用作图法表示非正弦磁通的产生过程。磁路工作在磁化曲线的非线性段，激励电流产生的磁通被削顶，这种削顶主要是由基波和三次谐波组成，因而二次线圈零点残余电压中便产生三次谐波。另外激励电流波形失真，因其内含高次谐波分量，这样也将导致零点残余电压中有高次谐波成分。

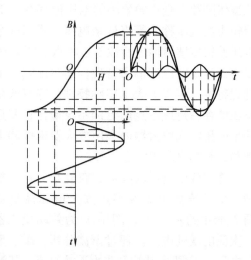

（2）减小零点残余电压的方法

1）从设计和工艺上保证结构对称性。为保证线圈和磁路的对称性，首先要求提高衔铁等重要零件的加工精度，两个二次线圈绕法要完全一致，必要时对两个二次线圈进行选配，把电感和电阻值十分接近的两线圈配对使用。

图 2-47 磁化曲线非线性引起磁通波形失真

磁性材料必须经过适当处理，以消除内部残余应力，并使其磁性能的均匀性及稳定性较好。结构上可采用磁路调节机构结构，以提高磁路的对称性。由高次谐波产生的因素可知，磁路工作点应选在磁化曲线的线性段。

2）选用合适的测量电路。选用合适的测量电路可减小零点残余电压输出。如采用将要介绍的相敏检波电路，可使经相敏检波后衔铁反行程时的特性曲线由 1 变到 2，如图2-48所示。这样的测量电路不仅可以鉴别衔铁移动方向，而且可以把衔铁在中间位置时，因高次谐波引起的零点残余电压消除掉。

3）采用补偿电路。在差动变压器二次线圈串、并联适当数值的电阻、电容元件，当调整这些元件时，可使输出的零点残余电压减小。补偿电路的形式较多，但基本原则是：串联电阻可减小零点残余电压的基波分量；并联电阻、电容可减小零点残余电压的谐波分量；加反馈支路可减小基波和谐波分量。如图 2-49a 所示，由于两个二次线圈感应电动

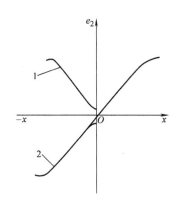

图 2-48 采用相敏检波后的输出特性

势相位不同，并联电容可改变其中一个线圈的相位，也可将电容 C 改为电阻；由于 R 的分流作用将使流入传感器线圈的电流发生变化，从而改变磁化曲线的工作点，减小高次谐波所产生的残余电压。图 2-49b 中串联电阻 R 可以调整二次线圈的电阻分量。并联电位器 RP 用于电气调零，改变两个二次线圈输出电压的相位，如图 2-50 所示。电容 C（0.02μF）可防止调整电位器时使零点移动。接入 R_0（几百千欧）或补偿线圈 L_0（几百匝）绕在差动变压器的二次线圈上以减小负载电压，避免负载不是纯电阻而引起较大的零点残余电压，如图 2-51 所示。

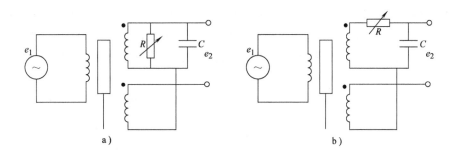

图 2-49 调相位式残余电压补偿电路

a）并联电阻   b）串联电阻

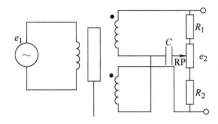

图 2-50 电位器调零点残余电压补偿电路

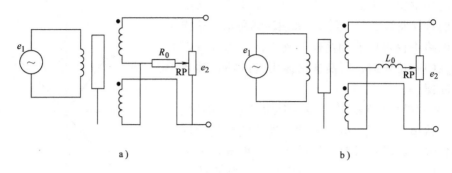

图 2-51　R 或 L 补偿电路

a）R 补偿电路　b）L 补偿电路

（三）测量电路

差动变压器的输出电压为交流信号，它与衔铁移动的位移成正比。用交流电压表测量其输出值只能反映衔铁位移的大小，不能判别移动的方向，因此常采用差动整流电路和相敏检波电路等来解决这一问题。

1. 差动整流电路

图 2-52a 所示为实际的全波相敏整流电路，是根据半导体二级管单向导通原理进行解调的。假设传感器上面的二次线圈的输出瞬时波形为上半周，a 点为正，b 点为负，则在上线圈中，电流自 a 点出发，路径是 a→1→4→2→3→b；反之，如 a 点为负，b 点为正，则电流路径是 b→3→4→2→1→a。可见，无论二次线圈的输出瞬时电压极性如何，通过电阻 R 的电流总是 4→2。同理，可分析下面二次线圈输出的情况。差动变压器的输出电压为 $U_{sc} = e_{24} + e_{68}$。差动变压器衔铁在不同位置输出的电压波形如图 2-52b 所示。

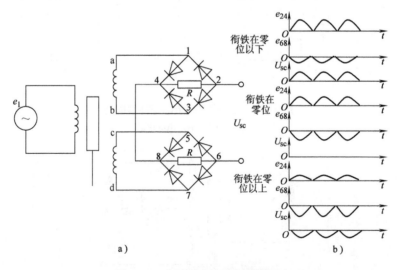

a）　　　　b）

图 2-52　全波整流电路和波形图

a）全波整流电路　b）波形图

差动整流电路结构简单，一般不需要调整相位，不需考虑零点残余电压的影响。在远距离传输时，将此电路的整流部分放在差动变压器一端，整流后的输出线延长，就可避免感应和引出线分布电容的影响。

2. 相敏检波电路

图 2-53 为二级管相敏检波电路。图中 U_R 为参考电压，它的频率必须与 U_o 同频率，相位与 U_o 同相或反相，并且 $U_R \gg U_o$，即二极管的导通与否取决于 U_R。工作原理如下：

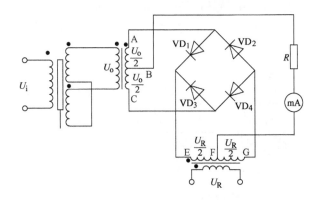

图 2-53 差动相敏检波电路

1）衔铁在中间位置，此时，$U_o = 0$，电流表中无读数。

2）若衔铁向上移动，信号电压 U_o 上正下负为正半周，不妨假定参考电压 U_R 极性为左正右负，此时 VD_1、VD_2 截止，而 VD_3、VD_4 导通，信号电流方向为

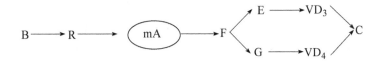

此时，电流表的极性是上正下负。

在负半周，即信号电压 U_o 为上负下正，参考电压 U_R 的极性此时为左负右正，则 VD_3、VD_4 截止，而 VD_1、VD_2 导通，信号电流方向为

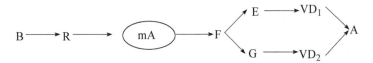

此时，电流表的极性仍是上正下负。所以无论 U_o 的极性如何，只要被测位移向某一方向而使衔铁上移时，电流表上电流的方向总是相同的：从上到下。

3）当被测量方向变化使衔铁下移时，输出电压 U_o 的相位与衔铁上移时相反。同理可知，此时无论 U_o 的极性如何，电流表上电流的方向总是从下到上。

可见，电流表中电流的方向，只取决于衔铁的移动方向，即被测量的变化方向，这

就是相敏检波作用。并且，电流表中电流大小与参考电压 U_R 的大小无关，仅取决于被测量的大小。

（四）差动变压器式传感器的应用

差动变压器式传感器的应用非常广泛，凡是与位移有关的物理量均可经过它转换成电量输出。差动变压器式传感器常用于测量振动、厚度、应变、压力、加速度等物理量。

图 2-54 是差动变压器式加速度传感器结构原理和测振电路框图。用于测定振动物体的频率和振幅时，其励磁频率必须是振动频率的 10 倍以上，这样才可以得到精确的测量结果。可测量的振幅范围为 0.1～5mm，振动频率一般为 0～150Hz。

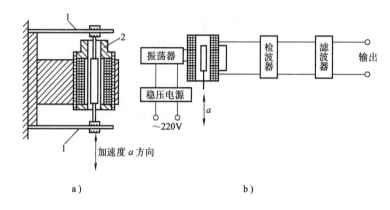

图 2-54　差动变压器式加速度传感器
a）结构示意图　b）测量电路框图
1—弹性支承　2—差动变压器

将差动变压器式传感器和弹性敏感元件（膜片、膜盒和弹簧管等）相结合，可以组成各种形式的压力传感器。

图 2-55 是微压力变送器的结构示意图，在被测压力为零时，膜盒在初始位置状态，此时固接在膜盒中心的衔铁位于差动变压器线圈的中间位置，因而输出电压为零。当被

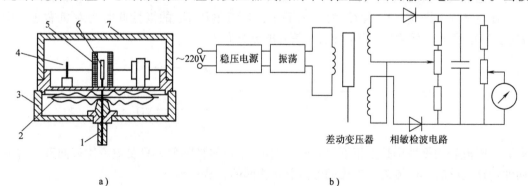

图 2-55　微压力变送器
a）结构图　b）测量电路
1—接头　2—膜盒　3—底座　4—电路板　5—差动变压器线圈　6—衔铁　7—罩壳

测压力由接头 1 传入膜盒 2 时，其自由端产生一正比于被测压力的位移，并且带动衔铁 6 在差动变压器线圈 5 中移动，从而使差动变压器输出电压。经相敏检波、滤波后，其输出电压可反映被测压力的数值。

微压力变送器测量电路包括直流稳压电源、振荡器、相敏检波和指示等部分。由于差动变压器输出电压比较大，所以电路中不需用放大器。

这种微压力变送器经分档可测量 $-5 \times 10^5 \sim 6 \times 10^5 \mathrm{N/m^2}$ 压力，输出信号电压为 $0 \sim 50\mathrm{mV}$，精度为 1.5 级。

三、电涡流式传感器

电涡流式传感器是 20 世纪 70 年代以来得到迅速发展的一种传感器，其工作原理是电涡流效应。当金属导体放置在交变磁场或在磁场中运动时，导体内就会产生感应电流，称为电涡流或涡流。这种现象就是电涡流效应。涡流大小与导体电阻率 ρ、磁导率 μ，以及产生交变磁场的线圈与被测体之间距离 x、线圈激励电流的频率 f 有关。固定其中若干参数，就能按涡流大小测量另外一些参数，从而做成位移、振幅和厚度等传感器。

电涡流式传感器在导体内产生的涡流，其穿透深度与激励电流频率有关，所以涡流传感器分为高频反射式和低频透射式两大类。目前高频反射式电涡流传感器应用广泛，这里重点介绍此类传感器。

（一）工作原理及等效电路

高频反射式电涡流传感器的基本原理如图 2-56 所示。当传感器线圈通以正弦交变电流 I_1 时，其周围就产生了正弦交变磁场 H_1；当金属导体靠近线圈时，在磁场作用范围的导体表层就会产生涡流 I_2，而此电涡流又将产生一交变磁场 H_2 阻碍外磁场的变化。从能量角度来看，在被测导体内存在着电涡流损耗（当频率较高时，忽略磁损耗）。由于交变磁场 H_2 的作用，涡流要损耗一部分能量，从而使传感器的等效阻抗发生变化。

可见，线圈与金属导体之间存在着磁性联系，若把金属导体形象地看作一个短路线圈，那么，它们之间的电路关系可用图 2-57 所示的等效电路表示。图中 R_1 和 L_1 为传感器线圈的电阻和电感，R_2 和 L_2 为金属导体的电阻和电感，E 为激励电压，M 为线圈与金属导体之间的互感。根据基尔霍夫定律及所设电流正方向，可列出方程：

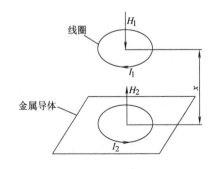

图 2-56 电涡流传感器原理图

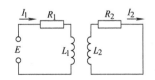

图 2-57 电涡流传感器的等效电路

$$R_1 I_1 + j\omega L_1 I_1 - j\omega M I_2 = E \atop -j\omega M I_1 + R_2 I_2 + j\omega L_2 I_2 = 0 \Bigg\} \tag{2-71}$$

解方程组，得

$$I_1 = \cfrac{E}{R_1 + \cfrac{\omega^2 M^2}{R_2^2 + (\omega L_2)^2} R_2 + j\left[\omega L_1 - \cfrac{\omega^2 M^2}{R_2^2 + (\omega L_2)^2} \omega L_2\right]}$$

$$I_2 = j\omega \cfrac{M I_1}{R_2 + j\omega L_2} = \cfrac{M\omega^2 L_2 I_1 + j\omega M R_2 I_1}{R_2^2 + \omega^2 L_2^2} \Bigg\} \tag{2-72}$$

由 I_1 的表达式可以看出，线圈受到金属导体影响后的等效阻抗为

$$Z = \frac{E}{I_1} = \left[R_1 + R_2 \frac{\omega^2 M^2}{R_2^2 + (\omega L_2)^2}\right] + j\left[\omega L_1 - \omega L_2 \frac{\omega^2 M^2}{R_2^2 + (\omega L_2)^2}\right] \tag{2-73}$$

线圈的等效电阻、电感分别为

$$R = R_1 + R_2 \frac{\omega^2 M^2}{R_2^2 + (\omega L_2)^2} \tag{2-74}$$

$$L = L_1 - L_2 \frac{\omega^2 M^2}{R_2^2 + (\omega L_2)^2} \tag{2-75}$$

线圈的等效品质因数值为

$$Q = \frac{\omega L}{R} = Q_0 \frac{1 - \cfrac{L_2}{L_1} \cfrac{\omega^2 M^2}{Z_2^2}}{1 + \cfrac{R_2 \omega^2 M^2}{R_1} \cfrac{}{Z_2^2}} \tag{2-76}$$

式中　Q_0——无涡流影响下线圈的品质因数值，$Q_0 = \dfrac{\omega L_1}{R_1}$；

$\quad\quad Z_2$——金属导体中产生电涡流部分的阻抗，$Z_2^2 = R_2^2 + \omega^2 L_2^2$。

　　由式（2-74）可知，等效电阻 R 比无涡流影响时的电阻 R_1 增大了，其原因是涡流损耗、磁滞损耗使阻抗表达式中实数部分变大，同时金属导体的导电性能和线圈与导体之间的距离也直接影响实数部分。

　　在等效电感表达式中，第一项 L_1 与静磁效应有关，线圈与金属导体构成一个磁路，其有效磁导率取决于此磁路的性质。当金属导体为磁性材料时，有效磁导率随导体与线圈距离的减小而增大，于是 L_1 增大；若金属导体为非磁性材料，则有效磁导率和导体与线圈的距离无关，即 L_1 不变。式（2-75）中第二项为电涡流回路的反射电感，它使传感器的等效电感值减小。因此，当靠近传感器的被测物体为非磁性材料或硬磁材料时，传感器线圈的等效电感减小；如被测导体为软磁材料时，则由于静磁效应使传感器线圈的等效电感增大。

　　由上述表达式可以看出，被测参数变化，既能引起线圈阻抗 Z 变化，也能引起线圈电感 L 变化和线圈品质因数 Q 变化。因此电涡流式传感器所用转换电流可以选用 Z、L、Q 中的任一参数，从而达到测量目的。这样，金属导体的电阻率 ρ、磁导率 μ、线圈与金属导体之间的距离 x 以及线圈激励电流的角频率 ω 等参数，都将通过涡流效应和静磁效

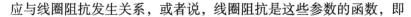

应与线圈阻抗发生关系，或者说，线圈阻抗是这些参数的函数，即

$$Z = f(\rho, \mu, x, \omega)$$

如果控制其中大部分参数恒定不变，只改变其中一个参数，这样阻抗就是这个参数的单值函数。例如，被测材料的情况不变，激励电流的角频率不变，则线圈阻抗 Z 就成为距离 x 的单值函数，便可制成涡流式位移传感器。

（二）测量电路

根据电涡流传感器的基本原理，可将传感器与被测导体间的距离变换为传感器线圈的品质因数 Q、等效阻抗 Z 和等效电感 L 等参数，然后用相应的电路来测量。电涡流式传感器的常用测量电路有电桥电路、调幅式测量电路、调频式测量电路等多种形式。

1. 电桥电路

为提高稳定性和灵敏度，对差动式电涡流传感器可采用电桥电路，电路原理如图 2-58 所示。图中 L_1、L_2 为传感器线圈，它们与电容 C_1、C_2，电阻 R_1、R_2 组成电桥的四个桥臂。电桥电路的电源由振荡器提供，振荡频率根据涡流传感器的需

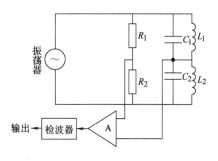

图 2-58　电桥电路原理图

要选择。当传感器线圈的阻抗变化时，电桥失去平衡。电桥的不平衡经线性差动放大和检波后，就可得到与被测量成比例的输出信号。

2. 调幅式测量电路

调幅式测量电路的原理是把传感器线圈与电容并联组成 LC 谐振回路。并联谐振回路的振荡频率为

$$f = \frac{1}{2\pi\sqrt{LC}} \tag{2-77}$$

谐振时回路的等效阻抗最大，其表达式为

$$Z_0 = \frac{1}{RC} \tag{2-78}$$

式中　R——回路的等效损耗电阻。

当传感器线圈的电感 L 发生变化时，回路的等效阻抗和谐振频率都将随之改变，因此，可利用测量回路阻抗大小的方法间接反映出传感器的被测物理量，即所谓的调幅法。图 2-59a 是调幅法的原理图。传感器线圈 L 与电容 C 并联组成谐振回路，当由石英振荡器输出的高频信号激励时，其输出电压为

$$u = i_0 Z$$

式中　i_0——高频激励电流；

　　　　Z——谐振回路阻抗。

当传感器远离被测导体时，调整 LC 回路参数使其谐振频率等于激励振荡器的振荡频率。当传感器接近被测导体时，线圈的等效电感发生变化，使回路失谐而偏离激励频率，回路的谐振峰将左右移动，如图 2-59b 所示。若被测导体为非磁性材料，传感器线圈的等

69

效电感减小，回路的谐振频率提高，谐振峰右移，回路所呈现的阻抗减小为 Z_1' 或 Z_2'，输出电压将由 u 降为 u_1' 或 u_2'。若被测导体为磁性材料，由于磁路的等效磁导率增大使传感器线圈的等效电感增加，回路的谐振频率降低，谐振峰左移，阻抗和输出电压分别减小为 Z_1 或 Z_2 和 u_1 或 u_2。因此，可由传感器输出电压的大小来反映与被测导体间距离。

图 2-59a 中的电阻 R 是用来降低传感器对振荡器工作状态的影响的，它的阻值大小还与测量电路的灵敏度有关。

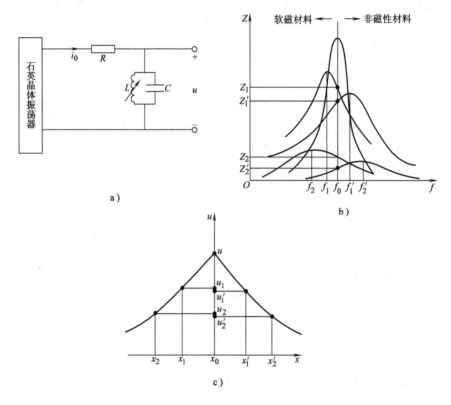

图 2-59 调幅式电路原理图及特性曲线
a) 原理图 b) 谐振曲线 c) 特性曲线

（三）涡流式传感器的应用

由于涡流式传感器具有测量范围大、灵敏度高、结构简单、抗干扰能力强以及可以非接触测量等优点，因此广泛用于工业生产和科学研究的各个领域。表 2-2 给出了电涡流传感器测量的参数、变换量及特征。

传感器在使用中，应该注意被测材料对测量的影响。被测体电导率越高，灵敏度越高，在相同量程下，其线性范围越宽。其次被测体形状对测量也有影响。被测物体的面积比传感器检测线圈面积大得多时，传感器灵敏度基本不发生变化；当被测物体面积为传感器线圈面积的一半时，其灵敏度减少一半；更小时，灵敏度则显著下降。若被测体为圆柱体，当它的直径 D 是传感器线圈直径 d 的 3.5 倍以上时，不影响测量结果，在 D/d = 1 时，灵敏度降低至 70%。

表 2-2 线圈可测量的参数

被测参数	变换量	特征
位移 振动 厚度	传感器线圈与被测体之间的距离 x	非接触连续测量 受剩磁的影响
表面温度 速度（流量）	被测体电阻率 ρ	非接触连续测量 需进行温度补偿
应力 硬度	被测体的磁导率 μ	非接触连续测量 受剩磁和材质影响
损伤	x、ρ、μ	可定量判断

下面就几种主要应用做一简略介绍。

（1）位移测量 电涡流传感器可以用来测量各种形式的位移量。例如，汽轮机主轴的轴向位移（图2-60a），磨床换向阀、先导阀的位移（图2-60b），金属试件的热膨胀系数（图2-60c）等。

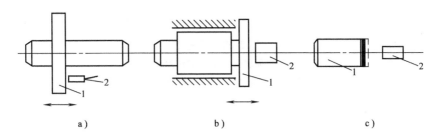

图 2-60 位移计

a）测汽轮机主轴的横向位移 b）测磨床换向阀、先导阀的位移 c）测金属试件的热膨胀变形

1—被测件 2—传感器探头

（2）振幅测量 电涡流式传感器可无接触地测量各种振动的幅值。在汽轮机、空气压缩机中常用电涡流式传感器来监控主轴的径向振动（图2-61a），也可以测量发动机涡轮叶片的振幅（图2-61b）。在研究轴的振动时，常需要了解轴的振动形状，作出轴振形图。为此，可用数个传感器探头并排地安置在轴附近（图2-61c），用多通道指示仪输出至记录仪。在轴振动时，可以获得各个传感器所在位置轴的瞬时振幅，从而画出轴振形图。

（3）厚度测量 电涡流式传感器可以无接触地测量金属板厚度和非金属板的镀层厚度。图2-62a为电涡流式厚度计的原理图。当金属板1的厚度变化时，将使传感器探头2与金属板间距离改变，从而引起输出电压的变化。由于在工作过程中金属板会上、下波动，这将影响测量精度，因此一般电涡流式测厚计常用比较的方法测量，如图2-62b所示。在被测板1的上、下方各装一个传感器探头2，其间距离为 D，而它们与板的上、下表面分别相距 x_1 和 x_2，这样板厚 $t = D - (x_1 + x_2)$，当两个传感器在工作时分别测得 x_1 和 x_2，转换成电压值后相加。相加后的电压值与两传感器间距离 D 对应的设定电压再相减，

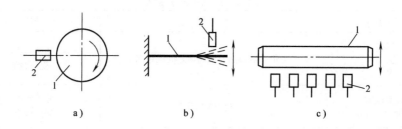

图 2-61 振幅测量

a) 立轴径向振幅测量 b) 涡轮叶片振幅测量 c) 轴的振幅测量

1—被测件 2—传感器探头

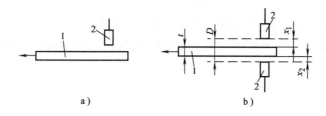

图 2-62 厚度计

a) 原理图 b) 比较法测量

1—金属板 2—传感器探头

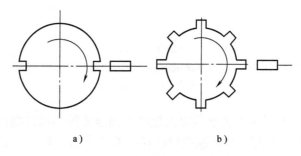

图 2-63 转速测量

则就得到与板厚相对应的电压值。

（4）转速测量 在一个旋转体上开一条或数条槽（图 2-63a），或者做成齿（图 2-63b），旁边安装一个电涡流传感器。当旋转体转动时，电涡流传感器将周期性地改变输出信号。此信号经过放大、整形，可用频率计指示出频率数值。此值与槽数和被测转速有关，即

$$N = \frac{f}{n} \times 60 \qquad (2\text{-}79)$$

式中 f——频率值（Hz）；

n——旋转体的槽（齿）数；

N——被测轴的转速（r/min）。

在航空发动机等试验中，常需测得轴的振幅与转速的关系曲线，如果把转速计的频率值经过频率-电压转换装置，接入 X-Y 函数记录仪的 X 轴输入端，而把振幅计的输出接入 X-Y 函数记录仪的 Y 轴，这样利用 X-Y 记录仪就可直接画出转速-振幅曲线。

（5）涡流探伤 电涡流式传感器可以用来检查金属的表面裂纹、热处理裂纹，用于焊接部位的探伤等。使传感器与被测体距离不变，如有裂纹出现，将引起金属电阻率、磁导率的变化，在裂纹处也可以说有位移值的变化。这些综合参数（x, ρ, μ）的变化将引起传感器参数的变化，从而通过测量传感器参数的变化即可达到探伤的目的。

在探伤时导体与线圈之间是有着相对运动速度的，在测量线圈上就会产生调制频率信号。调制频率取决于相对运动速度和导体中物理性质的变化速度，如缺陷、裂缝出现的信号总是比较短促的，所以缺陷、裂缝会产生较高的频率调幅波。剩余应力趋向于中等频率调幅波，热处理、合金成分变化趋向于较低频率调幅波。在探伤时，重要的是缺陷信号和干扰信号比。

为了获得需要的频率，可采用滤波器使某一频率的信号通过，将干扰频率信号衰减。但对于比较浅的裂缝信号（图 2-64a），还需要进一步抑制干扰信号。此时，可采用幅值甄别电路，把这一电路调整到裂缝信号正好能通过的状态，凡是低于裂缝信号的都不能通过这一电路，这样干扰信号都抑制掉了，如图 2-64b 所示。

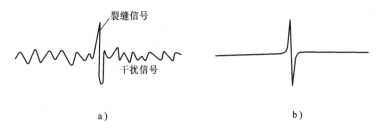

$$a) \qquad\qquad\qquad\qquad b)$$

图 2-64 用涡流探伤时的测试信号

a) 未通过幅值检测甄别电路前的信号 b) 通过幅值检测甄别电路的信号

第三节 电容式传感器

电容式传感器是将被测量的变化转换成电容量变化的一种装置，其实质上就是一个具有可变参数的电容器。

电容式传感器具有结构简单、动态响应快、易实现非接触测量等突出优点。随着电子技术的发展，它所存在的易受干扰和分布电容影响等缺点不断得以克服，而且还开发出容栅位移传感器和集成电容式传感器。因此它广泛应用于压力、位移、加速度、液位机械量测量，也可用于测量成分含量、湿度、温度等参数。

一、工作原理与类型

（一）工作原理

电容式传感器是基于物体间的电容量与其结构参数之间的关系制成的。由物理学可知，电容器的电容是构成电容器的两极板形状、大小、相对位置及电介质介电常数的函数。现以平板电容器来说明，如图2-65所示。当忽略边缘效应时，其电容 C 为

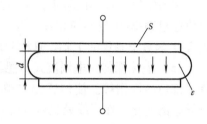

图2-65 平板电容器

$$C = \frac{\varepsilon S}{d} = \frac{\varepsilon_r \varepsilon_0 S}{d} \qquad (2\text{-}80)$$

式中 S——极板相对覆盖面积；

d——极板间距离；

ε_r——相对介电常数；

ε_0——真空介电常数，$\varepsilon_0 = 8.85 \times 10^{-12} \text{F/m}$；

ε——电容极板间介质的介电常数。

当被测量的变化使式（2-80）中 d、S 或 ε 中的任一参数发生变化时，电容 C 也就随之改变，从而反映被测参数的变化。d 和 S 的变化可以反映线位移或角位移的变化，也可以间接反映压力、加速度等的变化；ε_r 的变化则可反映液面高度、材料厚度等的变化。当电容式传感器工作在交流供电方式时，就改变了容抗，使输出的电压、电流、频率等参数得以改变。

（二）基本类型

根据上述原理，在实际应用时电容式传感器可分为三种基本类型：变极距（变间隙）（d）型、变面积（S）型和变介电常数（ε）型。表2-3列出了电容式传感器的三种基本结构形式。它们又可按位移的形式分为线位移和角位移两种。每一种又依据传感器极板形状分成平板或圆板形和圆柱（圆筒）形，虽还有球面形和锯齿形等其他形状，但一般很少用，故表2-3中未列出。其中差动式优于单组（单边）式的传感器，它灵敏度高、线性范围宽、稳定性好。

表2-3 电容式传感器的结构形式

基本类型		单 片 型	
		单 组 式	差 动 式
d 型	线位移		
	角位移		
S 型	线位移（平板形）		
	线位移（圆柱形）		

（续）

基本类型		单 片 型	
		单 组 式	差 动 式
S 型	角位移	平板形 α	α
		圆柱形	α
ε 型	线位移	平板形 l	l
		圆柱形 l	l

75

1. 变极距型电容传感器

由式（2-80）可知，当电容式传感器极板间距 d 因被测量变化而变化 Δd 时，电容变化量 ΔC 为

$$\Delta C = \frac{\varepsilon S}{d - \Delta d} - \frac{\varepsilon S}{d} = \frac{\varepsilon S}{d} \frac{\Delta d}{d - \Delta d} = C_0 \frac{\Delta d}{d - \Delta d} \tag{2-81}$$

式中　C_0——极距为 d 时的初始电容量。

式（2-81）说明，这种类型电容式传感器存在着原理非线性，只有当 $\Delta d \ll d$（即传感器量程远小于两极板间初始距离）时，可认为 ΔC 与 Δd 呈线性关系，因此这种类型的传感器一般用来测量微小变化量。在实际应用中，为了改善非线性、提高灵敏度和减少外界因素（如电源电压、环境温度等）影响，电容式传感器也和电感式传感器一样常常做成差动式结构。

2. 变面积型电容传感器

变面积型电容传感器中，由于平板形传感器的动极板稍向极距方向移动时，将影响测量精度，因此一般情况下，变面积型电容传感器常采用圆柱形结构。由物理学可知，圆柱形电容器的电容量 C 在忽略边缘效应时为

$$C = \frac{2\pi\varepsilon l}{\ln(r_2/r_1)} \tag{2-82}$$

式中　　l——外圆筒与内圆柱覆盖部分的长度；

r_2、r_1——外圆筒内半径和内圆柱外半径，即它们的工作半径。

当两圆筒相对移动 Δl 且忽略边缘效应时，电容变化量 ΔC 为

$$\Delta C = \frac{2\pi\varepsilon l}{\ln(r_2/r_1)} - \frac{2\pi\varepsilon(l - \Delta l)}{\ln(r_2/r_1)} = \frac{2\pi\varepsilon \Delta l}{\ln(r_2/r_1)} = C_0 \frac{\Delta l}{l} \tag{2-83}$$

式中 C_0——传感器初始电容值。

可见，这类传感器具有良好的线性。

其他结构形式的变面积型电容传感器的计算公式均可由式（2-82）推导出来，此处不再赘述。

变极距型和变面积型电容式传感器一般采用空气作电介质。这是因为空气的介电常数 ε_1 在极宽的频率范围内几乎不变，而且温度稳定性好。空气作电介质的电容器与其他电容器相比，介质的电导率极小，因此损耗极低。但 ε_1 小使电容量常为皮法数量级，寄生电容影响大，并要求传感器的绝缘材料有高的绝缘性能。

3. 变介电常数型电容传感器

变介电常数型电容式传感器大多用来测量电介质的厚度（图2-66）、位移（图2-67）、液位（图2-68），还可根据极间介质的介电常数随温度、湿度改变而改变来测量介质材料的温度、湿度等。若忽略边缘效应，图2-66～图2-68中所示传感器的电容量与被测量的关系分别为

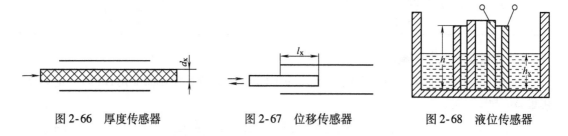

图 2-66 厚度传感器   图 2-67 位移传感器   图 2-68 液位传感器

$$C = \frac{ab}{(d - d_x)/\varepsilon_1 + d_x/\varepsilon} \tag{2-84}$$

$$C = \frac{bl_x}{(d - d_x)/\varepsilon_1 + d_x/\varepsilon} + \frac{b(a - l_x)}{d/\varepsilon_1} \tag{2-85}$$

$$C = \frac{2\pi\varepsilon_1 h}{\ln(r_2/r_1)} + \frac{2\pi(\varepsilon - \varepsilon_1)h_x}{\ln(r_2/r_1)} \tag{2-86}$$

式中 d、h——两固定极板间的距离、极筒重合部分的高度；

d_x、h_x、ε——被测物的厚度、被测液面高度和它的介电常数；

a、b、l_x——固定极板长度和宽度及被测物进入两极板间的长度；

r_1、r_2——内极筒外半径和外极筒内半径；

ε_1——空气的介电常数。

应该指出，在上述测量方法中，当电极之间的被测介质导电时，电极表面应涂盖绝缘层（如0.1mm厚的聚四氟乙烯等），防止电极间短路。

二、转换电路

电容式传感器的作用是把被测物理量（如压力、位移等）的变化转换成电容量的变化。为了使信号便于传输、放大、运算、处理、显示、记录，还需将电容量进一步转换

成电压或电流等电量参数。将电容量转换成电量的电路称为电容式传感器的转换电路。它们的种类很多，目前较常用的有电桥电路、二极管双 T 形电路、差动脉冲调宽电路、运算放大器式电路等。

（一）电容式传感器的等效电路

电容式传感器在大多数情况下，由于使用环境温度不高、湿度不大，如果供电电源频率合适，设计合理，则可用一个纯电容来代表。但当供电电源频率较低或在高温高湿环境下使用时，电容式传感器并不是一个纯电容。其完整的等效电路如图 2-69a 所示，C_0 为传感器本身的电容；串联电感 L 包括引线电缆电感和电容式传感器本身的电感；串联电阻 r 由引线电阻、极板电阻和金属支架电阻组成；C_p 为引线电缆、所接测量电路及极板与外界所形成的总寄生电容；R_g 是极间等效漏电阻，它包括极板间的漏电损耗和介质损耗、极板与外界间的漏电损耗和介质损耗。这些参量的作用因工作的具体情况不同而不同。

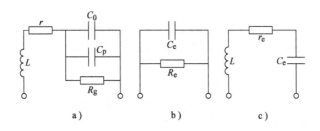

图 2-69 电容式传感器的等效电路

a）工作频率适中 b）工作频率较低 c）工作频率较高

在工作频率较低时，传感器电容的阻抗非常大，因此串联的 L 和 r 的影响可以忽略。其等效电路可简化为图 2-69b，其中等效电容 $C_e = C_0 + C_p$，等效电阻 $R_e \approx R_g$。

在工作频率较高时，传感器电容的阻抗变小，必须考虑 L 和 r 的影响，而并联漏电阻的影响可忽略。其等效电路简化为图 2-69c，其中 $C_e = C_0 + C_p$，而 $r_e \approx r_0$。引线电缆的电感很小，只有工作频率在 10MHz 以上时，才考虑其影响。

电容式传感器的等效电路有一谐振频率，通常为几十兆赫。供电电源频率必须低于该谐振频率，一般为谐振频率的 $1/3 \sim 1/2$，才能保证传感器正常工作。

（二）电桥电路

将电容式传感器接入交流电桥作为电桥的一个臂或两个相邻臂，另两臂可以是电阻或电容或电感，也可以是变压器的两个二次线圈。由于电桥电路相关知识在本章第一节和第二节均有介绍，所以这里不再赘述。

顺便指出：①由于电容电桥电路输出电压与电源电压成正比，因此要求其电源电压波动极小，需采用稳幅、稳频等措施，在要求精度很高的场合，如飞机用油量检测，可采用自动平衡电桥；②传感器必须工作在平衡位置附近，否则电桥非线性增大；③接有电容传感器的交流电桥输出阻抗很高（一般达几兆欧至几十兆欧），输出电压幅值又较小，所以必须后接高输入阻抗、高放大倍数的处理电路。

（三）二极管双 T 形电路

图 2-70a 为二极管双 T 形电路原理图。图中供电电源是幅值为 $\pm U_E$、周期为 T、占空比为 50% 的方波；C_1 和 C_2 是差动电容式传感器的电容，对于单组式，则其中一个为固定电容；R_L 为负载电阻；VD_1、VD_2 为理想二极管（即正向导通时电阻为零，反向截止时电阻为无穷大）；R_1、R_2 为固定电阻。

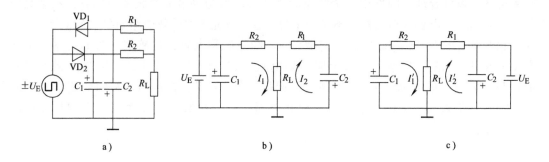

图 2-70　二极管双 T 形电路及等效网络

a) 双 T 形电路原理图　b) 电源为正半周时等效网络　c) 电源为负半周时等效网络

电路的工作原理是：当电源为正半周时，二极管 VD_2 导通、VD_1 截止，电路等效为如图 2-70b 所示的电路。此时电容 C_1 被以极其短的时间充电到 U_E，电源 U_E 经电阻 R_2 以电流 I_1 向负载电阻 R_L 供电，与此同时，电容 C_2 以电压初始值 U_E 经 R_1 和 R_L 放电，放电电流为 I_2，流经负载电阻 R_L 的电流 I_L 为 I_1 和 I_2 之和。当电源为负半周时，二极管 VD_2 截止、VD_1 导通，等效为如图 2-70c 所示的电路。同理分析得到，流经负载电阻 R_L 的电流 I'_L 为由电源 U_E 供给的电流 I'_2 和传感器电容 C_1 的放电电流 I'_1 之和。若 VD_1、VD_2 的特性相同，并且 $C_1 = C_2$，$R_1 = R_2 = R$，则流过 R_L 的电流 I_L 与 I'_L 的平均值大小相等，方向相反，在一个周期内流过 R_L 的平均电流为零，R_L 上无电压输出。若在 C_1 或 C_2 变化时，在 R_L 上产生的平均电流不为零，因而有电压信号输出。此时在负载 R_L 上输出电压为

$$U_o = \frac{RR_L(R+2R_L)}{(R+R_L)^2} \frac{U_E}{T}(C_1 - C_2) \tag{2-87}$$

该电路的灵敏度 K 为

$$K = \frac{RR_L(R+2R_L)}{(R+R_L)^2} \frac{U_E}{T} \tag{2-88}$$

该电路的特点是：①线路简单，可全部放在探头内，大大缩短了电容引线，减小了分布电容的影响；②电源周期、幅值直接影响灵敏度，要求它们高度稳定；③输出阻抗为 R_L，而与电容无关，克服了电容式传感器高内阻的缺点；④适用于具有线性特性的单组式和差动式电容式传感器。

（四）差动脉冲调宽电路

差动脉冲调宽电路也称为差动脉宽（脉冲宽度）调制电路，是利用对传感器电容的充放电使电路输出脉冲的宽度随传感器电容量变化而变化特性设计的一种测量电路，通

过低通滤波器得到对应被测量变化的直流信号。
图2-71为差动脉冲调宽电路原理图，图中 C_1、C_2
为差动式传感器的电容，若用单组式，则其中一
个为固定电容，要求其电容值与传感器电容初始
值相等；A_1、A_2 是两个比较器，U_R 为其参考电
压。设电源接通时，双稳态触发器的 Q 端（即 A
点）为高电位，$\overline{Q}$ 端（即 B 点）为低电位。因
此，A 点通过电阻 R_1 对电容 C_1 充电，直至 F 点
的电位等于参考电压 U_R 时，使比较器 A_1 产生一

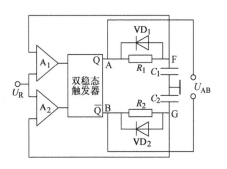

图 2-71 差动脉冲调宽电路

脉冲，触发双稳态触发器翻转，则 A 点呈低电位，
B 点呈高电位。此时 F 点电位 U_R 经二极管 VD_1 迅速放电至零，同时 B 点高电位经电阻
R_2 向电容 C_2 充电，当 G 点电位充至 U_R 时，比较器 A_2 产生一脉冲，使双稳态触发器又翻
转一次，则 A 点呈高电位，B 点呈低电位。如此重复上述过程，则在双稳态触发器的两
个输出端 A、B 两点分别产生宽度受 C_1、C_2 调制的方波脉冲。

下面讨论此方波脉冲宽度与 C_1、C_2 的关系。当 $C_1 = C_2$ 时，各点的电压波形如
图 2-72a所示，输出电压 U_{AB} 的平均值为零。当 $C_1 \neq C_2$ 时，若 $C_1 > C_2$，则 C_1、C_2 充放电
时间常数就发生改变，各点电压波形如图 2-72b 所示，输出电压 U_{AB} 的平均值不为零。输
出直流电压 U_{AB}的平均值由 A、B 两点间电压经低通滤波后获得，等于 A、B 两点间平均
电压值 U_A 和 U_B 之差，即

$$U_{AB} = U_A - U_B = \frac{T_1}{T_1 + T_2}U_1 - \frac{T_2}{T_1 + T_2}U_1 = \frac{T_1 - T_2}{T_1 + T_2}U_1 \tag{2-89}$$

式中　U_A、U_B——A 点和 B 点的方波脉冲的直流分量；

　　　T_1、T_2——C_1 和 C_2 的充电时间；

　　　U_1——触发器输出的高电位。

C_1、C_2 的充电时间 T_1、T_2 为

$$T_1 = R_1 C_1 \ln \frac{U_1}{U_1 - U_R}$$

$$T_2 = R_2 C_2 \ln \frac{U_1}{U_1 - U_R}$$

式中　U_R——触发器的参考电压。

设充电电阻 $R_1 = R_2 = R$，则得

$$U_{AB} = \frac{C_1 - C_2}{C_1 + C_2}U_R \tag{2-90}$$

因此，输出的直流电压与传感器两电容差值成正比。

设电容 C_1 和 C_2 的极间距离和面积分别为 d_1、d_2 和 S_1、S_2，将平行板电容公式代入
式（2-90），对差动式变极距型和变面积型电容式传感器可得

$$U_{AB} = \frac{d_2 - d_1}{d_1 + d_2}U_R；\quad U_{AB} = \frac{S_2 - S_1}{S_2 + S_1}U_R \tag{2-91}$$

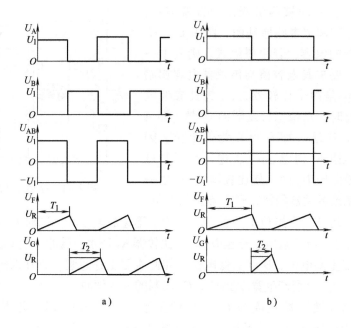

图 2-72 差动脉冲调宽电路各点电压波形图

a) $C_1 = C_2$ b) $C_1 \neq C_2$

可见差动脉冲调宽电路能适用于任何差动式电容式传感器，并具有理论上的线性特性，这是十分可贵的性质。应该指出的是，具有这个特性的电容测量电路还有差动变压器式电容电桥和由二极管 T 形电路经改进得到的二极管环形检波电路等。

另外，差动脉冲调宽电路采用直流电源，其电压稳定度高，不存在稳频、波形纯度的要求，也不需要相敏检波与解调等；对元器件无线性要求；经低通滤波器可输出较大的直流电压，对输出方波的纯度要求也不高。

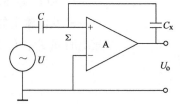

图 2-73 运算放大器式电路原理图

（五）运算放大器式电路

图 2-73 为电容传感器运算放大器测量电路原理图。它由传感器电容 C_x、固定电容 C 以及运算放大器 A 组成。其中 U 为信号源电压，U_o 为输出电压。由运算放大器工作原理可推导出

$$U_o = -\frac{1/(\mathrm{j}\omega C_x)}{1/(\mathrm{j}\omega C)}U = -\frac{C}{C_x}U$$

将 $C_x = (\varepsilon S)/d$ 代入上式得

$$U_o = -\frac{UC}{\varepsilon S}d \tag{2-92}$$

由式（2-92）可以看出，电容传感器运算放大器测量电路的输出电压与电容极板间距呈线性关系，这就从原理上解决了变极距型电容式传感器输出特性的非线性问题。这里是假设放大器开环放大倍数 $A = \infty$，输入阻抗 $Z_i = \infty$，实际上的运算放大器一般不会满

足这种条件，因此仍然存在一定的非线性误差。但一般 A 和 Z_i 足够大，所以这种误差很小。此外，式（2-92）还表明，输出信号电压还与信号源电压 U、固定电容 C 及传感器其他参数 ε、S 有关，这些参数的波动也将使输出产生误差，因此，电路要求固定电容 C 的容量必须稳定，信号源电压 U 也必须采取稳定措施。

三、主要性能、特点和设计时应考虑的因素

（一）主要性能

1. 静态灵敏度

静态灵敏度是被测量缓慢变化时传感器电容变化量与引起其变化的被测量变化之比。对于单组式变极距型电容传感器，由式（2-81）可知，其静态灵敏度 k_g 为

$$k_g = \frac{\Delta C}{\Delta d} = \frac{C_0}{d}\left(\frac{1}{1 - \Delta d/d}\right)$$

因为 $\Delta d/d < 1$，将上式展开成泰勒级数得

$$k_g = \frac{C_0}{d}\left[1 + \frac{\Delta d}{d} + \left(\frac{\Delta d}{d}\right)^2 + \left(\frac{\Delta d}{d}\right)^3 + \left(\frac{\Delta d}{d}\right)^4 + \cdots\right] \tag{2-93}$$

可见，变极距型电容式传感器的灵敏度是初始极板间距 d 的函数，同时还随被测量而变化。减小 d 可以提高灵敏度，但 d 过小易导致电容器击穿（空气的击穿电压为 $3\mathrm{kV/mm}$），可在极间加一层云母片（其击穿电压大于 $10^3\mathrm{kV/mm}$）或塑料膜来改善电容器耐压性能。

对于圆柱形变面积型电容式传感器，由式（2-83）可知其静态灵敏度为常数，即

$$k_g = \frac{\Delta C}{\Delta l} = \frac{C_0}{l} = \frac{2\pi\varepsilon}{\ln(r_2/r_1)} \tag{2-94}$$

灵敏度取决于 r_2/r_1，r_2 与 r_1 越接近，灵敏度越高。虽然内外极筒原始覆盖长度 l 与灵敏度无关，但 l 不可太小，否则边缘效应将影响到传感器的线性。

另外，变极距型和变面积型电容式传感器还可采用差动结构形式来提高静态灵敏度，一般能提高一倍。例如，对表 2-3 中差动式变面积型线位移电容式传感器，由式（2-82）和式（2-83）可得其静态灵敏度为

$$k_g = \frac{\Delta C}{\Delta l} = \left[\frac{2\pi\varepsilon(l + \Delta l)}{\ln(r_2/r_1)} - \frac{2\pi\varepsilon(l - \Delta l)}{\ln(r_2/r_1)}\right]/\Delta l = \frac{4\pi\varepsilon}{\ln(r_2/r_1)} \tag{2-95}$$

可见，比相应单组式的灵敏度提高一倍。

应该注意：变面积型和变介电常数型电容式传感器是在忽略边缘效应的前提下，其输入被测量与输出电容量一般呈线性关系，因而其静态灵敏度为常数。

2. 非线性

对单组式变极距型电容传感器而言，当极板间距 d 变化上 $\pm\Delta d$ 时，其电容量随之变化，根据式（2-81）有

$$\Delta C = C_0\frac{\Delta d}{d \pm \Delta d} = C_0\frac{\Delta d}{d}\left(\frac{1}{1 \pm \Delta d/d}\right)$$

因 $\Delta d/d < 1$，所以

$$\Delta C = C_0 \frac{\Delta d}{d}\Big[1 \mp \frac{\Delta d}{d} + \Big(\frac{\Delta d}{d}\Big)^2 \mp \Big(\frac{\Delta d}{d}\Big)^3 + \cdots\Big] \tag{2-96}$$

显然，输出电容变化量 ΔC 与被测量 Δd 之间是非线性关系。只有当 $\Delta d/d \ll 1$ 时，略去各非线性项后才能得到近似线性关系为 $\Delta C = C_0(\Delta d/d)$。由于 d 取值不能大，否则将降低灵敏度，因此变极距型电容式传感器常工作在一个较小的范围内（0.01μm 至零点几毫米），而且最大 Δd 应小于极板间距 d 的 1/5 ~ 1/10。

电容传感器采用差动形式，并取两电容之差为输出量 ΔC，可导出

$$\Delta C = 2C_0 \frac{\Delta d}{d}\Big[1 + \Big(\frac{\Delta d}{d}\Big)^2 + \Big(\frac{\Delta d}{d}\Big)^4 + \cdots\Big] \tag{2-97}$$

可见，差动式电容传感器的非线性得到了很大的改善，并且灵敏度也提高了一倍。

如果采用容抗 $X_C = 1/(\omega C)$ 作为电容式传感器输出量，那么被测量 Δd 就与 ΔX_C 呈线性关系，不一定要满足 $\Delta d \ll d$ 这一要求了。

变面积型和变介电常数型（测厚除外）电容式传感器具有很好的线性，但这是以忽略边缘效应为条件的。实际上由于边缘效应引起极板（或极筒）间电场分布不均匀，导致非线性问题仍然存在，且灵敏度下降，但比变极距型电容式传感器好得多。

（二）特点

电容式传感器与前面介绍的电阻式、电感式等传感器相比，有如下一些优点：

（1）受温度影响极小　电容式传感器的电容值仅取决于电极的几何尺寸，一般与电极材料无关，有利于选择温度系数低的材料，又因本身发热极小，影响稳定性甚微。

（2）结构简单，适用于多种场合，具有平均效应　电容式传感器结构简单，易于制造，易于保证较高的精度；可以做得体积很小，易于实现某些特殊场合要求的测量；电容式传感器一般用金属做电极，以无机材料（如玻璃、石英、陶瓷等）做绝缘支承，因此能工作在高温、低温、强辐射及强磁场等恶劣的环境中，可以承受很大的温度变化，承受高压力、高冲击、过载等；能测超高压和低压差，也能对带磁工件进行测量。当被测试件不允许采用接触测量时，电容传感器可完成测量任务。电容式传感器在采用非接触测量时，具有平均效应，可以减小工件表面粗糙度等对测量的影响。

（3）响应速度快　电容式传感器固有频率很高，动态响应时间短，能在几兆赫的频率下工作，特别适合动态测量。又由于其介质损耗小可以用较高频率供电，因此系统工作频率高。它可用于测量高速变化的参数，如测量振动、瞬时压力等。

电容式传感器除上述优点之外，还因带电极板间的静电引力极小，所以所需输入能量极小，特别适宜用来测量极低的压力、力和很小的加速度、位移等，可以做得很灵敏，分辨力非常高，能感受 0.01μm 甚至更小的位移；由于其空气等介质损耗小，采用差动形式并接入电桥时产生的漂移极小，因此允许电路进行高增益放大，使仪器具有很高的灵敏度。

电容式传感器存在如下不足之处：

（1）负载能力差　电容式传感器的容量受其电极几何尺寸等限制，不易做得很大，一般为几十到几百皮法，使传感器的输出阻抗很高，尤其当采用音频范围内的交流电源时，输出阻抗高达 $10^6 \sim 10^8 \Omega$。因此，传感器负载能力差，易受外界干扰影响而产生不稳

定现象，严重时甚至无法工作，必须采取屏蔽措施，从而给设计和使用带来不便。由于其容抗大还要求传感器绝缘部分的电阻值极高（几十兆欧以上），否则绝缘部分将作为旁路电阻而影响传感器的性能（如灵敏度降低）。此外，要特别注意周围环境如温湿度、清洁度等对绝缘性能的影响。高频供电虽然可降低传感器输出阻抗，但放大电路和信号传输远比低频时复杂，且寄生电容影响加大，难以保证工作稳定。

（2）寄生电容影响大　电容式传感器的初始电容量很小，而传感器的引线电缆电容（$1 \sim 2m$ 导线可达 $800pF$）、测量电路的杂散电容以及传感器极板与其周围导体构成的电容等"寄生电容"却较大，这一方面降低了传感器的灵敏度，另一方面这些电容（如电缆电容）常常是随机变化的，将使传感器工作不稳定，影响测量精度，其变化量甚至超过被测量引起的电容变化量，致使传感器无法正常工作。因此，对电缆的选择、安装、接法都要有要求。

（3）输出特性非线性　变极距型电容传感器的输出特性在原理上就存在非线性问题，虽可采用差动结构形式得以改善，但不可能完全消除。其他类型的电容传感器只有在忽略了电场的边缘效应时，输出特性才呈线性。否则边缘效应所产生的附加电容量将与传感器电容量直接叠加，使输出特性非线性。

应该指出，随着材料、工艺、电子技术，特别是集成电路的高速发展，电容式传感器的优点得到发扬而缺点不断得到克服。电容传感器正逐渐成为一种高灵敏度、高精度，在动态、高低压及某些特殊测量方面大有发展前途的传感器。

（三）设计时应考虑的因素

电容式传感器所具有的高灵敏度、高精度等独特的优点是与其正确设计、选材以及精密的加工工艺分不开的。在设计传感器的过程中，在所要求的量程、温度和压力等参数范围内，应尽量使它具有低成本、高精度、高分辨力、稳定可靠和高的频率响应等优点。但一般不易达到理想要求，因此经常采用折衷办法。对于电容式传感器，为了发扬其优点，克服其缺点，设计时可以从下面几个方面予以考虑。

1. 减小环境温度、湿度等因素的影响，保证绝缘材料的性能

温度变化使电容传感器内各零件的几何尺寸和相互位置及某些介质的介电常数发生变化，从而改变传感器的电容量，产生温度误差。湿度也影响某些介质的介电常数和绝缘电阻值。因此，必须从选材、结构、加工工艺等方面来减小温度和湿度等误差并保证绝缘材料具有高的绝缘性能。

电容式传感器金属电极的材料以选用温度系数低的铁镍合金为好，但较难加工。也可采用在陶瓷或石英上喷镀金或银的工艺，这样电极可以做得极薄，对减小边缘效应极为有利。

传感器内电极表面不便经常清洗，应加以密封，用以防尘、防潮。若在电极表面镀以极薄的惰性金属（如铑等）层，则可代替密封件而起保护作用，可防尘、防湿、防腐蚀，并可在高温下减少表面损耗、降低温度系数，但成本较高。

传感器内电极的支架除要有一定的机械强度外还要有稳定的性能。因此，选用温度系数小和几何尺寸长期稳定性好，并具有高绝缘电阻、低吸潮性和高表面电阻的材料作为支架。例如，石英、云母、人造宝石及各种陶瓷等，虽然它们较难加工，但性能远高于塑料、有机玻璃等材料。在温度不太高的环境下，聚四氟乙烯具有良好的绝缘性能，可以考虑选用。

尽量采用空气或云母等介电常数的温度系数近似为零的电介质（也不受湿度变化的影响）作为电容式传感器的电介质。若用某些液体如硅油、煤油等作为电介质，当环境温度、湿度变化时，它们的介电常数随之改变，产生误差。这种误差虽可用后续电路加以补偿（如采用与测量电桥相并联的补偿电桥），但无法完全消除。

在可能的情况下，传感器内尽量采用差动对称结构，这样，可通过某些类型的测量电路（如电桥）来减小温度等误差。

可以用数学关系式来表达温度等变化所产生的误差，并作为设计依据，但这种方法比较繁琐。

尽量选用高的电源频率，一般为50kHz至几兆赫，以降低对传感器绝缘部分的绝缘要求。

传感器内所有的零件应先进行清洗、烘干后再装配。传感器要密封以防止水分侵入内部而引起电容值变化和绝缘性能下降。传感器的壳体刚性要好，以免安装时变形。

2. 减小和消除电容电场的边缘效应

边缘效应不仅使电容式传感器的灵敏度降低，而且会产生非线性，因此应尽量减小并消除边缘效应。

适当减小极距，使电极直径或边长与间距比很大，可减小边缘效应的影响，但易产生击穿并有可能限制测量范围。电极应做得极薄，以使之与极间距相比很小，这也是减小边缘电场的影响的一种方法。此外，可在结构上增设等位环来消除边缘效应，图2-74为带有等位环的平板电容传感器结构原理图。等位环3与电极2在同一平面上并将电极2包围，且与电极2电绝缘但等电

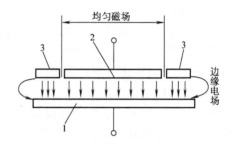

图2-74　带有等位环的平板电容传感器结构原理图
1、2—电极　3—等位环

位，这就能使电极2的边缘电力线平直，电极1和2之间的电场基本均匀，而发散的边缘电场发生在等位环3外周，不会影响传感器两极板间电场。

应该指出，边缘效应所引起的非线性与变极距型电容式传感器原理上的非线性恰好相反，因此在一定程度上起了补偿作用，但使电容式传感器灵敏度下降。

3. 减小寄生电容的影响

由电容式传感器等效电路图可知，寄生电容与传感器电容并联，会影响传感器灵敏度。它的变化为虚假信号，影响传感器的精度，必须减小和消除它。通常可采用以下方法：增加传感器原始电容值；注意传感器的接地和屏蔽；将传感器与测量电路本身或其前置级装在一个壳体内；"驱动电缆"技术；运算放大器法；整体屏蔽等。

（1）适当增大传感器原始电容值　采用减小极片或极筒间的间距（平板式间距为0.2～0.5mm，圆筒式间距为0.15mm），增加工作面积或工作长度来增加原始电容值，但受加工及装配工艺、精度、示值范围、击穿电压、结构等限制。一般电容值变化在 10^{-3} ～

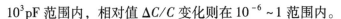

10^3pF 范围内，相对值 $\Delta C/C$ 变化则在 $10^{-6} \sim 1$ 范围内。

（2）采用适当接地方法和屏蔽措施 图 2-75 为采用接地屏蔽的圆筒形电容式传感器示意图。图中可动极筒与连杆固定在一起随被测量移动，并与传感器的屏蔽壳（良导体）同时接地。因此当可动极筒移动时，它与屏蔽壳之间的电容值将保持不变，从而消除了由此产生的虚假信号。

引线电缆也必须屏蔽在传感器屏蔽壳内。为减小电缆电容的影响，应尽可能使用短而粗的电缆线，缩短传感器至后续电路前置级的距离。

还有一种方法是将电容式传感器和所采用的转换电路、传输电缆等用同一个屏蔽壳屏蔽起来，即整体屏蔽，正确选取接地点可减小寄生电容的影响和防止外界的干扰。图 2-76 所示是差动电容式传感器交流电桥所采用的整体屏蔽系统，屏蔽层接地点选择在两固定辅助阻抗臂 Z_3 和 Z_4 中间，使电缆芯线与其屏蔽层之间的寄生电容 C_{p1} 和 C_{p2} 分别与 Z_3 和 Z_4 相并联。如果 Z_3 和 Z_4 比 C_{p1} 和 C_{p2} 的容抗小得多，则寄生电容 C_{p1} 和 C_{p2} 对电桥的平衡状态的影响就很小。

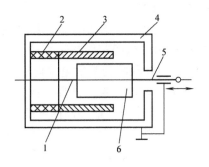

图 2-75 接地屏蔽圆筒形
电容式传感器示意图
1—导杆 2—绝缘体 3—固定极筒
4—屏蔽壳 5—直杆 6—可动极筒

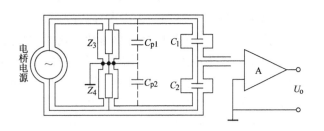

图 2-76 交流电容电桥的屏蔽系统

最易满足上述要求的是变压器电桥，这时 Z_3 和 Z_4 是具有中心抽头并相互紧密耦合的两个电感线圈，流过 Z_3 和 Z_4 的电流大小基本相等但方向相反，因而和输入在结构上完全对称，所以线圈中的合成磁通近于零，Z_3 和 Z_4 仅为其绕组的铜电阻及漏感抗，它们都很小。结果寄生电容 C_{p1} 和 C_{p2} 对 Z_3 和 Z_4 的分路作用既可被削弱到很低的程度而又不致影响交流电桥的平衡。

还可以再加一层屏蔽，所加外屏蔽层接地点则选在差动式电容传感器两电容 C_1 和 C_2 之间。这样进一步降低了外界电磁场的干扰。而内外屏蔽层之间的寄生电容等效作用在测量电路前置级，不影响电桥的平衡，因此，在电缆线长达 10m 以上时它仍能测出 1pF 的电容。

当电容式传感器的原始电容值较大（几百皮法）时，只要选择适当的接地点仍可采用一般的同轴屏蔽电缆。电缆长达 10m 时，传感器也能正常工作。

（3）将传感器与测量电路本身甚至前置级装在一个壳体内 将传感器与测量电路本

身或其前置级（集成化）装在一个壳体内，省去传感器至前置级的电缆线，这样，寄生电容大为减小而且变化也小，使传感器工作稳定。但这种集成电容传感器因电子元器件的温度漂移而不能在高温、低温或环境差的场合工作。

（4）采用"驱动电缆"技术（也称"双层屏蔽等位传输"技术） 当电容式传感器的初始电容值很小，且工作环境温度较高（如200℃），电子元器件不能承受高温而只能与传感器分开时，必须考虑引线电缆电容的影响。这种情况下，可采用"驱动电缆"技术，如图 2-77 所示。传感器与测量电路前置级间的引线为双屏蔽层电缆，其内屏蔽层与信号传输导线（即电缆芯线）通过增益为 1 的放大器变为等电位，从而消除了芯线与内屏蔽层之间的电容。由于屏蔽线上有随传感器输出信号变化而变化的电压，因此称为"驱动电缆"。采用这种技术可使电缆线长达 10m 之远也不影响仪器的性能。外屏蔽层接大地（或仪器参考地）用来防止外界电场的干扰。内外屏蔽层之间的电容是放大器的负载。该放大器是一个输入阻抗很高、具有容性负载、放大倍数为 1（准确度要求达 1/1000）的同相（要求相移为零）放大器。因此"驱动电缆"技术对放大器要求很高，电路复杂，但能保证电容式传感器的电容值小于 1pF 时也能正常工作。

（5）采用运算放大器法 图 2-78 所示是利用运算放大器的虚地来减小引线电缆寄生电容 C_p 影响的电路原理图。图中电容式传感器的一个电极经引线电缆芯线接运算放大器的虚地 Σ 点，电缆的屏蔽层接传感器地，这时与传感器电容相并联的为等效电缆电容 C_p 的 $1/(1+A)$，A 为放大器开环增益，因而大大地减小了电缆电容的影响。外界干扰因屏蔽层接传感器地而对芯线不起作用。传感器的另一电极经传感器外壳（最外面的屏蔽层）接大地，以防止外电场的干扰。若采用双屏蔽层电缆，其外屏蔽层接大地，则干扰影响更小。实际上，这是一种不完全的"驱动电缆"技术，其电路要比图 2-77 中电路简单得多。尽管仍存在电缆寄生电容的影响，但选择 A 足够大时，可得到所需的测量精度。

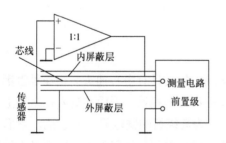
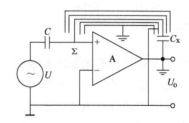

图 2-77 "驱动电缆"技术原理图   图 2-78 运算放大器法减小电缆电容原理图

4. 防止和减小外界干扰

电容式传感器是高阻抗传感元件，易受外界干扰的影响。当外界干扰（如电磁场）在传感器上和导线之间感应出电压并与信号一起输送至测量电路时就会产生误差。干扰信号足够大时，传感器无法正常工作。此外，接地点不同所产生的接地电压差也是一种干扰信号，也会给电路带来误差和故障。防止和减小干扰的某些措施已在上面有所讨论，现归纳如下：

1）用良导体做传感器壳体，将传感元件包围起来，并可靠接地；用金属网套住导线彼此绝缘（即屏蔽电缆），金属网可靠接地；用双层屏蔽线或屏蔽罩可靠接地；传感器与测量电路前置级一起装在良好屏蔽壳体内并可靠接地等。

2）尽可能增加原始电容量，降低传感器输出容抗。

3）导线间存在静电感应，因此导线和导线之间要离得远，导线要尽可能短，最好成直角排列，若必须平行排列时，可采用同轴屏蔽电缆线。

4）尽可能一点接地，避免多点接地。地线要用粗的良导体或宽印制线。

5. 采用差动式结构

尽量采用差动式电容传感器，可提高传感器灵敏度，减小非线性误差，减小寄生电容的影响和温度、湿度等其他环境因素导致的测量误差。

四、电容式传感器的应用举例

随着新工艺、新材料问世，特别是电子技术的发展，使得电容式传感器存在的不足已经成功解决，为电容式传感器的应用开辟了广阔的前景。它广泛地应用于测量力、压力、差压、加速度、振动、液位、直线位移、角位移、流量、成分含量、电介质的湿度等物理量，在自动检测和控制系统中也常常用来作为位置信号发生器。当测量金属表面状况、距离尺寸、振动振幅时，往往采用单组式变极距型电容传感器，这时被测物是电容器的一个电极，另一个电极则在传感器内。下面简单介绍几种电容式传感器的应用。

1. 电容式差压传感器

电容式差压传感器具有结构简单、精度高（可达 0.25%）、响应速度快（约 100ms）、能测量微小压差（$0 \sim 0.75\text{Pa}$）等优点。它主要由两个玻璃圆盘和一个金属（不锈钢）膜片组成，其结构示意图如图 2-79a 所示。两玻璃圆盘上的凹面深约 $25\mu\text{m}$，其上镀金作为电容传感器的两个固定电极，夹在两凹圆盘中的膜片为传感器可动电极。

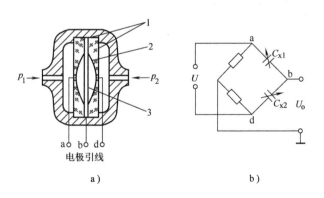

图 2-79 电容式差压传感器结构示意图及其转换电路
1—玻璃盒 2—镀金层 3—金属膜片

当两边压强 p_1、p_2 相等时，膜片处于中间位置，与左右两个固定电极之间的距离相等，使 $C_{ab} = C_{db}$，经图 2-79b 所示的转换电桥电路后输出 $U_o = 0$；当 $p_1 > p_2$（或 $p_1 < p_2$）时，膜片弯向 p_2（或 p_1），使得两个差动电容一个增大，一个减小，且变化量大小相同，即 $C_{ab} < C_{db}$（或 $C_{ab} > C_{db}$），因此，转换电路输出电压 U_o 与差压 $|p_1 - p_2|$ 信号成比例关

系。这种电容式差压传感器不仅可用来测量 p_1 与 p_2 的压差，也可以用来测量真空或微小绝对压力，此时只要把膜片的一侧密封，并抽到高真空（10^{-5}Pa）即可。

2. 电容式加速度传感器

图2-80所示是电容式加速度传感器结构示意图。图中质量块4由两根簧片3支撑置于充满空气的壳体2内，弹簧较硬使系统的固有频率较高，因此构成惯性式加速度传感器的工作状态。当测量垂直方向上的直线加速度时，传感器壳体固定在被测振动体上，振动体的振动使壳体相对质量块运动，因而与壳体固定在一起的两个固定极板1和5相对质量块运动，致使上固定极板5与质量块的A面（磨平抛光）组成电容 C_{x1} 值以及下固定极板1与质量块的B面（磨平抛光）组成电容 C_{x2} 值随之改变，一个增大，一个减小，且变化量大小相同，它们的差值 $|C_{x1} - C_{x2}|$ 正比于被测加速度。由于采用空气阻尼，气体粘度的温度系数比液体小得多，因此，这种加速度传感器的精度较高、频率响应范围宽、量程大。

3. 电容式液位传感器

图2-81所示是飞机上使用的圆柱形电容式液位检测系统结构示意图。它采用了自动平衡电桥电路，由油箱液位电容式传感装置、交流放大器、两相伺服电动机、减速箱和指针仪表等部件组成。电容式传感器的电容 C_x 接入电桥的一个桥臂，C_0 为固定的标准电容，RP为调整电桥平衡的电位器，其滑动臂与指针同轴连接。

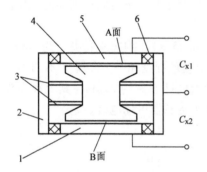

图2-80　电容式加速度传感器结构示意图
1、5—固定极板　2—壳体　3—簧片
4—质量块　6—绝缘体

图2-81　用于油箱检测的电容式传感器

1）当油箱无油时，电容式传感器的电介质为空气，其初始电容 $C_x = C_{x0}$，假设 $C_0 = C_{x0}$，且RP的滑动臂位于零点，即 $R_{RP} = 0$，相应指针也指向零刻度，则有

$$\frac{C_{x0}}{C_0} = \frac{R_4}{R_3}$$

此时电桥处于平衡状态，输出为零，伺服电动机不转动。

2）当油箱中油量增加，液位上升到 h_x 处时，h_x 部分的电介质由空气变为油料，即介电常数增大，传感器电容值增大，其值为 $C_x = C_{x0} + \Delta C_x$，$\Delta C_x$ 为由于油箱中油量增加而增大的电容量，由式（2-86）可知，ΔC_x 与 h_x 成正比。设 $\Delta C_x = k_1 h_x$，此时电桥失去平衡，电桥输出电压经放大后驱动伺服电动机，经减速箱减速后一方面带动指针偏转 θ 角，来指示油量的多少；另一方面调节电位器RP的滑动臂，使电桥重新恢复平衡。在新的平

衡位置上有

$$\frac{C_{x0} + \Delta C_x}{C_0} = \frac{R_4 + R_{RP}}{R_3}$$

整理后有

$$R_{RP} = \frac{R_3}{C_0}\Delta C_x = \frac{R_3}{C_0}k_1 h_x$$

因为指针与电位器滑动臂同轴连接，R_{RP}和θ角之间存在确定的对应关系，设$\theta = k_2 R_{RP}$，则

$$\theta = k_2 R_{RP} = k_1 k_2 \frac{R_3}{C_0}h_x$$

可见，θ与h_x呈线性关系，可以从刻度仪表盘上读出油箱中的油位高度h_x。

第四节　压电式传感器

压电式传感器是一种典型的有源传感器（或发电式传感器、双向传感器）。它以某些电介质的压电效应为基础，在外力作用下，在电介质的表面上产生电荷，从而实现对非电量测量的目的。

压电传感元件是力敏感元件，所以它能测量最终能变换为力的物理量，如力、压力、加速度等。

压电式传感器具有响应频带宽、灵敏度高、信噪比大、结构简单、工作可靠、重量轻等优点。近年来，由于电子技术的飞速发展，随着与之配套的二次仪表以及低噪声、小电容、高绝缘电阻电缆的出现，使压电式传感器的使用更为方便。因此，在工程力学、生物医学、电声学和航空航天等许多技术领域中，压电式传感器获得了广泛的应用。压电式传感器的主要缺点是无静态输出、输出阻抗高、需用低电容的低噪声电缆。

一、压电效应

某些电介质材料，当沿着一定方向受到压力或拉力作用而使它变形时，内部就产生极化现象，同时在它的一定表面上产生符号相反的电荷，当外力去掉后，又重新恢复不带电状态，这种现象称为正压电效应。当作用力方向改变时，一定表面上产生的电荷极性也随着改变。当在电介质的极化方向施加电场后，这些电介质就在一定方向上产生机械变形或机械压力，当外加电场撤去时，这些变形或应力也随之消失，这种现象称为逆压电效应（电致伸缩效应）。具有压电效应的物质很多，如天然形成的石英晶体，人工合成的压电陶瓷、高分子材料等。现以石英晶体为例来说明压电现象。

图2-82a所示为天然结构石英晶体的理想外形，它是一个正六面体，在晶体学中可以把它用三根互相垂直的晶轴来表示，如图2-82b所示。其中纵向轴Z-Z称为光轴，它是用光学方法确定的，光线在该方向不产生折射现象，沿光轴Z-Z方向受力则不产生压电效应；经过晶体棱线，并垂直于光轴的X-X轴称为电轴；与X-X轴和Z-Z轴同时垂直的Y-Y轴（垂直于正六面体的棱面）称为机械轴。通常把沿电轴X-X方向的力作用下产生

电荷的压电效应称为"纵向压电效应",而把沿机械轴 Y-Y 方向的力作用下产生电荷的压电效应称为"横向压电效应"。

石英晶体的压电效应与其内部结构有关。为了直观地了解其压电效应,根据石英晶体的化学分子式 SiO_2,将硅离子(Si^{4+})和氧离子(O^{2-})在 Z 平面投影,如图 2-83a 所示。为讨论方便,将这些硅、氧离子等效为图 2-83b 中正六边形排列,图中 "$\oplus$" 代表 Si^{4+},"$\ominus$" 代表 $2O^{2-}$。

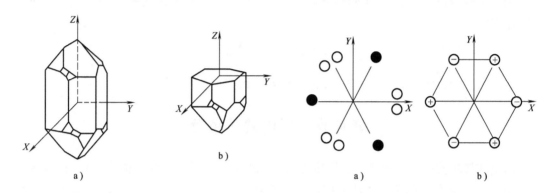

图 2-82 石英晶体
a) 理想外形 b) 晶体学中表示法

图 2-83 硅、氧离子的排列示意图
a) Si^{4+}、O^{2-} Z 平面投影图 b) 简化图

当石英晶体沿 X 轴方向没有施加作用力($F_X = 0$)时,正、负离子(即 Si^{4+} 和 $2O^{2-}$)正好分布在正六边形顶角上,形成三个互成 120° 夹角的偶极矩 P_1、P_2、P_3,如图 2-84a 所示。因为 $P = ql$,P 表示电偶极矩,q 表示电荷。此时正、负电荷中心重合,电偶极矩的矢量和等于零,即

$$P_1 + P_2 + P_3 = 0$$

当晶体受到沿 X 方向施加的压力($F_X < 0$)作用时,晶体沿 X 方向将产生收缩,正负离子相对位置随之发生变化,如图 2-84b 所示。此时正、负电荷中心不再重合,电偶极矩在 X 方向上的分矢量由于 P_1 减小和 P_2、P_3 的增大而不为零,即

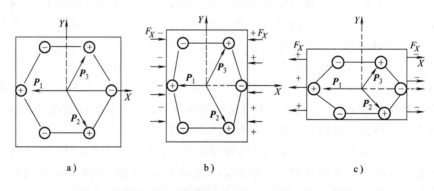

图 2-84 石英晶体的压电机构示意图
a) $F_X = 0$ b) $F_X < 0$ c) $F_X > 0$

$$(P_1 + P_2 + P_3)_X > 0$$

在 X 轴的正向出现正电荷，电偶极矩在 Y 方向上的分矢量仍为零（因为 P_2、P_3 在 Y 方向上的分矢量大小相等而方向相反），不出现电荷，即

$$(P_1 + P_2 + P_3)_Y = 0$$

由于电偶极矩 P_1、P_2 和 P_3 在 Z 方向上的分量都为零，不受外作用力的影响，所以在 Z 方向上也不出现电荷，即

$$(P_1 + P_2 + P_3)_Z = 0$$

当晶体受到沿 X 方向的拉力($F_X > 0$)作用时，其变化情况如图 2-84c 所示。此时电偶极矩的三个分量为

$$(P_1 + P_2 + P_3)_X < 0$$
$$(P_1 + P_2 + P_3)_Y = 0$$
$$(P_1 + P_2 + P_3)_Z = 0$$

由上式看出，在 X 轴的正向出现负电荷，在 Y、Z 方向则不出现电荷。

由此可见，当晶体受到沿 X（即电轴）方向的力 F_X 作用时，它在 X 方向产生正压电效应，而 Y、Z 方向则不产生压电效应。

晶体在 Y 轴方向力 F_Y 作用下的情况与 F_X 相似。当 $F_Y > 0$ 时，晶体的形变与图2-84b 相似；当 $F_Y < 0$ 时，则与图 2-84c 相似。由此可见，晶体在 Y（即机械轴）方向的力 F_Y 作用下，使它在 X 方向产生正压电效应，在 Y、Z 方向则不产生压电效应。

如果沿 Z 轴方向上施加作用力 F_Z，因为晶体沿 X 方向和沿 Y 方向所产生的正变形完全相同，所以，正、负电荷中心保持重合，电偶极矩矢量和等于零。这就表明，沿 Z（即光轴）方向加作用力 F_Z 晶体不产生压电效应。

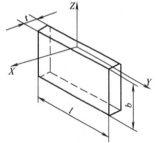

图 2-85　石英晶体切片

从石英晶体上沿轴线切下的平行六面体薄片称为晶体切片，如图 2-85 所示。当晶片受到沿 X 轴方向的压力 F_X 作用时，晶体切片将产生厚度 t 变形，并在与 X 轴垂直的平面上产生电荷 Q_{XX}，其大小为

$$Q_{XX} = d_{11} F_X \tag{2-98}$$

式中　d_{11}——压电系数，当受力方向和变形不同时，压电系数也不同，石英晶体 $d_{11} = 2.3 \times 10^{-12} \mathrm{C/N}$。

电荷 Q_{XX} 的符号由 F_X 是压力还是拉力决定。由式（2-98）可以看出，当晶体切片受到 X 轴方向的力作用时，产生的电荷 Q_{XX} 与作用力 F_X 成正比，而与晶体切片的几何尺寸无关。产生的电荷极性如图 2-86a、b 所示。

如果在同一晶片上作用力 F_Y 是沿着机械轴的方向，其电荷 Q_{XY} 仍在与 X 轴垂直平面上出现，其极性如图 2-86c、d 所示。此时电荷的大小为

$$Q_{XY} = d_{12} \frac{lb}{tb} F_Y = d_{12} \frac{l}{t} F_Y \tag{2-99}$$

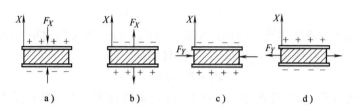

图 2-86 晶片上电荷极性与受力方向关系

a) 受 X 轴方向压力 b) 受 X 轴方向拉力 c) 受 Y 轴方向压力 d) 受 Y 轴方向拉力

式中 d_{12}——石英晶体在 Y 轴方向受力时的压电系数;

l、t——晶片的长度和厚度。

根据石英晶体轴对称条件 $d_{11} = -d_{12}$,则式(2-99)可写为

$$Q_{XY} = -d_{11}\frac{l}{t}F_Y \qquad (2\text{-}100)$$

由式(2-99)、式(2-100)可以看出,沿机械轴方向的力作用在晶体上时,所产生的电荷的多少与晶体切片的尺寸有关。负号说明沿 Y 轴方向施加的压缩力产生的电荷极性与沿 X 轴方向施加的压缩力产生的电荷极性相反。

由上述可知:无论是正或逆压电效应,其作用力(或应变)与电荷(或电场强度)之间呈线性关系;晶体在哪个方向上有正压电效应,则在此方向上一定存在逆压电效应;石英晶体不是在任何方向都存在压电效应的。

二、压电材料

压电材料是指能够明显呈现压电效应的敏感功能材料,它是物性型的。选用合适的压电材料是设计高性能传感器的关键。应用于压电式传感器中的压电材料主要有两种:一种是压电晶体,如石英等;另一种是压电陶瓷,如钛酸钡、锆钛酸铅等。

对压电材料要求具有以下几方面特性:

1)转换性能。要求具有较高的耦合系数和较大的压电常数。

2)力学性能。压电元件作为受力元件,希望它的机械强度高、机械刚度大,以期望获得宽的线性范围和高的固有振动频率。

3)电性能。希望具有高的电阻率和大的介电常数,以减弱外部分布电容的影响,并获得良好的低频特性。

4)环境适应性强。温度和湿度稳定性要好,具有较高的居里点,可获得较宽的工作温度范围。

5)时间稳定性。要求压电性能不随时间蜕变。

(一)石英晶体

石英是一种具有良好压电特性的压电晶体。其压电系数和介电常数的温度稳定性相当好,在常温范围内这两个参数几乎不随温度变化,如图 2-87 和图 2-88 所示。在 20 ~ 200℃温度范围内,温度每升高 1℃,压电系数仅减小 0.016%;当温度升到 400℃时,只减小 5%;但当温度超过 500℃时,压电系数急剧下降;达到 573℃时,石英的晶态发生转化，压电特性消失，该温度是其居里点或称倒转温度。

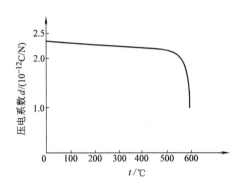

图 2-87 石英的压电系数与温度关系

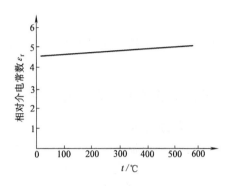

图 2-88 石英的相对介电常数与温度关系

石英晶体的突出优点是稳定性好，机械强度高，绝缘性能也相当好。但石英材料价格昂贵，资源较少，且压电系数比压电陶瓷低得多。因此，石英晶体一般只用于校准用的标准传感器或精度要求较高的传感器中。

（二）压电陶瓷

压电陶瓷是一种人工合成的压电材料，原始的压电陶瓷材料没有压电特性，它需要经外加强化电场处理后才具有明显的压电效应，由于它具有很高的压电系数，因此灵敏度很高，在压电式传感器中得到了广泛应用。压电陶瓷主要有以下几种：

（1）钛酸钡压电陶瓷　钛酸钡（$BaTiO_3$）是由碳酸钡（$BaCO_3$）和二氧化钛（TiO_2）按 1:1 摩尔分子比例混合后充分研磨成型，经高温（1300~1500℃）烧结，然后再经人工极化处理得到的压电陶瓷。这种压电陶瓷具有很高的介电常数和较大的压电系数（约为石英晶体的 50 倍），不足之处是其居里温度低（约为 120℃），温度稳定性和机械强度不如石英晶体。

（2）锆钛酸铅系压电陶瓷（PZT）　锆钛酸铅是由 $PbTiO_3$ 和 $PbZrO_3$ 组成的固溶体 $Pb(Zr，Ti)O_3$。它与钛酸钡相比，压电系数更大，居里温度在 300℃以上，各项机电参数随温度和时间等外界条件的变化较小，是目前常用的一种压电材料。此外，在锆钛酸铅中添加一种或两种其他微量元素（如铌、锑、锡、锰、钨等）还可以获得不同性能的PZT 材料。

（三）压电半导体

1968 年以来出现了多种压电半导体材料，如硫化锌（ZnS）、碲化镉（CdTe）、氧化锌（ZnO）、硫化镉（CdS）、碲化锌（ZnTe）和砷化镓（CaAs）等。这些材料的显著特点是既有压电特性，又有半导体性质，因此，既可用其压电特性研制传感器，又可用其半导体性质制作电子器件，也可将两者结合，研制集转换元件和电子电路于一体的新型集成压电传感器。

（四）高分子压电材料

高分子压电材料分为高分子压电薄膜和高分子压电陶瓷薄膜两类。一类是某些高分子聚合物经延展和拉伸以及电场极化后具有压电性能的高分子压电薄膜，如聚二氟乙烯

（PVF₂）、聚氯乙烯（PVC）、聚 γ 甲基-L 谷氨酸脂（PMG）和聚碳酸脂等。这类材料具有耐冲击、不易破碎、稳定性好、频带宽的优点。因此，在某些特殊用途的传感器中得到广泛应用。另一类是在高分子化合物中加入压电陶瓷粉末（如 PZT 或 $BaTiO_3$）制成的高分子压电陶瓷薄膜，这种复合材料保持了高分子压电薄膜的柔软性，又具有较高的压电系数。

三、压电式传感器的测量电路

（一）等效电路

当压电式传感器中的压电晶体承受被测机械应力的作用时，在其两个极面上出现极性相反但电量相等的电荷，如图 2-89a 所示。显然，它相当于一个以压电材料为介质的有源电容器，如图 2-89b 所示。其电容量为

$$C_a = \frac{\varepsilon S}{d} = \frac{\varepsilon_r \varepsilon_0 S}{d} \tag{2-101}$$

式中　C_a——两极板间等效电容（F）；

　　　S——极板面积（m^2）；

　　　d——晶体厚度（m）；

　　　ε——压电晶体的介电常数（F/m）；

　　　ε_r——压电晶体的相对介电常数（石英晶体为 5.58）；

　　　ε_0——真空介电常数（$\varepsilon_0 = 8.85 \times 10^{-12}$ F/m）。

当两极板聚集异性电荷时，则两极板就呈现出一定的电压，其大小为

$$U_a = \frac{q}{C_a} \tag{2-102}$$

式中　q——板极上聚集的电荷电量（C）；

　　　U_a——两极板间电压（V）。

因此，压电传感器可以等效地看作一个电压源 U_a 和一个电容器 C_a 串联的电压等效电路，如图 2-90a 所示；也可以等效为一个电荷源 q 和一个电容器 C_a 并联的电荷等效电路，如图 2-90b 所示。

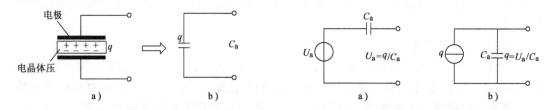

图 2-89　压电传感器的等效原理　　　　图 2-90　压电传感器的等效电路
　　　　　　　　　　　　　　　　　　　　　　a）电压等效电路　b）电荷等效电路

由等效电路可知，只有传感器内部信号电荷无"漏损"，外电路负载无穷大时，压电传感器受力后产生的电压或电荷才能长期保存下来，否则电路将以某时间常数按指数规律放电。这对于静态标定以及低频准静态测量极为不利，必然带来误差。事实上，传感

器内部不可能没有泄漏，外电路负载也不可能无穷大，只有外力以较高频率不断地作用，传感器的电荷才能不断地得以补充，因此，压电式传感器不适合于静态参数测量。

实际工作时，压电传感器与二次仪表配套使用，必定与测量电路用导线连接，这就要考虑连接导线的等效电容、电阻，前置放大器的输入电阻、输入电容。图2-91是压电传感器的完整电荷等效电路，图中 C_a 为传感器的电容，C_i 为前置放大器输入电容，C_c 为连接导线对地电容，R_a 为包括连接导线在内的传感器绝缘电阻，R_i 为前置放大器输入电阻。

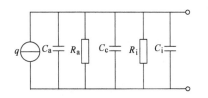

图 2-91 压电传感器的完整等效电路

由等效电路看来，压电传感器的绝缘电阻 R_a 与前置放大器的输入电阻 R_i 相并联。为保证传感器和测试系统有一定的低频（或准静态）响应，就要求压电传感器的绝缘电阻应保持在 $10^{13}\Omega$ 以上，才能使内部电荷泄漏减少到满足一般测试精度的要求。与上相适应，测试系统则应有较大的时间常数，即前置放大器要有相当高的输入阻抗，否则传感器的信号电荷将通过输入电路泄漏，即产生测量误差。

（二）测量电路

为了使压电传感器能正常工作，它的负载电阻（即前置放大器的输入电阻 R_i）应有极高的值。因此与压电式传感器配套使用的测量电路的前置放大器有两个作用：一是把压电式传感器的高输出阻抗变换成低阻抗输出；二是放大压电式传感器输出的弱信号。根据压电式传感器的工作原理及其等效电路，它的输出可以是电压信号，也可以是电荷信号。因此设计前置放大器也有两种形式：一种是电压放大器，其输出电压与输入电压（传感器的输出电压）成正比；另一种是电荷放大器，其输出电压与输入电荷成正比。

1. 电压放大器

压电式传感器连接电压放大器的等效电路如图 2-92a 所示。图 2-92b 为简化的等效电路。

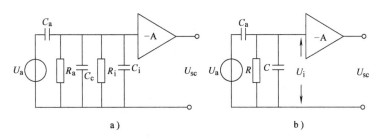

a)   b)

图 2-92 连接电压放大器的等效电路

a）电压放大器的等效电路 b）简化的等效电路

图 2-92b 中，等效电阻 R 为

$$R = \frac{R_a R_i}{R_a + R_i}$$

等效电容 C 为

$$C = C_c + C_i$$

而

$$U_a = \frac{q}{C_a}$$

如果压电元件上受到角频率为 ω 的作用力 F，即

$$F = F_m \sin\omega t \tag{2-103}$$

式中　F_m——作用力的幅值。

若压电元件的材料是压电陶瓷，其压电系数为 d_{33}，则在外力作用下压电元件产生的电压值为

$$U_a = \frac{d_{33} F_m}{C_a} \sin\omega t \tag{2-104}$$

或

$$U_a = U_m \sin\omega t \tag{2-105}$$

式中　U_m——电压幅值，$U_m = d_{33} F_m / C_a$。

由图 2-92b 可得放大器输入端的电压 U_i，将其写为复数形式，即

$$U_i = d_{33} F \frac{\mathrm{j}\omega R}{1 + \mathrm{j}\omega R\ (C + C_a)} \tag{2-106}$$

由上式可得放大器输入端电压 U_i 的幅值 U_{im} 为

$$U_{im} = \frac{d_{33} F_m \omega R}{\sqrt{1 + \omega^2 R^2\ (C_a + C_c + C_i)^2}} \tag{2-107}$$

输入电压与作用力之间的相位差 φ 为

$$\varphi = \frac{\pi}{2} - \arctan\left[\omega R\ (C_a + C_c + C_i)\right] \tag{2-108}$$

令 $\tau = R(C_a + C_c + C_i)$，$\tau$ 为测量回路的时间常数，并令 $\omega_0 = 1/\tau$，则可得

$$U_{im} = \frac{d_{33} F_m \omega R}{\sqrt{1 + (\omega/\omega_0)^2}} \approx \frac{d_{33} F_m}{C_a + C_c + C_i} \tag{2-109}$$

由式（2-109）可知，如果 $\omega/\omega_0 \gg 1$，也就是作用力变化的角频率与测量回路时间常数的乘积远大于 1 时，前置放大器的输入电压 U_{im} 与频率无关。一般认为 $\omega/\omega_0 \geq 3$，可以近似看作输入电压与作用力频率无关。这说明，在测量回路时间常数一定的条件下，压电式传感器具有相当好的高频响应特性，这是压电式传感器的一个显著特点。

当被测量动态变化缓慢，测量回路时间常数也不大时，就会造成传感器灵敏度下降。因而要扩大工作频带的低频端，就必须增大测量回路的时间常数 τ。但是靠增大测量回路的电容来提高时间常数，会影响传感器的灵敏度。根据电压灵敏度 K_U 的定义，得

$$K_U = \frac{U_{im}}{F_m} = \frac{d_{33}}{\sqrt{\left(\dfrac{1}{\omega R}\right)^2 + (C_a + C_c + C_i)^2}}$$

因为 $\omega R \gg 1$，故上式可以近似为

$$K_U \approx \frac{d_{33}}{C_a + C_c + C_i} \tag{2-110}$$

由式（2-110）可知，传感器的电压灵敏度 K_U 与回路电容成反比，增加回路电容必然使传感器的灵敏度下降。为此常选用输入电阻 R_i 很大的前置放大器接入回路，其输入电阻越大，测量回路时间常数越大，则传感器低频响应也越好。应该注意，由于前置放大器的输入电阻 R_i 很大时，非常容易通过杂散电容拾取外界的交流 50Hz 干扰和其他干扰，因此引线要进行仔细的屏蔽。

由式（2-110）还可看出，当改变连接传感器与前置放大器的电缆长度时，连接导线对地电容 C_c 将改变，U_{im} 也随之变化，从而使前置放大器的输出电压 $U_{sc} = -AU_{im}$（A 为前置放大器增益）也发生变化。因此，传感器与前置放大器组合系统的输出电压与电缆电容有关。在设计时，常常把电缆长度定为一常值。因而在使用时，如果要改变电缆长度，必须重新对灵敏度进行校正，否则由于电缆电容 C_c 的改变，将会引入系统的测量误差。

2. 电荷放大器

由图 2-90b 可知，压电式传感器可以等效为一个电容器和一个电荷源，而电荷放大器是一个具有深度负反馈的高增益放大器，其等效电路如图 2-93 所示，其中 C_F 为电荷放大器的反馈电容，R_F 为并联在反馈电容两端的漏电阻。若放大器 A 的开环增益 K 足够大，并且放大器的输入阻抗很高，则放大器输入端几乎没有分流，电流 i 仅流入反馈回路 C_F 与 R_F。由图 2-93 可知：

$$\begin{aligned}
i &= (U_\Sigma - U_{sc})\left(j\omega C_F + \frac{1}{R_F}\right) \\
&= \left[U_\Sigma - (-KU_\Sigma)\right]\left(j\omega C_F + \frac{1}{R_F}\right) \\
&= U_\Sigma\left[j\omega(K+1)C_F + (K+1)\frac{1}{R_F}\right]
\end{aligned} \tag{2-111}$$

根据式（2-111）可画出等效电路图，如图 2-94 所示。

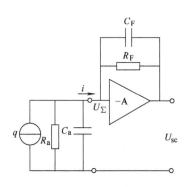

图 2-93 电荷放大器原理电路

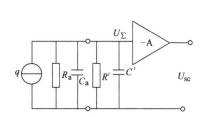

图 2-94 电荷放大器的等效电路

由式（2-111）可见，C_F、R_F 等效到放大器 A 的输入端时，电容 C_F 将增大 K 倍，电导 $1/R_F$ 也增大了 K 倍，所以图 2-94 中 $C' = (1+K)C_F$，$1/R' = (1+K)1/R_F$，这就是所谓

的"密勒效应"。

由图 2-94 所示电路可以方便地求得节点电压 U_Σ 和输出电压 U_{sc}:

$$U_\Sigma = \frac{j\omega q}{\left[\frac{1}{R_a} + (1+K)\frac{1}{R_F}\right] + j\omega\left[C_a + (1+K)C_F\right]}$$

$$U_{sc} = -KU_\Sigma = \frac{-j\omega qK}{\left[\frac{1}{R_a} + (1+K)\frac{1}{R_F}\right] + j\omega\left[C_a + (1+K)C_F\right]} \tag{2-112}$$

若考虑电缆电容 C_c,则有

$$U_{sc} = \frac{-j\omega qK}{\left[\frac{1}{R_a} + (1+K)\frac{1}{R_F}\right] + j\omega\left[C_a + C_c + (1+K)C_F\right]} \tag{2-113}$$

当放大器 A 的开环增益 K 足够大时,传感器本身的电容和电缆长短将不影响电荷放大器的输出。因此,输出电压 U_{sc} 只取决于输入电荷 q 及反馈回路的参数 C_F 和 R_F。由于 $1/R_F \ll \omega C_F$,则

$$U_{sc} \approx -\frac{Kq}{(1+K)C_F} \approx -\frac{q}{C_F} \tag{2-114}$$

可见,输出电压 U_{sc} 与 K 无关,只取决于输入电荷 q 和反馈电容 C_F。为了得到必要的测量精度,要求电容 C_F 的温度和时间稳定性都很好。在实际电路中,考虑到不同的量程等因素,电容 C_F 的容量一般在 $100 \sim 10^4$ pF 范围内选择。

下面讨论运算放大器的开环增益 K 对测量精度的影响,为此将式 (2-114) 改写为

$$U_{sc} \approx \frac{-Kq}{C_a + C_c + (1+K)C_F} \tag{2-115}$$

及

$$U'_{sc} \approx -\frac{q}{C_F} \tag{2-116}$$

以式 (2-116) 代替式 (2-115) 所产生的相对误差 δ 为

$$\delta = \frac{U'_{sc} - U_{sc}}{U_{sc}} \approx \frac{C_a + C_c}{(1+K)C_F} \tag{2-117}$$

若选取传感器及电荷放大器参数为 $C_a = 1000$ pF,$C_F = 100$ pF,$C_c = 100$ pF/m $\times 100$ m $= 10^4$ pF,当要求 $\delta \le 1\%$ 时,则有

$$\delta = \frac{1000 + 10^4}{(1+K) \times 100} \le 0.01$$

由上式可得 $K > 10^5$。对线性集成运算放大器来说,这一要求是不难达到的。

由式 (2-113) 可知,当工作角频率 ω 很低,K 仍足够大时,分母中的电导 $[1/R_a + (1+K)/R_F]$ 与电纳 $j\omega[C_a + C_c + (1+K)C_F]$ 相比不可忽略。此时电荷放大器的输出电压 U_{sc} 就成为复数表达式,其幅值和相位都与工作角频率 ω 有关,即

$$U_{sc} \approx \frac{-j\omega qK}{(1+K)\frac{1}{R_F} + j\omega(1+K)C_F} \approx -\frac{j\omega q}{\frac{1}{R_F} + j\omega C_F} \tag{2-118}$$

其幅值为

$$|U_{sc}| = \frac{\omega q}{\sqrt{\dfrac{1}{R_F^2} + \omega^2 C_F^2}}$$

该式说明，输出电压幅值 $|U_{sc}|$ 不仅与产生的电荷 q 有关，而且与参数 C_F、R_F 和 ω 有关，但与开环增益 K 无关。并且工作频率 ω 越低，R_F 项越重要，当 $1/R_F = \omega C_F$ 时，有

$$|U_{sc}| = \frac{q}{\sqrt{2}\,C_F}$$

这是截止频率点对应的输出电压幅值。增益下降 3dB 时的下限截止频率为

$$f_L = \frac{1}{2\pi R_F C_F} \tag{2-119}$$

低频时，输出电压 U_{sc} 与电荷 q 之间的相位差为

$$\varphi = \arctan \frac{1}{\omega R_F C_F} \tag{2-120}$$

可见，压电式传感器配用电荷放大器时，其低频幅值和截止频率只取决于反馈电路的参数 R_F 和 C_F，其中 C_F 的大小可以由所需要的电压输出幅度决定。所以当给定工作频带下限截止频率 f_L 时，反馈电阻 R_F 值可以由式（2-119）确定。例如，当 $C_F = 1000\text{pF}$，$f_L = 0.16\text{Hz}$ 时，则要求 $R_F > 10^9 \Omega$。该电阻还提供直流反馈的功能，因为在电荷放大器中采用电容负反馈，对直流工作点相当于开路，故零漂较大而产生误差。为了减小零漂影响，使放大器工作稳定，应并联电阻 R_F。

四、压电式传感器的应用

从上述的介绍可以看出，压电元件是一种典型的力传感器，可用来测量最终能转换为力的参数，如压力、加速度、振动等多种物理量。

（一）压电式压力传感器

根据使用要求不同，压电式压力传感器可以制成各种不同的结构形式，但它们的基本原理相同。

图 2-95 是压电式压力传感器的原理简图。它由引线 1、壳体 2、基座 3、石英晶片 4、受压膜片 5 及导电片 6 组成。

当膜片 5 受到压强 p 作用后，则在两个并联的石英晶片上产生电荷 q 为

$$q = 2d_{11}F = 2d_{11}Sp \tag{2-121}$$

式中　F——作用于压电片上的力；

　　　d_{11}——石英晶体的压电系数；

　　　p——压强，$p = \dfrac{F}{S}$；

　　　S——膜片的有效面积。

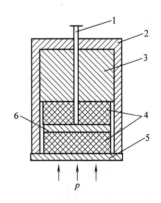

图 2-95　压电式压力传感器原理图
1—引线　2—壳体　3—基座
4—石英晶片　5—受压膜片
6—导电片

压力传感器的输入量为压强 p，如果传感器只由一个石英晶片组成，则根据灵敏度的定义有：

电荷灵敏度
$$k_q = \frac{q}{p} \tag{2-122}$$

电压灵敏度
$$k_U = \frac{U_o}{p} \tag{2-123}$$

根据式（2-121），电荷灵敏度可表示为

$$k_q = 2d_{11}S \tag{2-124}$$

因为 $U_o = \dfrac{q}{C_a}$，所以电压灵敏度也可表示为

$$k_U = \frac{2d_{11}S}{C_a} \tag{2-125}$$

式中　U_o——压电片输出电压；

　　　C_a——压电片等效电容。

这种结构的压力传感器的优点是灵敏度和分辨率较高，且有利于小型化。其缺点是压电元件的预压缩应力是通过拧紧基座和壳体的连接体施加的，这将使膜片产生弯曲变形，造成传感器的线性度和动态性能变坏。此外，当膜片受环境温度影响而发生变形时，压电元件的预压缩应力将会发生变化，使输出出现不稳定现象。

（二）压电式加速度传感器

1. 工作原理

图 2-96 所示为压电式加速度传感器的截面图。图中压电陶瓷 4 和质量块 2 为环形，通过螺母 3 对质量块预先加载，使之压紧在压电陶瓷上。测量时将传感器基座 5 与被测物体牢牢地紧固在一起。输出信号由屏蔽信号线 1 引出。

当传感器感受振动时，因为质量块相对被测体质量较小，所以质量块感受与传感器基座相同的振动，并受到与加速度方向相反的惯性力为 $F = ma$（a 为被测体振动的加速度）。同时惯性力作用在压电陶瓷片上产生电荷为

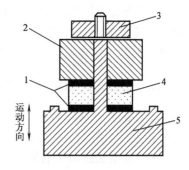

图 2-96　压电式加速度
传感器的截面图
1—屏蔽信号线　2—质量块
3—螺母　4—压电陶瓷
5—传感器基座

$$q = d_{33}F = d_{33}ma \tag{2-126}$$

式（2-126）表明，压电陶瓷片上产生的电荷量可以直接反映加速度大小。它的灵敏度与压电材料压电系数和质量块质量有关。为了提高传感器灵敏度，一般选择压电系数大的压电陶瓷片。若增加质量块质量会影响被测振动，同时会降低振动系统的固有频率，因此一般不用增加质量的办法来提高传感器灵敏度。此外，可通过增加压电片的数目和采用合理的连接方法来提高传感器灵敏度。

一般压电片的连接方式有两种，图 2-97a 所示为并联形式，当受力变形时，出现的负

电荷集中在中间极，正电荷出现在上下两极，相当于两个压电片并联。于是，其输出电容 C' 为单片电容 C 的两倍，但输出电压 U' 等于单片电压 U，产生的总电荷量 q' 为单片电荷量 q 的两倍，即

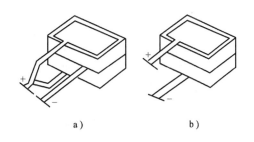

$$C' = 2C, \quad U' = U, \quad q' = 2q$$

图 2-97b 为串联形式，当受力变形时，出现的正、负电荷分别集中在上、下极板，而中间的极板上，上片产生的负电荷与下片产生的

图 2-97 叠层式压电元件的并联和串联

正电荷相互抵消，这就是串联。从图中可知，产生的总电荷 q' 等于单片电荷 q，而输出电压 U' 为单片电压 U 的两倍，总电容 C' 为单片电容 C 的 1/2，即

$$q' = q, \quad U' = 2U, \quad C' = \frac{1}{2}C$$

在两种接法中，并联接法输出电荷大，时间常数大，宜用于测量缓变信号，并且适用于以电荷作为输出量的场合；而串联接法，输出电压大，本身电容小，适用于以电压作为输出信号，且测量电路输入阻抗很高的场合。

2. 动态响应

压电元件本身高频响应特性很好，低频响应特性较差，因此压电式加速度传感器的上限响应频率取决于机械部分的固有频率，下限响应频率由压电元件及放大器决定。

压电式加速度传感器的机械部分可用质量 m、弹簧 k、阻尼 c 的二阶系统来模拟，如图 2-98 所示。

设被测振动体位移 x_0，质量块相对位移 x_m，则质量块与被测振动体的相对位移为 x_i，即

$$x_i = x_m - x_0$$

根据牛顿第二定律有

$$m\frac{d^2 x_m}{dt^2} = -c\frac{dx_i}{dt} - kx_i \qquad (2\text{-}127)$$

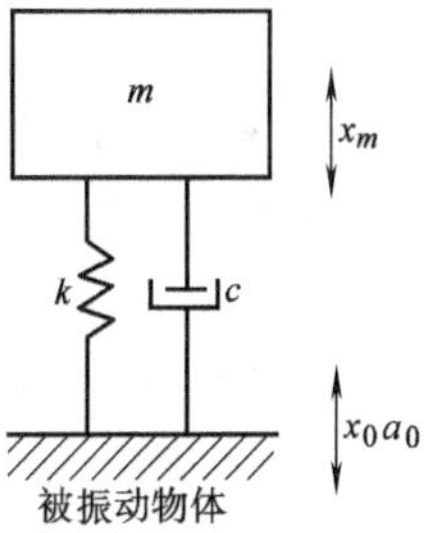

图 2-98 二阶模拟系统

将 $x_i = x_m - x_0$ 代入式（2-127）为

$$m\frac{d^2 x_m}{dt^2} = -c\frac{d(x_m - x_0)}{dt} - k(x_m - x_0)$$

将上式改写为

$$\frac{d^2(x_m - x_0)}{dt^2} + \frac{c}{m}\frac{d(x_m - x_0)}{dt} + \frac{k}{m}(x_m - x_0) = -\frac{d^2 x_0}{dt^2}$$

并设输入为加速度 $a_0 = \dfrac{d^2 x_0}{dt^2}$，输出为 $(x_m - x_0)$，并引入算子 $\left(D = \dfrac{d}{dt}\right)$，将上式变为

$$\frac{x_m - x_0}{a_0} = \frac{-1}{D^2 + 2\xi\omega_0 D + \omega_0^2} \qquad (2\text{-}128)$$

式中 ξ——相对阻尼系数，$\xi = \dfrac{c}{2\sqrt{km}}$；

ω_0——固有频率，$\omega_0 = \sqrt{\dfrac{k}{m}}$。

将上式写成频率传递函数，则有

$$\frac{x_m - x_0}{a_0}(j\omega) = \frac{-\left(\dfrac{1}{\omega_0}\right)^2}{1 - \left(\dfrac{\omega}{\omega_0}\right)^2 + 2\xi\left(\dfrac{\omega}{\omega_0}\right)j} \tag{2-129}$$

其幅频特性为

$$\left|\frac{x_m - x_0}{a_0}\right| = \frac{\left(\dfrac{1}{\omega_0}\right)^2}{\sqrt{\left[1 - \left(\dfrac{\omega}{\omega_0}\right)^2\right]^2 + \left[2\xi\left(\dfrac{\omega}{\omega_0}\right)\right]^2}} \tag{2-130}$$

相频特性为

$$\varphi = -\arctan\frac{2\xi\left(\dfrac{\omega}{\omega_0}\right)}{1 - \left(\dfrac{\omega}{\omega_0}\right)^2} - 180° \tag{2-131}$$

由于质量块与被测振动体相对位移$(x_m - x_0)$，也就是压电元件受力后产生的变形量，于是有

$$F = k_y(x_m - x_0) \tag{2-132}$$

式中 k_y——压电元件弹性系数。

当力 F 作用在压电元件上时，则产生的电荷为

$$q = d_{33}F = d_{33}k_y(x_m - x_0) \tag{2-133}$$

将式（2-133）代入式（2-130），便得到压电式加速度传感器灵敏度与频率的关系式：

$$\frac{q}{a_0} = \frac{\dfrac{d_{33}k_y}{\omega_0^2}}{\sqrt{\left[1 - \left(\dfrac{\omega}{\omega_0}\right)^2\right]^2 + \left[2\xi\left(\dfrac{\omega}{\omega_0}\right)\right]^2}} \tag{2-134}$$

图 2-99 所示曲线表示压电式加速度传感器的频率响应特性。由图中曲线可看出，当被测体振动频率 ω 远小于传感器固有频率时，传感器的相对灵敏度为常数，即

$$\frac{q}{a_0} \approx \frac{d_{33}k_y}{\omega_0^2} \tag{2-135}$$

由于传感器固有频率很高，因此

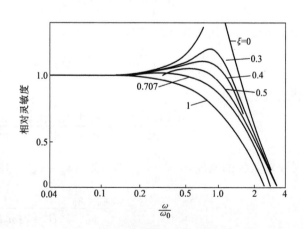

图 2-99 加速度传感器的频率响应特性

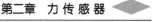

频率范围较宽，一般在几赫兹到几千赫兹。但是需要指出，传感器低频响应与前置放大器有关。若采用电压前置放大器，那么低频响应将取决于变换电路的时间常数τ。前置放大器输入电阻越大，则传感器下限频率越低。

（三）压电式超声波流量传感器

超声波一般指频率在 20kHz 以上的声波，它是直线传播方式，频率越高，绕射能力越弱，但反射能力越强。为此，利用超声波的这种性质就可制成超声波传感器（或称超声波探头），按其作用原理主要有压电式、磁致伸缩式、电磁式等几种，压电式最常用。压电式超声波传感器是利用压电元件的逆压电效应，将高频电振动转换成高频机械振动产生超声波（发射器）；利用正压电效应将接收的超声波振动转换成电信号（接收器）。下面以测量管道中流体的流速为例介绍其应用。

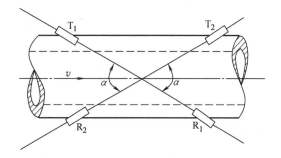

图 2-100 为压电式超声波传感器在测量管道中流体流速的原理图，在管道上安装两套超声波发射器和接收器，发射器 T_1 和接收器 R_1、发射器 T_2 和接收器

图 2-100　压电式超声波传感器应用原理图

R_2 的声路与流体流动方向的夹角为 α，流体自左向右以平均速度 v 流动。

声波从发射器 T_1 发射到接收器 R_1 接收所需时间 t_1 为

$$t_1 = \frac{L}{c + v\cos\alpha} = \frac{\frac{D}{\sin\alpha}}{c + v\cos\alpha} \tag{2-136}$$

式中　L——发射器 T_1 和接收器 R_1 之间的距离；

　　　D——管道内径；

　　　c——声波的声速。

可见，只要测量出 t_1，就能通过计算得到流速 v，但这种测量方法灵敏度很低。

同样，声波从发射器 T_2 发射到接收器 R_2 接收所需时间 t_2 为

$$t_2 = \frac{L}{c - v\cos\alpha} = \frac{\frac{D}{\sin\alpha}}{c - v\cos\alpha} \tag{2-137}$$

则声波在顺流和逆流的时间差 Δt 为

$$\Delta t = t_1 - t_2 = \frac{2D\cot\alpha}{c^2 - v^2\cos^2\alpha}v \tag{2-138}$$

因为 $c \gg v$，所以

$$\Delta t \approx \frac{2D\cot\alpha}{c^2}v \tag{2-139}$$

由式（2-139）可知，通过测量时间差也可经计算得到流速 v。但由于 Δt 很小，所以为了提高测量精度，采用相位差法，即测量连续振荡的超声波在顺流和逆流传播时，接

收器 R_1 与接收器 R_2 接收信号之间的相位差，即

$$\Delta\varphi = \Delta t\omega = \frac{2D\cot\alpha}{c^2}v\omega \qquad (2\text{-}140)$$

式中 ω——超声波的角频率。

时差法与相位差法测量流速 v 均与声速 c 有关，而声速 c 随流体的温度变化而变化。因此，为了消除温度对声速的影响，需要采取温度补偿措施。

为了进一步提高测量精度，还可将发射器发射的超声波脉冲转换成频率，由式（2-136）和式（2-137）可得

$$f_1 = \frac{1}{t_1} = \frac{c + v\cos\alpha}{\dfrac{D}{\sin\alpha}} \qquad (2\text{-}141)$$

$$f_2 = \frac{1}{t_2} = \frac{c - v\cos\alpha}{\dfrac{D}{\sin\alpha}} \qquad (2\text{-}142)$$

则频差为

$$\Delta f = f_1 - f_2 = \frac{2v\cos\alpha}{\dfrac{D}{\sin\alpha}} = \frac{\sin 2\alpha}{D}v \qquad (2\text{-}143)$$

所以，要测量的流速 v 为

$$v = \frac{D}{\sin 2\alpha}\Delta f \qquad (2\text{-}144)$$

则体积流量为

$$Q_V = \frac{\pi D^2}{4}v = \frac{\pi D^3}{4\sin 2\alpha}\Delta f \qquad (2\text{-}145)$$

由式（2-144）和式（2-145）可见，频差法测量流速 v 和体积流量 Q_V 均与声速 c 无关。因此，提高了测量精度，故目前超声波流量传感器均采用频差法。

超声波流量传感器对流动流体无压力损失，且与流体的粘度、温度等因素无关；流量与频差呈线性关系，精度可达 0.25%，特别适合大口径的液体流量测量。但目前超声波流量传感器整个系统比较复杂，价格较贵，因此在一般工业领域使用得较少。

（四）集成化压电传感器

随着现代微电子技术的发展，集成化压电传感器已在工程、医疗仪器等领域中得到广泛应用。集成化压电传感器集高输出阻抗的压电传感器和前置放大器于一体，实现了压电传感器的低阻抗输出。

集成化压电传感器大致可分为采用线性集成运算放大器与片状微型阻容元件构成的内装微型电荷或电压放大器，采用恒流二极管电源供电的电压驱动系统，采用恒压源供电、调制电流的驱动系统三种。

1. 内装微型电荷或电压放大器的集成化压电传感器

内装微型电荷或电压放大器的集成化压电传感器出现较早，主要产品有体积较大的超低频高灵敏度压电式加速度传感器、力传感器和压力传感器等。图 2-101 所示为内装式

低频加速度集成压电传感器原理图。

这种内装式集成电路压电传感器，一般电源线与输出线不能共用。实际上，它是一个微型前置放大器和压电传感器的集合体。这种集成传感器内部包括前端阻抗变换器、滤波器、积分器、输出放大器、过载保护等多种电路，功能较全，性能稳定。不足的是，传感器使用温度受内部电子电路能承受环境温度极限的局限。

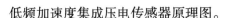

图 2-101 低频集成压电传感器原理

2. 恒流源供电的集成化压电传感器

在大多数集成化压电传感器中，采用恒流源供电的阻抗变换器。图 2-102 所示为一种最简单的阻抗变换原理图。图 2-103 所示为集成压电传感器实物图片。

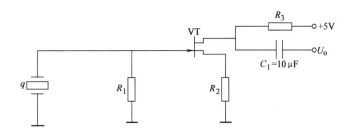

图 2-102 恒流源供电的集成化压电传感器阻抗变换原理图

图 2-103 传感器实物图片

这种传感器只有两个引脚，信号线和电源线共用一个引脚。电源必须经一个几千欧姆的电阻给传感器供电，传感器输出信号经过一个电容与处理电路耦合，这个电容隔离了直流供电电流而只将输出信号传入后续电路。这样的设计大大减化了调试压电传感器测量电路的工作，提高了测试系统的稳定性。集成化压电传感器主要应用于振动、冲击、碰撞报警、脉搏计数等物理量检测。

思考题与习题

2-1 什么是应变片的灵敏系数？它与电阻丝的灵敏系数有何不同？为什么？

2-2 应变片产生温度误差的原因及减小或补偿温度误差的方法是什么？

2-3 简述压阻效应，并与应变效应进行比较。

2-4 应用应变片进行测量为什么进行温度补偿？常采用的温度补偿方法有哪几种？

2-5 简述气隙型自感传感器与差动变压器的工作原理。

2-6 说明差动变压器中零点残余电压的产生原因，并指出消除或减小零点残余电压的有效措施。

2-7 画出自感式传感器等效电路图，说明各参数的名称。

2-8 简述电涡流效应及构成电涡流传感器的可能应用场合。

2-9 如何改善单组式变极距型电容传感器的非线性？

2-10 简述电容式传感器用差动脉冲调宽电路的工作原理及特点。

2-11 画出并说明电容传感器的等效电路及其高频和低频时的等效电路。

2-12 设计电容传感器时主要应考虑哪几方面因素?

2-13 何谓"电缆驱动技术"?采用它的目的是什么?

2-14 什么是压电效应?压电材料有哪些种类?压电传感器的结构和应用特点是什么?能否用压电传感器测量静态压力?

2-15 压电式传感器的前置放大器作用是什么?比较电压式和电荷式前置放大器各有何特点?

2-16 用石英晶体加速度计及电荷放大器测量机器的振动,已知加速度计的灵敏度为5pC/g(g为重力加速度,$g = 9.8 \text{m/s}^2$),电荷放大器灵敏度为40mV/pC,当机器达到最大加速度时,相应的输出幅值电压为4V,试计算机器的振动加速度。

2-17 在某电荷放大器的说明书中,产品的技术指标如下:输出电压为±10V,输入电阻大于$10^{14}\Omega$,输出电阻为0.1kΩ,频率响应范围为0~150kHz,噪声电压(有效值)最大为2mV(指输入信号为零时所出现的输出信号值),非线性误差为0.1%,温度漂移为±0.1mV/℃。

(1)如果用内阻为10kΩ的电压表测量电荷放大器的输出电压,试求由于负载效应而减少的电压值。

(2)假设用一输出电阻为2MΩ的示波器并接电荷放大器的输入端,以便观察输入信号波形,此时对电荷放大器有何影响?

(3)噪声电压在什么时候会成为问题?

(4)试求当环境温度变化为+15℃时,电荷放大器输出电压的变化值,该值对测量结果是否有影响?

(5)当输入信号频率为180kHz时,该电荷放大器是否适用?

2-18 图2-104所示电路是电阻应变仪中所用的不平衡电桥的简化电路,图中$R_2 = R_3 = R$是固定电阻,R_1与R_4是电阻应变片,工作时R_1和R_4同时受拉或受压,ΔR表示应变片发生应变后电阻值的变化量。当应变片不受力,无应变时$\Delta R = 0$,电桥处于平衡状态。当应变片受力发生应变时,桥路失去平衡,这时,用桥路输出电压U_{cd}表示应变片应变后电阻值的变化量。试证明$U_{cd} = -(E/2)(\Delta R/R)$。

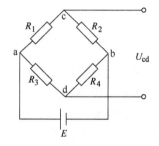

图2-104 不平衡电桥简化电路

2-19 假定惠斯顿电桥的1臂是一个120Ω的金属应变片($K = 2.00$),4臂(在电桥的同一侧上)是用于补偿的同型号同批次的附属应变片,2臂和3臂是固定的120Ω电阻。流过应变片的最大电流为30mA。

(1)画出该电桥电路,并计算最大直流供电电压。

(2)若检测应变片粘贴在钢梁(其弹性模量$E = 210$GPa)上,而电桥由5V供电,试问当外加负荷σ为70kgf/cm²时,电桥的输出电压是多少?

(3)假定校准电阻与1臂上未加负荷的应变片并联,试计算为了产生与钢梁加载700kgf/cm²相同输出电压所需的校准电阻值。

2-20 某一电容测微仪,其传感器的圆形极板半径$r = 4$mm,工作初始间隙$d = 0.3$mm,问:

(1)工作时,如果传感器的工作间隙变化量$\Delta d = 2\mu$m,电容变化量是多少?

(2)如果测量电路的灵敏度$S_1 = 100$mV/pF,读数仪表的灵敏度$S_2 = 5$格/mV,在$\Delta d = 2\mu$m时,读数仪表的指示值变化多少格?

第三章 温度传感器

第一节 概　　述

自然界中几乎所有的物理与化学过程都紧密地与温度相联系。在国民经济各个部门和日常生活中温度测量与控制都占有重要的地位。

温度是反映物体冷热状态的物理参数。温度传感器则是实现温度检测和控制的重要器件。在种类繁多的传感器中，温度传感器是应用最广泛的传感器之一。目前，温度传感器的研制、开发得到了各国的普遍重视，并在努力开拓应用的新领域。

一、温度的基本概念

温度是衡量物体冷热程度的物理量。温度的高低反映了物体内部分子运动平均动能的大小。表示温度大小的尺度就是温度的标尺，简称温标（Temperature Scale）。

目前，国际上用得较多的温标有热力学温标、国际实用温标、摄氏温标（又叫百度温标）和华氏温标等。

1. 热力学温标

热力学温标是建立在热力学基础上的一种理论温标。在国际单位制中，它是七个基本单位之一，又叫热力学温度。

根据热力学中的卡诺定理，如果在温度为 T_1 的热源与温度为 T_2 的冷源之间实现了卡诺循环，则存在

$$\frac{T_1}{T_2} = \frac{Q_1}{Q_2} \tag{3-1}$$

式中　Q_1——热源给予热机的传热量；

　　　Q_2——热机传给冷源的传热量。

如果在式（3-1）中再规定一个条件，就可以通过卡诺循环中的传热量来完全地确定温标。1967 年第十三届国际计量大会确定，水的三相点为 273.16K，并以它的 1/273.16 定为 1 度，这样热力学温标就完全确定了，即 $T = 273.16 \, (Q_1/Q_2)$。这样的温标单位叫作开尔文，简称开，符号为 K。

2. 国际实用温标

国际实用温标是一个国际协议性温标，它与热力学温标相接近，而且复现精度高，使用方便。国际计量委员会在第十八届国际计量大会第七号决议授权予 1989 年会议通过了 1990 年国际温标 ITS-90。国际温标 ITS-90 采用了 17 个定义固定点作为温度基准点，见表 3-1。它与 1968 年国际实用温标（IPTS68）定义的固定点有较大区别。

ITS-90 温标的要点是：

表 3-1   ITS-90 定义固定点

序　号	温　度		物　质	状　态
	T90/K	t90/℃		
1	3 ~ 5	− 270. 15 ~ − 268. 15	He	V
2	13. 8033	− 259. 3467	e − H$_2$	T
3	≈17	≈ − 256. 15	e − H$_2$ （或 He）	V （或 G）
4	≈20. 3	≈ − 252. 85	e − H$_2$ （或 He）	V （或 G）
5	24. 5561	− 248. 5939	Ne	T
6	54. 3548	− 218. 7961	O$_2$	T
7	83. 8058	− 189. 3442	Ar	T
8	234. 3156	− 38. 8344	Hg	T
9	273. 16	0. 01	H$_2$O	T
10	302. 9146	29. 7646	Ga	M
11	429. 7485	156. 5985	In	F
12	505. 078	231. 928	Sn	F
13	692. 677	419. 527	Zn	F
14	933. 473	660. 323	Al	F
15	1234. 93	961. 78	Ag	F
16	1337. 33	1064. 18	Au	F
17	1357. 77	1084. 62	Cy	F

注：1. 物质：除 He 外，其他物质均为自然同位素成分。e − H$_2$ 为正、仲分子态处于平衡浓度时的氢。
　　2. 状态对于这些不同状态的定义，以及有关复现这些不同状态的建议，可参阅 "ITS-90 补充资料"。
　　3. 表中各符号的含义为：V：蒸气压点；T：三相点，此温度下，固、液和蒸气相呈平衡；G：气体温度计点；M、F：熔点和凝固点，在 101325Pa 压力下，固、液相的平衡温度。

　　1）热力学温度（符号为 T）是基本物理量，它的单位为开尔文（符号为 K），定义为水三相点的热力学温度的 1/273. 16。由于以前的温标定义中，使用了与 273. 15K（冰点）的差值来表示温度，因此现在仍保留这个方法。根据定义，摄氏度的大小等于开尔文，温差亦可以用摄氏度或开尔文来表示。国际温标 ITS-90 同时定义国际开尔文温度（符号为 T90）和国际摄氏温度（符号为 t90）。

　　2）国际温标 ITS-90 的定义是由 0. 65K 向上到普朗克辐射定律使用单色辐射实际可测量的最高温度。ITS-90 是这样制定的，即在全量程中，任何温度的 T90 值非常接近于温标采纳时 T 的最佳估计值，与直接测量热力学温度相比，T90 的测量要方便得多，而且更为精密，并具有很高的复现性。

　　3）ITS-90 定义的第一温区为 0. 65 ~ 5. 00K，T90 由 He^3 和 He^4 的蒸气压与温度的关系式来定义。第二温区为 3. 0K 到氖三相点（24. 5661K），T90 是用氦气体温度计来定义的。第三温区为平衡氢三相点（13. 8033K）到银的凝固点（961. 78℃），T90 是由铂电阻温度计来定义的，它使用一组规定的定义固定点及利用规定的内插法来分度。银凝固点（961. 78℃）以上的温区，T90 是按普朗克辐射定律来定义的，复现仪器为光学高温计。

3. 摄氏温标

摄氏温标是工程上最通用的温度标尺。摄氏温标是在标准大气压（即 101325Pa）下将水的沸点定为 100 摄氏度，以水的结冰点定为 0 摄氏度，并将中间划分 100 等份，每一等份称为 1 摄氏度，单位符号为℃，一般用 t 表示。

摄氏温标与国际实用温标温度之间的数值关系如下：

$$t = T - 273.15 \tag{3-2}$$

$$T = t + 273.15 \tag{3-3}$$

4. 华氏温标

华氏温标是非法定计量单位，目前已用得较少。它是以当地的最低温度为零华氏度（起点），人体温度为 100 华氏度，中间等分为 100 份，每一等份称为 1 华氏度。后来，人们规定在标准大气压下冰的融点为 32 华氏度，水的沸点为 212 华氏度，中间划分 180 等份，每一等份称为 1 华氏度，单位符号为℉，它和摄氏温度的数值关系如下：

$$m = 1.8n + 32 \tag{3-4}$$

$$n = \frac{5}{9}(m - 32) \tag{3-5}$$

式中 m、n——华氏和摄氏温度值。

二、温度传感器的特点与分类

1. 温度传感器的物理原理

1）随物体的热膨胀相对变化而引起的体积变化。

2）蒸气压的温度变化。

3）电极的温度变化。

4）热电偶产生的电动势。

5）光电效应。

6）热电效应。

7）介电常数、磁导率的温度变化。

8）物质的变色、熔解。

9）强性振动温度变化。

10）热放射。

11）热噪声。

2. 温度传感器应满足的条件

1）特性与温度之间的关系要适中，并容易检测和处理，且是温度的单值函数，最好随温度呈线性变化。

2）除温度以外，特性对其他物理量的灵敏度要低。

3）特性随时间变化要小。

4）重复性好，没有滞后和老化。

5）灵敏度高，坚固耐用，体积小，对检测对象的影响要小。

6）机械性能好，耐化学腐蚀，耐热性能好。

7）能大批量生产，价格便宜。

8）无危险性、无公害等。

3. 温度传感器的种类及特点

测量温度的方法大致可分为接触式和非接触式两种。因此，温度传感器也分为接触式和非接触式两种。接触式温度传感器是将测温敏感元件直接与被测介质接触，使被测介质与测温敏感元件进行充分热交换，当两者具有相同温度时，达到测量的目的。这种传感器的测量精度较高，但由于被测介质的热量传递给传感器，从而降低了被测介质的温度，特别是被测介质热容量较小时，会给测量带来误差。非接触式温度传感器是利用物质的热辐射原理工作的，测温敏感元件不与被测介质接触，是利用物体的温度与总辐射出射度全光谱范围的积分辐射能量的关系来测量温度的。这种传感器的制造成本较高，测量精度却较低，但不存在测温敏感元件与被测介质接触之间的热交换现象。表3-2示出了温度传感器的种类与特点，表3-3示出了温度传感器的分类。

表 3-2　温度传感器的种类及特点

所利用的物理现象	温度传感器的种类	温度范围/℃	特　征
体积热膨胀	气体温度计	-250 ~ +1000	不需要用电
	玻璃制水银温度计	-20 ~ +350	
	玻璃制有机液体温度计	-100 ~ +100	
	双金属温度计	0 ~ +300	
	液体压力温度计	-200 ~ +350	
	气体压力温度计	-250 ~ +550	
电阻变化	铂测温电阻	-260 ~ +850	高精度、价格高
	热敏电阻	极低温用 -270 ~ -200 低温用 -200 ~ 0 一般用 -50 ~ +300 中温用 800 ~ +1300	高灵敏度、易老化
温差电现象	热电偶	-200 ~ +1500	需要基准温度
磁导率变化	热铁氧体	-80 ~ +150	在特定的温度下动作
	Fe - Ni - Cu 合金	0 ~ +350	
电容变化	BaSrTiO₃ 陶瓷	-270 ~ +200 -50 ~ +150	温度与电容成倒数关系
压电效应	石英晶体振动器	-100 ~ +200	可做标准使用
超声波传播速度变化	超声波温度计	0 ~ +400	同上
物质颜色	示温涂料	1 ~ +1300	可以测定温度图像
	液晶	0 ~ +100	
PN 结电动势	半导体二极管	-150 ~ +150	高灵敏度、价格低
晶体管特性变化	晶体管	-150 ~ +150	高灵敏度、价格低
	半导体集成电路温度传感器	-40 ~ +150	
晶闸管动作特性变化	晶闸管	-40 ~ +100	同上
热、光辐射	辐射温度传感器	-80 ~ +1500	非接触式测温
	光学高温计	250 ~ +1500	

表 3-3 温度传感器的分类

分类		特征	传感器名称
测温范围	超高温用传感器	1500℃以上	光学高温计、辐射传感器
	高温用传感器	1000 ~ 1500℃	光学高温计、辐射传感器、热电偶
	中高温用传感器	500 ~ 1000℃	光学高温计、辐射传感器、热电偶
	中温用传感器	0 ~ 500℃	热电偶、测温电阻器、热敏电阻、感温铁氧体、石英晶体振动器、双金属温度计、压力式温度计、玻璃制温度计、辐射传感器、晶体管、二极管、半导体集成电路传感器、晶闸管
	低温用传感器	−250 ~ 0℃	测温电阻器、晶体管、热敏电阻、压力式玻璃温度计
	极低温用传感器	−270 ~ −250℃	$BaSrTiO_3$ 陶瓷
测温特性	线性型	测温范围宽、输出小	测温电阻器、晶体管、半导体集成电路传感器、晶闸管、石英晶体振动器、压力式温度计、玻璃制温度计、热电偶
	指数型函数	测温范围窄、输出大	热敏电阻
	开关型特性	特定温度、输出大	感温铁氧体、双金属温度计
测定精度	温度标准用	测定精度 ±0.1 ~ ±0.5℃	铂测温电阻、石英晶体振动器、玻璃制温度计、气体温度计、光学高温计
	绝对值测定用	±0.5 ~ ±5℃	热电偶、测温电阻器、热敏电阻、双金属温度计、压力式温度计、玻璃制温度计、辐射传感器、晶体管、二极管、半导体集成电路传感器、晶闸管
	管理温度测定用	相对值 ±1 ~ ±5℃	同上

温度与人类的生活息息相关。光、声的强度即使增大 10%，也不会对人们的感觉有太大的影响，但是空间温度的变化却对人类有较大影响。早在 2000 多年前，人类就开始为检测温度进行了各种努力，并开始使用温度传感器检测温度。在人类社会中，无论工业、农业、商业、科研、国防、医学及环保等部门都与温度有着密切的关系。在工业生产自动化流程中，温度测量点一般要占全部测量点的一半左右。

第二节 热电偶温度传感器

温差热电偶（简称热电偶）是目前温度测量中使用最普遍的传感元件之一。它除具有结构简单、测量范围宽、准确度高、热惯性小、输出信号为电信号便于远传或信号转换等优点外，还能用来测量流体、固体及固体壁面"点"的温度。微型热电偶还可用于快速及动态温度的测量。

一、热电偶的工作原理

热电偶温度传感器工作原理是建立在导体的热电效应上的。两种不同性质的导体（或半导体）A、B 的两端分别相连，构成了一个闭合回路，若两种导体的连接点温度不同（设 $T > T_0$），则在此闭合回路中就有电流产生，也就是说回路中有电动势存在，这种现象叫作热电效应，如图3-1所示。这种现象早在1821年首先由塞贝克（Seeback）发现，所以又称塞贝克效应。

热电偶回路中所产生的电动势，通常叫热电动势。热电动势由接触电动势和温差电动势两部分组成。

1. 接触电动势

由于两种导体（或半导体）材料的不同，当它们互相接触时，由于其内部电子密度（单位体积中自由电子数）不同，设导体 A 的电子密度大于导体 B 的电子密度，则就会有一些电子从导体 A 扩散到导体 B，如图3-2所示。此时，导体 A 因失去电子而带正电，导体 B 因得到电子而带负电，于是在接触处便形成了电位差，该电位差称为接触电动势（也叫帕尔帖热电动势）。这个电动势将阻止电子进一步由导体 A 向导体 B 扩散。很明显，当电子扩散能力和电场的阻力平衡时，接触处的电子扩散就达到动态平衡，接触电动势达到了一个固定值。该接触电动势的大小主要取决于接触处温度和 A、B 导体材料的性质。根据物理学有关理论推导，接触电动势可表示为

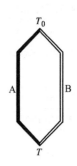

图3-1　热电偶原理图

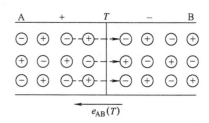

$$e_{AB}(T) = -\frac{kT}{e}\ln\frac{N_{AT}}{N_{BT}} \qquad (3-6)$$

图3-2　接触电动势原理图

式中　$e_{AB}(T)$——导体 A、B 的接点在温度 T 时形成的接触电动势；

　　　e——电子电荷量，$e = 1.6 \times 10^{-19}$C；

　　　k——波耳兹曼常数，$k = 1.38 \times 10^{-23}$J/K；

N_{AT}、N_{BT}——导体 A、B 在接触处温度为 T 时的电子密度。

2. 温差电动势

温差电动势是由于单一导体（或半导体）两端温度不同而产生的一种热电动势，如图3-3所示。由于导体两端温度不同，假设一端温度为 T，另一端温度为 T_0，且 $T > T_0$，则两端电子的能量也不同，即温度越高，电子能量就越大，能量较大的一端的电子必定会向能量较小的一端扩散，这样就会形成一个由高温端向低温端的温差电动势（也叫汤姆逊电动势）。该电动势的形成又会阻止电子继续向低温端扩散，最后，达到某一动平衡状态。温差电动势的方向是由低温端向高温端，其值的大小与两端温差及材料性质有关，可表示为

$$e_A(T,T_0) = \int_{T_0}^{T} \sigma_A dT \qquad (3-7)$$

式中　$e_A(T,T_0)$——导体 A 两端温度分别为 T 和 T_0 时形成的温差电动势；

　　　T、T_0——高、低端的绝对温度；

　　　σ_A——汤姆逊系数，表示单一导体 A 两端的温度差为1℃时所产生的温差电动势，如在0℃时，铜的汤姆逊系数 $\sigma = 2\mu V/℃$。

图 3-4 所示为由不同导体材料 A、B 组成的闭合回路，其接点两端温度分别为 T、T_0，如果 $T > T_0$，则必存在着两个接触电动势 $e_{AB}(T)$、$e_{AB}(T_0)$ 和两个温差电动势 $e_A(T, T_0)$、$e_B(T, T_0)$，于是，回路总电动势可表示为

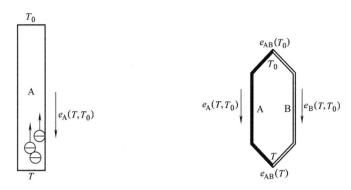

图 3-3 温差电动势原理图　　　　图 3-4 热电偶回路电动势分布图

$$E_{AB}(T, T_0) = e_{AB}(T) - e_{AB}(T_0) - e_A(T, T_0) + e_B(T, T_0)$$

$$= \frac{kT}{e}\ln\frac{N_{AT}}{N_{BT}} - \frac{kT_0}{e}\ln\frac{N_{AT_0}}{N_{BT_0}} + \int_{T_0}^{T}(-\sigma_A + \sigma_B)\mathrm{d}T \quad (3\text{-}8)$$

式中　$E_{AB}(T, T_0)$——由导体 A、B 组成的热电偶在接点温度为 T 和 T_0 时的热电动势；

N_{AT}、N_{AT_0}——导体 A 在接点温度为 T 和 T_0 时的电子密度；

N_{BT}、N_{BT_0}——导体 B 在接点温度为 T 和 T_0 时的电子密度；

σ_A、σ_B——导体 A 和 B 的汤姆逊系数。

由上述分析可得出下面的结论：

1) 热电偶回路热电动势的大小只与组成热电偶的材料及两端温度有关，与热电偶的长度、粗细和形状无关。

2) 只有用不同性质的导体（或半导体）才能组合成热电偶，相同材料不会产生热电动势，因为当 A、B 两种导体材料是同一种材料时，$N_A = N_B$，$\sigma_A = \sigma_B$，$E_{AB}(T, T_0) = 0$。

3) 只有当热电偶两端温度不同、热电偶的两导体材料不同时才能有热电动势产生。

4) 导体材料确定后，热电动势的大小只与热电偶两端的温度有关，即可写成

$$E_{AB}(T, T_0) = f(T) - f(T_0) \quad (3\text{-}9)$$

如果参考端温度 T_0 恒定不变，即 $f(T_0) = C$（常数），则回路热电动势 $E_{AB}(T, T_0)$ 就只与温度 T 有关，而且是 T 的单值函数，即

$$E_{AB}(T, T_0) = f(T) - C = \phi(T) \quad (3\text{-}10)$$

式（3-10）就是利用热电偶测温的原理。

热电偶的温度与热电动势间的关系可以用函数形式表示，也可以用表格形式表示。通常把温度较高的一端叫热端（或工作端），温度低的一端叫冷端（或自由端）。

应该指出，在实际测量中不可能也没有必要单独测量温差电动势和接触电动势，而只需用仪表测出回路中总电动势即可。由于温差电动势与接触电动势相比较，其值很小，

因此，在工程技术中认为热电动势近似等于接触电动势。

在工程应用中，测出回路总电动势后，通常不是利用公式计算温度，而是用查热电偶分度表的方法确定被测温度。热电偶的分度表是将冷端温度保持为0℃，通过科学实验建立起来的热电动势与温度之间的数值对应关系。热电偶测温完全是建立在利用实验热特性和一些热电定律的基础上的，下面介绍几个常用热电定律。

二、热电偶回路的性质

1. 均质导体定律

由一种均质导体组成的闭合回路，不论导体的截面和长度如何，导体两端是否存在温度梯度，回路中都没有电流（即不产生电动势）；反之，如果有电流流动，此材料则一定是非均质的。如图3-5所示的闭合回路，接点 T、T_0 由于都是均质导体 A，因此不能产生接触电动势，即

$$e_{AB}(T) = -\frac{kT}{e}\ln\frac{N_{AT}}{N_{AT}} = 0, \quad e_{AB}(T_0) = -\frac{kT_0}{e}\ln\frac{N_{AT_0}}{N_{AT_0}} = 0 \tag{3-11}$$

均质导体 A 两端存在温度差，设其温度分别为 T 和 T_0，且 $T > T_0$，则产生温差电动势，但回路中上半部和下半部的电动势大小相等，极性相反，因此回路中总的温差电动势等于零，即

$$\int_{T_0}^{T}(\sigma_A - \sigma_A)\mathrm{d}T = 0 \tag{3-12}$$

由式（3-11）和式（3-12）可见，由一种均质导体组成的闭合回路中不能产生热电动势。

2. 中间导体定律

一个由几种不同导体材料连接成的闭合回路，只要它们彼此连接的接点温度相同，则此回路各接点产生的热电动势的代数和为零。例如，图3-6所示的是由 A、B、C 三种材料组成的闭合回路，则

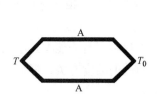

图3-5 均质导体闭合回路

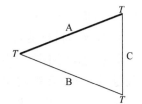

图3-6 三种导体组成的热电偶回路

$$E_{\ddot{\text{总}}} = E_{AB}(T) + E_{BC}(T) + E_{CA}(T) = 0 \tag{3-13}$$

根据上述定律可得到下述两点结论：

1）将第三种材料 C 接入由 A、B 组成的热电偶回路，如图3-7所示。图3-7a 中 A、C 的接点1与 C、A 的接点2，均处于相同温度 T_0 之中，此回路的总电动势不变，即

$$E_{AB}(T_1, T_2) = E_{AB}(T_1) - E_{AB}(T_2) \tag{3-14}$$

同理，图3-7b 中 C、A 的接点1与 C、B 的接点2，同处于温度 T_0 之中，此回路的电动势为

$$E_{AB}(T_1, T_0) = E_{AB}(T_1) - E_{AB}(T_0) \tag{3-15}$$

根据上述原理，可以在热电偶回路中接入电位计 E，只要保证电位计与连接热电偶处的接点温度相等，就不会影响回路中原来的热电动势，接入的方式如图 3-8 所示。

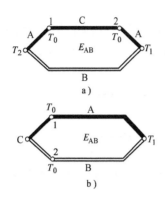

a)

b)

图 3-7　第三种材料接入热电偶回路

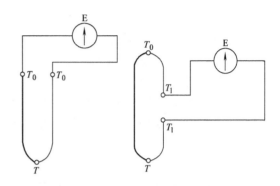

图 3-8　电位计接入热电偶回路

2）如果任意两种导体材料的热电动势是已知的，它们的冷端和热端的温度又分别相等，如图 3-9 所示，它们相互间热电动势的关系为

$$E_{AB}(T, T_0) = E_{AC}(T, T_0) + E_{CB}(T, T_0) \tag{3-16}$$

该结论也称为参考电极定律，它简化了热电偶的选配工作。只要获得有关热电偶与标准铂电极配对的热电动势，那么任何两种热电极配对时的热电动势便可按式（3-16）求得，而不必逐个测定。

3. 中间温度定律

如果不同的两种导体材料组成热电偶回路，如图 3-10 所示，其接点温度分别为 T_1、T_2 时，则其热电动势为 $E_{AB}(T_1, T_2)$；当接点温度为 T_2、T_3 时，其热电动势为 $E_{AB}(T_2, T_3)$；当接点温度为 T_1、T_3 时，其热电动势为 $E_{AB}(T_1, T_3)$，则有

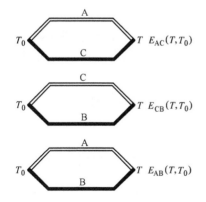

图 3-9　三种金属材料之间的电动势关系

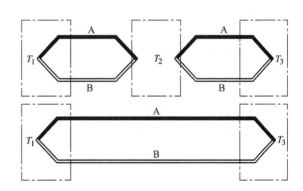

图 3-10　中间温度定律引证图

$$E_{AB}(T_1, T_3) = E_{AB}(T_1, T_2) + E_{AB}(T_2, T_3) \tag{3-17}$$

式（3-17）对于冷端温度不是0℃时热电偶如何制定分度表的问题提供了解答。如当

$T_2 = 0℃$ 时，则

$$E_{AB}(T_1, T_3) = E_{AB}(T_1, 0) + E_{AB}(0, T_3)$$
$$= E_{AB}(T_1, 0) - E_{AB}(T_3, 0)$$
$$= E_{AB}(T_1) - E_{AB}(T_3) \qquad (3-18)$$

式（3-18）说明：当在原热电偶回路中分别引入与导体 A、B 有同样热电特性的材料 A′、B′时，如图 3-11 所示。当引入所谓补偿导线时，由于 $E_{AA'}(T_2, T_0) = E_{BB'}(T_2, T_0) = 0$，则回路总电动势为 $E_{AB}(T_1, T_0) = E_{AB}(T_1) - E_{AB}(T_0)$，只要温度 T_1、T_0 不变，接入补偿导线 A′、B′后，不管接点温度 T_2 如何变化，都不会影响到总的热电动势。这便是引入补偿导线的原理。

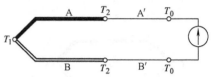

图 3-11 热电偶补偿导线接线图

[例 3-1] 已知在某特定条件下材料 A 与铂配对的热电动势为 13.967mV，材料 B 与铂配对的热电动势为 8.345mV，求出在此特定条件下材料 A 与材料 B 配对后的热电动势。

解：根据中间导体定律结论2），有

$$E_{AB}(T, T_0) = E_{AC}(T, T_0) + E_{CB}(T, T_0)$$

依题意可知，$E_{AC}(T, T_0) = 13.967mV$，$E_{CB}(T, T_0) = -8.345mV$，则

$$E_{AB}(T, T_0) = 13.967mV - 8.345mV = 5.622mV$$

因此，在此特定条件下材料 A 与材料 B 配对后的热电动势为 5.622mV。

三、热电偶的常用材料与结构

热电偶的材料应满足：①物理性能稳定，热电特性不随时间改变；②化学性能稳定，以保证在不同介质中测量时不被腐蚀；③热电动势尽可能高，电导率高，且本身的电阻温度系数要小；④便于制造；⑤复现性好，便于成批生产。

（一）热电偶常用材料

1. 铂铑$_{10}$-铂热电偶（分度号为 S）

工业用热电偶丝的直径一般为 $\phi0.5mm$，实验室用可更细些。正极：铂铑合金丝，用 90% 铂和 10% 铑（质量比，下同）冶炼而成；负极：铂丝。测量温度：长期使用可到 1300℃，短期可到 1600℃。其特点是：

1）材料性能稳定，测量准确度较高，可做成标准热电偶或基准热电偶。一般用在实验室，或用于校验其他热电偶。

2）测量温度较高，一般用来测量 1000℃ 以上高温。

3）在高温还原性气体中（如气体中含 CO、H_2 等）易被侵蚀，需要用保护套管。

4）材料属贵金属，成本较高。

5）热电动势较弱。

2. 镍铬-镍硅（镍铝）**热电偶**（分度号为 K）

工业用热电偶丝的直径一般为 $\phi1.2 \sim \phi2.5mm$，实验室用可细些。正极：镍铬合金（用 88.4% ~ 89.7% 镍、9% ~ 10% 铬、0.6% 硅、0.3% 锰、0.4% ~ 0.7% 钴冶炼而成）；

负极：镍硅合金（用95.7%~97%镍、2%~3%硅、0.4%~0.7%钴冶炼而成）。测量温度：长期可到1000℃，短期可达1300℃。其特点是：

1）价格比较便宜，在工业上广泛应用。

2）高温下抗氧化能力强，在还原性气体和含有 SO_2，H_2S 等气体中易被侵蚀。

3）复现性好，热电动势大，但精度不如铂-铂铑热电偶。

3. 镍铬-考铜热电偶（分度号为 E）

工业用热电偶丝的直径一般为 $\phi1.2~\phi2mm$，实验室用可以更细些。正极：镍铬合金；负极：考铜合金（用56%铜、44%镍冶炼而成）。测量温度：长期可到600℃，短期可达800℃。其特点是：

1）价格比较便宜，工业上广泛应用。

2）在常用热电偶中它产生的热电动势最大。

3）气体硫化物对热电偶有腐蚀作用。考铜易氧化变质，适于在还原性或中性介质中使用。

4. 铂铑$_{30}$-铂铑$_6$ 热电偶（分度号为 B）

正极：铂铑合金（用70%铂、30%铑冶炼而成）；负极：铂铑合金（用94%铂、6%铑冶炼而成）。测量温度：长期可到1600℃，短期可达1800℃。其特点是：

1）材料性能稳定，测量精度高。

2）还原性气体中易被侵蚀。

3）低温热电动势极小，冷端温度在50℃以下可以不加补偿。

4）成本高。

以上四种热电偶在我国已标准化，前三种已大批生产。此外，还有几种持殊用途的热电偶：

1）铱和铱合金制造成的热电偶（如铱$_{50}$铑-铱$_{10}$钌热电偶），它能在氧化气体中测量高达2100℃的高温。

2）钨铼热电偶是20世纪60年代发展起来的，是目前一种较好的高温热电偶，可使用在真空惰性气体介质或氢气介质中，但高温抗氧化能力差。国产钨铼-钨铼$_{20}$热电偶使用温度范围为300~2000℃，精度为1%。

3）金铁-镍铬热电偶主要用在低温测量，可在2~273K温度范围内使用，灵敏度约为10μV/℃。

4）钯-铂铱$_{15}$热电偶是一种高输出性能的热电偶，在1398℃时的热电动势为47.255mV，比铂-铂铑$_{10}$热电偶在同样温度下的热电动势高出3倍，因而可配用灵敏度较低的指示仪表，常应用于航空工业。

5）铁-康铜热电偶分度号为TK，灵敏度高（约为53μV/℃），线性度好，价格便宜，可在800℃以下的还原介质中使用。其主要缺点是铁极易氧化，采用发蓝工艺处理后可提高抗锈蚀能力。

6）铜-康铜热电偶分度号为MK，该热电偶的热电动势略高于镍铬-镍硅热电偶，灵敏度约为43μV/℃。其优点是复现性好、稳定性好、精度高、价格便宜，缺点是铜易氧化，广泛用于20~473K的低温实验室测量中。

（二）常用热电偶的结构类型

（1）**工业用热电偶**　图 3-12 所示为典型工业用热电偶结构示意图。它由热电偶丝 1、绝缘套管 2、保护套管 3 及接线盒 4 等部分组成。实验室用时，也可不装保护套管，以减小热惯性。

（2）**铠装式热电偶（又称套管式热电偶）**　铠装式热电偶是 20 世纪 60 年代发展起来的新型热电

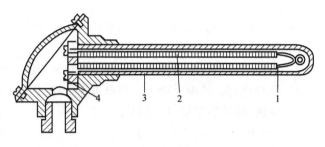

图 3-12　工业用热电偶结构示意图
1—热电偶丝　2—绝缘套管　3—保护套管　4—接线盒

偶结构形式，其断面如图 3-13 所示。它是由热电偶丝 1、绝缘材料 2、金属套管 3 三者经拉伸加工组合而成的。又由于它的热端形状不同，可分为图中四种形式。它的突出优点是测量端热容量小、动态响应快、机械强度高、抗干扰性好、耐高压、耐强烈振动和冲击，可安装在结构复杂的装置上，因此已获得广泛应用。

（3）**快速反应薄膜热电偶**　快速反应薄膜热电偶是用真空蒸镀等方法使两种热电极材料蒸镀到绝缘板上而形成薄膜状热电偶，如图 3-14 所示。其热接点极薄（0.01 ~ 0.1μm），因此，特别适用于对壁面温度的快速测量。安装时，用粘结剂将它粘结在被测物体壁面上。目前我国试制的有铁-镍、铁-康铜和铜-康铜三种，尺寸为 60mm × 6mm × 0.2mm，绝缘基板用云母、陶瓷片、玻璃及酚醛塑料纸等，测温范围在 300℃ 以下，反应时间仅为几毫秒。

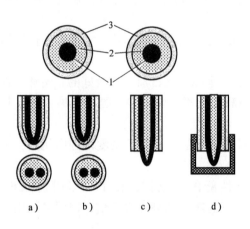

图 3-13　铠装式热电偶断面结构示意图
a）碰底型　b）不碰底型　c）露头型　d）帽型
1—热电偶丝　2—绝缘材料　3—金属套管

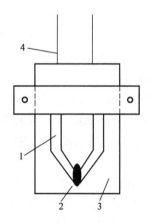

图 3-14　快速反应薄膜热电偶
1—热电极　2—热接点
3—绝缘基板　4—引出线

四、冷端处理及补偿

由热电偶的工作原理可知，热电偶热电动势的大小不仅与测量端的温度有关，而且还与冷端的温度有关，是测量端温度 T 和冷端温度 T_0 的函数。为了保证热电偶输出热电动势是被测温度的单值函数，就必须使热电偶的一个接点的温度保持恒定，而且使用的热电偶分度表中的热电动势值都是在冷端温度为 0℃ 时给出的。因此，如果热电偶的冷端温度不是 0℃，而是其他某一数值，且又不加以适当处理，那么即使测得了热电动势的值，仍不能直接查找分度表，即不可能得到测量端的准确温度，会产生测量误差。但热电偶在工业使用时，要使冷端的温度保持为 0℃ 是比较困难的，通常采用如下温度补偿办法。

（1）冰点槽法 冰点槽法是在科学实验中经常采用的一种方法。为了测温准确，可以把热电偶的参比端置于冰水混合物的容器里，保证使 $T_0 = 0$℃。这种办法最为妥善，然而不够方便，所以仅限于科学实验中使用。为了避免冰水导电引起两个接点短路，必须把接点分别置于两个玻璃试管里，浸入同一冰点槽，使其相互绝缘，如图 3-15 所示。

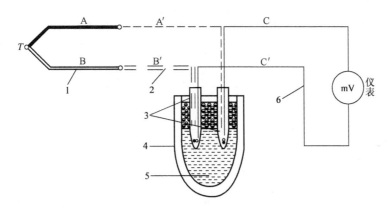

图 3-15 冷端处理的冰点槽法
1—热电偶 2—补偿导线 3—试管 4—冰点槽 5—冰水溶液 6—铜导线

（2）计算修正法 在实际使用中，热电偶冷端温度保持 0℃ 比较困难，但将其保持在某一恒定温度还是可以做到的。此时，可以采用冷端温度计算修正法实现补偿。

根据热电偶中间温度定律，可得热电动势的计算修正公式：

$$E_{AB}(T, 0) = E_{AB}(T, T_H) + E_{AB}(T_H, 0)$$

式中 $E_{AB}(T, T_H)$——热电偶实际测得的热电动势（即仪表指示值）；

$E_{AB}(T_H, 0)$——根据热电偶冷端温度 T_H 从分度表查得的热电动势；

$E_{AB}(T, 0)$——热电偶在被测点温度为 T，冷端温度为 0℃ 时的热电动势。

[例3-2] 用铜-康铜热电偶测某介质温度，已知冷端温度 $T_H = 21$℃，现测得该热电偶热电动势 $E_{AB}(T, T_H) = 1.999$mV，试求被测介质实际温度 T。

解：查此种热电偶的分度表可知，$E_{AB}(21, 0) = 0.832$mV，故得

$$E_{AB}(T, 0) = E_{AB}(T, 21) + E_{AB}(21, T_0) = (1.999 + 0.832)\text{mV} = 2.831\text{mV}$$

再查一次分度表，与 2.831mV 对应的热端温度 $T = 68$℃，则被测介质实际温度为 68℃。

要注意的是，实际计算时，既不能只按 1.999mV 查表，认为 $T = 49$℃，也不能把

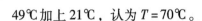

49℃加上21℃，认为 $T = 70℃$。

（3）补正系数法　补正系数法也是一种计算修正法，它是把热电偶冷端实际温度 T_H 乘上一个因数 k（称为补正因数），加到由热电动势 $E_{AB}(T, T_H)$ 查分度表所得的温度上，得到被测温度 T，用公式表示为

$$T = T' + kT_H$$

式中　T——未知的被测温度；

T'——冷端在室温条件下测得热电偶热电动势与其分度表上对应的某个温度；

T_H——室温；

k——补正因数，不同热电偶或同一热电偶不同 $E_{AB}(T, T_H)$ 值查分度表所对应的温度补正因数 k 均不一样，铂铑$_{10}$-铂和镍铬-镍硅两种热电偶的补正因数见表3-4。

表3-4　热电偶补正因数

温度 T'/℃	补正因数 k	
	铂铑$_{10}$-铂（S）	镍铬-镍硅（K）
100	0.82	1.00
200	0.72	1.00
300	0.69	0.98
400	0.66	0.98
500	0.63	1.00
600	0.62	0.96
700	0.60	1.00
800	0.59	1.00
900	0.56	1.00
1000	0.55	1.07
1100	0.53	1.11
1200	0.53	—
1300	0.52	—
1400	0.52	—
1500	0.53	—
1600	0.53	—

[例3-3]　用铂铑$_{10}$-铂热电偶测温，已知冷端温度 $T_H = 35℃$，这时热电动势为 11.348mV，试求被测介质实际温度 T。

解：查 S 型热电偶的分度表，得出与热电动势为 11.348mV 相应的温度 $T' = 1150℃$

再从表 3-4 中查出，对应于 1150℃ 的补正因数 $k = 0.53$

于是，被测温度为

$$T = 1150℃ + 0.53 \times 35℃ = 1168.3℃$$

用这种办法稍稍简单一些，比计算修正法误差可能大一点，但误差不大于 0.14%。

（4）零点迁移法 如果冷端所处环境温度虽然不是0℃，但十分稳定（如恒温车间或有空调的场所），则可以用迁移零点的办法，使仪表指示的温度正确。这种方法的实质是在测量结果中人为地加一个恒定值，因为冷端温度既然稳定不变，热电动势 $E_{AB}(T_H, 0)$ 就是常数，可以利用指示仪表上调整零点的办法，加大某个适当的值而实现补偿。

例如，用动圈仪表配合热电偶测温时，如果把仪表的机械零点调到室温 T_H 的刻度上，在热电动势为零时，指针指示的温度值并不是0℃而是 T_H。而热电偶的冷端温度已是 T_H，则只有当热端温度 $T = T_H$ 时，才能使 $E_{AB}(T, T_H) = 0$，这样一来，指示值就和热端的实际温度一致了。这种办法非常简便，而且是一劳永逸的，只要冷端温度总保持在 T_H 不变，指示值就永远正确。

（5）冷端补偿器法 实际测温时，如果保持冷端温度为某一恒温也有困难，则可采用冷端补偿器法。冷端补偿器是利用直流不平衡电桥产生的电动势来补偿热电偶因冷端温度变化而引起的热电动势变化值。在它的四个桥臂中，有一个桥臂接铜电阻 R_{Cu}，铜的电阻温度系数较大，阻值随温度而变，其余三个桥臂由阻值恒定的锰铜电阻制成。电桥与热电偶的连接方式如图 3-16 所示。

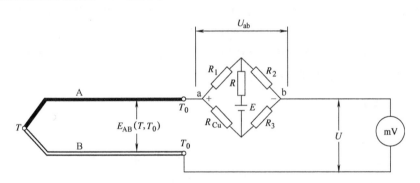

图 3-16 冷端补偿器的作用

特别要注意的是，桥臂 R_{Cu} 必须和热电偶的冷端靠近，使它们处于同一温度场中。

设计时使 R_{Cu} 在0℃下的阻值和其余三个桥臂 R_1、R_2、R_3 完全相等，这种情况下电桥处于平衡状态，图 3-16 中 a 和 b 之间的电压 $U_{ab} = 0$，对热电动势没有补偿作用。

当冷端温度 $T_0 > 0$℃时，热电动势将减小，但这时 R_{Cu} 阻值增大，使电桥失去平衡，出现 $U_{ab} > 0$，而且其极性是 a 为正，b 为负。这时的 U_{ab} 与热电动势 $E_{AB}(T, T_0)$ 同向串联，使输出值得到补偿。如果限流电阻 R 选择合适，可使 U_{ab} 增大的值恰恰等于热电动势减小的值，就完全避免了冷端温度 T_0 的变化对测温的影响。

冷端补偿器要用4V直流供电，它可以在 0～40℃ 或 -20～20℃ 的范围里起补偿作用。只要冷端温度 T_0 的波动不超出此范围，由输出信号可以直接利用热电偶的分度表查出被测温度。

要提醒注意的是，不同材质的热电偶所配的冷端补偿器的限流电阻 R 不一样，互换时必须重新调整。

（6）软件处理法 对于计算机系统，不必全靠硬件进行热电偶冷端处理。例如，冷端温度恒定但不为0℃的情况，只需在采样后加一个与冷端温度对应的常数即可。对于 T_0

经常波动的情况，可利用热敏电阻或其他温度传感器把 T_0 信号输入计算机，按照运算公式设计一些程序，便能自动修正。后一种情况必须考虑输入的采样通道中除了热电动势之外还应该有冷端温度信号，如果多个热电偶的冷端温度不相同，还要分别采样。若占用的通道数太多，宜利用补偿导线把所有的冷端接到同一温度处，只用一个温度传感器和一个修正 T_0 的输入通道就可以了。冷端集中，对于提高多点巡检的速度也很有利。

第三节　热敏电阻温度传感器

热敏电阻是利用某种半导体材料的电阻率对温度极为敏感的特性，研制出的一种测温敏感元件。

早在 1837 年人们就发现了 Ag_2S 的电导率随温度的改变而变化这一现象。最早用来制造热敏电阻的是 VO_2，美国贝尔实验室早在 1940 年左右利用 Mn、Co、Ni、Cu 等金属氧化物研制出工艺简单、性能良好的热敏电阻，我国从 1954 年前后研制并生产热敏电阻，目前已获得很大发展和应用。

在温度传感器中应用最多的有热电偶、热电阻（如铂、铜电阻温度计等）和热敏电阻。热敏电阻发展最为迅速，由于其性能得到不断改进，稳定性也明显提高，在许多场合下（ $-40 \sim +350℃$ ）热敏电阻已逐渐取代传统的温度传感器。现将热敏电阻的特点、分类、主要特性、主要参数和应用分述如下。

一、热敏电阻的特点与分类

（一）热敏电阻的特点

（1）电阻温度系数的范围甚宽　热敏电阻除有正、负温度系数外，还有在某一特定温度区域内阻值突变的热敏电阻元件可供选择使用。电阻温度系数的绝对值比金属热电偶大 $10 \sim 100$ 倍。

（2）材料加工容易、性能好　热敏电阻可根据使用要求加工成各种形状，特别是能够做到小型化。目前，最小的珠状热敏电阻其直径仅为 0.2mm。

（3）阻值在 $1Ω \sim 10MΩ$ 之间可供自由选择　使用热敏电阻时，一般可不必考虑线路引线电阻的影响。由于其功耗小，不需采取冷端温度补偿，所以适合于远距离测温和控温使用。

（4）稳定性好　商品化产品已有 30 多年历史，并且近年来在材料与工艺上不断得到改进。据报道，在 0.01℃ 的小温度范围内，其稳定性可达 0.0002℃ 的精度。相比之下，优于其他各种温度传感器。

（5）抗干扰能力强　热敏电阻烧结表面均已经玻璃封装，故可用于较恶劣环境条件；另外，由于热敏电阻材料的迁移率很小，故其性能受磁场影响很小，这是十分可贵的特点。

（二）热敏电阻的分类

热敏电阻的种类繁多，其分类方法也各不相同。按热敏电阻的阻值与温度关系这一重要特性，可分为三类：

（1）正温度系数热敏电阻（Positive Temperature Coefficient，PTC）　电阻值随温度升高而增大的热敏电阻，称为正温度系数热敏电阻。它的主要材料是掺杂的 $BaTiO_3$ 半导体陶瓷。

（2）负温度系数热敏电阻（Negative Temperature Coefficient，NTC）　电阻值随温度升高而比较均匀下降的热敏电阻，称为负温度系数热敏电阻。它的材料主要是一些过渡金属氧化物半导体陶瓷。

（3）突变型负温度系数热敏电阻（Critical Temperature Resistor，CTR）　该类热敏电阻的电阻值在某特定温度范围内随温度升高而降低 3～4 个数量级，即具有很大负温度系数。其主要材料是 VO_2 并添加一些金属氧化物。

二、热敏电阻的主要特性

（一）热敏电阻的电阻-温度特性

电阻-温度特性与热敏电阻的电阻率 ρ_T 和温度 T 的关系是一致的。它表示热敏电阻的阻值 R_T 随温度 T 的变化规律，一般用 $R_T - T$ 特性曲线表示。

1. 负温度系数热敏电阻（NTC）的电阻-温度特性

各种类型热敏电阻的 $R_T - T$ 曲线如图 3-17 所示。负温度系数热敏电阻（NTC）的电阻-温度关系的一般数学表达式为

$$R_T = R_{T_0} \exp B_N \left(\frac{1}{T} - \frac{1}{T_0} \right) \tag{3-19}$$

式中　R_T、R_{T_0}——温度为 T、T_0 时热敏电阻的电阻值；

B_N——NTC 的材料常数。

式（3-19）仅是一个经验公式，由测试结果表明，不管是由氧化物材料，还是由单晶体材料制成的 NTC，在不太宽的温度范围（小于 450℃），都能利用该式。

为了使用方便，常取环境温度为 25℃ 的温度为参考温度（即 $T_0 = 25℃$），则负温度系数热敏电阻（NTC）的电阻-温度关系为

$$\frac{R_T}{R_{25}} = \exp B_N \left(\frac{1}{T} - \frac{1}{298} \right)$$

图 3-18 所示是把 R_T/R_{25} 和 T 分别作为纵、横坐标，按上式绘成的 NTC 的三种不同 B_N 值的 R_T/R_{25}-T 关系曲线。R_T/R_{25}-B_N 关系也可用表 3-5 表示。

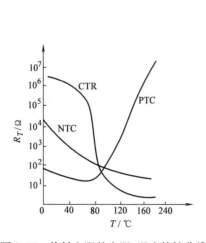

图 3-17　热敏电阻的电阻-温度特性曲线

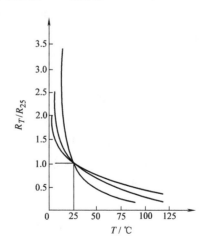

图 3-18　R_T/R_{25}-T 特性曲线

表 3-5 R_T/R_{25}-B_N 系数表

B_N	R_T/R_{25}					
	R_{-20}/R_{25}	R_0/R_{25}	R_{50}/R_{25}	R_{75}/R_{25}	R_{100}/R_{25}	R_{150}/R_{25}
2200	3.175	1.963	0.565	0.347	0.227	0.113
2600	4.720	2.221	0.500	0.288	0.173	0.076
2800	5.319	2.362	0.483	0.259	0.149	0.062
3000	5.993	2.512	0.458	0.236	0.132	0.051
3200	6.751	2.671	0.435	0.214	0.115	0.042
3400	7.609	2.840	0.413	0.194	0.101	0.034
3600	8.6571	3.020	0.392	0.176	0.088	0.028
3800	9.660	3.211	0.372	0.160	0.077	0.023
4000	10.88	3.414	0.354	0.146	0.067	0.019
5000	19.77	4.642	0.273	0.092	0.034	0.007

如果将式（3-19）的两边取对数，则得

$$\ln R_T = B_N\left(\frac{1}{T} - \frac{1}{T_0}\right) + \ln R_{T_0} \tag{3-20}$$

如果以 $\ln R_T$、$1/T$ 分别作为纵坐标和横坐标，则可知式（3-20）表示斜率为 B_N，通过点 $(1/T_0, \ln R_{T_0})$ 的一条直线，如图 3-19 所示。材料的不同或配方的比例和方法不同，则 B_N 也不同。用 $\ln R_T$-$1/T$ 表示负温度系数热敏电阻的电阻-温度特性，在实际应用中比较方便。

2. 正温度系数热敏电阻（PTC）的电阻-温度特性

PTC 的特性是利用正温度热敏材料在居里点附近结构发生相变引起电导率突变来取得的，其典型电阻-温度特性曲线如图 3-20 所示。

PTC 的工作温度范围较窄，在工作区两端，电阻-温度曲线上有两个拐点：T_{P1} 和 T_{P2}。当温度低于 T_{P1} 时，为负温度函数特性；当温度升高到 T_{P1} 后，电阻值随温度值剧烈增高

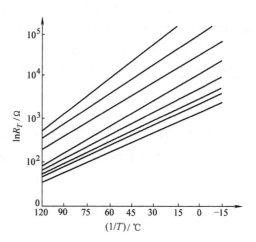

图 3-19 用 $\ln R_T - 1/T$ 表示的 NTC 的电阻-温度曲线

（按指数规律迅速增大），对应有较大的温度系数 α_{tP}。经实验证实：在工作温度范围内，正温度系数热敏电阻的电阻-温度特性可近似用实验公式表示为

$$R_T = R_{T_0}\exp B_p(T - T_0) \tag{3-21}$$

式中 R_T、R_{T_0}——温度 T、T_0 时的电阻值；

B_p——正温度系数热敏电阻的材料常数。

若对式（3-21）取对数，则得

$$\ln R_T = B_P \left(T - T_0 \right) + \ln R_{T_0} \tag{3-22}$$

同样，以 $\ln R_T$、T 分别作为纵坐标和横坐标，便得到图 3-21 所示曲线。

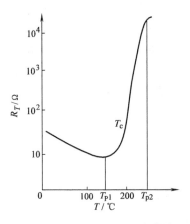

图 3-20　PTC 的电阻-温度曲线

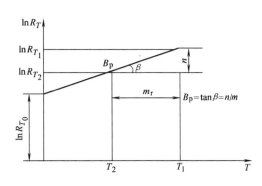

图 3-21　$\ln R_T$-T 表示的 PTC 的电阻-温度曲线

若对式（3-21）微分，可得 PTC 的电阻温度系数 α_{tP}：

$$\alpha_{tP} = \frac{1}{R_T} \frac{\mathrm{d}R_T}{\mathrm{d}T} = \frac{B_P R_{T_0} \exp B_P \left(T - T_0 \right)}{R_{T_0} \exp B_P \left(T - T_0 \right)} = B_P \tag{3-23}$$

由式（3-23）可见，正温度系数热敏电阻的电阻温度系数 α_{tP} 正好等于它的材料常数 B_P 的值。

（二）热敏电阻的伏安（U-I）特性

热敏电阻的伏安特性表示加在其两端的电压和通过的电流在热敏电阻和周围介质达到热平衡，即加在元件上的电功率和耗散功率相等时的互相关系。

1. 负温度系数热敏电阻（NTC）的伏安（U-I）特性

NTC 的伏安特性曲线如图 3-22 所示，该曲线是在环境温度为 T_0 时的静态介质中测出的静态 U-I 曲线。

热敏电阻的端电压 U_T 和通过它的电流 I 有如下关系：

$$U_T = IR_T = IR_{T_0} \exp B_N \left(\frac{1}{T} - \frac{1}{T_0} \right) = IR_{T_0} \exp B_N \left(\frac{\Delta T}{TT_0} \right) \tag{3-24}$$

式中　T_0——环境温度；

　　　ΔT——热敏电阻变化的温度。

图 3-22 说明，当电流很小（如小于 I_a 时），电流不足以引起热敏电阻发热，元件的温度基本上就是环境温度 T_0。在这种情况下，热敏电阻相当于一个固定电阻，电压与电流之间的关系符合欧姆定律，所以 Oa 段为线性工作区域。随着电流的增加，热敏电阻的耗散功率增大，使工作电流引起热敏电阻的自然温升超过介质温度，则热敏电阻的阻值下降。当电流继续增加时，电压的增加速度却逐渐缓慢，因此出现非线性正阻区 ab 段。

当电流为 I_m 时，其电压达到最大 U_m。若电流继续增加，热敏电阻自身加温更剧烈，使其阻值迅速减小，其阻值减小的速度超过电流增加的速度，因此，热敏电阻两端的电压随电流的增加而降低，出现 cd 段负阻区。当电流超过某一允许值时，热敏电阻将被烧坏。

2. 正温度系数热敏电阻（PTC）的伏安（U-I）特性

PTC 的伏安特性曲线如图 3-23 所示，它与 NTC 一样，曲线的起始段为直线，其斜率与热敏电阻在环境温度下的电阻值相等。这是因为流过电阻器电流很小时，耗散功率引起的温升可以忽略不计的缘故。当热敏电阻温度超过环境温度时，引起电阻值增大，曲线开始弯曲。当电压增至 U_m 时，存在一个电流最大值 I_m。如电压继续增加，由于温升引起电阻值增加速度超过电压增加的速度，电流反而减小，即曲线斜率由正变负。

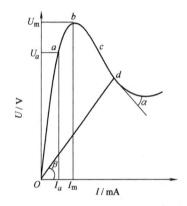

图 3-22　NTC 的静态伏安特性

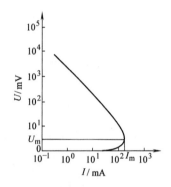

图 3-23　PTC 的静态伏安特性

（三）功率-温度（P_T-T）特性

P_T-T 特性描述热敏电阻的电阻与外加功率之间的关系，与电阻器所处的环境温度、介质种类和状态等相关。

（四）热敏电阻的动态特性

热敏电阻的电阻值的变化完全是由热现象引起的，因此，它的变化必然有时间上的滞后现象。这种电阻值随时间变化的特性，叫作热敏电阻的动态特性。

动态特性可分为三种，即周围温度变化所引起的加热特性、周围温度变化所引起的冷却特性、热敏电阻通电加热所引起的自热特性。

当热敏电阻由温度 T_0 增加到 T_a 时，其电阻值 R_{T_t} 随时间 t 的变化规律为

$$\ln R_{T_t} = \frac{B_N}{T_a - (T_a - T_0)\exp(-t/\tau)} - \frac{B_N}{T_a} + \ln R_{T_a} \tag{3-25}$$

式中　R_{T_t}——时间为 t 时热敏电阻的阻值；

　　　T_0——环境温度；

　　　T_a——介质温度（$T_a > T_0$）；

　　　R_{T_a}——温度 T_a 时热敏电阻的电阻值；

　　　t——时间；

　　　τ——时间常数。

当热敏电阻由温度 T_a 冷却 T_0 时，其电阻值 R_{T_t} 与时间的关系为

$$\ln R_{T_t} = \frac{B_N}{(T_a - T_0)\exp(-t/\tau)} - \frac{B_N}{T_a} + \ln R_{T_a}$$

三、热敏电阻的主要参数

选用热敏电阻时，除了要考虑其特性、结构形式、尺寸、工作温度以及一些特殊要求外，还要重点考虑热敏电阻的主要参数，它不仅是设计传感器的主要依据，同时对热敏电阻的正确使用有指导意义。

（1）标称电阻值 R_{25}（冷阻） 标称电阻值是热敏电阻在 25℃ 时的阻值，是指在规定温度 25℃ 时，电阻值变化不超过 0.1% 的测量功率所求得的电阻值。

电阻值大小由热敏电阻的材料和几何尺寸所决定。如果环境温度不符合 (25 ± 0.2)℃，而在 $23 \sim 27$℃ 之间，则可按下式换算成 25℃ 时的电阻值：

$$R_{25} = \frac{R_T}{1 + \alpha_{25}(T - 298)} \tag{3-26}$$

式中　　R_{25}——温度为 25℃ 时的电阻值；

　　　　R_T——温度为 T 时的实际电阻值；

　　　　α_{25}——被测热敏电阻在 25℃ 时的电阻温度系数。

如果环境温度 T 偏离 25℃ 过高，则应按下式换算成 25℃ 时的电阻值：

对 PTC

$$R_{25} = R_T \exp B_P \, (298 - T) \tag{3-27}$$

对 NTC

$$R_{25} = R_T \exp B_N \left(\frac{1}{298} - \frac{1}{T} \right) \tag{3-28}$$

式中　　B_P、B_N——PTC、NTC 的材料常数。

（2）材料常数 B_N　材料常数 B_N 是表征负温度系数热敏电阻（NTC）材料的物理特性常数。B_N 值的大小取决于材料的激活能 ΔE，具有 $B_N = \Delta E/2k$ 的函数关系，k 为玻耳兹曼常数。一般 B_N 值越大，则电阻值越大，绝对灵敏度越高。在工作温度范围内，B_N 值并不是一个常数，而是随温度的升高略有增加的。

（3）电阻温度系数 α_{tN}　电阻温度系数 α_{tN} 是在某温度下，电阻器的电阻值随温度的变化率与它的电阻值之比，即

$$\alpha_{tN} = \frac{1}{R_T} \frac{dR_T}{dT}$$

α_{tN} 决定了热敏电阻在全部工作温度范围内的温度灵敏度。一般来说，电阻率越大，电阻温度系数 α_{tN} 也越大。

（4）耗散系数 H　耗散系数 H 是热敏电阻温度变化 1℃ 所耗散的功率变化量，即

$$H = \Delta P/\Delta T$$

在工作温度范围内，当环境温度变化时，H 值的大小与热敏电阻的结构、形状和所处介质的种类及状态有关。

（5）时间常数 τ　时间常数 τ 是指温度为 T_0 的热敏电阻，在忽略其通过电流所产生热量的作用下，突然置于温度为 T 的介质中，热敏电阻的温度变化量达到 $\Delta T = 0.632 \, (T - T_0)$ 时所需要的时间。它与热容量 C 和耗散系数 H 之间的关系为

$$\tau = \frac{C}{H}$$

其数值等于热敏电阻在零功率测量状态下，当环境温度突变时电阻器的温度变化量从开始到最终变量的 63.2% 所需的时间。

（6）最高工作温度 T_{max}　最高工作温度 T_{max} 是热敏电阻在规定的技术条件下长期连续工作所允许的最高温度，按下式计算：

$$T_{max} = T_0 + P_E / H$$

式中　T_0——环境温度（K 或℃）；

$\quad\quad$ P_E——环境温度为 T_0 时的额定功率；

$\quad\quad$ H——耗散系数。

（7）最低工作温度 T_{min}　最低工作温度 T_{min} 是热敏电阻在规定的技术条件下能长期连续工作的最低温度。

（8）转变点温度 T_c　转变点温度 T_c 是热敏电阻的电阻-温度特性曲线上的拐点温度，主要是对正温度系数热敏电阻和临界温度热敏电阻而言的。

（9）额定功率 P_E　额定功率 P_E 是热敏电阻在规定的技术条件下，长期连续负荷所允许的消耗功率。在此功率下，电阻器自身温度不应超过其连续工作时所允许的最高温度。

（10）测量功率 P_0　测量功率 P_0 是热敏电阻在规定的环境温度下，电阻受到测量电流加热而引起的电阻值变化不超过 0.1% 时所消耗的功率，即

$$P_0 \leqslant \frac{H}{1000\alpha_{tN}}$$

（11）工作点电阻 R_G　工作点电阻 R_G 是在规定的温度和正常气候条件下，施加一定的功率后使电阻器自热而达到某一给定的电阻值。

（12）工作点耗散功率 P_G　工作点耗散功率 P_G 是电阻值达到 R_G 时所消耗的功率，即

$$P_G = \frac{U_G^2}{R_G}$$

式中　U_G——电阻器达到热平衡时的端电压。

（13）功率灵敏度 K_G　功率灵敏度 K_G 是热敏电阻在工作点附近消耗功率 1mW 时所引起电阻的变化，即

$$K_G = R/P$$

在工作范围内，K_G 随环境温度的变化略有改变。

（14）稳定性　稳定性是指热敏电阻在各种气候、机械、电气等使用环境中，保持原有特性的能力。它可用热敏电阻的主要参数变化率来表示，最常用的是以电阻值的年变化率或对应的温度变化率来表示。

（15）最大加热电流 I_{max} 最大加热电流 I_{max} 是指旁热式热敏电阻上允许通过的最大电流。

四、热敏电阻的应用

由于热敏电阻具有许多优点，所以应用范围很广，可用于温度测量、温度控制、温度补偿、自动增益控制电路、稳压稳流等方面。

（一）检测和电路用的热敏电阻

测温用的热敏电阻，其工作点的选取由热敏电阻的伏安特性决定。作为检测用的热敏电阻在仪器仪表中的应用见表3-6；作为电路元件用的热敏电阻在仪器仪表中的应用见表3-7。

表 3-6　检测用的热敏电阻在仪表中的应用

对伏安特性的位置	在仪器仪表中的应用
U_m 左边	温度计、温度差计、温度补偿、微小温度检测、温度报警、温度继电器、湿度计、分子量测定、水分计、热辐射计、红外探测器、热传导测定、比热测定
U_m 右边	液位报警、液位检测
旁热型热敏电阻	流速计、流量计、气体分析仪、真空计、热导分析
U_m 附近	风速计、液面计、真空计

表 3-7　电路元件热敏电阻在仪表中的应用

对伏安特性的位置	在仪器仪表中的应用
U_m 左边	偏置线圈的温度补偿、仪表温度补偿、热电偶温度补偿、晶体管温度补偿
U_m 附近	恒压电路、延迟电路、保护电路
U_m 右边	自动增益控制电路、RC 振荡器、振幅稳定电路

（二）测温用的热敏电阻

（1）各种热敏电阻传感器结构   各种热敏电阻传感器结构如图3-24a～i所示。

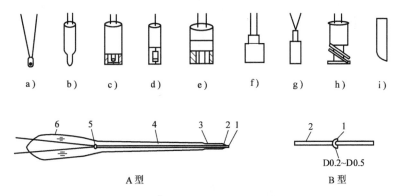

图 3-24　温度检测用的各种热敏电阻器探头
1—热敏电阻　2—铂丝　3—银焊　4—钍镁丝　5—绝缘柱　6—玻璃

（2）表面测温用的热敏电阻安装方法   图3-25所示为测量表面温度用的热敏电阻的各种安装方式，标有"×"号的安置方式，表面安装太浅不能测出真实温度，应按"○"标记处的方式安装。

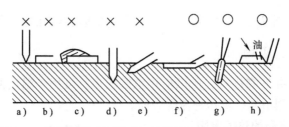

图 3-25　测量物体表面温度用的热敏电阻的各种安装方式

（3）热敏电阻测温电桥　热敏电阻用于温度测量时，对于测量温度梯度较大，且精度要求不太高的场合，可采用电阻分压办法进行测量；对于小范围温度测量，如人体体温测量，则通常采用电桥电路，将热敏电阻作为电桥的一个桥臂，测温电桥电路、电桥及其等效电路如图 3-26、图 3-27 所示。

（三）热敏电阻作温度补偿用

通常补偿网络是由热敏电阻 R_T 和与温度无关的线性电阻器 r_1 和 r_2 串并联组成的，如图 3-28 所示。补偿温度范围为 $T_1 \sim T_2$。对于晶体管低频放大器和功率放大器电路的温度补偿，可用下列公式来确定热敏电阻的型号。

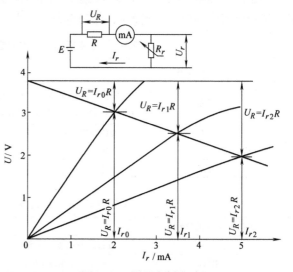

图 3-26　测温电桥电路

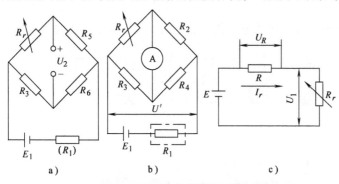

图 3-27　电桥及其等效电路

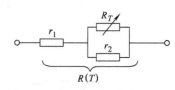

图 3-28　热敏电阻温度补偿网络

$$
\left.
\begin{aligned}
R_T(T_1) &= \frac{R(T_1)r_2 - r_1 r_2}{r_1 + r_2 - R(T_1)} \\[2mm]
R_T(T_2) &= \frac{R(T_2)r_2 - r_1 r_2}{r_1 + r_2 - R(T_2)} \\[2mm]
R_T(T_0) &= \frac{R(T_0)r_2 - r_1 r_2}{r_1 + r_2 - R(T_0)}
\end{aligned}
\right\}
\tag{3-29}
$$

其中:

$$R_T(T_1) = R_T(T_0) \exp B_{\mathrm{N}} \left(\frac{1}{T_1} - \frac{1}{T_0} \right) \tag{3-30}$$

$$R_T(T_2) = R_T(T_0) \exp B_{\mathrm{N}} \left(\frac{1}{T_2} - \frac{1}{T_0} \right) \tag{3-31}$$

式中,T_0 的温度为 25℃。

在给定的基极偏压下,$R(T_1)$、$R(T_2)$、$R(T_0)$ 为已知,因此由式(3-29)便可确定 $R_T(T_1)$、$R_T(T_2)$ 和 $R_T(T_0)$,就能确定热敏电阻的标称阻值 $R_T(T_0)$,进而由式(3-30)或式(3-31)确定材料常数 B_{N} 值。根据 $\alpha_{tN} = -\dfrac{B_{\mathrm{N}}}{T^2}$,便可确定电阻温度系数 α_{tN}。根据计算所得 $R_T(T_0)$、α_{tN}(或 B_{N})值和所要求的额定功率,就可选配型号合适的热敏电阻。

第四节 集成温度传感器

集成温度传感器是 20 世纪 80 年代在测温领域里突起的一种新型温度敏感器件。其设计原理是利用半导体 PN 结的电流或电压与温度有关的特性。这种传感器的输出线性好、测量精度高,并且传感驱动电路、信号处理电路等都能与温度传感部分集成在一起,因而封装后的组件体积非常小,使用方便,价格亦便宜,故在温度测量和控制等领域中越来越得到广泛应用。

本节将简要介绍集成温度传感器的分类、测温原理、主要特性及其应用等有关问题。

一、集成温度传感器的分类

目前集成温度传感器主要分为三大类:电压输出型集成温度传感器、电流输出型集成温度传感器、数字输出型集成温度传感器。

电压输出型集成温度传感器是将温度传感器与缓冲放大器集成在同一芯片上制成的测温器件。因器件有放大器,故输出电压高,线性输出为 10mV/℃。另外,由于其具有输出阻抗低的特性,故不适合长线传输。这类集成温度传感器特别适合于工业现场测量。

电流输出型集成温度传感器是把线性集成电路和与之相容的薄膜工艺元件集成在一块芯片上,再通过激光修版微加工技术,制造出的性能优良的测温传感器。这种传感器的输出电流正比于热力学温度,即 1μA/K;其次,因其输出恒流,所以传感器具有高输出阻抗,其值可达 10MΩ,这为远距离传输测温提供了一种新型器件。

数字输出型集成温度传感器是将温度检测和 A/D 转换等电路集成在同一芯片上,直接输出数字量的测温器件。这类传感器有单总线式、双总线式、三总线式等多种类型,并且与单片机接口几乎不需要外围元件,使得硬件电路结构简单,抗干扰能力强,广泛应用于节点分布多的测温场合。

二、集成温度传感器的测温原理

集成温度传感器的测温原理是基于晶体管的 PN 结随温度变化而产生的漂移现象。众所周知，晶体管 PN 结存在温漂现象，这会给电路的调整带来极大的麻烦。但是，利用 PN 结的温漂特性来测量温度，可研制成半导体温度传感元件。集成温度传感器就是依据半导体的温漂特性，经过精心设计而制造出来的集成化线性较好的温度传感器件。

晶体管发射极的电流密度可表示为

$$J_e = \frac{1}{\alpha}J_s(e^{qU_{be}/kT_K} - 1) \tag{3-32}$$

式中 α——共基极短路电流的增益；

$\quad J_s$——发射极饱和电流密度；

$\quad T_K$——热力学温度；

$\quad k$——玻耳兹曼常数，$k = 1.38 \times 10^{-23} \text{J/K}$；

$\quad q$——电子电量，$q = 1.59 \times 10^{-9} \text{C}$（库仑）；

$\quad U_{be}$——基极与发射极电位差。

在一般情况下，$\alpha \approx 1$，$J_e \gg J_s$，故式（3-32）可简化为

$$\alpha J_e = J_s e^{qU_{be}/kT_K}$$

对上式两边取对数，则得

$$U_{be} = \frac{kT_K}{q}\ln\frac{\alpha J_e}{J_s} \tag{3-33}$$

若两只晶体管参数满足以下条件：

$$\alpha_1 = \alpha_2, \quad J_{s1} = J_{s2}, \quad J_{e1}/J_{e2} = r \text{（常数）}$$

两只晶体管的 U_{be} 之差 U 为

$$U = U_{be1} - U_{be2} = \frac{kT_K}{q}\ln r \tag{3-34}$$

由式（3-34）可以看出，只要两只晶体管的共基极电流增益与发射极饱和电流密度相等，则两晶体管的基极与发射极电压 U_{be} 的差值 U 正比于热力学温度 T_K；若将 U 转换为电流 I，则有输出电流正比于热力学温度 T_K，即 $I \propto T_K$。

$r = J_{e1}/J_{e2}$（常数），可采用集成电路激光修版工艺使两只晶体管的发射极面积之比等于常数 r。这样，可利用电流 I 与 T_K 的正比关系，通过电流的变化来测量温度的大小。

三、集成温度传感器的主要特性

（一）电压输出型集成温度传感器

电压输出型集成温度传感器有 LM35、LM335、AN6701S 等多种型号，下面以 National Semiconductor 公司研制的 LM35 为例介绍电压输出型集成温度传感器的主要特性。

LM35 系列的集成温度传感器是 3 端引脚的电压输出型的精密感温器件，它有 LM35、LM35A、LM35C、LM35CA 和 LM35D 等型号，该系列传感器常见的三种封装形式及引脚如图 3-29 所示。LM35 的极限参数：电源电压为 -0.2 ~ +35V；输出电压为 -1.0 ~ +6V；输出电流为 10mA；存放温度范围对于 TO—46 封装（金属壳）为 -60 ~ +180℃，TO—92 封装（塑料）为 -55 ~ +150℃；工作温度范围对于 LM35 和 LM35A 为 -55 ~ +150℃，

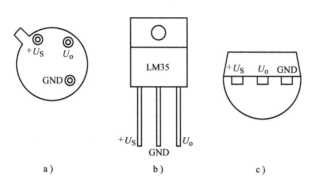

图 3-29　LM35 封装及引脚

a) TO—46 封装　b) TO—92 封装　c) TO—220 封装

LM35C 和 LM35CA 为 $-40 \sim +110℃$，LM35D 为 $-0 \sim +100℃$。

　　集成温度传感器 LM35 的特点：直接用摄氏温度校正；线性温度系数（灵敏度）为 $+10.0mV/℃$；在 $+25℃$ 时，测量精度为 $0.5℃$；工作电压范围为 $4 \sim 30V$；非线性度小于 $\pm 0.5℃$；输出阻抗低，在 1mA 负载电流时，输出阻抗只有 0.1Ω；静态电流小于 $60\mu A$；可采用单电源供电，也可采用双电源供电，在测量温度范围内无需进行调整。

　　图 3-30 所示为 LM35 的常用基本电路。其中，图 3-30a 是 LM35 的基本测温原理电路，U_o 是输出电压端，U_S 是电源端，GND 为地；图 3-30b 是采用 LM35 构成的单电源供电差动输出电路，U_o 为被测温度的输出电压，VD_1 和 VD_2 可采用 IN914、IN4148 等；图 3-30c 是采用 LM35 构成的 $2 \sim 150℃$ 温度传感器电路；图 3-30d 是采用 LM35 构成的满量程摄氏温度计，当输出电压 $U_o = +1500mV$ 时，被测温度 $t = 150℃$，当 $U_o = 250mV$ 时，$t = 25℃$，当 $U_o = -550mV$ 时，$t = -55℃$。

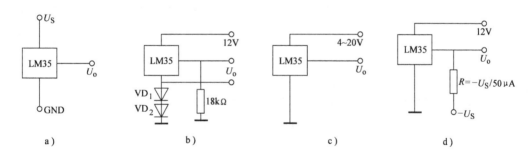

图 3-30　LM35 的常用基本电路

a) 基本测温原理电路　b) 单电源供电差动输出电路　c) 温度传感器电路　d) 满量程摄氏温度计

（二）电流输出型集成温度传感器

　　电流输出型集成温度传感器的典型代表产品是 AD590，它同 LM35 封装类似，也是 3 端引脚的精密感温器件，有 I、J、K、L 和 M 等型号，该系列传感器封装及引脚如图 3-31 所示。下面以 AD590 温度传感器为例，说明电流型集成温度传感器的主要特性。

图 3-31　AD590 封装及引脚

（1）伏安特性 AD590 温度传感器的伏安特性如图 3-32 所示，U 为 AD590 工作电压，I 为随温度变化的输出电流值。在 4~30V 工作电压时，I 为恒流值输出，并且与热力学温度成正比，为此，有

$$I = K_T T_K \tag{3-35}$$

式中　K_T——标定因子，AD590 的标定因子为 $1\mu A/℃$；

　　　T_K——热力学温度。

（2）温度特性 AD590 的温度特性曲线函数是以 T_K 为变量的 n 阶多项式之和，省略非线性项后则有

$$I = K_T T_c + 273.2 \tag{3-36}$$

式中　T_c——摄氏温度。

I 的单位为 μA，可见，当温度为 0℃时，输出电流为 273.2μA。在常温 25℃时，标定输出电流为 298.2μA。图 3-33 所示为 AD590 温度特性曲线，在 -55~+150℃测温范围内，曲线有较好的线性。

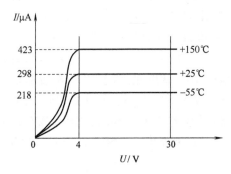

图 3-32　AD590 伏安特性曲线

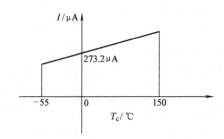

图 3-33　AD590 温度特性曲线

（3）AD590 的非线性 在 -55~+150℃测温范围内，由图 3-34 可以看出，在 -55~+100℃范围内，ΔT 是递增的，而在 100~150℃范围内则是递减的。ΔT 最大可达 ±3℃，最小 $\Delta T < 0.3℃$。AD590I 的非线性为 ±3℃；AD590J 的非线性为 ±1.5℃；AD590K 的非线性为 ±0.8℃；AD590L 的非线性为 ±0.4℃；AD590M 的非线性为 ±0.3℃。

在实际应用中，ΔT 可通过电路进行补偿校正，使测温精度可达 ±0.1℃。其次，AD590 恒流输出，具有较好的抗干扰抑制比和高输出阻抗的优点，特别适合于远距离测温。当电源电压由 5V 向 10V 变化时，其电流变化仅为 0.2$\mu A/V$。长时间漂移最大为 ±0.1℃，仅向基极漏电流小于 10pA。

（三）数字输出型集成温度传感器

数字输出型集成温度传感器种类很多，如单总线（1-Wire Bus）数字温度传感器 DS18B20、双总线（2-Wire Bus）数字温度传感器 MAX6635、三总

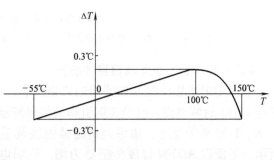

图 3-34　AD590 非线性误差曲线

线（3-Wire Bus）数字温度传感器 DS1722 等。下面以美国 DALLAS 公司生产的单总线数字温度传感器 DS18B20 为例进行介绍。

DS18B20 可把温度信号直接转换成串行数字信号供单片机处理，由于每片 DS18B20 含有唯一的序列号，所以在一条总线上可挂接多个 DS18B20 芯片。从 DS18B20 读出或写入信息，仅需要一根 I/O 口线（单总线接口）。读写及温度变换功率来源于数据总线，总线本身也可以向所挂接的 DS18B20 供电，而无需额外电源。DS18B20 提供 9~12 位温度读数，构成多点温度检测系统而无需任何外围硬件。

1. DS18B20 的特性

温度传感器 DS18B20 的特性如下：

1）单总线接口方式：DS18B20 与微处理器 MCU（如单片机）连接时仅需一条 I/O 线（再加上地线）即可实现双向数据通信。

2）使用中无需外围元件，以计数器原理工作，直接写入或读出数字量，工作可靠，精度高，且可通过编程实现 9~12 位数字读出方式。

3）供电方式可选：可由数据线供电而可靠工作，也可由外部电源供电，电源电压范围为 +3~5.5V。

4）测温范围为 −55~+125℃，在 −10~+85℃时精度为 ±0.5℃。

5）输出分辨率为 12 位时，最大转换时间为 750ms。

6）具有可靠的 CRC 数据传输校验功能。

7）用户可根据需要设定非易失性的温度报警上、下限阈值，如果被测温度超过此设定值，即可发出报警标志。当一条 I/O 线上挂接多片传感器时，报警搜索命令可识别哪片 DS18B20 超温度限。

8）利用每片 DS18B20 上有全球唯一的 64 位序列号编码，可灵活组建测温网络。

2. DS18B20 引脚及功能

单总线数字温度传感器 DS18B20 有 PR—35 封装和 SOIC 封装两种形式，其引脚排序如图 3-35 所示。

GND：地。

I/O：数据输入/输出引脚（单总线接口，可作寄生供电）。

V_{DD}：电源电压。

3. DS18B20 的工作原理

图 3-36 所示为 DS18B20 的内部框图，它主要包括寄生电源、温度传感器、64 位激光 ROM 单总线接口、存放中间数据的高速暂存器（内含便笺式 RAM）、用于存储用户设定的温度上下限值的 TH 和 TL 触发器、

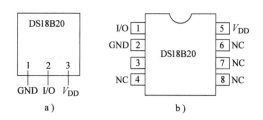

图 3-35 DS18B20 的引脚排列
a) PR—35 封装 b) SOIC 封装

存储与控制逻辑、8 位循环冗余校验码（CRC）发生器七部分。

（1）寄生电源 寄生电源由两个二极管和寄生电容组成。电源检测电路用于判定供电方式。寄生电源供电时，电源端接地，器件从单总线上获取电源。在 I/O 线呈低电平时，改

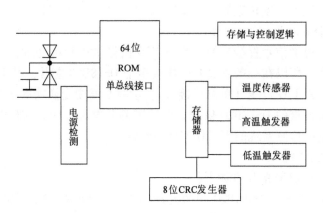

图 3-36 DS18B20 内部结构图

由寄生电容上的电压继续向器件供电。该寄生电源有两个优点：第一，检测远程温度时无需本地电源；第二，缺少正常电源时也能正确读取 ROM 中的信息。若采用外部电源，则通过二极管向器件供电。

（2）温度测量原理 DS18B20 测量温度时使用特有的温度测量技术。其内部温度测量电路框图如图 3-37 所示。DS18B20 内部的低温度系数振荡器能产生稳定的频率信号 f_0，高温度系数振荡器则将被测温度转换成频率信号 f。当计数门打

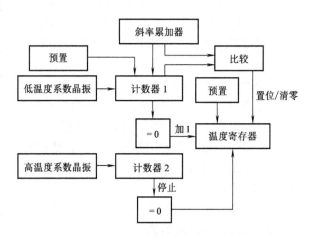

图 3-37 内部温度测量电路

开时，DS18B20 对 f_0 计数，计数门开通时间由高温度系数振荡器决定。芯片内部还有斜率累加器，可对频率的非线性予以补偿。测量结果存入温度寄存器中。一般情况下的温度值应为 9 位（符号占 1 位），但因符号位扩展成高 8 位，故以 16 位补码形式读出，表3-8 给出了温度和数字量的关系。

表 3-8 DS18B20 温度和数字量的对应关系表

序号	温度/℃	输出的二进制码	对应的十六进制码
1	+125	0000000011111010	00FAH
2	+25	0000000000110010	0032H
3	+1/2	0000000000000001	0001H
4	0	0000000000000000	0000H
5	−1/2	1111111111111111	FFFFH
6	−25	1111111111001110	FFCEH
7	−55	1111111110010010	FF92H

（3）64 位激光 ROM　64 位 ROM 的结构如下：

8位检验CRC	48位序列号	8位工厂代码（10H）
MSB　　　　LSB	MSB　　　　LSB	MSB　　　　　　　　LSB

开始 8 位是产品类型的编号（DS18B20 为 10H）；接着是每个器件的唯一的序号，共有 48 位；最后 8 位是前 56 位的 CRC 校验码，这也是多个 DS18B20 可以采用单线进行通信的原因。主机操作 ROM 的命令有五种，见表 3-9。

表 3-9　DS18B20 的 ROM 命令

指　　　令	说　　　明
读 ROM（33H）	读 DS18B20 的序列号
匹配 ROM（55H）	继读完 64 位 ROM 的一个命令，用于多个 DS18B20 时定位
跳过 ROM（CCH）	此命令执行后的存储器操作将针对在线的所有 DS18B20
搜 ROM（F0H）	识别总线上各器件的编码，为操作各器件做好准备
报警搜索（ECH）	仅温度越限的器件对此命令作出响应

（4）高速暂存器　它由便笺式 RAM 和非易失性电擦写 EERAM 组成，后者用于存储 TH、TL 值。数据先写入 RAM，经校验后再传给 EERAM。便笺式 RAM 占 9B，包括温度信息（第 1、2 字节）、TH 和 TL 值（第 3、4 字节）、计数寄存器（第 7、8 字节）、CRC（第 9 字节）等，第 5、6 字节不用。暂存器的命令共 6 条，见表 3-10。

表 3-10　DS18B20 存储控制命令

指　　　令	说　　　明
温度转换（44H）	启动在线 DS18B20，做温度 A/D 转换
读数据（BEH）	从高速暂存器读 9 位温度值和 CRC 值
写数据（4EH）	将数据写入高速暂存器的第 2、3 字节中
复制（48H）	将高速暂存器中第 2、3 字节复制到 EERAM
读 EERAM（B8H）	将 EERAM 内容写入高速暂存器中第 2、3 字节
读电源供电方式（B4H）	了解 DS18B20 的供电方式

在正常测温情况下，DS18B20 的测温分辨力为 0.5℃，可采用下述方法获得高分辨率的温度测量结果：首先用 DS18B20 提供的读暂存器指令（BEH）读出以 0.5℃ 为分辨力的温度测量结果，然后切去测量结果中的最低有效位（LSB），得到所测实际温度的整数部分 T_Z，然后再用 BEH 指令读取计数器 1 的计数剩余值 C_S 和每度计数值 CD。考虑到 DS18B20 测量温度的整数部分以 0.25℃、0.75℃ 为进位界限的关系，实际温度 T_S 可用下式计算：

$$T_S = (T_Z - 0.25℃) + (CD - C_S)/CD$$

DS18B20 单总线通信功能是分时完成的，它有严格的时隙概念。因此，系统对 DS18B20 的各种操作必须按协议进行。操作协议为：初始化 DS18B20（发复位脉冲）→发

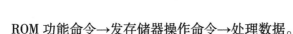
ROM 功能命令→发存储器操作命令→处理数据。

四、集成温度传感器的应用

在实际温度测量与控制中，集成温度传感器应用非常广泛。下面针对电压输出型、电流输出型和数字输出型三种集成温度传感器的不同特点，分别给出应用实例。

1. LM35 构成的数字温度计

LM35 集成温度传感器采用已知温度系数的基准源作为温敏元件，芯片内部则采用差分对管等线性化技术，实现了温度传感器的线性化，提高了检测精度。与热敏电阻、热电偶等传统传感器相比，具有线性好、精度高、体积小、校准方便、价格低等特点，非常适合于常温测量场合。图 3-38 所示为采用 LM35 和双积分型 A/D 转换器 ICL7107 构成的 0～150℃数字温度计电路。

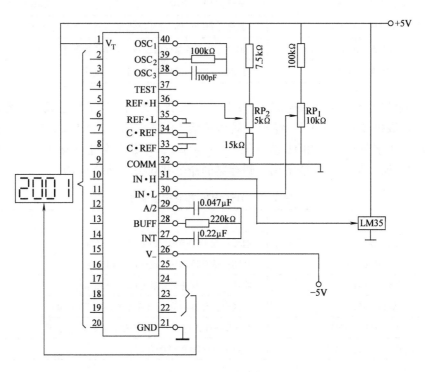

图 3-38　数字温度计电路

该电路调整过程很简单。首先把传感器 LM35 放入冰水混合容器中，调整电位器 RP_1，使显示器显示 0.0℃；再把传感器 LM35 放入 100℃的沸水容器中，调整电位器 RP_2，使显示器显示 100℃。重复调整多次即可。但要注意从冰水中取出的 LM35 要等待一段时间再放入沸水中，以免损坏传感器 LM35。

2. AD590 构成的深井长传输线的温度测量

用 AD590 为测温传感器，传输电缆可达 1000m 以上。这主要是因为 AD590 本身具有恒流、高阻抗输出特性，输出阻抗达 10MΩ。1000m 的铜质电缆，其直流阻值约为 150Ω，所以电缆的影响是微乎其微的。实验证明，接入 1000m 电缆后的测温值与不接入电缆的测温值相差小于 0.1℃。这一变化值是在规定的测温精度范围内的。图 3-39 是长传输线摄氏温度测量的典型电路。

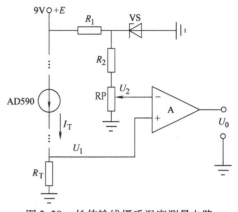

由图 3-39 中电路可看出，$U_I = I_T R_T$，则根据式（3-35）可得

$$U_1 = K_T T_K R_T \tag{3-37}$$

设 $R_T = 1\mathrm{k}\Omega$，K_T 为标定因子（$1\mu\mathrm{A/K}$），则有 $U_1 = (1\mathrm{mV/K}) T_K$。因 VS 为 1.25V 稳压管，经 R_2、RP 分压，可取得 $U_2 = 273.2\mathrm{mV}$，而且运算放大器放大倍数 $A = 10$，于是有

图 3-39　长传输线摄氏温度测量电路

$$U_0 = (U_1 - U_2)A = 1\mathrm{mV} \cdot T_c \cdot A \tag{3-38}$$
$$U_0 = 10\mathrm{mV/℃} \cdot t \tag{3-39}$$

式（3-39）为摄氏温度 t- 输出电压 U_0 转换公式。

当 $t = -55℃$ 时，U_0 输出为 $-550\mathrm{mV}$；当 $t = +150℃$ 时，U_0 输出为 $+1500\mathrm{mV}$。

此电路只要 VS 的运放漂移小，性能稳定，R_T 取 0.1% 精密电阻，加上对 AD590 的自身非线性补偿后，测温精度在测温范围内可达 0.1℃。对于标定因子 K_T 的离散性，可以通过调节电位器 RP 来调整，RP 为多圈线精密电位器。

在实际测温曲线中，若没有通过校正，曲线便如图 3-40 所示，0～100℃ 温域范围灵敏度并不是恒定不变的，原因是 AD590 本身的非线性所致。在图 3-34 中，在 $-55 \sim +100℃$ 时 ΔT 是递增的；在 $100 \sim +150℃$ 的 ΔT 是递减的，即 $\Delta U_0/\Delta T = F(\leqslant 1)$，式中的 F 为测温电路的标定因子。

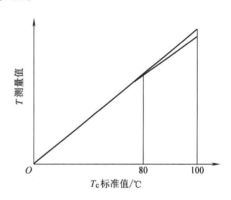

图 3-40　测量误差曲线

要使整个测温曲线有良好线性关系，就要使 $F = 1$，采取的办法是利用双积分 A/D 转换线性特性，对曲线分段校正。线性双积分 A/D 转换的基本公式为

$$N_2 = \frac{N_1}{U_{标}} U_{输入} \tag{3-40}$$

式（3-40）中，N_1 为固定值，$U_{标}$ 是反向积分时所加的标准电压，实际上 $N_1/U_{标}$ 为一常数，故式（3-40）即为 $N_2 - U_{输入}$ 间的线性关系式。如果由 AD590 的非线性产生的 $U_{输入}$ 值偏高，要使得 N_2 保持不变，只要减小 $U_{标}$ 的值，即可使曲线得到提升；反之，增加 $U_{标}$ 值，曲线就下降，如图 3-34 所示。

在实际电路中，是改变双积分 A/D 转换器的参考电压 U_{REF} 的值来使测温读数值得到修正的。这种办法补偿了 AD590 的非线性误差，提高了测量精度。

由上述分析可知，集成温度传感器是一种比较理想的温度传感器，把它应用于地热测量中效果很好。近年来，国内已应用集成温度传感器研制出轻便井温仪、地面测温仪等新产品。这种新产品的特点是：电路结构简单，工作性能稳定，测温范围宽；测温精度高、分辨率高；整机采用大规模 CMOS 集成电路，使仪器具有重量轻、体积小、功耗低、操作简单等特点。

AD590 集成温度传感器是一种高输出阻抗的二端器件，若采用低成本的二芯测温电缆，则为进行深井测温提供了新型的测温仪器。

3. DS18B20 构成的温度检测系统

多点温度检测系统原理如图 3-41 所示，传感器 DS18B20 采用寄生电源供电方式。为保证在有效的 DS18B20 时钟周期内，提供足够的电流，采用一个 MOSFET 管和单片机 89C51 的一个 I/O 口（P1.0）来完成对 DS18B20 总线的上拉。当 DS18B20 处于写存储器操作和温度 A/D 转换操作时，总线上必须有强的上拉，上拉开启时间最大为 $10\mu s$。采用寄生电源供电方式时，V_{DD} 必须接地。由于单总线制只有一条线，因此发送和接收口必须是三态的，为了操作方便，采用 89C51 的 P1.1 口作发送口 T_X，P1.2 口作接收口 R_X。通过试验发现此种方法可挂接数十片 DS18B20，距离可达到 50m，而用一个口时仅能挂接 10 片 DS18B20，距离仅为 20m 左右。同时，由于读写在操作上是分开进行的，故不存在信号竞争问题。

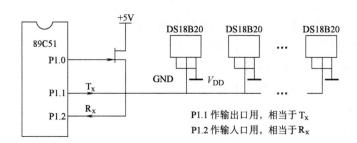

图 3-41　采用寄生电容供电的温度检测系统

由于单总线数字温度传感器 DS18B20 具有在一条总线上可同时挂接多片的显著特点，可同时测量多点的温度，而且 DS18B20 的连接线可以很长，抗干扰能力强，便于远距离测量，因而得到了广泛应用。

DS18B20 采用了一种单总线协议，即可用一根总线连接主从器件，DS18B20 作为从属器件，主控器件一般为微处理器。单总线仅由一根总线组成，与总线相连的器件应具有漏极开路或三态输出，以保证有足够负载能力驱动该总线。DS18B20 的 I/O 端是开漏输出的，单总线要求加一只 $5k\Omega$ 左右的上拉电阻。

应特别注意：当总线上 DS18B20 挂接得比较多时，就要减小上拉电阻的阻值，否则总线拉不成高电平，读出的数据全是 0。在测试时，上拉电阻可以换成一个电位器，通过调整电位器可以使读出的数据正确，当总线上有 8 片 DS18B20 时，电位器调到阻值为 $1.25k\Omega$ 就能读出正确数据，在实际应用时可根据具体的传感器数量来选择合适的上拉电阻。

第五节 其他温度传感器

一、铂电阻温度传感器

铂电阻温度传感器是利用纯铂丝电阻随温度的变化而变化的原理设计制成的。它不仅可用来测量和控制 – 200 ~ 650℃范围内的温度，而且可以用作对其他变量（如流量、电导率、pH 值等）的测量电路中的温度补偿，有时也用它来测量介质的温差和平均温度。它具有比其他元件良好的稳定性和互换性，故在生产中获得广泛应用。目前，已生产出上限温度达 850℃的铂电阻。

由于铂电阻精度高、稳定性好，因此常被用作复现温标的基准器。在实验室和工业生产中，也被广泛应用。铂电阻在还原气体中易被侵蚀变脆，因此一定要加保护套管，如图 3-42 所示。

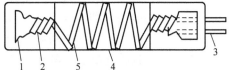

图 3-42 铂电阻示意图
1—云母片骨架 2—铂丝 3—银丝引出线
4—保护用云母 5—绑扎用银带

在 0 ~ 850℃范围内，铂电阻的电阻值与温度的关系表达式为

$$R_t = R_0(1 + At + Bt^2) \tag{3-41}$$

在 – 200 ~ 0℃范围内为

$$R_t = R_0[1 + At + Bt^2 + C(t - 100)t^3] \tag{3-42}$$

式中　R_0、R_t——温度为 0℃时及 t℃时的铂电阻的电阻值；

A、B、C——常数值，其中 $A = 3.96847 \times 10^{-3}℃^{-1}$ 或 $3.94851 \times 10^{-3}℃^{-1}$，$B = -5.847 \times 10^{-7}℃^{-2}$ 或 $-5.851 \times 10^{-7}℃^{-2}$，$C = -4.22 \times 10^{-12}℃^{-4}$ 或 $-4.04 \times 10^{-12}℃^{-4}$。

铂电阻的纯度以 R_{100}/R_0 表示，R_{100} 表示在标准大气压下水沸点时的铂的电阻值。国际温标规定，作为基准器的铂电阻，其 $R_{100}/R_0 \geq 1.3925$。我国工业用铂电阻分度号为 BA1、BA2，其 $R_{100}/R_0 = 1.391$。

铂电阻温度传感器主要用于钢铁、地质、石油、化工等生产工艺流程，以及各种食品加工、空调设备以及冷冻库、恒温槽等的温度检测与控制中。

工业用铂电阻安装在生产现场，而其指示或记录仪表安装在控制室，其间的引线很长，如果仅用两根导线接在铂电阻两端，导线本身的阻值势必和铂电阻的阻值串联在一起，造成测量误差。如果每根导线的阻值是 r，测量结果中必然含有绝对误差 2r。尤其令人遗憾的是，这个误差很难修正，因为阻值 r 是随导线沿途的环境温度而变的，环境温度并非处处相同，且又变化莫测。这就注定了上述两线制连接方式不宜在工业铂电阻上普遍应用。

（1）三线制　为避免或减少导线电阻对测温的影响，工业铂电阻多半采用三线制接法，即铂电阻的一端与一根导线相接，另一端同时接两根导线。当铂电阻与电桥配合时，三线制的优越性可用图 3-43 说明。图中铂电阻 R_t 的三根导线，粗细相同，长度相等，阻值都是 r。其中一根串联在电桥的电源上，对电桥的平衡与否毫无影响。另外两根分别串联在电桥的相邻两臂里，使相邻两臂的阻值都增加同样大小的阻值 r。

当电桥平衡时，可写出下列关系：

$$(R_t + r)R_2 = (R_3 + r)R_1$$

由此可以得出

$$R_t = \frac{(R_3 + r)R_1 - rR_2}{R_2} = \frac{R_1 R_3}{R_2} + \frac{R_1 r}{R_2} - r$$

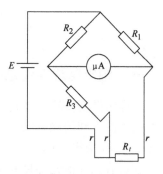

图 3-43 铂电阻的三线制接法

设计电桥时如满足 $R_1 = R_2$，则上式等号右边含有 r 的两项完全消去，就和 $r = 0$ 的电桥平衡公式完全一样了。这种情况下，导线电阻 r 对铂电阻的测量毫无影响。但必须注意，只有在左右对称的电桥（即 $R_1 = R_2$ 的电桥），且在平衡状态下才是如此。

工业铂电阻有时用不平衡电桥指示温度，如和动圈仪表配合便是靠电桥不平衡的程度来指示温度的。这种情况下，虽然不能完全消除导线电阻 r 对测温的影响，但采用三线制接法肯定会减少它的影响。

（2）四线制　顾名思义，四线制就是铂电阻的两端各用两根导线连到仪表上。一般是用直流电位差计作为指示或记录仪表，其接线方式如图 3-44 所示。

由恒流源供给已知电流 I 流过铂电阻 R_t，使其产生电压降 U，再用电位差计测出 U，便可利用欧姆定律得知

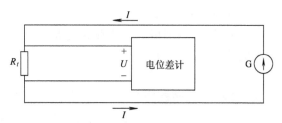

图 3-44 铂电阻的四线制接法

$$R_t = \frac{U}{I}$$

此处供给电流和测量电压分别使用铂电阻上的四根导线，尽管导线有电阻 r，但电流导线上由 r 形成的压降 rI 不在测量范围内，电压导线上虽有电阻但无电流（因为电位差计测量时不取电流），所以四根导线的电阻 r 都对测量没有影响。

四线制和电位差计配合测量铂电阻是比较完善的方法，它不受任何条件的约束，总能消除连接导线电阻对测量的影响。当然，恒流源必须保证电流 I 稳定不变，而且其值的精确度应该和 R_t 的测量精确度相适应。

要提醒注意的是，无论三线制或四线制，都必须从铂电阻感温体的根部引出，不能从铂电阻的接线端子上分出。因为从感温体到接线端子之间的导线处于温度变化剧烈的地段（距被测温度太近），虽然在保护套管里的这一段导线不长，但其电阻的影响不容忽视。

二、水晶温度传感器

众所周知，水晶振子具有优良的频率稳定性，利用这种特性制成的高精度频率发生器已广泛应用于通信、检测、控制仪器及微机等领域。水晶振子根据需要可切割成各种

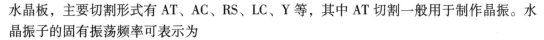

水晶板，主要切割形式有 AT、AC、RS、LC、Y 等，其中 AT 切割一般用于制作晶振。水晶振子的固有振荡频率可表示为

$$f = \frac{n}{2t}\sqrt{\frac{C_{ii}}{\rho}}$$
(3-43)

式中　f——固有频率；

　　　n——谐波次数；

　　　t——振子厚度；

　　　ρ——水晶的密度；

　　　C_{ii}——弹性常数。

式（3-43）中的 t、ρ、C_{ii} 均是温度的函数。水晶温度传感器就是利用水晶振子的振荡频率随温度变化的特性制成的。

1. 水晶温度传感器的特性

在各种切割中，相对温度频率误差大的切割有 Y、LC、RS、AC 等。温度和水晶振子频率的关系一般用式（3-44）表示。

$$\frac{f_T - f_{T_0}}{f_{T_0}} = A(T - T_0) + B(T - T_0)^2 + C(T - T_0)^3$$
(3-44)

式中　f_T——温度 T 时的频率；

　　　f_{T_0}——温度 T_0 时的频率；

　　　T——测量温度；

　　　T_0——基准温度（任意）；

A、B、C——方程式的 1 次、2 次、3 次项的温度系数。

由于切割形式不同，温度系数也不同。表 3-11 列出了各种水晶温度传感器的特性。

表 3-11　水晶温度传感器的特性

项目 切割	$A/10^{-6}$	$B/10^{-9}$	$C/10^{-12}$	灵敏度约 1000Hz/℃ 时的频率/MHz	谐波次数 n
Y	92.75	61.74	28.83	0 ~ 10.6	1
RS	42.50	1.25	− 39.75	0 ~ 23.5	3
LC	38.09	0		0 ~ 28.2	3

由式（3-44）可以看出，如果方程的 2 次、3 次项的温度系数近似为 0，就可以得到线性水晶温度传感器，此即表 3-11 中 LC 切割的传感器。目前，日本制造出的水晶温度传感器有 Y 切割的 QTY—452、QTY—451、QTY—381，LC 切割的 QTL—451。

2. 水晶温度探测器

水晶温度探测器是由传感器和振荡电路两部分组成的，广泛用于空调、电子工业、食品加工等领域的温度检测。由于它输出与温度成正比的频率信号，所以可做成高稳定性和高分辨力的数字显示温度计。

图 3-45 所示为水晶数字温度计原理框图。利用水晶振子固有振荡频率和温度的线性

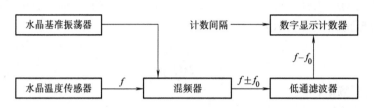

图3-45　水晶数字温度计原理框图

关系，把温度的变化转化为振荡频率的变化。由于振荡频率随温度变化相对于基准频率f_0较小，因此将测温振荡器的信号与频率稳定的基准振荡器混频后，取差频$f-f_0$进行计数，得到与温度成正比的计数值。

在市场上销售的产品中，基准振荡频率为28.2MHz，如果频率温度系数为$3.54 \times 10^{-5}/℃$，则温度每变化1℃引起的频率变化为

$$\Delta f = 28.2 \times 10^6 \times 35.4 \times 10^{-6} \text{Hz} \approx 1000 \text{Hz}$$

若0.1s计数一次，则100个计数脉冲代表1℃，温度分辨力可达到0.01℃；若以1s为计数间隔，则分辨力可达0.001℃。但是这种温度测量方法要求基准振荡频率稳定度很高。

三、辐射式温度传感器

辐射式温度传感器是利用物体的辐射能随温度变化的原理制成的，它属于非接触式温度传感器的一种。其工作机理是：物体受热激励了原子中的电子，使电子运动的动能增加，有一部分能量以电磁波形式向空间辐射，它不需要任何物质为媒介（即在真空条件下也能传播），辐射能量的多少与温度、波长有关。当温度较低时，辐射能力很弱；当温度升高时，辐射能力变强；当温度高于某一特定值后，用肉眼可以观察到发光，其发光亮度与温度有一定关系。因此，辐射式温度传感器常用于检测高温、超高温、运动物体或小体积的被测对象的温度。

根据辐射测温方法的不同，由辐射式温度传感器组成的测温系统有光学高温计、辐射温度计（热电堆）、比色温度计三种类型。

1. 光学高温计

光学高温计是利用物体的单色辐射亮度随温度变化的原理，并以被测物体光谱的一个狭窄区域内的亮度与标准辐射体的亮度进行比较，从而确定被测物体的温度。由于实际物体比绝对黑体（即能够完全吸收辐射到其上的能量，并具有最大辐射率的物体）的单色辐射发射系数小，因而实际物体的单色亮度小于绝对黑体的单色亮度，故光学高温计测得的温度低于被测物体的真实温度。所测得的温度称为亮度温度，则物体的真实温度与亮度温度T_L之间存在如下关系：

$$\frac{1}{T} - \frac{1}{T_L} = \frac{\lambda}{C_2} \ln \varepsilon_{\lambda T} \tag{3-45}$$

式中　T——物体的真实温度（K）；

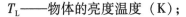

T_L——物体的亮度温度（K）；

$\varepsilon_{\lambda T}$——单色辐射发射系数；

C_2——第二辐射常数，$C_2 = 1.44 \times 10^4 \mu m \cdot K$；

λ——波长（μm）。

光学高温计主要由光学系统和电测系统两部分组成，其原理如图 3-46 所示。其工作过程是：将被测物体与标准光源的辐射经调制后射向光敏元件，当两束光的亮度不同时，光敏元件产生输出信号，经放大后驱动与标准光源相串联的电位器滑动端向相应方向移动，以调节标准光源回路的电流，从而改变它的发光亮度；当两束光的亮度相同时，光敏元件没有信号输出，这时电位器的电阻值即代表被测温度。这种传感器的量程较大，具有较高的测量精度，一般用于测量温度范围为 700 ~ 3200℃ 的浇铸、轧钢、锻压和热处理等场合的温度。

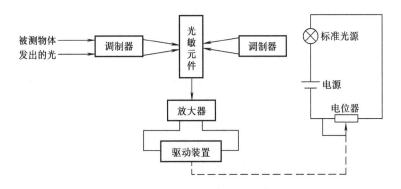

图 3-46 光学高温计原理示意图

2. 辐射温度计

辐射温度计也叫热电堆，是利用被测物体在全光谱范围内总辐射能量与温度之间的关系来确定被测物体的温度。黑体的热辐射与温度之间的关系为

$$E_0 = \sigma T^4 \tag{3-46}$$

式中 E_0——黑体全辐射能量；

σ——斯忒藩-玻耳兹曼常数，$\sigma = 5.67 \times 10^{-8} W/(m^2 \cdot K^4)$；

T——被测温度。

实际被测物体全辐射能量 E 与同一温度 T 下黑体全辐射能量 E_0 是不同的，它们的比值称为物体的全辐射发射因数 ε_T，即

$$\varepsilon_T = E/E_0 \tag{3-47}$$

它反映了实际被测物体接近黑体的程度，$\varepsilon_T < 1$，说明辐射温度计测得的温度 T_0 总是低于物体的真实温度 T。如果被测物体全辐射能量 E 不等于黑体全辐射能量 E_0，则 T 与 T_0 的关系为

$$T = T_0 \frac{1}{\sqrt[4]{\varepsilon_T}} \tag{3-48}$$

图 3-47 所示为辐射温度计原理示意图。被测物体的辐射能量由物镜聚焦在受热板上，

受热板是一种涂黑的铂片，当吸收辐射能量后温度升高，由连接在受热板上的热电偶测出热电动势的大小，由热电动势的数值可知所测温度的大小。这种传感器适用于检测远距离、不能直接接触的高温物体，其测温范围为 100～2000℃。

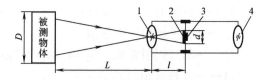

图 3-47　辐射温度计原理示意图
1—物镜　2—受热板　3—热电偶　4—目镜

3. 比色温度计

比色温度计是以测量两种波长的辐射亮度之比与被测温度之间的关系为基础，故此称这种测温方法为"比色测温法"。如果被测物体辐射的两种波长（λ_1 和 λ_2）对应的亮度之比值与黑体相应的亮度之比值相等，则黑体的温度称为比色温度，以 T_P 表示，它与被测物体的真实温度 T 的关系为

$$\frac{1}{T} - \frac{1}{T_P} = \frac{\ln\left(\dfrac{\varepsilon_{\lambda 1}}{\varepsilon_{\lambda 2}}\right)}{C_2\left(\dfrac{1}{\lambda_1} - \dfrac{1}{\lambda_2}\right)} \tag{3-49}$$

式中　$\varepsilon_{\lambda 1}$——对应于波长 λ_1 的单色辐射发射因数；

　　　$\varepsilon_{\lambda 2}$——对应于波长 λ_2 的单色辐射发射因数；

　　　C_2——第二辐射常数，$C_2 = 1.44 \times 10^4 \mu m \cdot K$。

由式（3-49）可以看出，当两种波长的单色辐射发射因数相等时，被测物体的真实温度 T 与比色温度 T_P 相同。一般被测物体的发射因数不随波长而变，因此它们的比色温度等于真实温度。对被测辐射体的两种测量波长按工作条件和需要选择，通常 λ_1 对应为蓝色，λ_2 对应为红色。对于很多金属，由于单色辐射发射因数随波长的增加而减小，故比色温度稍高于真实温度。通常 $\varepsilon_{\lambda 1}$ 与 $\varepsilon_{\lambda 2}$ 非常接近，因此比色温度与真实温度相差很小。

图 3-48 所示为比色温度计原理示意图。被测物体的辐射经透镜 1 投射到分光镜 2 上，分成长波和短波两种，其中透射过的长波经滤光片 3 把波长为 λ_2 的辐射光投射在光敏元件 4 上，光敏元件 4 产生的光电流 $I_{\lambda 2}$ 与波长为 λ_2 的辐射光发光强度成正比，则电流 $I_{\lambda 2}$ 在电阻 R_3 和 R_x 上产生的电压 U_2 与波长为 λ_2 的辐射光发光强度也成正比；而被分光镜 2 反射出的短波经滤光片 5 把波长为 λ_1 的辐射光投射在光敏元件

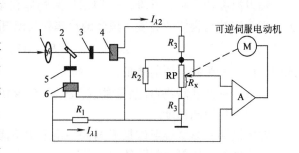

图 3-48　比色温度计原理示意图
1—透镜　2—分光镜　3、5—滤光片　4、6—光敏元件

6 上，光敏元件 6 产生的光电流 $I_{\lambda 1}$ 与波长为 λ_1 的辐射光发光强度成正比，则电流 $I_{\lambda 1}$ 在电阻 R_1 上产生的电压 U_1 与波长为 λ_1 的辐射光强度也成正比。当 $\Delta U = U_2 - U_1 \neq 0$ 时，ΔU 经放大后驱动可逆伺服电动机转动，带动电位器 RP 的触点向相应方向移动，直到 $U_2 - U_1 = 0$，此时有

$$R_x = \frac{R_2 + R_{RP}}{R_2}\left(R_1 \frac{I_{\lambda 1}}{I_{\lambda 2}} - R_3 \right) \quad (3-50)$$

电位器的电阻 R_x 值反映了被测温度值。

比色温度计可用于连续自动测量钢水、铁水、炉渣和表面没有覆盖物的高温物体等的温度。其量程为 800～2000℃，测量精度为 0.5%。其优点是反应速度快，测量范围宽，测量温度接近实际值。

四、双金属式温度传感器

目前，双金属式温度传感器已广泛应用于各种温度测量和控制领域。这种温度传感器实际上是双金属式温度保护器。

(一) 工作原理

为了提高电器、热源和应用仪器等的安全可靠性能，一般通过附加电压，靠过热、过电流等保护元件来实现。但这样使用时很不方便，出现事故后要更新保护元件。当应用双金属式传感器做保护元件时，如果电动机、变压器等电气设备工作出现异常，不仅温度上升，而且工作电流也随之增加，此时双金属式温度传感器可通过本身的发热变形特性进行对工作电路的开、闭控制，这与恒温箱的工作原理基本相同。

双金属（线、板、棒）通常是将两种或两种以上的热膨胀系数不一致的金属压制成一体，当温度变化时，双金属产生变形，利用这种机械运动实现控温目的。

(二) 特性

(1) 电流负荷特性　电流负荷特性如图 3-49 所示。由于负载与传感器是串联使用的，故应根据负载电流值来合理选用温度传感器。

(2) 过电流的工作时间特性　过电流的工作时间特性如图 3-50 所示。当温度升高或过电流时，电路自动断开，断开时间因过电流值大小不同而不同，要根据两者之间的关系选择所需要的产品。

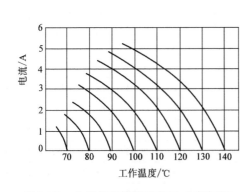

图 3-49　电流负荷特性示意图（玻璃型）

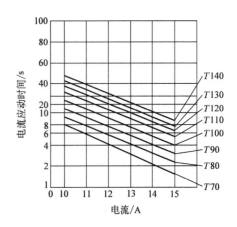

图 3-50　过电流的工作时间特性示意图

(3) 恢复温度　恢复温度是指电路断开后能够使仪器的过热温度自动下降，并能使之重新开始工作的温度。工作温度与恢复温度的差通常为15℃以上，一般按25℃设计。

（4）工作温度和恢复温度的往返精度　工作温度和恢复温度的精度开始为±1%，在额定负荷工作5000次后，精度为±5%。

（三）应用

双金属式温度传感器用途很广，一般串联在保护电路中，可用于防止因过电流而造成事故。例如，电路的过热、过电流保护；小电动机、小型变压器等电气设备的保护。

思考题与习题

3-1　什么是热电效应？写出热电偶中接触电动势和温差电动势的表达式，并说明其产生的原因和条件。

3-2　试证明热电偶的中间温度定律，并说明该定律在热电偶实际测温中的作用。

3-3　为什么在实际应用中要对热电偶冷端进行温度补偿？简要说明常用的冷端补偿方法。

3-4　试比较热电阻和半导体热敏电阻的异同。

3-5　写出你知道的三种非接触式温度传感器的名称，并说明其中一种传感器的测温原理。

3-6　将一灵敏度为0.08mV/℃热电偶与电压表相连接，电压表接线端是50℃，若电位计上读数是60mV，求热电偶的热端温度。

3-7　使用K型热电偶，基准接点为0℃，测量接点为30℃和900℃时，温差电动势分别为1.203mV和37.326mV。当基准接点为30℃，测温接点为900℃时的温差电动势为多少？

3-8　用镍铬-镍硅热电偶测炉温，其冷端温度 $T_0 = 20℃$，在直流电位差计上测得的热电动势 $E_{AB}(T, 20℃) = 40.099mV$，查表得 $E_{AB}(20℃, 0) = 0.80mV$，而 $E_{AB}(991℃, 0) = 40.899mV$，$E_{AB}(970℃, 0) = 40.099mV$，且 $T = 900 \sim 1000℃$ 时补正系数 $k = 1$。试用两种方法计算炉温。

3-9　试分别用LM35、AD590、DS1820三种集成温度传感器分别设计一个 $0 \sim 100℃$ 的数字温度计。若被测温度点距离测温仪500cm，应用何种温度传感器？为什么？

3-10　用铜-康铜热电偶测某一温度 T，参比端在室温环境 T_H 中，测得热电动势 $E_{AB}(T, T_H) = 1.979mV$，又用室温计测出 $T_H = 21℃$，求该热电偶所测温度 T（热电偶的分度表见表3-12）。

表3-12　铜-康铜热电偶的分度表

温度/℃	0	10	20	30	40	50	60	70	80	90
	工作端电动势[①]/mV									
	−0.00	−0.39	−0.78	−1.16	−1.53	−1.89				
0	0.00	0.40	0.80	1.20	1.61	2.02	2.44	2.85	3.27	3.68
100	4.10	4.51	4.92	5.33	5.73	6.14	6.54	6.94	7.34	7.74
200	8.14	8.54	8.94	9.34	9.75	10.15	10.56	10.97	11.38	11.79
300	12.21	12.62	13.04	13.46	13.87	14.29	14.71	15.13	15.55	15.97
400	16.40	16.82	17.24	17.66	18.09	18.51	18.94	19.36	19.79	20.21
500	20.64	21.07	21.49	21.92	22.35	22.77	23.20	23.62	24.05	24.48
600	24.90	25.33	25.75	26.18	26.60	27.02	27.45	27.87	28.29	28.71
700	29.13	29.55	29.97	30.38	30.80	31.21	31.63	32.04	32.46	32.87
800	33.29	33.69	34.10	34.50	34.91	35.31	35.72	36.12	36.52	36.93
900	37.33	37.72	38.12	38.52	38.92	39.31	39.70	40.10	40.49	40.88

（续）

温度/℃	0	10	20	30	40	50	60	70	80	90
	工作端电动势①/mV									
1000	41.27	41.66	42.05	42.43	42.82	43.20	43.59	43.97	44.35	44.73
1100	45.11	45.49	45.86	46.21	46.61	46.99	47.36	47.73	48.10	48.46
1200	48.83	49.19	49.56	49.92	50.28	50.63	50.99	51.34	51.70	52.05
1300	52.40									

① 工作端电动势是指绝对值。

3-11　某测量者准备用 2 只 K 型热电偶测量 1、2 两点处的温度 t_1、t_2，其连接线路如图 3-51 所示。已知 t_1 = 420℃，t_2 = 30℃，测得两点间的温度电动势为 15.132mV。但后来经检查发现 t_1 温度下的那只热电偶错用为 E 型热电偶，其他的都正确，试求两点的实际温差？（可能用到的 K 型热电偶和 E 型热电偶分度表数据见表 3-13 和表 3-14，最后结果可以只保留到整数位）

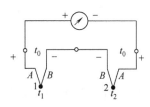

图 3-51　热电偶测温线路

表 3-13　K 型热电偶分度表（部分）（参考温度为 0℃）

测量端温度/℃	30	50	60	70
	热电动势/mV			
0	1.203	2.022	2.436	2.850
300	13.456	14.292	14.712	15.132

表 3-14　E 型热电偶分度表（部分）（参考温度为 0℃）

测量端温度/℃	20	30	40
	热电动势/mV		
0	1.192	1.801	2.419
400	30.546	31.350	32.155

第四章 磁传感器

磁传感器是对磁场参量敏感的元器件或装置，具有把磁学物理量转换为电信号的功能。磁场参量主要包括磁场强度、磁感应强度、磁通、磁矩、磁化强度、磁导率等。磁传感器种类繁多，本章将分别介绍霍尔磁传感器、磁敏电阻、巨磁阻传感器、感应式磁传感器、磁通门式磁传感器、质子旋进式磁传感器、光泵式磁传感器、SQUID 磁传感器以及 SERF 原子式磁传感器等各类磁传感器的工作原理和应用。

第一节 霍尔磁传感器

1879 年，美国物理学家霍尔在研究金属的导电机制时发现当电流垂直于外磁场通过导体时，载流子会发生偏转，在垂直于电流和磁场的方向产生一附加电场，从而在导体的两端产生电势差，这一现象就是著名的霍尔效应，这个电势差称为霍尔电动势。由于当时金属材料的霍尔效应十分微弱，致使很长一段时间来没有实用化。直到 20 世纪 50 年代末，随着三、五价化合物半导体材料的开发，人们才找到了电子迁移率非常大的材料，如锑化铟（InSb）、砷化铟（InAs）、砷化镓（GaAs）等，为霍尔元件制造提供了良好材料，从而使霍尔元件进入了广泛的应用时代。随着半导体生产工艺的飞跃发展，目前集成霍尔元件水平大大提高，并发展到单晶、多晶薄膜化和硅霍尔集成化阶段。

一、霍尔效应

如图 4-1 所示，在与磁场垂直的半导体薄片（又称霍尔片）上通一电流 I，设磁感应强度为 B，半导体内的运动载流子便受磁场的洛仑兹力 F_L 的作用而向垂直于电流和磁场的某一侧面偏转，使该侧面上形成载流子的积累。若霍尔片为 N 型半导体材料，载流子为带负电荷的电子，

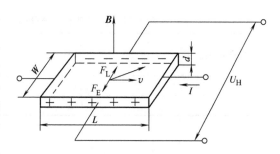

图 4-1 霍尔效应原理图

则会聚集在图中的" - "一侧，而在另一侧面上形成正电荷的积累，如图中所示" + "的一侧，由此在两侧面之间形成电场 E，该电场阻止电子继续向侧面偏移。当电子受到的洛仑兹力 F_L 与电场力 F_E 相等时，电子的积累达到动态平衡，从而在两个侧面之间建立一个稳定电场 E_H，相应的电动势称为霍尔电动势 U_H。

设霍尔片的长度为 L，宽度为 W，厚度为 d。又设电子以均匀的速度 v 运动，则在垂直方向施加的磁感应强度 B 的作用下，它受到的洛仑兹力为

$$F_L = qvB \tag{4-1}$$

式中　q——电子电荷量；

v——电子运动速度。

同时，作用于电子的电场力可表示为

$$F_E = qE_H = qU_H/W \tag{4-2}$$

当达到动态平衡时，有

$$qvB = qU_H/W \tag{4-3}$$

由物理学可知：

$$I = jWd = -nqvWd \tag{4-4}$$

式中　j——电子的电流密度；

　　n——电子浓度。

由式（4-4）可得

$$v = -I/nqWd \tag{4-5}$$

将式（4-5）代入式（4-3）得

$$U_H = -IB/nqd \tag{4-6}$$

如果霍尔材料是 P 型半导体，则它的空穴浓度为 p，于是用同样的方法可得

$$U_H = IB/pqd \tag{4-7}$$

为简单起见，只考虑多数载流子的漂移和在磁场中的偏转，此时，用 R_H 表示霍尔系数，则 N 型和 P 型半导体的霍尔系数可表示为

$$\left. \begin{array}{ll} R_H \approx -\dfrac{1}{qn} & （N\,型） \\[2mm] R_H \approx \dfrac{1}{qp} & （P\,型） \end{array} \right\} \tag{4-8}$$

由式（4-6）~式（4-8）可知，霍尔电动势 U_H 与 I、B 的乘积成正比，而与 d 成反比。霍尔电动势 U_H 可表示为

$$U_H = R_H \frac{I\boldsymbol{B}}{d} \tag{4-9}$$

式中　R_H——霍尔系数（m^3/C）；

　　I——控制电流（A）；

　　$\boldsymbol{B}$——磁感应强度（T）；

　　d——霍尔元件厚度（m）。

设 $K_H = R_H/d$，则有

$$U_H = K_H I B \tag{4-10}$$

式中　K_H——霍尔元件的乘积灵敏度，为霍尔元件的一个主要参数，它表示霍尔元件在单位磁感应强度和单位控制电流作用下霍尔电动势的大小，其单位是 $V/(A \cdot T)$。

霍尔元件的厚度越薄，灵敏度 K_H 越大，故而制作霍尔元件时，常采用减小厚度 d 的办法来增加灵敏度，也就是说，霍尔元件薄膜化是提高灵敏度的一个途径。但是值得注意的一点是，不能简单地认为 d 越薄越好，因为越薄越会增加霍尔元件的输入和输出阻抗从而增加功耗。

如果磁感应强度 B 的方向与霍尔元件的平面法线成某角度 θ 时（见图4-2），则实际作用于霍尔元件上的有效磁场是其法线方向的分量，即 $B\cos\theta$，这时霍尔电动势应为

$$U_{\mathrm{H}} = K_{\mathrm{H}}\, IB\cos\theta \qquad (4\text{-}11)$$

由式（4-11）可知，当控制电流或磁场方向改变时，霍尔电动势方向也随之换向。若电流和磁场同时改变方向时，霍尔电动势并不改变原来的方向。

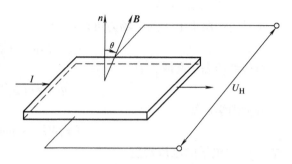

图4-2　霍尔电动势 U_{H} 与磁场 B 间角度关系示意图

这就是说，霍尔元件的电流控制极和霍尔电动势输出极具有对称性。

二、霍尔磁传感器（霍尔元件）基本特性

实际使用时，元件输入信号可以是 I 或 B，或者 IB，而输出可以正比于 I 或 B，或者正比于其积 IB。

假设霍尔片厚度 d 均匀，电流 I 和霍尔电场的方向分别平行于长、短边界，则控制电流 I 和霍尔电动势 U_{H} 的关系为

$$U_{\mathrm{H}} = \frac{R_{\mathrm{H}}}{d} BI = K_1 I \qquad (4\text{-}12)$$

同样，若给出控制电压 U，由于 $U = R_1 I$，可得控制电压和霍尔电动势的关系为

$$U_{\mathrm{H}} = \frac{R_{\mathrm{H}}}{R_1 d} BU = \frac{K_1}{R_1} U = K_U U \qquad (4\text{-}13)$$

式（4-12）和式（4-13）是霍尔元件的基本公式。

由式（4-12）和式（4-13）可见，输入电流或输入电压和霍尔电动势完全呈线性关系。如果输入电流或电压中任一项固定时，磁感应强度和霍尔电动势之间也完全呈线性关系。

霍尔元件的主要特性：

（1）直线性　所谓直线性是指霍尔元件的输出电动势 U_{H} 分别和基本参数 I、U、B 之间呈线性关系。在推导式（4-12）和式（4-13）时，是假设半导体内各处载流子做平行直线运动，且在 L/W 很大条件下推导出的。也就是说，在控制电极对霍尔电动势无影响时这两式才成立。但这一点实际中是做不到的，因为它受许多因素影响。

影响直线性的参数主要有元件几何尺寸（L/W）的大小、霍尔电极的位置和大小、磁场的强弱、结晶取向的程度等因素。

在实际工作中，应根据对直线性的具体要求，采取具体办法，同时对各影响因素进行综合考虑来选取符合要求的线性度。

（2）灵敏度　霍尔元件的灵敏度一般可以用乘积灵敏度或磁场灵敏度以及电流灵敏度、电动势灵敏度表示。根据式（4-12）可写出

$$U_{\mathrm{H}} = K_{\mathrm{H}} IB \qquad (4\text{-}14)$$

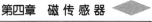

比例系数 K_H 就是乘积灵敏度，它表示霍尔电动势 U_H 与磁感应强度 B 和控制电流 I 乘积之间的比值，通常以 $mV/(mA \cdot 0.1T)$ 表示。因为元件的输出电压要由两个输入量的乘积来确定，故称为乘积灵敏度。

若控制电流值固定，则式（4-14）可改写成

$$U_H = K_B B \tag{4-15}$$

比例系数 K_B 称为磁场灵敏度，通常以额定电流为标准。因此，磁场灵敏度等于元件通以额定电流时每单位磁感应强度对应的霍尔电动势值，常用于磁场测量等情况。

实际使用霍尔元件时，对于一定的磁感应强度，总希望得到较大的霍尔电压输出。此时，用加大控制电流的办法是可行的。但增大控制电流将使元件温度提高，因此，元件的允许温升规定着一个最大控制电流，这就是所谓额定电流。

为了提高元件的乘积灵敏度，需用霍尔系数大的半导体材料，并且元件的厚度越薄越好。因此，采用高纯度锗、硅就可得到乘积灵敏度高的元件。从提高磁场灵敏度观点出发，应选用高纯度、高迁移率的半导体材料较好，元件的厚度亦同样是越薄越好。因此，锑化铟被广泛地用作霍尔元件的材料。

（3）负载特性　在线性特性中所述的霍尔电动势，是指霍尔电极间开路或测量仪表阻抗为无限大情况下测得的霍尔电动势。但是，当霍尔电极间串接有负载 R_a 时，因为流过霍尔电流，故在其内阻 R_1 上将产生压降，实际的霍尔电动势要比理论值小。因此，由于霍尔电极间内阻和磁阻效应的影响，霍尔电动势和磁感应强度之间便失去了线性关系。图 4-3 示出了霍尔电动势随负载电阻值而改变的情况。

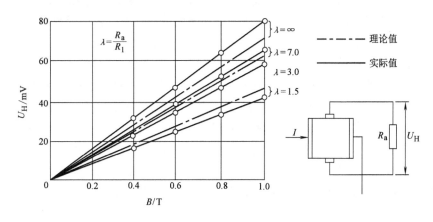

图 4-3　霍尔电动势的负载特性

（4）温度特性　一般讲，温度对半导体的各种特性均有很大影响，霍尔元件也不例外。霍尔元件的温度特性是指霍尔电动势或灵敏度的温度特性，以及输入阻抗和输出阻抗的温度特性。它们可归结为霍尔系数和电阻率（或电导率）与温度的关系。

在使用霍尔元件时，总希望它受温度影响小。图 4-4a 表示 InAs、InSb 两种材料的霍尔系数与温度间的变化关系，图 4-4b 表示 InAs、InSb 的电阻率与温度间的关系。

（5）工作温度范围　U_H 的表达式中含有电子浓度，当元件温度过高或过低时，U_H 将大幅度变大或变小，使元件不能正常工作。锑化铟的正常工作温度范围为 $0 \sim +40℃$，

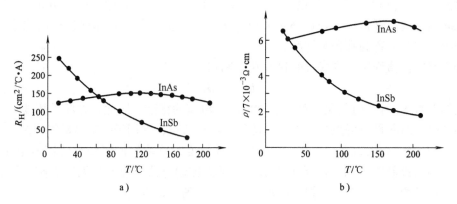

图 4-4　霍尔材料的温度特征

a) R_H 与温度的关系　　b) ρ 与温度的关系

锗为 $-40 \sim +75℃$，硅为 $-60 \sim +150℃$。

（6）频率特性　元件的频率特性可分为两种情况：一种是磁场恒定，而通过传感器的电流是交变的；另一种是磁场交变。

第一种情况下，元件的频率特性很好，到 10kHz 时交流输出还同直流情况一样，其输出不受频率的影响。

第二种情况下，霍尔电动势不仅与频率有关，还与元件的电导率、周围介质的磁导率及磁路参数（特别是气隙宽度）等有关。这是由于在交变磁场作用下，元件与导体一样会在其内部产生涡流的缘故。图 4-5 所示为涡流的分布情况。由于元件电流极的短路作用，涡流可分解成上、下两部分，即大小相等而方向相反的电流流动，该涡流的频率与外加磁场频率相同，相移为 $\pi/2$。

涡流的存在会影响霍尔输出，这是因为：一方面涡流本身可感应出附加磁场（其频率与原磁场的相同，但相移为 $\pi/2$）作用于元件上，该磁场与控制电流作用产生一个附加的霍尔电动势（与原霍尔电动势同频，但相移 $\pi/2$）；另一方面，如果元件被置于具有狭气隙的导磁材料中，由本身控制电流引起的感应磁场，也要对涡流产生霍尔作用（见图 4-6），使涡流上、下两部分的霍尔效应互相增强，结果也产生一附加霍尔电动势（其频率与原磁场相同，并叠加到总霍尔电动势上）。由于上述电、磁相互作用，必然使总的霍尔电动势增加。

需要指出的是，涡流磁效应的电流与磁场频率成正比，当磁场频率变化不大时（0 ~ 10kHz），涡流不大，故可以不考虑附加霍尔电动势的作用；但是当磁场频率增加到数百千赫时，情况就不同了。

（7）不等位电势 U_0　霍尔元件在额定控制电流下，无外磁场时，两个霍尔电极之间的开路电势差称为不等位电势 U_0。一般来说，在 $\boldsymbol{B}=0$ 时，应有 $U_H=0$，但是在工艺制备上，使两个霍尔电极的位置精确对准很难，以致在 $\boldsymbol{B}=0$ 时，这两个电极并不在同一等电位面上，从而出现电位差 U_0。显然，这并不是磁场产生的霍尔电动势。在 $\boldsymbol{B}\neq 0$ 时，U_0 将叠加在 U_H 上，使 U_H 的示值出现误差。因此，要求 U_0 越小越好，一般要求 $U_0 < 1\text{mV}$。

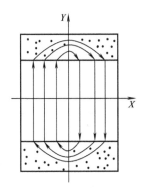
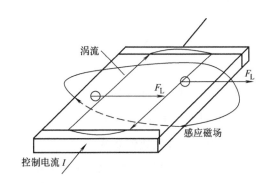

图 4-5　交变磁场作用下霍尔元件的涡流分布　　　图 4-6　控制电流周围磁场引起的霍尔效应

在直流控制电流的情况下，不等位电势的大小和极性与控制电流的大小和方向有关。在交流控制电流的情况下，不等位电势的大小和相位随交流控制电流而变。另外，不等位电势与控制电流之间并非线性关系，而且它还随温度而变化，故使用四端霍尔元件进行高精度检测时，需要进行补偿。

三、霍尔磁敏传感器（霍尔元件）

1. 霍尔磁敏传感器的符号与基本电路

霍尔元件的结构简单，由霍尔片、引线和壳体组成。霍尔片是一块矩形半导体薄片，在长边的两个端面上焊上两根控制电流端引线（电流极），在元件短边的中间以点的形式焊上两根霍尔输出端引线（霍尔电极），在焊接处要求接触电阻小，而且半导体具有纯电阻性质。霍尔片一般用非磁性金属、陶瓷或环氧树脂封装。图 4-7 为霍尔元件的电路符号。

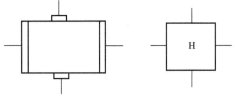

图 4-7　霍尔元件符号

若霍尔端子间连接负载，则称这个负载为霍尔负载电阻或霍尔负载霍尔端子间的电阻称为输出电阻或霍尔侧内部电阻，与此相反，电流电极间的电阻称为输入电阻或控制内阻。

为叙述方便起见，习惯上采用下列名称和符号：控制电流 I，霍尔电动势 U_H，控制电压 U，输出电阻 R_2，输入电阻 R_1，霍尔负载电阻 R_3，霍尔电流 I_H。

霍尔元件的基本电路如图 4-8 所示。图中控制电流 I 由电源 E 供给，RP 为调节电位器，保证元件内所需控制电流 I。霍尔输出端接负载 R_3，R_3 可以是一般电阻或是放大器的输入电阻或表头内阻等。磁感应强度 B 垂直通过元件，在磁场与控制电流作用下，由负载 R_3 上获得电压。

实际使用时，霍尔元件输入信号可以是 I 或 B，或者 IB，而输出可以正比于 I 或 B，或者正比于其积 IB。所以常使用霍尔元件检测磁场的变量或检测流过霍尔元件的电流。

[例 4-1]　若一个霍尔元件的灵敏度 $K_H = 40\text{mV}/(\text{mA} \cdot \text{T})$，控制电流为 3mA，将它

置于磁感应强度为 $0.1 \sim 0.5T$ 变化的磁场中，它输出的霍尔电动势有多大？

解：由于 $U_H = K_H I B$，所以当 $B = 0.1 \sim 0.5T$ 时，有

$U_H = K_H I B = 40 mV/(mA \cdot T) \times 3 mA \times (0.1 \sim 0.5T) = (12 \sim 60) mV$

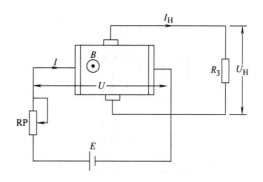

图 4-8　霍尔元件的基本电路

2. 霍尔线性集成传感器

霍尔线性集成传感器的输出电压与外加磁场成线性比例关系。这类传感器一般由霍尔元件和放大器组成，当外加磁场时，霍尔元件产生与磁场成线性比例变化的霍尔电压，经放大器放大后输出。在实际电路设计中，为了提高传感器的性能，往往在电路中设置稳压、电流放大输出级、失调调整和线性度调整等电路。霍尔线性集成传感器有单端输出和双端输出两种，图 4-9 所示是单端输出传感器的电路结构框图，图 4-10 为其外形图。

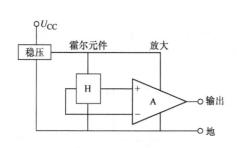

图 4-9　单端输出传感器的电路结构框图

图 4-10　单端输出传感器的外形图

单端输出的霍尔线性集成传感器是一个三端器件，它的输出电压对外加磁场的微小变化能作出线性响应，通常将输出电压连接到外接放大器，将输出电压放大到较高的电平。图 4-11 是单端输出的霍尔线性集成传感器输出特性曲线示意图。从图中可见，输出电压随磁感应强度的变化而变化，在一定的范围内呈线性关系，即

$$U_H = K_B B \qquad (4\text{-}16)$$

式中　K_B——磁场灵敏度（V/T），等效于式（4-10）的 $K_H I$。

其典型产品是 SL3500 系列，具有如下特点：①输出与磁感应强度呈线性关系，线性度好；②功耗低；③灵敏度高；④输出电阻小；

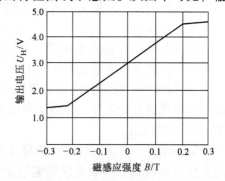

图 4-11　线性霍尔传感器的输出特性曲线

⑤温度性能好。

它是由霍尔元件、差分放大器、输出级等组成的集成电路，采用射极输出或差分输出形式。输入为线性变化的磁感应强度，得到与磁感应强度呈线性关系的输出电压。这种传感器可用于磁场测量、非接触测距、测速调速、黑色金属检测、缺口传感、无刷直流电动机及远传仪表等。

其主要技术参数见表 4-1。

157

表 4-1　SL 系列霍尔线性集成传感器的主要技术参数

型　　号	U_{CC}/V	线性范围	工作温度/℃	灵敏度 K_B/(mV/mT)			静态输出电压 U_H/V		
				min	typ	max	min	typ	max
CS3501	8 ~ 12	+/−100	−20 ~ +85	3.5	7.0	—	2.5	3.6	5.0
CS3503	4.5 ~ 6	+/−80	−20 ~ +85	7.5	13.5	30.0	2.25	2.5	2.75

3. 霍尔开关集成传感器

霍尔开关集成传感器是利用霍尔效应与集成电路技术结合而制成的一种磁敏传感器。它能感知与磁信息有关的物理量，并以开关信号形式输出。霍尔开关集成传感器具有使用寿命长、无触点磨损、无火花干扰、无转换抖动、工作频率高、温度特性好、能适应恶劣环境等优点。

（1）霍尔开关集成传感器的结构及工作原理　霍尔开关集成传感器是以硅为材料，利用硅平面工艺制造的。硅材料制作霍尔元件是不够理想的，但在霍尔开关集成传感器上，由于 N 型硅的外延层材料很薄，可以提高霍尔电压 U_H。如果应用硅平面工艺技术将差分放大器、施密特触发器及霍尔元件集成在一起，可以大大提高传感器的灵敏度。

图 4-12 是霍尔开关集成传感器的内部结构框图。它主要由稳压电路、霍尔元件、放大器、整形电路、开路输出五部分组成。稳压电路可使传感器在较宽的电源电压范围内工作，开路输出可使传感器方便地与各种逻辑电路接口。

霍尔开关集成传感器的原理及工作过程可简述如下：当有磁场作用在传感器上时，根据霍尔效应原理，霍尔元件输出霍尔电压 U_H，该

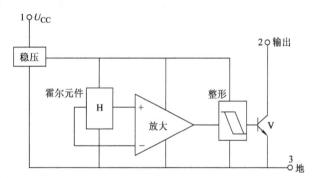

图 4-12　霍尔开关集成传感器内部结构框图

电压经放大器放大后，送至施密特整形电路。当放大后的 U_H 电压大于"开启"阈值时，施密特整形电路翻转，输出高电平，使晶体管 V 导通，且具有吸收电流的负载能力，这种状态称为开状态。当磁场减弱时，霍尔元件输出的 U_H 电压很小，经放大器放大后其值也小于施密特整形电路的"关闭"阈值，施密特整形器再次翻转，输出低电平，使晶体管 V 截止，这种状态称为关状态。这样，一次磁感应强度的变化，就使传感器完成了一次开关动作。图 4-13 是霍尔开关集成传感器的外形及典型应用电路。

（2）霍尔开关集成传感器的工作特性曲线　如图4-14所示，从工作特性曲线上可以看出，工作特性有一定的磁滞 B_H，这对开关动作的可靠性非常有利。图中的 $\boldsymbol{B}_{OP}$ 为工作点"开"的磁感应强度，$\boldsymbol{B}_{RP}$ 为释放点"关"的磁感应强度。

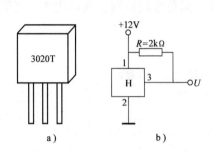

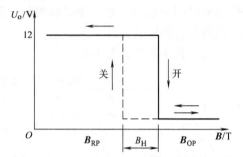

图4-13　霍尔开关集成传感器的外形及应用电路　　图4-14　霍尔开关集成传感器的工作特性曲线
a）外形　b）应用电路

霍尔开关集成传感器的工作特性曲线反映了外加磁场与传感器输出电平的关系。当外加磁感应强度高于 $\boldsymbol{B}_{OP}$ 时，输出电平由高变低，传感器处于开状态。当外加磁感应强度低于 $\boldsymbol{B}_{RP}$ 时，输出电平由低变高，传感器处于关状态。

UGN3075 霍尔开关集成传感器是一种双稳态型传感器，又称为锁键型传感器。它的工作特性曲线如图4-14所示。当外加磁感应强度超过工作点时，其输出为导通状态。而在磁场撤消后，输出仍保持不变，必须施加反向磁场并使之超过释放点，才能使其关断。

表4-2列出了一些霍尔开关集成传感器的技术参数。

表4-2　部分霍尔开关集成传感器的技术参数

项目 型号	工作电压 U_{CC}/V	磁感应强度 $\boldsymbol{B}/T$	输出截止 电压 U_o/V	输出导通 电流 I_{ol}/mA	工作温度 $T_a/℃$	贮存温度 $T_s/℃$	工作点 $\boldsymbol{B}_{OP}/T$
UGN—3020	4.5~25	不限	≤25	≤25	0~70	−65~150	0.022~0.035
UGN—3030	4.5~25	不限	≤25	≤25	−20~85	−65~150	0.016~0.025
UGN—3075	4.5~25	不限	≤25	≤50	−20~85	−65~150	0.005~0.025

项目 型号	释放点 $\boldsymbol{B}_{RP}/T$	磁滞 B_H/T	输出低 电平 V_{ol}/mV	输出漏 电流 $I_{oh}/\mu A$	电源电流 I_{oc}/mA	上升时间 t_r/ns	下降时间 t_f/ns
UGN—3020	0.005~0.0165	0.002~0.0055	<0.04	<2.0	5~9	15	100
UGN—3030	−0.025~−0.011	0.002~0.005	<0.04	<1.0	2.5~5	100	500
UGN—3075	−0.025~−0.005	0.01~0.02	<0.04	<1.0	3~7	100	200

四、霍尔传感器的应用

1. 霍尔线性集成传感器的应用

利用霍尔电动势与外加磁通密度成比例的特性，可借助于固定元件的控制电流，对磁场参量以及其他可转换成磁场参量的电量、机械量和非电量等进行测量和控制。应用这类特性制作的器具有磁通计、位移计、电流计、磁读头、速度计、振动计、罗盘等。利用霍尔磁敏传感器制作的仪器具有体积小、结构简单、坚固耐用、无可动部件、无磨损、无摩擦热、噪声小、装置性能稳定、寿命长、可靠性高、频率范围宽、从直流到微波范围均可应用、霍尔元件载流子惯性小、装置动态特性好等许多优点。

（1）弱磁场计 弱磁场计是可以测量磁感应强度大小和方向的仪器。如图 4-15 所示，霍尔磁敏传感器放在待测磁场中，元件的控制电流由电池 E 供给，调节电位器 RP 来控制电流保持不变，这时的霍尔输出就反映了磁场的大小。霍尔输出用电流表或电位差计指示。控制电流使用直流或交流电源。用交流时，对于恒定磁场的霍尔输出亦为交流，便于放大，同时温差电动势的影响亦可略去不计。

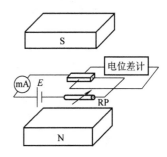

假如磁场方向未知，用霍尔元件测量也很方便。若霍尔元件平面的垂线与磁场的方向线成 φ 角斜交，则元件的霍尔电动势应为

$$U_{\mathrm{H}} = K_{\mathrm{H}} I B \cos\varphi \qquad (4-17)$$

对于一定的控制电流，若旋转元件的平面可使霍尔输出达到最大值；与此同时，把磁通密度值测定出来，即可按式（4-17）求得 φ 值。

图 4-15 霍尔磁敏传感器
测磁原理示意图

对于地磁场这样的微弱磁场的测量，在上述原理的基础上，还必须采用高磁导率的集束器以增强磁场。

集束器就是两根同轴放置的细长圆柱体磁棒，它是用锰游合金或坡莫合金一类高磁导率的材料制成，能起到聚集磁力线的作用。

图 4-16 为磁通集束器的原理图，图中 L_{i} 为集束器的总长度，L_{a} 为集束器中部的空隙距离，霍尔元件就插入其中。磁隙中的磁通密度 B_{a} 比外部磁通密度 B_0 约增强 $L_{\mathrm{i}}/L_{\mathrm{a}}$ 倍。有趣的是，霍尔元件与磁通集束器两者在磁场中都有明显的方向性，它们的磁方向图形准确相似。

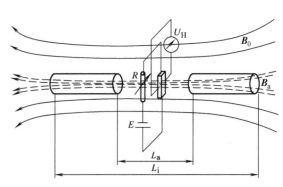

图 4-16 磁通集束器的原理图

图 4-17 为均匀磁场中使用磁通集束器（实线）和不使用磁通集束器（用虚线表示）时的磁方向图。这无疑给元件的设计和测量带来方便。对于无限场时，方向图是两个相切的球面，并且不受增益、几何关系或靠近霍尔元件的任何磁场干扰的影响。φ 为集束器轴线同被测磁场方向的夹角。显然，当 $\varphi = 0$ 时，所测量到的 U_{H} 最大；当 $\varphi = \pi/2$ 时，$U_{\mathrm{H}} = 0$。

使用上述方法，可测量极弱磁场。例如，使用锰游合金制成的集束器（棒长为 200mm，直径为 11mm，气隙为 0.3mm），可将磁场增强 400 倍。

（2）位移测量 霍尔传感器在位置检测和位移测量中也有广泛的应用。霍尔传感器在位移测量中，需要构造一个梯度均匀的磁场，使霍尔传感器的输出电压与位移成正比。图 4-18 为人为构造的磁场与位移的关系示意图，图中磁感应强度 B 在一定的范围内与位置成正比。

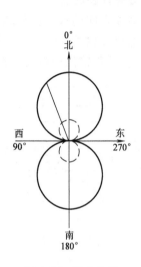

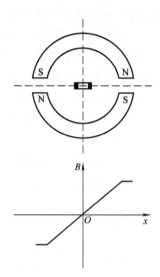

图 4-17　磁方向图　　　　　　图 4-18　构造的磁场与位移的关系图

若保持霍尔传感器的控制电流（或控制电压）恒定不变，设 K' 为沿 x 方向构造磁场的变化率，单位为 T/m。由图 4-18 可知：

$$B = K'x \tag{4-18}$$

将式（4-18）代入式（4-10）得

$$U_H = K_H IB = K_H IK'x = Kx \tag{4-19}$$

式中　K——霍尔传感器的位移灵敏度。

对于霍尔线性集成传感器，有

$$U_H = K_B B = K_B K'x = Kx \tag{4-20}$$

式（4-19）、式（4-20）说明，霍尔电动势 U_H 与位移量 x 呈线性关系，理想情况下，霍尔电动势的大小变化反映了霍尔传感器在磁场中的位置和移动方向。磁场梯度越大，灵敏度越高；磁场越均匀，输出线性越好。

利用构造磁场的方法，采用线性输出的霍尔传感器可以测量其他能转换成位移量的非电量，如质量、力、压力、振动、速度等。其特点是响应速度快，非接触测量。

2. 霍尔开关集成传感器的应用

霍尔开关集成传感器的输出为开关信号，只有两种状态——高电平和低电平，所以经常应用在以下一些领域：转速、里程测定，位置及角度的检测，机械设备的限位开关，按钮开关，点火系统，保安系统等。

在使用霍尔开关集成传感器时，也需要构造一个磁场或者与磁铁配合使用。给传感器施加磁场的方式经常使用以下几种：①加磁力集中器的移动激励方式；②推拉式；

③双磁铁滑近式；④翼片遮挡式；⑤偏磁式等。

下面结合图4-19介绍霍尔开关集成传感器在转速检测中的应用。

首先需要构造一个磁场，在与转动轴连接的圆盘上固定一个或多个磁钢，本例中设置了8个磁钢。磁钢的数量应根据检测精度要求设置。固定磁钢时需注意磁钢的极性应该一致。其次，将霍尔传感器固定在圆盘上方的支架上，靠近磁钢。霍尔传感器的典型电路如图4-13b。

当带有磁钢的圆盘随被测转动轴转动时，霍尔传感器的输出信号 U_o 将周期变化，如图4-20所示，通过对 U_o 进行测频即可得到圆盘的转速。

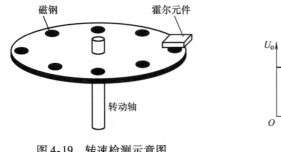

图4-19 转速检测示意图

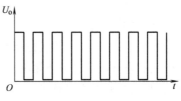

图4-20 U_o 输出信号波形

第二节 磁阻传感器

磁阻传感器是一种电阻随磁场变化而变化的磁敏元件，也称 MR 元件。它是根据磁性材料的磁阻效应制成的。

一、磁阻效应

若给通以电流的金属或半导体材料的薄片加以与电流垂直的外磁场，则其电阻值就增加。这种现象称为磁致电阻变化效应，简称为磁阻效应。

1. 几何磁阻效应

在磁场中，电流的流动路径会因磁场的作用而加长，使得材料的电阻率增加。若某种金属或半导体材料的两种载流子（电子和空穴）的迁移率十分悬殊，则主要由迁移率较大的一种载流子引起电阻率变化，它可表示为

$$\frac{\rho - \rho_0}{\rho_0} = \frac{\Delta\rho}{\rho_0} = 0.275\mu^2 \boldsymbol{B}^2$$

式中 $\boldsymbol{B}$——磁感应强度；

ρ——材料在磁感应强度为 $\boldsymbol{B}$ 时的电阻率；

ρ_0——材料在磁感应强度为 0 时的电阻率；

μ——载流子的迁移率。

当材料中仅存在一种载流子时，磁阻效应几乎可以忽略，此时霍尔效应更为强烈。若在电子和空穴都存在的材料（如 InSb）中，磁阻效应很强。

磁阻效应还与材料的形状、尺寸密切相关。这种与材料形状、尺寸有关的磁阻效应称为几何磁阻效应。

长方形磁阻器件只有在 L（长度）$< W$（宽度）的条件下，才表现出较高的灵敏度。把 $L < W$ 的扁平元件串联起来，就会形成零磁场电阻值较大、灵敏度较高的磁阻元件。

图 4-21a 是没有栅格的情况，电流只在电极附近偏转，电阻增加很小。

在 $L > W$ 长方形磁阻材料上面制作许多平行等间距的金属条（即短路栅格），以短路霍尔电动势，这种栅格磁阻元件（见图 4-21b）就相当于许多扁条状磁阻串联。所以，栅格磁阻元件既增加了零磁场电阻值，又提高了磁阻元件的灵敏度。

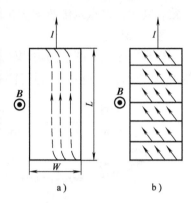

图 4-21　几何磁阻效应
a）无栅格　b）有栅格

2. 各向异性磁阻效应

各向异性磁阻（AMR）效应是指铁磁金属或合金中，磁场平行电流和垂直电流方向电阻率发生变化的效应。

各向异性磁阻传感器的基本单元是用一种长而薄的坡莫（Ni-Fe）合金用半导体工艺沉积在硅衬底上制成的，沉积时薄膜以条带的形式排布，形成一个平面的线阵以增加磁阻的感应磁场的面积。外加磁场使得磁阻内部的磁场指向发生变化，进而与电流的夹角 θ 发生变化，就表现为磁阻电阻各向异性的变化，其服从：

$$R(\theta) = R_\perp \sin^2\theta + R_{/\!/} \cos^2\theta$$

式中　$R_\perp$——电流方向与磁化方向垂直时的电阻值；

　　　$R_{/\!/}$——电流方向与磁化方向平行时的电阻值。

磁阻灵敏度随磁场与电流夹角变化的关系曲线如图 4-22 所示，当电流方向与磁化方向平行时，传感器灵敏度最高。而一般磁阻都工作在图中 45°线性区附近，这样可以实现输出的线性特性。

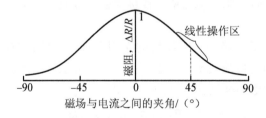

图 4-22　磁阻灵敏度随磁场与电流夹角变化的关系曲线

3. 巨磁阻效应

巨磁阻（GMR）效应是指磁性材料的电阻率在有外磁场作用时较之无外磁场作用时存在巨大变化的现象，是在 1988 年由法国科学家阿尔贝·费尔和德国科学家彼得·格林贝格尔分别独立发现的。巨磁阻效应是由于金属多层膜中电子自旋相关散射造成的。来自于载流电子的不同自旋状态与磁场的作用不同，因而导致电阻值的变化。这种效应只有在纳米尺度的薄膜结构中才能观测出来。

巨磁阻效应产生机理如图4-23所示。在多层膜$(Fe/Cr)_N$中，在不加外磁场（$H=0$）情况下，两个相邻铁磁层会产生反铁磁耦合，即一层中原子磁矩基本沿同一方向排列，而相邻层原子的磁矩反平行排列，如图4-23a所示。两种电子所受到的总电阻$R_a = (R + R_0)/2$，R是自旋取向电子在受到相同方向磁矩散射时的电阻总和，R_0是受到反方向磁矩散射时的电阻总和。当加入外磁场H后，与外磁场反向的磁矩将趋向外磁场方向，当外磁场达到一定值时，所有铁磁层中的磁矩方向变得基本一致，如图4-23b所示。则自旋方向与磁矩方向相同的电子受到的电阻很小（为$2R_0$），反之电阻很大（为$2R$），并联后的总电阻为$R_a' = 2RR_0/(R + R_0)$，此时的总电阻比$H=0$时小得多，于是在外磁场作用下，产生了巨磁阻效应。相对于各向异性磁阻，巨磁电阻的阻值特别大。一般材料的磁阻变化通常小于1%，而巨磁电阻则可达到百分之几十，甚至高出一到两个数量级。这样，导致磁阻变化因素的微小变化，即可使材料的电阻值产生大的改变，从而能够探测到微弱的磁场信息。

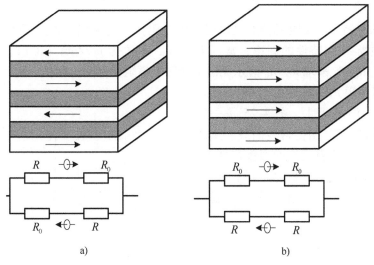

图4-23 多层膜结构及巨磁阻效应产生机理

a）无外磁场　b）有外磁场

巨磁阻传感器芯片是利用具有巨磁阻效应的磁性纳米金属多层薄膜材料通过半导体集成工艺制成的一种集成芯片，因此可以将传感器芯片的体积做得很小。巨磁阻传感器芯片将四个巨磁电阻构成惠斯通电桥结构，该结构可以减少外界环境对传感器输出稳定性的影响，增加传感器灵敏度。

二、磁阻元件的主要特性

（1）磁场-电阻特性　图4-24是半导体磁阻元件的磁场-电阻特性曲线。由图4-24a可以看出，磁阻元件的电阻值与磁场的极性无关，它只随磁感应强度的增加而增加。图4-24b为图4-24a中曲线的N极方向的电阻变化率特性。从图中可以看出，在0.1T以下的弱磁场中，曲线成二次方特性，而超过0.1T后呈现线性。

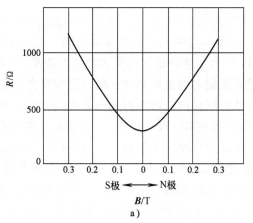

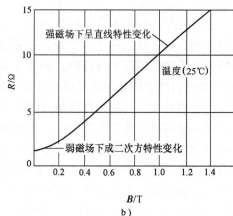

图 4-24 磁场-电阻特性

a）于 S 极、N 极的电阻特性 b）电阻变化特性

（2）灵敏度特性 磁阻元件的灵敏度特性是用在一定磁感应强度下的电阻变化率来表示的，即磁场-电阻特性的斜率，常用 K 表示，单位为 mV/mA·0.1T，即 Ω·0.1T。在运算时常用 R_b/R_0 来求 K，R_0 表示无磁场情况下磁阻元件的电阻值，R_b 为在施加 0.3T 磁感应强度时磁阻元件表现出来的电阻值。

（3）电阻-温度特性 图 4-25 是一般半导体磁阻元件的电阻-温度特性曲线。从图中可以看出，半导体磁阻元件的温度特性不好。图中的电阻值在 35℃ 的变化范围内减小了 1/2。因此，在应用时，一般都要设计温度补偿电路。

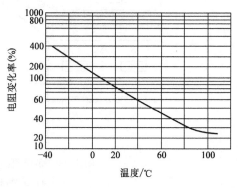

图 4-25 半导体元件电阻-温度特性曲线

三、磁阻传感器的应用

利用磁阻元件做成的磁阻传感器可以用来作为电流传感器、磁敏接近开关、角速度/角位移传感器、磁场传感器等。

常用的磁阻元件在半导体集成器件内部已经制作成半桥或全桥以及有单轴、双轴、三轴等多种形式。

1. 各向异性磁阻传感器的应用

霍尼韦尔（Honeywell）公司的 HMC 系列磁阻传感器就在其内部集成了由 AMR 磁阻元件构成的惠斯顿电桥以及磁置位/复位等部件，图 4-26 是 HMC1001 单轴磁阻传感器的引脚和内部结构示意图。

惠斯顿电桥是磁阻传感器的基础电路，它的后续测量电路与第二章中应变式传感器相同，这里不再赘述。

磁阻传感器具有如下优点：

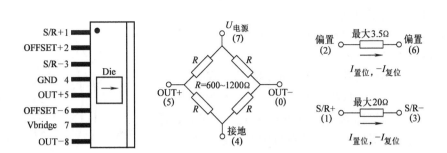

图 4-26 HMC1001 单轴磁阻传感器的引脚和内部结构示意图

1）灵敏度高，使传感器可距被测铁磁物体一段较长的距离。

2）内阻小，使其对电磁噪声和干扰不敏感。

3）尺寸小，对被测磁场影响小。

4）由于是固态器件，无转动部件使它具有高的可靠性。

磁阻传感器经常用于检测磁场的存在、测量磁场的大小、确定磁场的方向或测定磁场的大小或方向是否有改变，可根据物体的磁性信号的特征支持对物体的识别，这些特性可用于如武器等的安全系统或收费公路上车辆的检测。它特别适用于货币鉴别、跟踪系统（如在虚拟现实设备和固态电子定向罗盘中），也可用于检测静止的或如汽车、卡车或火车等运动的铁磁物体门或闩锁的关闭，如飞机货舱门及旋转运动物体的部位等。

图 4-27 中的电路是磁阻传感器 HMC1001 的简单应用。该电路起到接近传感器的作用，并在距传感器 5～10mm 范围内放置磁铁时，点亮 LED。放大器起到一个简单比较器的作用，它在 HMC1001 传感器的电路输出超过 30mV 时切换到低位。磁铁必须具有强的磁场强度（0.02T），其中的一个磁极指向应顺着传感器的敏感方向。该电路可用来检测门开/门关的情况或检测有无铁磁性物体存在的情况。

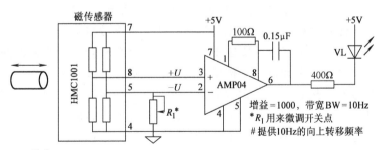

校准：
1. 微调 R_1，使 $(+U)-(-U) < 30mV$
2. 使用 $< 30mV$ 信号时 VL 应熄灭
3. 使用 $> 30mV$ 信号时 VL 应点亮

图 4-27 磁接近开关

2. 巨磁阻传感器的应用

巨磁阻传感器具有集成度高、体积小、灵敏度高、抗干扰能力强、对工作环境要求不高等优点，目前已在电流互感器、汽车电子的转速测量、地磁场检测、金属材料无损检测以及电子罗盘中得到广泛应用。

电力系统中的电能输送过程中，电力主管部门需要对电力线的电流、电压、频率和相位等参数进行实时测量。尤其现在的智能输电时代，实时准确测量以上参数，保证电力网络的安全运行和故障实时监测、及时有效处理，对于继电保护和电力网的智能化发展意义重大。在该领域，巨磁阻传感器以其灵敏度高、测量范围大、恶劣条件下具有较高的工作可靠性、相对于传统的线圈式电流互感器体积小等优点，广泛应用于电流参数的测量。

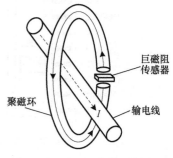

图 4-28 巨磁阻传感器制成的电流互感器结构示意图

图 4-28 为巨磁阻传感器制成的电流互感器结构示意图，聚磁环用于传导输电线中电流产生的磁场，巨磁阻传感器测量聚磁环缺口处的漏磁场，计算得到输电线中的电流。该电流互感器为非接触式测量方式，具有体积小、稳定性高、重量轻、安装方便等优点。

第三节　感应式磁传感器

感应式磁传感器基于法拉第电磁感应原理研制而成，制造工艺简单，使用方便，性能稳定，可以用来测量交变或脉冲磁场，灵敏度随着被测磁场频率的增加而增加，其测量范围很广，分辨力可达 $10^{-12} \sim 10^{-13}$T。

感应式磁传感器一般有空气心和铁心两种，早期使用的磁传感器都是空气心的。为了获得足够的灵敏度，在某些应用场合下，空气心线圈面积大到 $100\text{m} \times 100\text{m} = 10000\text{m}^2$，绕制几匝到十几匝，体积庞大，使用安装都很不方便。带有铁心的传感器，大大减小了传感器的体积，安装和使用也很方便。传感器使用的铁心目前大致有铁氧体铁心、坡莫合金铁心和非晶态铁心。铁氧体铁心传感器制造工艺简单，价格便宜，应用较为广泛。其缺点主要是铁氧体磁性材料机械变化和热应力变化都会改变其导磁特性，所以铁氧体磁传感器一般只使用于实验室内或固定不动的台站。坡莫合金属于高初始磁导率磁性材料，铁心采用坡莫合金，大大提高了传感器的工作灵敏度和使用稳定性。其缺点主要是坡莫合金成本比较高，热处理工艺比较复杂。非晶态是一种新型的磁性材料，其初始磁导率和应力特性较坡莫合金都有很大提高。所以，非晶态材料的出现会使感应式磁传感器更轻便、更稳定、效果更好些。但目前此材料价格较贵，所以使用不多。

一、感应式磁传感器的物理基础

根据法拉第电磁感应定律，当把匝数为 N，截面积为 S 的圆柱形螺线管线圈放置在随时间变化的磁场 $B(t)$ 中时，在线圈中就会产生感应电动势 $e(t)$，即

$$e(t) = -N\frac{\mathrm{d}\Phi(t)}{\mathrm{d}t} = -NS\frac{\mathrm{d}B(t)}{\mathrm{d}t} \tag{4-21}$$

式中　$\Phi(t)$——通过线圈的磁通量。

对于带有磁心磁导率为 μ 的螺线管线圈，其感应电动势 $e(t)$ 为

$$e(t) = -NS\frac{\mathrm{d}B(t)}{\mathrm{d}t} = -NS\mu_r\mu_0\frac{\mathrm{d}H(t)}{\mathrm{d}t} = -NS\mu\frac{\mathrm{d}H(t)}{\mathrm{d}t} \tag{4-22}$$

式中　μ_0——真空磁导率；

　　　μ_r——相对磁导率；

　　$H(t)$——被测磁场。

由式（4-22）可知，被测磁场的变化率可由线圈的感应电动势所反映。

感应式磁传感器通常由线圈和放大器两部分组成。线圈中包括磁心，磁心通常采用高磁导率的磁性材料做成。图4-29是感应式磁传感器结构示意图。

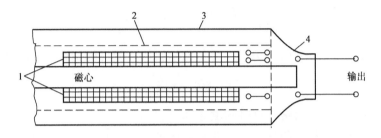

图4-29　感应式磁传感器结构示意图

1—线圈　2—屏蔽铜箔　3—铝管　4—铝盖

二、感应式磁传感器的设计

为了获得最佳的磁场接收效果，就必须使传感器线圈在所要求的频带内具有最大的灵敏度和最大的信噪比。在设计和制作感应式磁传感器时，有如下的一些要求：

1）要有一定的灵敏度，体积不宜过大。

2）噪声要尽量低，这里包括热噪声、温差电动势、潮湿和接触污染等引起的噪声；线圈内阻要小；线圈要避免用普通焊锡接头；信号线要双层屏蔽，且不能镀锡；要求严格密封。

3）要有完善的电屏蔽。

4）要尽量降低磁心的损耗，尤其是要降低涡流损耗。因此各片磁心间要求严格绝缘。

5）磁心的抗振性和温度稳定性要好。

1. 灵敏度

为了获得最大信号，必须使接入放大器输入电路之前的线圈本身具有较高的灵敏度，即能感应出较高的电动势。这种灵敏度也称为初始灵敏度 σ。根据法拉第电磁感应定律，感应电动势也可以表示为

$$e = -\mathrm{j}\omega NS\mu\boldsymbol{B}_0$$

因此，初始灵敏度 σ 为

$$\sigma = \frac{e}{\boldsymbol{B}_0} = -\mathrm{j}\omega NS\mu \tag{4-23}$$

式中　N——线圈圈数；

μ——磁心的磁导率；

　S——线圈截面积；

　$\boldsymbol{B}_0$——外磁场强度。

因此，为了获得最大灵敏度，就必须使乘积 $NS\mu$ 为最大。

（1）圈数 N　设 d_1 为线圈的内径，d_2 为线圈的外径，l 为磁心总长度，$a = l/d_2$ 为传感器的延伸比，α 为传感器绕线部分在磁心总长中占的比例数，设 $x = \dfrac{d_1}{d_2}$，则可得线圈的纵截面积 S_v 为

$$S_v = \frac{d_2 - d_1}{2}\alpha l = (1 - x)\frac{\alpha l^2}{2a}$$

则以线圈的纵截面积 S_v 乘以圈密度 δ（单位面积圈数）便可得到圈数 N，即

$$N = \delta(1 - x)\frac{\alpha l^2}{2a}$$

（2）磁导率 μ　μ 表示磁心材料的磁导率。有关因素如下：①材料的初始磁导率 μ_i；②磁心的延伸比 a，它决定退磁场的大小；③线圈在磁心上的位置。

在延伸比较小时，磁心棒中点的相对磁导率 μ_m 几乎与初始磁导率无关，而只取决于其延伸比，如图 4-30 所示。

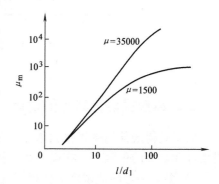

图 4-30　磁心相对磁导率随长径比变化曲线

（3）横截面积 S　在初始灵敏度 σ 的表示式（4-23）中，实际上起作用的截面积是磁心的横截面积。因为，即使对于远离磁心的那些匝数来说，和磁心中集中穿过的磁通相比，磁心周围的磁通总是很小的。一般，只要相对磁导率超过百位数，磁心周围的磁通就可忽略不计。磁心横截面积 S 为

$$S = \frac{\pi}{4}d_1^2 = \frac{\pi}{4}\frac{l^2}{a^2}x^2$$

综上所述，磁心线圈的初始灵敏度可表示为

$$\sigma = -\delta(1 - x)\frac{\alpha l^2}{2a}\left(\frac{\mu_{av}}{\mu_m}\right)\mu_i\ \frac{\pi}{4}\ \frac{l^2}{a^2}x^2\ \frac{\mathrm{d}H}{\mathrm{d}t} \tag{4-24}$$

式中　μ_{av}——平均磁导率；

　　　μ_m——中点相对磁导率。

2. 信噪比

假设磁场的频谱密度为 δ_H，频带宽度为 ΔF，则线圈的感应信号 $e = -NS\mu\mathrm{j}\omega\delta_H\ \sqrt{\Delta F}$，而根据热力学定律，噪声可表示为

$$e_R = \sqrt{4kRT\Delta F}$$

式中　k——玻耳兹曼常数；

　　T——绝对温度；

　　R——线圈内阻。

则信噪比为
$$\eta = \frac{e}{e_R} = -\frac{NS\mu j\omega\delta_H}{\sqrt{4kRT}}$$

　　（1）线圈电阻的选择　设计接收线圈要考虑的重要因素是尺寸、灵敏度、性能的稳定性、抗外部电场的能力，以及线圈本身对正常场的干扰等。接收线圈应有的灵敏度与前置放大器的噪声特征、磁场的干扰水平及磁场源的强度等因素有关。如果接收线圈的灵敏度过低，势必要提高放大器的增益，于是放大器的内部噪声将使系统输出端的信噪比降低。一般情况下，既满足要求又切实可行的方案是，线圈的灵敏度应高到可以使放大器的内部噪声低于外部磁场引起的干扰。

　　目前感应式磁传感器有两种基本类型：一种是高阻抗式，另一种是低阻抗式。高阻抗感应式磁传感器的主要特点是电感量和电阻都很大，开路灵敏度高，信噪比高。但是它要求前置放大器必须是高输入阻抗的，而且高输入阻抗的前置放大器又必须达到一定的低噪声水平，这是一项比较困难的工作。低阻抗感应式磁传感器的主要特点是接收线圈为低阻抗，其直流内阻仅几百欧姆，电感量只有上百亨利，其开路灵敏度比较低，它要求前置放大器要高增益、低噪声、低漂移。这类传感器允许前置放大器输入阻抗低一些，这对提高增益降低前置放大器的噪声和漂移是很有利的。

　　分辨率受热噪声的限制，$e_R = \sqrt{4RkT\Delta F}$，其中 R 为线圈内阻，可见线越粗，热噪声越小。在高频段，感抗通常比线圈电阻大得多，这样就难于与放大器匹配。由于铁磁材料具有非线性特点，所以从理论上说，其灵敏度可能受到地球稳定磁场强度的影响，甚至可能出现信号的谐波畸变。但由于磁心系开路运用，因而这种影响完全可以忽略。

　　在设计高灵敏度的感应线圈时遇到的另一个问题就是，如果应用很细的导线做感应线圈，那么线圈的总电阻就很大；如果为了减小电阻而应用较粗的导线，那么线圈的重量就会变得很大。

　　（2）线圈匝数的选择　改变线圈的匝数、绕制方法、尺寸或者是磁心材料的磁导率，均可改变线圈的特性。正如图 4-31 中的曲线所表示的那样，改变线圈的匝数对线圈的最大输出改变并不大。当单纯增加线圈的匝数时，低频上的输出电压增加，但高频上的输出电压降低。增加线圈匝数的总效果表现为输出电压曲线向低频方向移动。

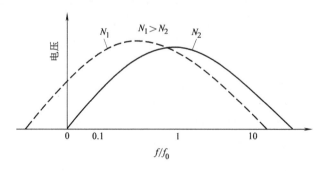

图 4-31　感应线圈输出电压与匝数关系示意图

增加有效磁导率与有效匝面积，将在整个频率上提供较高的电压输出，但最大输出电压的频率将略向低频方向移动。

3. 磁心材料

磁心是感应式磁传感器的关键部件，它的性能将影响整个传感器。一般对磁心材料主要有以下要求：高磁导率 μ 以获得最大磁感应强度；高饱和磁感应强度 B_s 以保证高饱和电流；高电阻率以降低涡流损耗；低的矫顽力 H_c，H_c 越低，磁滞损耗越小。以上的直流参数可以代表软磁材料性能的优劣，是软磁材料的主要参数。软磁材料的交流参数，是更需要关心的主要参数。特别是工作在一定频率和一定磁场强度下的软磁材料的损耗，是软磁材料应用的一个共同关心的主要参数。根据设计要求和用途的不同，选择各种磁心材料来满足不同的要求。目前，主要有四种类型的磁性材料：软磁铁氧体、坡莫合金、非晶合金、纳米晶合金。

（1）软磁铁氧体　20世纪40年代二次世界大战中发明了雷达，要求使用能在中高频和高频领域中工作的软磁材料，从而发明了锰锌软磁铁氧体和镍锌软磁铁氧体。由于软磁铁氧体具有电阻率高、批量生产容易、性能稳定、可利用模具制成各种形状的铁心、成本低等特点，得到迅速推广。目前，软磁铁氧体仍然是很多领域中大量使用的软磁材料，尤其在大规模生产的家用电器的电源中，占绝对统治地位。20世纪40年代发明软磁铁氧体以来，软磁铁氧体一直在不断发展，一方面改变成分，另一方面改变工艺，从而减小了损耗和提高了工作频率。以锰锌铁氧体为例，已经有四次改进换代，工作频率由最初的15kHz提高到1MHz，极限工作频率已经可达3MHz。软磁铁氧体初始磁导率和饱和磁通密度低，在工频和1kHz以下的中频中很少使用。

（2）坡莫合金　在20世纪40年代二次世界大战中，由于飞机、坦克等军工产品的需要，发明了铁镍高导磁合金，一直作为战略物资的精密合金而受到特别重视，投入了大量的人力和财力进行研究。

其主要种类是铁镍合金，由镍（30%～88%）、铁和添加少量的钼、铜、钨等组成，统称为坡莫合金。坡莫合金的显著特点是初始磁导率和最大磁导率高，矫顽力很小，特别是在环境条件变化时性能稳定。虽然其价格贵，但是在要求高磁导率和使用条件比较严格的场合中普遍使用，广泛用作于磁心和磁屏蔽材料，是一种重要的软磁材料。

（3）非晶合金　20世纪60年代末美国研究出用快速凝固技术制造非晶合金软磁材料，采用105～107K/s快速凝固技术，形成类似玻璃那样的合金，因此美国把非晶合金器材的商品名称叫作"金属玻璃"。非晶合金的加工工艺和以前的轧制工艺不同，不是经过多次轧制，而是一次喷制成型，大大简化了生产过程，在生产中节省了能耗，降低了成本，是冶金工艺上的一次革命。非晶合金可以形成一系列性能优良的软磁材料，广泛用于电力、电子领域。高磁化强度的非晶合金的磁损耗比其他已知的晶态合金低，电阻率比晶态合金高，电阻率温度系数较小且为负值，因而可以大大降低涡流损耗。在20世纪80年代，非晶合金软磁材料的品种已经基本定型，主要类型有两种：①铁基非晶合金，主要成分为铁硅硼，其饱和磁通密度高、工频和中频下损耗低、价格便宜，主要用于工频和中频领域；②钴基非晶合金，主要成分为钴铁硅硼，其磁导率高、损耗低、价格贵，主要用于中高频领域。

（4）纳米晶合金 铁基非晶合金具有很高的饱和磁通密度，但磁致伸缩系数不易减小到零，并且很难得到很大磁导率，而钴基非晶合金具有很大的磁导率，但饱和磁通密度却很小。纳米晶合金综合了铁基非晶合金和钴基非晶合金两者的优点，具有很高的磁导率和饱和磁通密度。该类材料还具有体积小、效率高、温度稳定性好等特点，可以广泛用于高频变压器、大功率铁心、传感器、扼流圈、互感器等的磁心。因此，纳米晶合金将成为磁性材料领域的新热点和发展前沿。

（5）磁心材料综合比较 表 4-3 列出了磁心材料代表性直流参数和物理参数。

表 4-3 磁心材料代表性直流参数和物理参数

材 料	B_s/T	H_c/A·m^{-1}	μ_i	μ_m	ρ/$\mu\Omega$·cm	T_c/℃	λ_s/×10^{-6}
软磁铁氧体	0.5	9.6	3000	12000	6.5×10^8	215	21
Ni50 坡莫合金	1.55	12	60000	160000	45	480	25
Ni80 坡莫合金	0.74	0.64	200000	1200000	55	460	≤1
铁基非晶合金（20μm）	1.56	2.4	50000	300000	135	370	30
钴基非晶合金（20μm）	0.58	0.4	160000	1000000	136	205	≤1
纳米晶铁基合金（20μm）	1.25	0.64	100000	800000	129	600	2

注：B_s 为饱和磁通密度；H_c 为矫顽力；μ_i 为初始磁导率；μ_m 为最大磁导率；ρ 为电阻率；T_c 为居里温度；λ_s 为磁致伸缩系数。

（6）磁心材料的损耗 损耗是衡量软磁材料性能优劣的一个重要指标。铁磁物质在交流磁化过程中，因消耗能量发热，磁心材料损耗功率（P）由磁滞损耗（P_h）、涡流损耗（P_e）和剩余损耗（P_c）组成，即

$$P = P_h + P_e + P_c$$

1）磁滞损耗。磁性材料在外磁场的作用下，材料中的一部分与外磁场方向相差不大的磁畴发生了"弹性"转动，这就是说当外磁场去掉时，磁畴仍能恢复原来的方向；另一部分要克服磁畴壁的摩擦发生刚性转动，即当外磁场去除时，磁畴仍保持磁化方向。因此磁化时，磁场的能量分为两部分：前者转化为势能，即去掉外磁场时，磁场能量可以返回；而后者变为克服摩擦使磁心发热消耗掉，这就是磁滞损耗。磁滞回线的面积在数值上应该等于磁化一周的磁滞损耗。每磁化一个周期，就要损耗与磁滞回线包围面积成正比的能量，频率越高，损耗功率越大。磁感应摆幅越大，包围的面积越大，损耗也越大。

2）涡流及涡流损耗。通过导体的磁场随时间变化时，导体中就会产生感应电动势，从而产生电流。这种电流将在导体中产生损耗，并有去磁作用，称为涡流。

涡流具有去磁作用，使磁通拥挤于介质的表层，使介质的导磁性能变坏。因此，铁心常采用叠片结构，可以加长涡流路径和电阻，从而降低涡流，不但使涡流损耗下降，同时增大铁心的有效面积，改善其高频情况下的导磁性能。

3）剩余损耗。剩余损耗是与畴壁移动有关的涡流损耗。利用磁畴图形研究硅钢剩余损耗，可以解释带厚大于 0.25mm 左右的晶粒取向所观察到的涡流损耗。但是在更薄的钢

带中，反常损耗比预期的大。

（7）屏蔽措施 感应式磁传感器线圈的外表面，由于电荷积累会产生不稳定电场，这种不稳定电场对磁场测量产生干扰，故传感器应采用良好的屏蔽。屏蔽层采用导电性能良好的铜箔制成，并将屏蔽层接地，使磁传感器线圈处于一个等势体内，避免电荷积累。为了减小屏蔽层的吸收损耗和涡流损耗，采用梳状铜箔屏蔽层，故屏蔽层在几万赫兹内涡流影响很小。

三、感应式磁传感器实例

（一）CM_{11}型感应式磁传感器（法国）

CM_{11}型感应式磁传感器用于测量大地的磁场微变，以探测和研究沉积盆地及大地构造等问题。微变频率一般是千分之几到几十赫兹。

它是一种三分量分立式测量磁传感器，其接收线圈、反馈线圈和一个前置放大器都密封在一个长筒形塑料壳中。由于它是高阻式的，故接收线圈和前置放大器之间是直接耦合的。接收线圈的磁心是由层状坡莫合金片组成的棒式磁心，磁心牢牢地固定在磁心架上，力学性能稳定。

该磁传感器的主要技术数据有：磁心长度为110.5cm，磁传感器直径为9.9cm，频率范围为5mHz~50Hz，灵敏度为50mV/nT（包括前置放大器在内），噪声密度约为0.16fT/Hz（在1Hz时），线圈电感量约为30×10^4H。

该传感器体积较小，质量小（13.3kg），便于搬运。其灵敏度较高，噪声小，频率响应可达50Hz，是一种较为理想的感应式磁传感器。

（二）MTC—60型感应式磁传感器（加拿大）

MTC—60型感应式磁传感器是与凤凰地球物理有限公司的16道强量大地电磁测深系统配合使用的。传感器磁心也是由高磁导率的坡莫合金制成的。

传感器线圈分为两种类型：磁心线圈和空心环路线圈。磁心线圈用于测量两个水平分量：H_x和H_y；空心线圈为边长6.25mm的正方形，用作测量垂直分量H_z。高磁导率坡莫合金的磁心线圈装在坚固的塑料管中，管的末端装有前置放大器。

这种传感器的主要技术数据有：磁心长度为152cm，壳外径为11.4cm，线圈电感为1300H，线圈电阻为1900Ω，灵敏度为100mV/nT，频率范围为0.55mHz~384Hz，噪声密度约为10fT。

此种感应式磁传感器的特点是频率范围较宽，灵敏度也较高，适用于多种类型的大地电磁测深测量。但是，它有一个转折频率f_c（$f_c = 0.23$Hz）。对高于f_c的信号，系统中采用了电流放大方案，可使感应式磁传感器的综合增益保持常数；对于低于f_c的信号，线圈和前置放大器则具有电压放大性能，使电压增益保持常数。对于磁场来说，增益与频率是成正比的。

总之，大地电磁测深使用的感应式磁传感器主要有高阻抗感应式和低阻抗感应式两类。高阻抗感应式磁传感器的特点是接收线圈电感量大，阻抗高，因而线圈本身具有较高灵敏度；电感量可达几十万亨利（直流电阻达几十万欧姆以上），因而信噪比较高；对前置放大器则要求有高输入阻抗、低噪声。低阻抗式磁传感器的特点是接收线圈是低阻抗的,一般电感量为几千亨利,使灵敏度和信噪比降低,要求前置放大器有较高增益、低漂移,但输入阻抗可较低。

四、感应式磁传感器的应用

感应式磁传感器主要应用于地球物理大地电磁测深方法中。大地电磁测深法在地球表面同时记录变化的电场和磁场,利用电磁感应原理探测地球深部结构。与传统的电法相比,大地电磁测深法具有一些明显的优点:电磁法的源信号不受地下高阻层屏蔽,探测深度大,对地壳上地幔内的低阻层(带)反应灵敏等。近年来,大地电磁测深方法得到进一步发展和完善。由于它不用人工供电,成本低,工作方便,不受高阻层屏蔽,对低阻分辨率高,而且勘探深度随电磁场的频率而异,浅可以几十米,深可达数百公里,在油气田勘测、火山地质和地热等方面得到广泛应用。

大地电磁探测系统架构如图4-32所示,主要由大地电磁接收机和传感器组成。传感器包括磁传感器和电场传感器,感应式磁传感器在系统中作为磁传感器使用,电场传感器通常采用不极化电极。传感器检测到的大地电场及磁场信号分别经由电缆传送到接收机进行处理,并转换为数字信号存储到接收机内的存储器中,以便后期进行数据处理和解释。

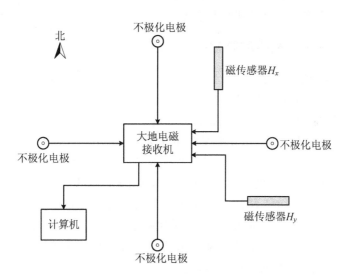

图 4-32 大地电磁探测系统架构

大地电磁测深的数据经过处理,得到地下电阻率数值。电阻率计算公式为

$$\rho = 0.2 T_0 \left(\frac{E}{H} \right)^2$$

式中　E——电场强度(mV/km);

　　　H——磁场强度(nT);

　　　T_0——所测信号周期;

　　　ρ——电阻率($\Omega \cdot m$)。

第四节　磁通门式磁传感器

磁通门式磁传感器又称为磁饱和式磁传感器。它是利用某些高磁导率的软磁性材料（如坡莫合金）做磁心，以其在交流磁场作用下的磁饱和特性研制成的测磁装置。

这种磁传感器的最大特点是适合对在零磁场附近工作的弱磁场进行测量。传感器可做成体积小、重量轻、功耗低，既可测 T（磁场的总向量）、Z（磁场的垂直向量），也可测 ΔT、ΔZ，受磁场梯度影响小，测量灵敏度可达 0.01nT，且可和磁秤混合使用的磁测仪器。由于该磁测仪对资料解释方便，故已较普遍地应用于航空、地面、测井等方面的磁法勘探工作中。在军事上，该磁测仪也可用于寻找地下武器（炮弹、地雷等）和反潜。该磁测仪还可用于预报天然地震及空间磁测等。

磁通门式磁传感器的测磁理论，目前尚无统一定论。现已有脉冲电压法、三次方曲线法、二次谐波法、时间差法等。下面以目前大多数使用的二次谐波法为内容，介绍磁通门式磁传感器的物理基础、测磁原理和实际应用等有关问题。同时，介绍目前一些时间差法磁通门式磁传感器的原理和研究情况。

一、磁通门式磁传感器的物理基础

1. 磁滞回线和磁饱和现象

铁磁性材料的静态磁滞回线如图 4-33 所示。当磁化过程由完全退磁状态开始，若磁化磁场等于零，则

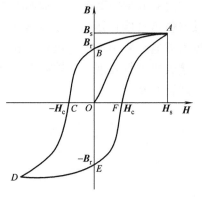

图 4-33　静态磁滞回线示意图

对应的磁感应强度也为零。随着磁化磁场 H 的增大，磁感应强度 B 亦增大，如曲线 OA 段所示。但当 H 增加到某一值 H_s 之后，B 就几乎不随 H 的增加而增强，通常将这种现象称作磁饱和现象。开始饱和点所对应的 B_s、H_s 分别称作饱和磁感应强度和饱和磁场强度。

当 H 增加到 H_s 后，如使 H 逐渐减小下来，磁感应强度也就随之减小下来。但实践证明，一般这种减小都不是按照 AO 所示的规律减小，而是按照 ACD 所示的轨迹进行的，并且当磁场 H 减小到零时，磁感应强度 B 并不等于零，也就是说磁感应强度的变化滞后于磁场 H 的变化，这种现象称为磁滞现象。

当 H 由 H_s 减小到零时，B 所保留的值 B_r 称作最大剩磁，之所以叫最大剩磁是由于 H 从小于 H_s 的不同值减小到零，其所对应的剩磁也是不同的，但以 H 从 H_s 减小到零时所对应的剩磁 B_r 最大。

欲使剩磁去掉，就需加一个与原磁化磁场相反的磁场，如 OC 段所示。线段 OC 即表示使磁感应强度 B 恢复到零时所需的反向磁场强度，这一场强通常称为矫顽力，并用 H_c 表示。最大剩磁 B_r、饱和磁感应强度 B_s、饱和磁场强度 H_s 及矫顽力 H_c 是磁性材料的四个重要参数，在设计制造磁力仪器时，必须予以重视。

通常磁通门式磁传感器使用软磁性材料。所谓软磁性材料，是指那些 H_c 小的磁性材料，特点是易去磁。软磁性材料在仪器中是工作在周期性变化的磁场（一般为正弦交变

磁场）中的，故其磁化过程是周期性进行的，其结果便形成动态磁滞回线（它与图4-33所示静态磁滞回线形状大致相同，面积比静态磁滞回线面积大些）。由于动态磁滞回线的面积等于反复磁化一周所损耗的能量，所以动态磁滞回线的形状和大小随磁化磁场频率而变。在动态磁场作用下，除磁滞损耗之外，还有涡流损耗和其他损耗。这些损耗均与磁化磁场的频率有关。

磁通门式磁传感器设计中所用到的磁滞回线是动态饱和磁滞回线（即磁滞回线中最大的一条回线）。动态磁滞回线上各点对应的斜率 $\mu_d = \dfrac{dB}{dH}$ 叫作该点的动态磁导率。

2. 磁致伸缩现象

物体在磁场中被磁化后，在磁化方向上会产生伸长或缩短现象，这便称为磁致伸缩现象，如图4-34所示。图4-34中显示出实际测量的几种材料和磁化磁场强度 H 之间的关系曲线。由曲线可见，磁致伸缩系数 $\Delta L/L$ 与 H 之间的关系，一般来讲，并非线性关系。在图4-34中所示的磁场范围内，若Fe、Ni按适当的比例组合，则可将磁致伸缩系数大大减小。实践证明，在以Fe、Ni两成分为主的合金中，其中Ni含量在80%~83%（质量分数）的范围内时，磁致伸缩系数近于零。

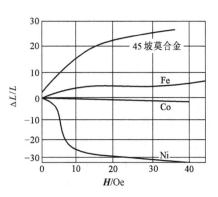

图4-34　几种磁性材料的磁致伸缩系数

从图4-34中还可以看出，当 H 增加到某一值后，磁性材料就不再继续伸长或缩短了。此时，称磁致伸缩已达到饱和。

各种材料的饱和伸缩比（$\Delta L/L$）是一个固定值，称饱和磁致伸缩系数，用 λ_s 表示。

由实际测量可知，物体在磁化时，不仅在磁化方向上会伸长（或缩短），在偏离磁化方向的其他方向上也会伸长（或缩短），但偏离磁化方向越大，伸长或缩短比越小，到了接近于垂直磁化方向，物体反而要缩短或伸长。所以磁致伸缩可分为两类：正磁致伸缩和负磁致伸缩。正磁致伸缩是物体在磁化方向上伸长，在垂直于磁化方向上缩短，Fe在图4-34中所示的磁场范围内属于这一类。负磁致伸缩是物体在磁化方向上缩短，在垂直于磁化方向上伸长，Ni便是属于这一类型的例子。材料类型不同，λ_s 值前可用正负号加以区别。

磁致伸缩现象在磁通门式磁传感器中是十分有害的，在选择传感器材料和磁心骨架时必需予以考虑避免。但在超声波等传感器中，磁致伸缩现象则是有用的。

二、磁通门式磁传感器的二次谐波法测磁原理

一般地说，磁通门式磁传感器的磁心几何形状有下面几种：

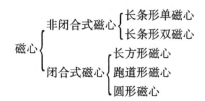

从这几种磁心的性能来说，以圆形较好，跑道形次之。在磁场的分量测量中，用跑道形磁心较多。下面就以跑道形磁心为例来分析磁通门式磁传感器的测磁原理及有关问题。

1. 长轴状跑道形磁心

如图4-35所示，一般沿长轴方向的尺寸远大于短轴方向的尺寸，故当沿长轴方向磁化时，要比沿短轴方向磁化时的退磁作用及退磁系数小得多。这样，就可以认为跑道形磁心仅被沿长轴方向的磁场所磁化。在实践中，亦仅测量沿长轴方向的磁场分量。

若在跑道形磁心的彼此平行的两长边上，分别绕一组匝数相同的线圈 W_1、W_2，把它们同向串联在一起作为激励线圈；在 W_1、W_2 的外边绕一公用的测量线圈（称作信号线圈）W_s。当在激励线圈 W_1 中通入一正弦交变电流 $I_\sim = I_m\sin\omega t$ 时，假定由 W_1 产生的磁场为 $H_{1\sim} = H_m\sin\omega t$，那么，在 W_2 中必然

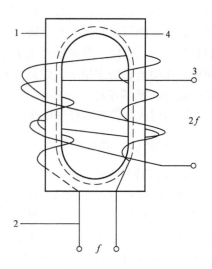

图4-35　跑道形磁心结构示意图
1—灵敏元件架　2—初级线圈
3—输出线圈　4—坡莫合金环

产生一个磁场为 $H_{2\sim} = -H_m\sin\omega t$。由图4-35可见，对于激励交变场来讲，其磁路为一闭合磁路，故没有退磁作用。对于正弦交变磁场来说，磁导率即为材料的动态相对磁导率 μ'，由于 μ' 高达几十万，而在真空中的动态相对磁导率近似为1，所以，W_1 及 W_2 所产生的磁力线在磁心未达到饱和之前，均可视为无漏磁地通过整个闭合磁路。作用于两长边的交变磁化磁场，可分别等效为

$$H_{1\sim} = 2H_m\sin\omega t, \ H_{2\sim} = -2H_m\sin\omega t$$

对于被测恒定外磁场 H_e 来讲，其磁路是一开断磁路，并有退磁场 H_d 的存在。故磁心对外加恒定磁场 H_e 的有效磁导率是物体的动态相对磁导率 μ'_d。

磁性材料的动态磁滞回线形状比较复杂，极难用一简单数学模型加以描述。但为了对探头进行理论分析，并进行具体计算，必须把实际的软磁性材料的最大动态磁滞回线加以近似化、理想化，即用一个足以表征其特性（饱和特性）的模型来表示。图4-36a中的三折线模型就是常用的一种。

当外加磁场 $H_e = 0$ 时，作用于磁心两长边的总磁化磁场仅是交变磁化磁场，但如果两个激励线圈的匝数 $W_1 = W_2$，则 $H_{1\sim} = 2H_m\sin\omega t = -H_{2\sim}$，再假定磁心的两长边的几何尺寸及电磁参数完全相同，测量线圈的安装位置也非常对称时，则在长边1和长边2中产生的通过测量线圈的磁通量，每时每刻都大小相等、方向相反，从而使通过测量线圈的总磁通量恒等于零。因此，在测量线圈中所感生的感应电动势及二次谐波均为零。

当沿磁心长轴方向作用的外加恒定磁场 H_e 不为零时，由于叠加恒定磁场的结果，使长边1与长边2中的总磁化磁场的对称性遭破坏，其情况如图4-36b所示。于是，长边1与长边2中的总磁化磁场分别为

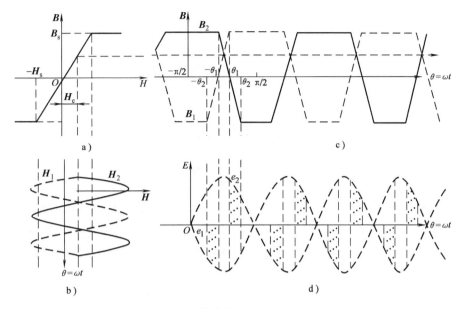

图 4-36 传感器测磁原理示意图

$$\left.\begin{array}{l} H_1 = H_e + H_{1\sim} = H_e + 2H_m\sin\omega t \\ H_2 = H_e - H_{2\sim} = H_e - 2H_m\sin\omega t \end{array}\right\} \tag{4-25}$$

长边 1 与长边 2 中的磁感应强度在未饱和段分别为

$$\left.\begin{array}{l} B_1 = \mu'_d H_e + 2\mu' H_m\sin\omega t \\ B_2 = \mu'_d H_e - 2\mu' H_m\sin\omega t \end{array}\right\} \tag{4-26}$$

式中，B_1 和 B_2 的曲线表示法如图 4-36c 所示。

由 B_1 和 B_2 的数学表达式及图 4-36c 可见，由于迭加了恒定磁场，使长边 1 与长边 2 中的磁感应强度对于时间轴的对称性破坏了。

B_1 与 B_2 在 $\left[-\dfrac{\pi}{2}, +\dfrac{\pi}{2}\right]$ 内，可用下述两组分段函数来表示：

$$B_1 = \begin{cases} -B_s & -\dfrac{\pi}{2} \leqslant \theta \leqslant -\theta_2 \\ \mu'_d H_e + 2\mu' H_m\sin\theta & -\theta_2 \leqslant \theta \leqslant \theta_1 \\ B_s & \theta_1 \leqslant \theta \leqslant \dfrac{\pi}{2} \end{cases} \tag{4-27}$$

$$B_2 = \begin{cases} B_s & -\dfrac{\pi}{2} \leqslant \theta \leqslant -\theta_1 \\ \mu'_d H_e - 2\mu' H_m\sin\theta & -\theta_1 \leqslant \theta \leqslant \theta_2 \\ -B_s & \theta_2 \leqslant \theta \leqslant \dfrac{\pi}{2} \end{cases} \tag{4-28}$$

对式中饱和点的坐标 θ_1 的求取，可按下述方法确定：

令 $\mu'_d H_e + 2\mu' H_m\sin\theta = B_s = \mu' H_s$，则有

$$\sin\theta_1 = \frac{\mu'H_s - \mu'_d H_e}{2\mu'H_m} \tag{4-29}$$

或

$$\theta_1 = \arcsin\frac{\mu'H_s - \mu'_d H_e}{2\mu'H_m}$$

同理，有

$$\sin\theta_2 = \frac{\mu'H_s + \mu'_d H_e}{2\mu'H_m} \tag{4-30}$$

$$\theta_2 = \arcsin\frac{\mu'H_s + \mu'_d H_e}{2\mu'H_m}$$

从物理学中得知，磁心中磁通量 Φ 为其磁感应强度 B 与磁心截面积 S 的乘积，故假定长边1和长边2的截面积相等，即 $S_1 = S_2 = S$，则利用法拉第电磁感应定律便可求得长边1与长边2中 B 的变化。在信号线圈 W_s 中所感生的感应电动势，可分别用下列两组分段函数表示：

$$E_1 = \begin{cases} 0 & -\dfrac{\pi}{2} \leqslant \theta \leqslant -\theta_2 \\ -2\times10^{-8}\mu'H_m W_s S\omega\cos\theta & -\theta_2 \leqslant \theta \leqslant \theta_1 \\ 0 & \theta_1 \leqslant \theta \leqslant \dfrac{\pi}{2} \end{cases} \tag{4-31}$$

$$E_2 = \begin{cases} 0 & -\dfrac{\pi}{2} \leqslant \theta \leqslant -\theta_1 \\ 2\times10^{-8}\mu'H_m W_s S\omega\cos\theta & -\theta_1 \leqslant \theta \leqslant \theta_2 \\ 0 & \theta_2 \leqslant \theta \leqslant \dfrac{\pi}{2} \end{cases} \tag{4-32}$$

函数的变化规律如图4-36d中的 e_1、e_2 所示。

由式（4-31）、式（4-32）可见，在 $-\theta_1$ 到 θ_1 的任何时刻，对应的 e_1、e_2 都大小相等，极性相反，因而互相抵消。于是在 $\left[-\dfrac{\pi}{2},\ \dfrac{\pi}{2}\right]$ 内，在 W_s 中感生的总感应电动势为

$$E_s = \begin{cases} 0 & -\dfrac{\pi}{2} \leqslant \theta \leqslant -\theta_2 \\ -2\times10^{-8}\mu'H_m W_s S\omega\cos\theta & -\theta_2 \leqslant \theta \leqslant -\theta_1 \\ 0 & -\theta_1 \leqslant \theta \leqslant \theta_1 \\ 2\times10^{-8}\mu'H_m W_s S\omega\cos\theta & \theta_1 \leqslant \theta \leqslant \theta_2 \\ 0 & \theta_2 \leqslant \theta \leqslant \dfrac{\pi}{2} \end{cases} \tag{4-33}$$

由上述分析可以看出，当两半心完全对称时，在外加磁场 $H_e \neq 0$ 的情况下，测量线圈 W_s 中产生的总感应电动势 E_s 的重复频率为激励频率的两倍。这就是通常所说的二次谐波法的基本分析。

这个结果在客观上就提出了一个新的问题，即在设计传感器时，必须保持两半心的对称性；否则，在 $-\theta_1 \leqslant \theta \leqslant \theta_1$ 区间内，两半心的感应电动势不能得以抵消掉。又因 E_s 的

重复频率仍等于激励频率，故在 E_s 中将含有激励频率的奇次谐波。为消除奇次谐波的影响，必须使磁心保持对称。

由于 E_s 是属周期性的重复脉冲，故可用富氏分解法来计算 E_s 的二次谐波分量的大小。

2. 傅氏分解法

由式（4-33）可知，E_s 是一奇函数。傅氏分解中的余弦项的系数 $a_n = 0$，$a_2 = 0$。现在计算傅氏分解中正弦项的系数 b_2：

$$
\begin{aligned}
b_2 &= \frac{2}{\pi} \int_{-\frac{\pi}{2}}^{\frac{\pi}{2}} E_s(\theta) \sin 2\theta \mathrm{d}\theta \\
&= \frac{4}{\pi} \mu' H_m W_s S \omega \times 10^{-8} \times \left[\int_{-\theta_2}^{-\theta_1} -\cos\theta \sin 2\theta \mathrm{d}\theta + \int_{\theta_1}^{\theta_2} \cos\theta \sin 2\theta \mathrm{d}\theta \right] \\
&= \frac{4}{\pi} \mu' H_m W_s S \omega \times 10^{-8} \left[\frac{2}{3}\cos^3\theta \mid_{-\theta_1}^{-\theta_2} + \frac{2}{3}\cos^3\theta \mid_{\theta_1}^{\theta_2} \right] \\
&= \frac{16}{3\pi} \mu' H_m W_s S \omega \times 10^{-8} (\cos^3\theta_1 - \cos^3\theta_2)
\end{aligned}
\tag{4-34}
$$

由式（4-29）可知，$\sin\theta_1 = \dfrac{\mu' H_s - \mu'_d H_e}{2\mu' H_m}$，则有

$$
\begin{aligned}
\cos^3\theta_1 &= \sqrt{(1 - \sin^2\theta_1)^3} \\
&= \sqrt{\left[1 - \left(\frac{\mu' H_s - \mu'_d H_e}{2\mu' H_m} \right)^2 \right]^3}
\end{aligned}
\tag{4-35}
$$

同理，有

$$
\cos^3\theta_2 = \sqrt{\left[1 - \left(\frac{\mu' H_s + \mu'_d H_e}{2\mu' H_m} \right)^2 \right]^3}
\tag{4-36}
$$

将式（4-35）和式（4-36）代入式（4-34）中得

$$
b_2 = \frac{16}{3\pi} \mu' H_m W_s S \omega \times 10^{-8} \left\{ \left[1 - \left(\frac{\mu' H_s - \mu'_d H_e}{2\mu' H_m} \right)^2 \right]^{3/2} - \left[1 - \left(\frac{\mu' H_s + \mu'_d H_e}{2\mu' H_m} \right)^2 \right]^{3/2} \right\}
\tag{4-37}
$$

通过合理设计，若使

$$
2\mu' H_m > \mu' H_s + \mu'_d H_e
\tag{4-38}
$$

当满足式（4-38）时，式（4-37）中两个方括弧内的后项均小于 1，这样，式（4-37）中大括弧中的两个中括号幂函数均可用幂级数的前两项的近似值来表示，近似值带来的误差将小于某一值。现将它们分别用幂级数展开，并各取前两项代入式（4-37）后可得

$$
\begin{aligned}
b_2 &\doteq \frac{16}{3\pi} \times 10^{-8} \mu' H_m W_s S \omega \left\{ \left[1 - \frac{3}{2} \left(\frac{\mu' H_s - \mu'_d H_e}{2\mu' H_m} \right)^2 \right] - \left[1 - \frac{3}{2} \left(\frac{\mu' H_s - \mu'_d H_e}{2\mu' H_m} \right)^2 \right] \right\} \\
&\doteq \frac{16}{3\pi} \times 10^{-8} \mu' H_m W_s S \omega \left\{ \frac{3}{8(\mu' H_m)^2} [(\mu' H_s + \mu'_d H_e)^2 - (\mu' H_s - \mu'_d H_e)^2] \right\} \\
&\doteq \frac{16}{3\pi} \times 10^{-8} \mu' H_m W_s S \omega \left\{ \frac{3}{8(\mu' H_m)^2} (4\mu' H_s \mu'_d H_e) \right\} \\
&\doteq \frac{8}{\pi} \times 10^{-8} \mu'_d W_s S \omega \frac{H_s}{H_m} H_e
\end{aligned}
$$

$$\doteq 16 \times 10^{-8} \mu_d' W_s fS \frac{H_s}{H_m} H_e \tag{4-39}$$

$$E_s \doteq 16 \times 10^{-8} \mu_d' W_s fS \frac{H_s}{H_m} H_e \sin2\omega t \tag{4-40}$$

式（4-39）便是测量线圈中输出二次谐波电压的振幅表达式；式（4-40）是测量线圈中感应电动势信号的完整表达式。从上述两式中可得以下结论：

1）传感器测量线圈输出二次谐波的电压振幅与被测磁场 H_e 的大小近似成正比关系，根据这种关系可以测量外磁场。

2）被测磁场变号（即改变方向），二次谐波电压的极性随之改变。

3）传感器输出二次谐波电压的大小，除与被测磁场 H_e 近似成正比关系外，还与传感器磁心对于 H_e 的有效动态相对磁导率 μ_d'、接收线圈的匝数 W_s、磁心有效面积 S、激励磁场的频率 f、磁心的饱和磁场强度 H_s 成正比关系，而与激励磁场的振幅 H_m 成反比。这些将是设计与制造传感器时的重要参数。

3. 时间差法

针对二次谐波法磁通门传感器目前再提高分辨率时遇到的技术瓶颈，美国海军一些研究机构以及我国的吉林大学一些科研人员开始研究时间差型（RTD）磁通门传感器。时间差型磁通门利用磁通门信号脉冲之间的时间差值对被测磁场进行测量。因为时间差量相对幅度受电子电路噪声的影响较小，所以相比传统的二次谐波法磁通门有着更明显的测量优势。同时，时间差型磁通门在对轴向磁场测量时不会如二次谐波型磁通门一样受横向磁场的干扰，因此具有更强的矢量响应特性。对时间差型磁通门进行深入的研究有可能解决现有磁通门分辨力、测量精度难以继续提高的问题，是磁通门研究中一个值得重视的方向。

时间差型磁通门起源于磁通门调峰法的实验。调峰法实验过程如下：在磁通门轴向上添加一个被测磁场，磁通门信号的输出脉冲将会产生偏移，此时记录下脉冲的偏移位置。随后移除被测磁场，在磁通门轴向方向放置通电线圈，从零增大通电电流，使磁通门信号的输出脉冲重新移动到刚才记录的位置。通过电流的大小和线圈参数，可以计算出被测磁场的大小。目前，吉林大学研制的 RTD 磁通门已经将分辨力提高到 0.1nT 以上。

三、磁通门式磁传感器的应用

用磁通门式磁传感器可以构成多种不同用途的测磁仪器。例如，用于磁测量的有地面磁通门磁力仪、地磁台站用三分量磁通门磁力仪、航空磁通门磁力仪、磁通门磁梯度仪、小口径井中磁力仪、微机型磁通门磁力仪；用于探测地下炸弹、地雷等铁磁性物体的探测仪器等。

下面以地磁台站三分量磁通门磁力仪、航空三分量磁通门测量系统以及磁通门磁梯度仪为例，介绍磁通门传感器的应用情况。

1. 地磁台站三分量磁通门磁力仪

地球磁场并不是一成不变的，而是随着时间变化而变化的。从其特征和起因上可以分为两大类型：一类是地球内部场源缓慢变化而引起的长期变化场；另一类是由于地球外部场源引起的短期变化场。地磁场长期变化也称为世纪变化，特征是变化缓慢，周期从几年到几十年甚至更长，如英国伦敦某处在 1600～1700 年的一百年间的磁偏角向西偏移了约 13°，磁倾角增大了 2°。通过研究地磁场长期变化的时空规律可以探索地球内部物质运动，属于固体地球物理的研究课题。地磁场短期变化主要起因于地球外部的各种电流体系，如太阳活动引起的地磁日变。对于以上两类地磁变化，就是利用地磁台站中的磁力仪进行长期、实时观测来进行研究的。而地磁台站中的三分量磁通门磁力仪就可以实时测量和记录地磁场的各种地磁要素，包括北向分量 X、东向分量 Y、垂直分量 Z、水平分量 H、磁倾角 I 和磁偏角 D 等。图 4-37 所示为我国地磁台站普遍使用的 GM4 型磁通门磁力仪。

图 4-37　地磁台站使用的
GM4 型磁通门磁力仪

图 4-38 所示为我国某地磁台站于 2017 年 11 月某日记录的 24h 的地磁日变情况，可以看出一天中北向分量（X）最大变化约为 60nT，东向分量（Y）最大变化约为 30nT，垂直分量（Z）最大变化约为 20nT，水平分量（H）最大变化约为 35nT，而磁倾角和磁偏角变化不大。

2. 航空三分量磁通门测量系统

航空三分量磁通门测量系统通过航空器（如飞机、飞艇、气球或无人机）搭载三分量磁通门磁力仪及附属仪器设备来测量磁性矿产资源引起的地磁场微弱变化，实现地下矿体的空间分布探测，从而快速评估矿产资源及其分布概况。与航空总磁场测量方法相比，其可获得更丰富的地磁场信息，有效减少反演中的多解性，有助于对磁性体的定量解释，提高地下矿体探测分辨率和定位精度，成为航空磁测的主要发展方向之一。图 4-39 所示为基于运 12 固定翼飞机平台的航空三分量磁测系统，其由中国国土资源航空物探遥感中心研制而成。该仪器系统包括高精度三分量磁通门磁力仪、光泵磁力仪、作为姿态仪的高精度 GPS/INS 捷联式惯性导航系统以及三分量磁补偿及数据收录系统等。

3. 磁通门磁梯度仪

测量磁场强度的空间梯度，从原则上讲，可以使用任何型号的 1～2 台测量磁场强度的仪器（通常称为"磁力仪"或"磁强计"的仪器）来完成。如图 4-40 所示，若用一台垂直磁秤测量 B 点的梯度，则需将磁秤分别放在 A 点和 C 点，读出相应的场强 H_1 和 H_2。若 A、C 点间的距离为 Δh，则 B 点的垂直分量垂向梯度 Z_h 为

$$Z_h = \frac{\Delta H}{\Delta h} = \frac{H_2 - H_1}{\Delta h}$$

如果 Δh 相对 B 点到场源的距离足够小，则可认为

$$Z_h \rightarrow \frac{\mathrm{d}H}{\mathrm{d}h}$$

此即磁法工作者熟知的所谓"高抬法"。

用质子磁力仪也可以采用类似的方法测出总向量的垂向梯度。上述方法，在施工工作

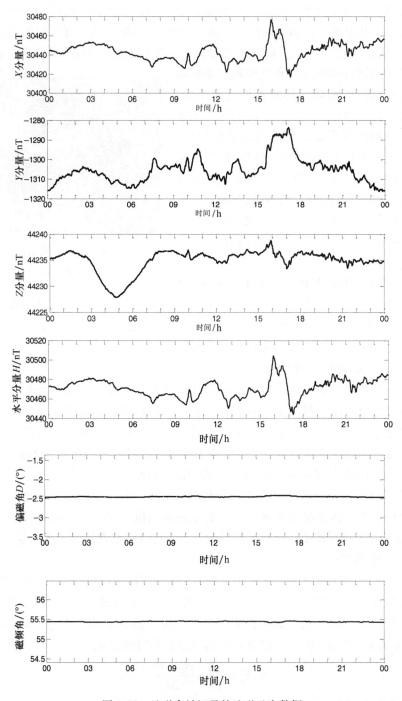

图 4-38 地磁台站记录的地磁日变数据

业时会出现很多实际问题，诸如两点间的距离难于控制得很准，上下两点也不容易对准在一条铅垂线上。由于上下两点不同时测量，磁场的微脉动等因素都会影响精度。另外，观测效率也较低。因此，磁场梯度的测量，必须有可供实际操作使用的、直读梯度值、

图 4-39 我国的航空三分量磁测系统

轻便、效率高的磁力梯度仪，常用的质子旋进式、光泵式和灵敏度极高的超导磁力仪，都可以做成直读式磁力梯度仪。而磁通门磁梯度仪则具备可测量分量梯度、省电、轻便、效率高等特点。

由图 4-41 可知，磁通门磁梯度仪主要由两大部分组成：其一是一个长约 1.2m、直径约 50mm 的管状探杆，在探杆两端，相距 1m 装有两个磁通门探头，两者轴线平行，磁灵敏度一致。探杆的输出信号反映探头所在点的磁场强度的差值。其二是仪器的电子电路部分。它把探头传来的信号进行放大、检波等一系列处理之后，送到显示装置，最后显示测点的磁力梯度值。

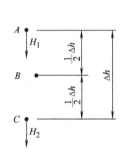

图 4-40 磁场梯度测量

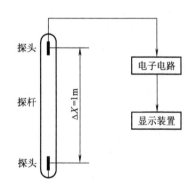

图 4-41 磁通门磁梯度仪基本组成框图

第五节 质子旋进式磁传感器

质子旋进式磁传感器是利用质子在外磁场中的旋进现象，根据磁共振原理研制成功的。用这种传感器制作的测磁仪器，在国内外均得到广泛应用。

一、质子旋进式磁传感器的工作原理

物理学证明物质都是具有磁性的。对含有 H 原子的液体而言，从其分子结构、原子排列和化学价的性质分析得知，氢质子磁矩 M 在地磁场作用下绕外磁场旋进，如图 4-42

所示。质子磁矩旋进的角频率 ω 服从公式 $\omega = \gamma_P T$（γ_P 为质子旋磁比，T 为外磁场强），同时可得频率 $f = \gamma_P T/(2\pi)$。不管从经典力学观点，还是从量子力学观点，此公式的来源均能得以论证。

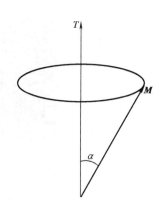

图 4-42　质子磁矩旋进示意图

从图 4-42 中可以看出，质子磁矩 M 在外磁场 T 的作用下，绕外磁场旋进，其轨迹描绘出一个圆锥体，旋进的角频率 ω 又称为拉莫尔频率（Larmor Frequency）。由于 ^{1}H 的 $\gamma_P = 42.56\mathrm{MHz/T}$，因此，根据旋磁比 γ_P 和磁场大小，可以方便地计算出氢质子在不同磁场下的共振频率，也可以通过测量共振频率计算出外磁场大小，质子磁力仪即是根据该方法实现外磁场测量的。需要指出的是，这里没有考虑弛豫时间，是在假设 α 角不变、信号不衰减的前提下分析测磁原理的。但是，在实际工作中共振信号是有弛豫时间且随时间衰减的，那么如何在信号衰减的情况下测量外磁场呢？下面就来介绍这个问题。

二、磁场的测量与旋进信号

在核磁共振中，共振信号的幅度与被测磁场 $T^{\frac{3}{2}}$ 成正比。

当被测磁场很弱时，信号幅度大大衰减。对微弱的被测磁场，用一般的核磁共振检测方法是接收不到旋进信号的。为了测得质子磁矩 M 绕外磁场的旋进频率 f 信号，必须采取特殊方法：使沿外磁场方向排列的质子磁矩，在极化场的激励下，建立质子宏观磁矩，并使其方向垂直（或接近垂直）于外磁场方向。

通常采用预极化方法（或辅助磁场方法）来建立质子宏观磁矩，以增强信号幅度。具体作法是：用圆柱形玻璃容器装满水样品或其他含氢质子液体作为灵敏元件，在容器周围绕上极化线圈和测量线圈（或共用一个线圈），使线圈轴向垂直于外磁场 T 方向。在垂直于外磁场方向加一极化场 H（该场强约为外磁场的 200 倍）。在极化场作用下，容器内水中质子磁矩沿极化场方向排列，形成宏观磁矩，如图 4-43 所示。一旦去掉极化场，质子磁矩则以拉莫尔旋进频率绕外磁场旋进。当质子磁矩在旋进过程中切割线圈，使线圈环绕面积中的磁通量发生变化时，在线圈中就会产生感应电动势，如图 4-44 和图 4-45 所示。

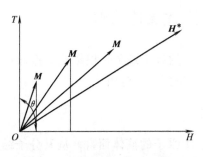

图 4-43　预极化法方法示意图

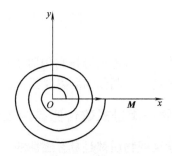

图 4-44　M 衰减示意图

若测量感应电动势的频率，就可测量出外磁场的大小。因为极化场 H 大于外磁场 T，故此法可使信噪比增大 $\dfrac{H}{T}$ 倍。设外磁场 T 为 0.5×10^{-4}T，极化场 H 为 100×10^{-4}T，则可使信噪比增大 200 倍。

在自由旋进的过程中，磁矩 M 的横向分量以 T_2（横向弛豫时间）为时间常数并随时间逐渐趋近于零；在测量线圈中所产生的感应信号，也是以 T_2 为时间常数按指数规律衰减的。这一现象由图 4-44 和图 4-45 不难说明。

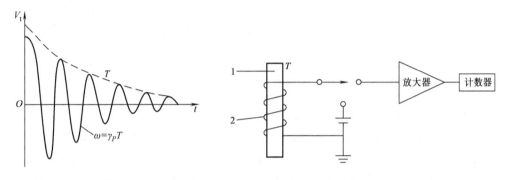

图 4-45　感应信号衰减示意图　　　　　图 4-46　质子旋进式磁传感器
1—蒸馏水　2—线圈

图 4-46 所示为质子旋进式磁传感器示意图。传感器的核心部分是一个容量为 500mL 左右的有机玻璃容器（内装蒸馏水），在容器外面绕以数百匝的导线，使线圈轴向与外磁场方向大致垂直，线圈中通以 1~3A 的电流，而形成约 0.01T 的极化场，使水中质子磁矩 M 指向极化场 H 的方向。若迅速撤去极化磁场，则 M 的数值与方向均来不及变化，弛豫过程来不及影响 M 的行为，此时，质子磁矩在自旋和外磁场 T 的作用下以角速度 ω 绕外磁场 T 旋进。在旋进的过程中，周期性切割外绕的线圈，在测量线圈中产生出感应信号。由于弛豫过程的作用，其信号幅度 V_t 的大小随时间按指数规律衰减，其表示式为

$$V_t = V_0 \mathrm{e}^{-\frac{t}{T_2}} \tag{4-41}$$

式中　T_2——横向弛豫时间；

　　　V_0——信号初始幅度。

如果接收线圈有 W 匝，所包围的面积为 S，充填因子为 α，则质子旋进信号强度的表达式为

$$V_0 = 10^{-8} \times 4\pi\alpha W\omega SM_0 \sin\omega t \tag{4-42}$$

式中　M_0——磁化强度。

在实际工作时，线圈轴向与外磁场 T 的夹角 θ 不正好保持 $90°$，并由实测得知，总磁矩量值与 $\sin\theta$ 成正比，所以，自由旋进感应信号的电压幅值与 $\sin^2\theta$ 成正比。又考虑到旋进信号按指数规律衰减的特点，其感应信号完整表达式应为

$$V_t = 10^{-8} \times 4\pi\alpha W\omega SM_0 \sin^2\theta \sin\omega t \, \mathrm{e}^{-\frac{t}{T_2}} \tag{4-43}$$

由式（4-43）可知，θ 角的大小只影响质子旋进信号的振幅大小，而并不影响质子旋

进频率，故在实际测量中，探头无需严格定向。$\theta = 90°$ 时，信号最大。

由实验得知，对于几百立方厘米的样品，线圈为数百匝的传感器，在较好的情况下，质子感应信号仅为 0.5mV 左右。感应信号的衰减还和外磁场梯度的大小有关。理论分析和实验表明，测量线圈中产生的感应信号频率即为质子磁矩的旋进频率，这和以前所述的 $f = \dfrac{\gamma_P}{2\pi} T$ 公式是一致的。

用这种质子旋进式磁传感器测量外磁场的主要优点是：精度高，一般在 0.1 ~ 10nT 范围内；稳定性好（因 γ_P 是一常数，其值只与质子本身有关，而与外界温度、压力、湿度等因素均无关）；工作速度快，可直读外磁场值；绝对值测量等。其缺点是：极化功率大，只能进行快速点测；受磁场梯度影响较大。

三、质子旋进式磁传感器的设计

1. 利用质子旋进原理测量外磁场的特点

质子旋进式磁力仪是用来测量地球磁场的。首先是测量精度高，由均方误差公式计算得到极限精度为 0.02nT。采用先进测试技术，精度还可以提高。其次是稳定性好，这是因为旋磁比 γ_P 只是与质子本身有关的物理量有关，而与温度、压力、湿度等因素均无关。另从 $f = \dfrac{\gamma_P}{2\pi} T$ 可以看出，测量参数是频率 f，若采用先进的测频技术（如采取倍频措施），则可达到提高精度的目的。相对磁秤测量地磁场而言，它可以不调水平，不严格定向，因而可快速测量，提高工作效率。测量参数虽然是频率，但是应该注意：必须借助别的办法来直接显示地磁场值；必须考虑到极化功率大（十几瓦至数十瓦）、极化周期长、不能连续测量、受磁场梯度影响大等不利因素。因此，设计时应想办法充分发挥有利特点，应尽量避免或减少不利因素的影响。

2. 样品选择

选择样品一定要选择水或含有质子的液体，如酒精、煤油、甘油等。几种溶液的弛豫时间 T_1、T_2 数值见表4-4。

如果设计的传感器系用于磁测作业，因水的纵向弛豫时间 T_1 和横向弛豫时间 T_2 较长，故适合地面操作；如果有自动化程度高

表4-4　样品弛豫时间

溶液	时间/ s	
	T_1	T_2
水	2.3	3
煤油	0.7	1

的测频装置，则可选用 T_1、T_2 时间短的样品；如果在空中磁测，由于飞机航速快，选择煤油作为样品则是合适的；如果在低温地区工作，除考虑 T_1、T_2 外，还应考虑选择冰点低的样品（如甘油）。

3. 容器的选择

考虑到无磁性、价格便宜、加工方便，选择有机玻璃材料制做容器是合适的。由实验和理论计算结果表明，容器的直径和长之比为 1:1.2（1.3）的圆柱形较合适。

4. 激发与接收

据前述可知，极化场方向应垂直于地磁场，极化场的大小应大于被测磁场（地磁场）

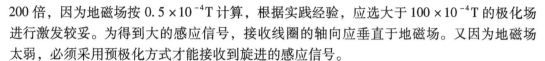

200 倍，因为地磁场按 0.5×10^{-4}T 计算，根据实践经验，应选大于 100×10^{-4}T 的极化场进行激发较妥。为得到大的感应信号，接收线圈的轴向应垂直于地磁场。又因为地磁场太弱，必须采用预极化方式才能接收到旋进的感应信号。

接收线圈的种类很多，有地面传感器用的单线圈、空中磁测用的双线圈、地震台站用的环形线圈、适合海洋用的三轴式线圈，如图 4-47 所示。

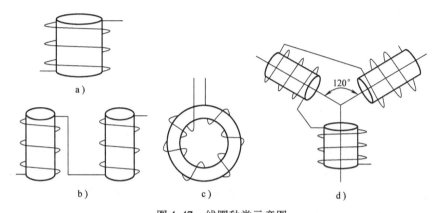

图 4-47　线圈种类示意图

a）单线圈　b）双线圈　c）环形线圈　d）三轴式线圈

四、质子旋进式磁传感器的应用

根据质子旋进原理研制的仪器类型较多，可用于地面、空中、海洋的找矿勘探作业，亦可用于地震台站的地震预报、水文工程勘测等方面。

图 4-48 为国内外广泛应用的 GEM—19T 质子磁力仪，其由加拿大 GEM 公司研制。其优点是：全方位磁探头；无指北要求，非常有利于野外工作；可灵活设置测线号和测点号，具有观测质量监控功能；可以及时处理质量不合格的数据；可在主机屏幕上实时显示观测磁场变化曲线；通过 RS232 接口，快速下载或上传观测数据，速率高达 115200bit/s；可装配 GPS 用于移动测量；可预设基站观测功能用于进行日变校正；基站观测和野外流动观测之间具有高精度的时间同步。其主要技术参数如下：

图 4-48　GEM—19T 质子磁力仪

1）灵敏度：0.15nT（1s 采样间隔）；0.05nT（4s 采样间隔）。

2）分辨力：0.01nT。

3）绝对精度：±0.2nT。

4）动态范围：20000～120000nT。

5）梯度容差：>7000nT/m。

6）采样率：作为磁日变站使用时 3～3600s 可选；移动观测等待时间 3～10s 可选；

步行模式 0.5 ~ 2s 可选；快速步行模式 0.2 ~ 2s 可选。

7）温漂：0.0025nT/℃（环境温度为 0 ~ 40℃）；0.0018nT/℃（环境温度为 0 ~ +55℃）。

8）工作温度：-40 ~ +55℃。

GEM—19T 质子磁力仪主要用于地面磁法勘探工作，如铁矿或其他金属矿床的普查和详查；在航空、海洋磁测中用于军事目标探测和海底油气资源勘探；在地磁台站中用于地磁日变观测。

第六节 光泵式磁传感器

光泵式磁传感器是高灵敏度光泵磁力仪的核心部件。它是以某些元素的原子在外磁场中产生的塞曼分裂为基础，并采用光泵和磁共振技术研制成的。

利用光泵式磁传感器做成的测磁仪器，是目前实际生产和科学技术应用中灵敏度较高的一种磁测仪器。它同质子旋进式磁力仪相比有以下特点：灵敏度高，一般为 0.01nT量级，理论灵敏度高达 $10^{-2} ~ 10^{-4}$nT；响应频率高，可在快速变化中进行测量；可测量磁场的总向量 T 及其分量，并能进行连续测量。

利用光泵式磁传感器做成的磁力仪的种类较多。按共振元素的不同，可分为氦（He）光泵磁力仪，其中又分 ^{3}He、^{4}He 光泵磁力仪；碱金属光泵磁力仪，其共振元素有铷（^{85}Rb、^{87}Rb）、铯（^{133}Cs）、钾（^{39}K）、汞（Hg）等。对碱金属而言，受温度影响较大，如铯（^{133}Cs）元素在 43℃ 左右方可变成蒸气状态，而只有在蒸气状态下时才能产生光泵作用。对 ^{4}He、^{3}He 而言，因其本身是气体状态，无需加热至恒温，但需将它激励使其处于亚稳态，才能产生光泵作用。这些条件在设计与制造仪器时，必须予以重视。

光泵磁力仪一经出现就引人注目。目前，国内外已将其应用于国防工程、空间磁场测量、地磁场微变测量、区分矿与非矿异常以及天然地震预报等领域中。

本节主要介绍 ^{4}He 光泵式磁传感器的物理基础、测磁原理、传感器组成及其应用等。

一、氦（^{4}He）光泵式磁传感器的物理基础

原子物理学中有关于原子能级和能级量子化，以及原子能级分布规律等问题是了解和认识 ^{4}He 光泵式磁传感器的理论基础，现分述相关的几个物理概念。

1. 塞曼效应

塞曼效应是指在外磁场中原子能级产生分裂的现象，它是光泵磁测的理论基础。图 4-49 所示是塞曼效应实验实例示意图。在实例中，将发光元素置于 O 点，并处在弱磁场（方向为 z）中，此时谱线产生了分裂。

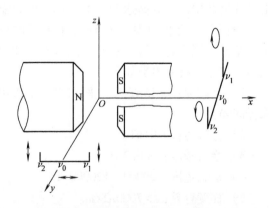

图 4-49 塞曼效应实验示意图

在垂直于磁场方向（即 x 方向）观察时，发现谱线分裂情况是：中间一条 ν_0 是沿磁场方向偏振的，两边的 ν_1、ν_2 是以 ν_0 为中心呈对称状态的，而 $\nu_1 - \nu_0 = \nu_0 - \nu_2$。在 ν_1 和 ν_2 处的谱线，是沿垂直磁场方向偏振的。

沿磁场方向（即 y 方向）观察时，中间那条 ν_0 谱线消失了，ν_1、ν_2 处各出现了旋转方向相反的圆偏振光（见图 4-49）。

上述偏振光中，沿磁场方向偏振的称为 π 成分，其他两条偏振光称为 σ 成分。我们知道谱线分裂是以原子能级分裂为基础的，分裂间距 $\nu_1 - \nu_0 = \nu_0 - \nu_2$ 与外磁场强度成正比。

塞曼效应有正常和反常塞曼效应之分。正常塞曼效应是在弱磁场中，电子自旋量子数为零（$S = 0$）时产生的塞曼效应。反常塞曼效应是在弱磁场中，电子自旋量子数不为零（$S \neq 0$）时产生的塞曼效应。

这里要介绍的光泵式磁传感器，不管是碱金属 Cs、Rb，还是 ^{4}He、^{3}He 光泵传感器，电子自旋量子数均不为零（$S \neq 0$），并且均是在弱磁场中工作，故属反常塞曼效应。

2. 反常塞曼效应的能级分裂

当原子在弱磁场 H 中时，总的轨道动量矩 P_l 和总的自旋动量矩 P_s 之间的"耦合"没有被拆开，这时，原子的壳层动量矩 P_j 将带着 P_l 和 P_s 一起绕磁场 H 旋进，如图 4-50 所示。由图 4-50 可看出，磁场将使原子获得的附加能量为

$$\Delta E_H = -\mu_j H\cos\theta \qquad (4\text{-}44)$$

式中　θ——磁场 H 和壳层磁矩 μ_j 之间的夹角。

如果像碱金属那样，只有一个外层电子在起作用，问题就变得简单了，这时只考虑单电子的内量子数就可以了，即

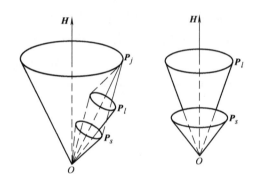

图 4-50　弱磁场中的 P_j、P_l、P_s 旋进

$$\Delta E_H = -\mu_{jH}H = -\mu_j H\cos\theta \qquad (4\text{-}45)$$

式（4-44）可写成下列形式：

$$\Delta E_H = -\mu_{jH}H \qquad (4\text{-}46)$$

式中　μ_{jH}——μ_j 在磁场 H 方向上的投影，按下式计算：

$$\mu_{jH} = g_j m_j \mu_B \qquad (4\text{-}47)$$

式中　g_j——能级的朗德因子；

μ_B——玻尔磁子，$\mu_B = \dfrac{eh}{4\pi mc}$，$e$ 为电子电荷，h 为普朗克常数，m 为电子的静止质量，c 为光速；

m_j——磁量子数。

将式（4-47）代入式（4-46）得

$$\Delta E_H = -g_j m_j \mu_B H = -g_j m_j f_0 h \qquad (4\text{-}48)$$

式中 f_0——拉莫尔旋进频率；

    h——普朗克常数。

假设原子跃迁能级为 E_1、E_2。在外磁场作用下，这两个能级各自有附加能量 ΔE_1、ΔE_2。原子就在附加能量的能级上产生跃迁（见图4-51）。根据玻尔频率条件，这时的跃迁频率为

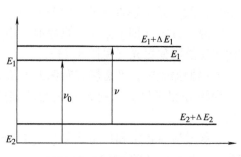

图4-51 原子能级跃迁示意图

$$\nu = \frac{1}{h}\left[(E_1 + \Delta E_1) - (E_2 + \Delta E_2)\right]$$

$$= \nu_0 + (g_{j2}m_{j2} - g_{j1}m_{j1})\frac{\mu_B \boldsymbol{H}}{h} \quad (4\text{-}49)$$

$$= \nu_0 + (g_{j2}m_{j2} - g_{j1}m_{j1})f_0$$

式中 ν_0——无外磁场作用时 E_1、E_2 间的跃迁频率，即 $\nu_0 = \frac{1}{h}(E_1 - E_2)$；

    g_{j1}、g_{j2}——E_1、E_2 能级的朗德因子；

    m_{j1}、m_{j2}——E_1、E_2 能级的磁量子数。

由式（4-49）可以看出，在磁场中产生分裂后的谱线，相对于中心频率的间距为

$$\Delta\nu = (g_{j2}m_{j2} - g_{j1}m_{j1})f_0 \quad (4\text{-}50)$$

根据原子物理学原理得知，原子磁子能级间的跃迁是按跃迁规则进行的：

$$\Delta m_j = m_{j2} - m_{j1} = 0, \pm 1 \quad (4\text{-}51)$$

当 $\Delta m_j = 0$ 时，有

$$\Delta\nu = m_{j2}(g_{j2} - g_{j1})f_0 \quad (4\text{-}52)$$

当 $\Delta m_j = \pm 1$ 时，有

$$\Delta\nu = \left[m_{j2}(g_{j2} - g_{j1}) \pm g_{j1}\right]f_0 \quad (4\text{-}53)$$

式（4-52）和式（4-53）就是原子在磁场中产生反常塞曼效应时谱线分裂的间距。分裂后谱线的条数和间距大小，视具体情况而定。

3. 氦（^{4}He）原子能级的塞曼分裂

氦原子有两个电子、两个质子和两个中子，核自旋互相抵消，核磁矩为零。在一般情况下，两个电子都处在1S轨道，充满 $n = 1$ 轨道，$L = 0$，表现不出轨道磁矩；根据泡利不相容原理，两个电子的自旋也必然相反，也显示不出电子的自旋磁矩。因而氦原子在外磁场中不会产生塞曼分裂，也就无法利用 ^{4}He 进行光泵磁测了。

但是，人们终于使没有磁矩的 ^{4}He 产生了磁矩，并用它来测量磁场。具体办法是：将一电子激发到较高能级的轨道上，另一电子仍处在 1S 态（基态）。处在激发态的高能级上的电子，根据空间量子化原理，其自旋状态有两种取向，一种是和处在基态（1S）的电子的自旋方向相同，另一种是相反。相同时所表现的总自旋量子数 $S = \frac{1}{2} + \frac{1}{2} = 1$，相反时 $S = \frac{1}{2} - \frac{1}{2} = 0$。

当 $S=0$ 时，由于 $l_1=l_2=0$，所以 $J=0$，即在磁场作用下，能级不发生分裂，表现为单重能级，称这种情况为仲氦。

当 $S=1$ 时，由于 $l_1=l_2=0$，所以 $J=1$，在外磁场作用下，能级分裂为 $2J+1=3$ 个能级，能级表现为三重态，这种情况称为正氦。

根据原子物理学，氦原子发生跃迁，服从的选择定则是 $\Delta l=\pm1$，由于辐射过程不影响电子的自旋运动，因而 $\Delta S=0$，这样就有 $\Delta J=0,\ \pm1$。根据选择定则，S 能级只可以和 P 能级之间产生跃迁，而 P 能级也只可以和 S 能级之间产生跃迁。由于 $\Delta S=0$，所以在单重能级和三重能级之间不存在跃迁，就是说，在仲氦和正氦之间不能直接产生跃迁。根据选择定则，单重能级和三重能级不可能直接跃迁到基态，相对而言，2^3S_1 态是比较稳定的，称这种状态为亚稳态，光泵式磁传感器就是利用亚稳态正氦作为样品的。

^{4}He 亚稳态的各项量子数和 g 因子数值见表 4-5，其在磁场中的分裂能级如图4-52所示。

表 4-5　^{4}He 各项量子数和 g 因子数值表

状态	L	S	J	g	m_j（m_s）
2^3S_1	0	1	1	2	0，±1
2^3P_0	1	1	0	—	0
2^3P_1	1	1	1	3/2	0，±1
2^3P_2	1	1	2	3/2	0，±1，±2

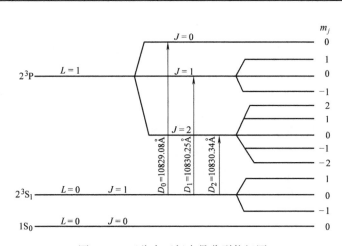

图 4-52　亚稳态正氦塞曼分裂能级图

通过对塞曼效应的分析，可得到以下几点结论：

1）塞曼分裂后，相邻能级之间的能量差极小，要观察这样小的分裂情况，只有通过能级间受激跃迁的方法，也就是用磁共振的方法进行检测。这里所指的受激跃迁，受激能量来自光，也就是通常所说的光泵（光抽运）方式。

2）磁共振的频率大小取决于相邻能级间的能量差（ΔE），$\Delta E=h\nu$。

3）由于塞曼分裂后，磁子能级间能量很小，信号只有微伏量级，要观察这样小的信号，必须外加一射频场并用电子接收技术来完成。

4）在磁共振过程中，其他量子数不发生变化，而只有磁量子数在选择定则的范围内变化，^{4}He 光泵式磁传感器就是在这种情况下工作的。

二、氦（^{4}He）光泵式磁传感器的测磁原理

根据上述可知，^{4}He 原子在稳态下既不具有核磁矩，也不具有壳层磁矩，整个原子不显示磁性，在外磁场中不产生塞曼能级分裂。然而，当把 ^{4}He 原子中一电子激发到亚稳态时，对正氦 $S=1$ 的情况，则具有电子自旋磁矩。这时可将此情况归结为单个电子的自旋磁矩来考虑，也就是原子的总磁矩 μ_j 等于电子的总自旋磁矩 μ_s，即 $\mu_j = \mu_s$。由于电子自旋磁矩是在外磁场作用下，故在外磁场方向上的投影为

$$\mu_{sT} = -m_s \gamma_s \frac{h}{2\pi} \tag{4-54}$$

式中　γ_s——电子的总旋磁比。

由前面所述，外磁场 T（弱磁场）作用在磁矩 $\mu_j = \mu_s$ 上的附加能量为

$$\Delta E_T = -\mu_j T \cos\varphi \tag{4-55}$$
$$= -\mu_s T \cos\varphi$$
$$= -\mu_{sT} T$$

式中　φ——T 和 μ_j 之间的夹角。

将式（4-54）代入式（4-55）得

$$\Delta E_T = \gamma_s m_s \frac{h}{2\pi} T \tag{4-56}$$

在亚稳态（2^3S_1）中，$J=1$，$m_j = 0$，± 1。对 $J=1$ 的亚稳态在外磁场中分裂为三个能级，两相邻磁子能级间的能量差为

$$\Delta E_T = \gamma_s \frac{h}{2\pi} T \tag{4-57}$$

式（4-57）说明，由于塞曼效应的结果，氦原子在外磁场作用下产生能级分裂之后，相邻磁子能级间的能量差是外磁场 T 的函数，并且与外磁场成正比。如果设法测出 ΔE_T 的大小，由于旋磁比 γ_s 是已知的，外磁场 T 也就得知了。

由上述分析得知，跃迁过程中辐射的光子能量恰好等于两相邻能级间的能量差，即

$$\Delta E_T = hf \tag{4-58}$$

式中　f——辐射频率；

h——普朗克常数。

将式（4-58）代入式（4-57）得

$$hf = \gamma_s \frac{h}{2\pi} T$$

即

$$f = \gamma_s \frac{T}{2\pi} \tag{4-59}$$

由式（4-59）可看出，频率 f 与外磁场 T 成正比关系，只要测出频率 f 即可求得外磁场 T 的大小。式（4-59）为 ^{4}He 光泵式磁传感器测磁原理公式。

为进一步理解测磁原理和作用机理，下面分别对光泵作用和磁共振作用进行介绍。

1. 光泵作用

为产生光泵作用，首先需要有一个光源，这个光源就是氦灯。灯管中充满光谱纯度 99.99% 的氦气，管内气压为 $(7 \sim 8) \times 133.3\ Pa$，用 $30 \sim 50\ MHz$ 高频激发振荡器激发，使灯管中 ^4He 原子的一个电子激发到 2P 态上去，由 P 态到 S 态之间产生自发跃迁，这种跃迁产生 D 线（D_0、D_1、D_2），用 D 线去照射吸收室中的亚稳态正氦。

吸收室中的 ^4He 气体，用高频激发振荡器将 ^4He 气体激发到 2^3S_1 亚稳态，亚稳态 ^4He 在外磁场 T 作用下产生能级分裂。分裂后能级上的原子，吸收灯射来的 D 线，跃迁到高能级上去，便产生光泵作用。

光泵作用的实质就是利用光使原子磁矩达到定向排列的过程，故也称光学取向。

下面以 D_1 线右旋光为例进一步加以说明。

由 ^4He 灯发生的 D_1 线照射吸收室中亚稳态正氦时，由于光线方向和外磁场方向一致，因而 D_1 线中的 π 成分不起作用（在光敏元件中接收不到），σ 成分将使符合选择定则 $\Delta m_j = \pm 1$ 样品的原子产生跃迁。对于右旋偏振光的 D_1 线，使样品原子产生跃迁按选择定则 $\Delta m_j = +1$ 进行，如图 4-53 所示。由图中可以看出，

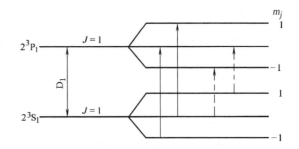

图 4-53 D_1 线作用下 ^4He 亚稳态原子的光泵作用示意图

2^3S_1 态的 0、-1 磁子能级上的原子，按选择定则跃迁到 2^3P_1 态的 $J=1$ 的 +1、0 磁子能级上，在此停留 $10^{-8}s$ 后，又以相等几率自发跃迁回到 2^3S_1 亚稳态的各个磁子能级上去。不难看出，经过上述过程往复一段时间后，将使原子富集在 $m_j = +1$ 的能级上，这种在光线作用下使原子向某一能级富集的过程便形成光泵作用。光泵作用的结果是使原子的磁矩达到定向排列。

2. 磁共振作用

在上述情况下，用射频场打乱原子磁矩定向排列的过程叫作磁共振作用。其具体过程是：在垂直于外磁场方向（即垂直于光轴）加一交变的磁场——射频场，使射频场的频率 f_0 等于相邻磁子能级间的跃迁频率。根据受激跃迁原则，射频场将使富集在 $m_j = +1$ 磁子能级上的原子，产生受激跃迁。首先向 $m_j = 0$ 磁子能级上跃迁，再逐渐向 $m_j = -1$ 磁子能级跃迁，使原子的分布规律服从玻耳兹曼分布规律。于是原子磁矩的定向排列被打乱，完成了磁共振的整个过程。

下面从吸收室光的强或弱（也就是从光学检测）的角度出发，分析光泵作用和磁共振作用的全过程。在原子磁矩取向前，吸收室中大量亚稳态正氦原子吸收由氦灯射来的 D 线，原子通过光泵作用将原子磁矩定向排列到某一能级上去，这时透过吸收室的光线相对比较少，此时刻称作光弱（暗）；当原子磁矩取向以后，吸收室内的原子磁矩已排列好，不再吸收 D 线，而透过吸收室的光相对变强，此时称作光强（亮）。当发生磁共振时，即原子磁矩取向被打乱，吸收 D 线产生光泵作用而重新取向，此时为暗。若能测量

出通过吸收室样品光线最暗时的射频场频率，也就求得了磁共振（吸收）频率。

磁共振频率在数值上等于原子在亚稳态（2^3S_1）的磁子能级间的跃迁频率 f_0（Hz）。由式（4-59）可得到

$$f_0 = \frac{\gamma_s}{2\pi}T = 28.02356T \tag{4-60}$$

式中 T——被测外磁场值。

式（4-60）也可写成

$$T = 0.03568426f_0 \tag{4-61}$$

式中，T 的单位为 nT。

这和前面所推导的磁测公式是一致的。当测出磁共振时射频场的频率 f_0 时，也就得到了被测的外磁场 T。

三、氦（^{4}He）光泵式磁传感器的组成及工作原理

^{4}He 光泵式磁传感器是由吸收室、氦灯、两个透镜、偏振片、$\lambda/4$ 波长片和光敏元件等组成的。图 4-54 所示为其组成框图。

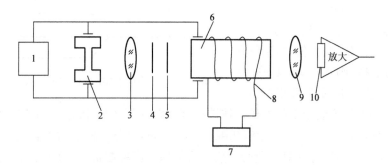

图 4-54　^{4}He 光泵式磁传感器的组成框图

1—高频激发振荡器　2—氦灯　3—透镜1　4—偏振片　5—$\frac{1}{4}\lambda$ 波长片

6—吸收室　7—RF 振荡器　8—射频线圈　9—透镜2　10—光敏元件

1. 吸收室

吸收室内充以 ^{4}He 气体。吸收室一般呈圆柱形（直径 3.5cm，长 5cm），以便使圆偏振光通过吸收室时反射为最小，提高光的利用效率。

吸收室的体积大小要综合考虑。从原子极化情况考虑，体积大，原子极化多，信号也大。但体积大会使各点磁场不均匀，使共振线加宽，降低测量精度。另外，体积大需要大功率激发。根据实验与理论计算综合考虑，吸收室体积约 45cm^3。另外，吸收室内气压大小的选择，必须予以重视。如果气压太高，泵激原子增多，这固然可使共振信号加强，但也使弛豫时间变短，使原子碰撞次数加多，产生强烈的去取向作用，从而使共振线加宽，降低测量精度。经过多次实验，认为气压为 29.33Pa 较好。

吸收室一般采用无电极激发方式，这是一种电离过程，它可以使电子动能传给原子，使 ^{4}He 原子由基态 1S 被激发到亚稳态 2^3S_1，即要求激发的动能等于两个能级之间的能量

差，符合 $\Delta E_T = hf$ 公式。通过计算，可得到

$$f = \frac{ek}{4\sqrt{2}\pi\sigma^2 ph}E \tag{4-62}$$

式中 k——玻耳兹曼常数；

σ——原子半径；

p——气压；

E——电场强度；

e——电子电荷；

h——普朗克常数。

由式（4-62）可见，如果跃迁频率不变的话，必须使外加电场 E 和气压 p 的关系为正比关系。这为设计和制作高频激发振荡器提供依据。另外，关于吸收室制作材料问题经实验认为，选用 GG54 型派勒克斯玻璃为宜，且真空度要求在 133.3×10^{-6} Pa 以上。

2. 光源——氦灯

氦灯是一个发光器件，要产生 D 线，照射吸收室。对灯的要求有两个：一是要求光有足够的强度；二是要求发出的光具有一固定的波长。光的发光强度是通过灯中气压保证的，如果气压加大则亮度增加，如果气压太高，使原子热碰撞增加，致使散射加大，使氦灯中谱线复杂，光敏元件接收的噪声增加。而一定波长的光则由激发的强弱决定。经过实验和理论计算认为，气压约等于 5mmHg（1mmHg = 133.322Pa）为宜。氦灯选用哑铃形为宜，其颈部使光集中而类似于点光源，能发出的光较强。

3. 透镜

如图 4-54 所示，透镜 1 的作用是将点光源变成平行光。这里点光源指的是氦灯。透镜 2 的作用是把吸收室射出的平行光变成聚焦光，便于光敏元件的检测。制作时可将焦距做得小些，使体积亦小些。

4. 圆起偏器

圆起偏器由偏振片和 $\lambda/4$ 波长片组成。其目的是将 $1.08\mu m$ 波长的平行光变成圆周极化光。从物理学中可知，右旋光，$\Delta m_j = +1$；左旋光，$\Delta m_j = -1$；线偏振光，$\Delta m_j = 0$。为此，首先是用偏振片将 $1.08\mu m$ 波长的光变成线偏振光，也就是将正常光变为极化光。然后，再用 $\lambda/4$ 波长片把线偏振光变成圆周极化光。

5. 光敏元件

光敏元件是光电转换器件，要求噪声小，响应波长一定要与共振元素的波长相对应。表 4-6 列出了不同共振元素谱线的波长，供选用光敏元件时参考。

表 4-6 不同共振元素波长表 （单位：Å）

类 型	^{133}Cs	^{87}Rb	^{85}Rb	^{4}He
D_1 线	8943	7948	7948	D_0 : 10829.08
D_2 线	8525	7800	7800	D_1 : 10830.25 D_2 : 10830.34

对自激式光泵式磁传感器，由于响应频率较高，对 ^{4}He 有 1.4MHz/0.5×10^{-4}T，应选

用响应频率较高的硅光敏器件为宜。对跟踪式则应选用与调制频率相符合的光敏元件，对^{4}He 而言，调制频率一般选 280Hz 或 175Hz，用 PbS 光敏电阻可较好完成光电转换任务。

下面介绍^{4}He 光泵式磁传感器的工作原理。

首先将测磁传感器置于被测外磁场中，并使传感器的轴向与外磁场方向平行，其后将高频激发振荡器打开，激发氦灯使其发出 D 线，激发^{4}He 吸收室使其处于亚稳状态。这时氦灯发出的 D 线经过透镜 1 变成平行光，再经偏振片和 $\lambda/4$ 波长片变成圆周极化光，直射至吸收室中的亚稳态正氦上，正氦在外磁场作用下产生塞曼分裂，塞曼能级 2S 态原子吸收 D 线，跃迁到 2P 态而产生光泵作用。光泵作用结果使原子磁矩取向于 2S 态某一磁子能级上，然后由 RF 振荡器提供的射频能量，打乱亚稳态中某一磁子能级上原子磁矩的取向，产生磁共振作用。当测出磁共振时射频场的频率 f_0 后，根据式（4-61）即可求出被测外磁场 T 的大小。

由前所述，磁共振频率 f_0 是由光敏元件监视吸收室，通过光线的弱或强的变化来检测的，即由射频振荡器指示出的吸收室最暗时刻相对应的频率，就是所要测量的共振频率 f_0。

四、氦（^{4}He）光泵式磁传感器的应用

中国国土资源航空物探遥感中心一直从事高精度氦光泵磁力仪的研制工作，其研制的光泵磁力仪种类丰富，主要用于地面地磁测量和航空磁测。其中用于地面磁测的仪器主要有 HC—90D 和 HC—95（A 型和 B 型），用于航空磁测的仪器主要有 HC—90K 和 HC—2000 型。这些仪器经过不断改善，灵敏度最高可达 0.0025nT，测磁范围达 30000～90000nT。在实际应用中，这些仪器除可以测量总场外，也可以采用多仪器或多探头来进行磁场梯度的测量。图 4-55a 所示为 HC—2000 型航空光泵磁力仪。图 4-55b 为利用 4 个 HC—2000 型光泵磁力仪安装在运 12 固定翼飞机上形成航空全轴磁梯度测量系统，测量地磁场的水平梯度和垂直梯度值。该系统在我国的地球物理磁法勘探、矿产普查和地质调查工作中发挥了极重要的作用。

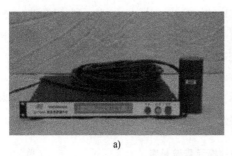

a)   b)

图 4-55 HC—2000 型航空光泵磁力仪及其组成的航空全轴磁梯度测量系统

第七节 SQUID 磁传感器

超导量子干涉器（Superconducting Quantum Interference Device，SQUID）磁传感器是

20 世纪 60 年代中期发展起来的一种新型的灵敏度极高的磁传感器。它是以约瑟夫逊（JosePhson）效应为理论基础，用超导材料制成的在超导状态下检测外磁场变化的一种新型磁测装置。

SQUID 磁传感器灵敏度极高，可达 10^{-15}T 量级，比灵敏度较高的光泵式磁传感器要高出几个数量级；它测量范围宽，可从零场测量到数千特斯拉；其响应频率可从零响应到几千兆赫。这些特性均是其他磁传感器所望尘莫及的。

由 SQUID 磁传感器制成的磁测设备，应用极为广泛。在研究深部地球物理时，用带有 SQUID 磁传感器的大地电磁测深仪进行大地电磁测深，效果甚好。SQUID 在古地磁考古、测井、重力勘探及预报天然地震中，也具有重要作用。

在生物医学方面，应用 SQUID 磁测仪器可测量心磁图、脑磁图等，从而出现了神经磁学、脑磁学等新兴学科，为医学研究开辟了新的领域。

在固体物理、生物物理、宇宙空间的研究中，SQUID 可用来测量极微弱的磁场，如美国国家航空宇航局用 SQUID 磁测仪器测量了阿波罗飞行器带回的月球样品的磁矩。此外，SQUID 技术还可用于制作电流计、基准电压、计算机中存储器、通信电缆等；在超导电动机、超导输电、超导磁流体发电、超导磁悬浮列车等方面均有应用。

SQUID 磁测仪器要求在低温条件下工作，需要昂贵的液氦和制冷设备，这给 SQUID 磁测技术的广泛应用带来了许多困难。20 世纪 80 年代末，在研究高温超导材料热潮的推动下，出现了钡钇铜氧等高温超导材料，使超导临界温度有了突破性的提高，使 SQUID 磁传感器在比较容易获得的液氮中即可正常工作。可以预计，SQUID 超导技术将会在许多领域中得到更广泛的应用。

一、SQUID 磁传感器的物理基础

从固体物理学中可知，某些物质（如锡、铅等27种元素）和许多合金（如铌、钛等），在温度降到一定数值以下时，它们的电阻率不是按一定规律均匀地减小而趋近于零，而是骤降到零，如图 4-56b 所示。在某一温度 T_c 以下电阻率突然消失的现象叫作超导电性，具有超导电性的物体叫作超导体。

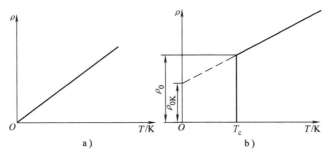

图 4-56 电阻率随温度变化曲线

a) 正常导体 b) 超导体

超导体从具有一定电阻值的正常态转变为电阻值突然为零时所对应的温度，称作临界温度（T_c），其值一般为 $3.4 \sim 18$K。

近几年出现的钡钇铜氧等高温超导材料，临界温度 T_c 高达 100K 以上。

现代物理学家研究发现，在超导体中，自由电子之间存在着微弱的吸引力。在超低温条件下，其能量超过无规则的热运动。自旋相反、动量矩相反的两个电子，在特殊吸引力作用下，形成束缚电子对（即所谓库伯对）。电子对在超导体中，运动不受阻碍，由它产生超导现象，决定了超导体的性质。研究表明，每一电子对的两个电子相互间的距离较大，在它所占的空间范围内又同时重叠着 $n \times 10^7$ 个超导电子对，如此巨大数量的超导电子对重叠在一起，彼此相互关联。如果要改变一个电子对的状态，必然要影响到其他电子对的状态。它们是集体动作的，故可产生"超导现象"，使超导体具有"理想导电性""完全逆磁性"和"磁通量子化"特性。

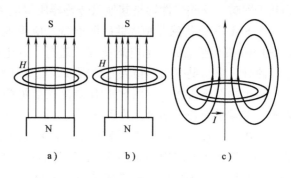

图 4-57　理想导电性实验

a）$T > T_c$，$H \neq 0$　b）$T < T_c$，$H \neq 0$　c）$T < T_c$，$H = 0$

所谓理想导电性，亦称零电阻特性，其形成过程如图 4-57 所示。若将一超导环置于外磁场中，然后使其降温至临界温度以下，再撤掉外加磁场，此时发现超导环内有一感应电流 I，如图 4-57c 所示。由图中可以看出，由于处于超低温的超导状态，超导环内无电阻消耗能量，此电流将永远维持下去，经观察数年后，未发现电流有什么变化。这种电流是由超导电子对集体移动形成的。由于超导环只能承载一定大小的电流（只在临界电流以下），故超导环内有电流而无电压（因无电阻），可维持正常工作。

完全逆磁性，亦称迈斯纳（Meissner）效应，或排磁效应，其形成过程如图 4-58 所示。

由图 4-58 可以看出，超导体不管在有无外磁场存在情况下，一旦进入超导状态，其内部磁场均为零。就是说磁场不能进入超导体内部而具有排磁性，亦称为迈斯纳效应。根据迈斯纳效应，把磁体放在超导盘上方，或在超导环上方放一超导球（见图 4-59）时，由图4-59a可知，超导盘和磁铁之间有排斥力，能把磁铁浮在超导盘的上面；图 4-59b 中由于超导球有磁屏蔽作用，结果可使超导球悬浮起来。这种现象便称为磁悬浮现象。超导悬

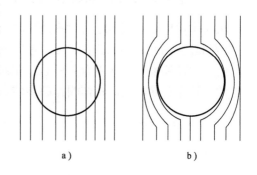

图 4-58　迈斯纳效应示意图

a）正常态时，超导体内部磁场分布

b）在超导态时，超导体内部磁场分布

浮列车、超导重力仪、超导陀螺仪等都是根据磁悬浮现象的原理制作成的。

假定有一中空圆筒形超导体（见图 4-60），并按下列步骤进行：①在常态（$T > T_c$）时，让磁场 H 穿过圆筒的中空部分；②在超导状态（$T < T_c$）时，筒的中空部分有磁场；③在超导状态（$T < T_c$），撤掉磁场 H，圆筒的中空部分仍有磁场，并使磁场保持不变。这种现象称为冻结磁通现象。

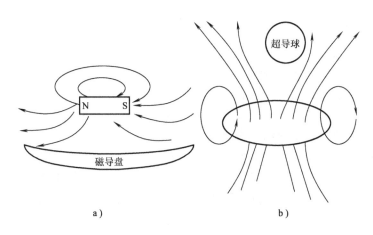

图 4-59　磁悬浮现象示意图

　　超导圆筒在超导态时，中空部分的磁通量是量子化的，并且只能取 $\Phi_0 = \dfrac{h}{2e} = 2.07 \times 10^{-7} \mathrm{G} \cdot \mathrm{cm}^2$ 的整数倍，而不能取任何别的值。式中，h 为普朗克常数；e 为电子电荷；Φ_0 称为磁通量量子，作为磁通量自然单位。$\Phi = (n+1)\Phi_0$ 表示中空部分通过的总磁通量。

　　图 4-61 所示为超导结示意图。它是两块超导体中间隔着一厚度仅 $10 \sim 30 \mathring{\mathrm{A}}$ 的绝缘介质层而形成的"超导体—绝缘层—超导体"的结构，通常称这种结构为超导弱连结，也称约瑟夫逊结。中间的薄层区域称为结区。这种超导隧道结具有特殊而有用的性质。

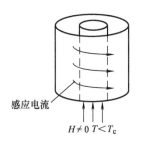

图 4-60　冻结磁通示意图

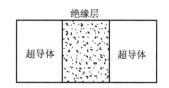

图 4-61　超导结示意图

　　超导电子能通过绝缘介质层，表现为电流能够无阻挡地流过，这表明夹在两超导体之间的绝缘层很薄且具有超导性。在介质层两端没有电压，绝缘介质层能够承受的超导电流一般是几十微安到几十毫安，超过了就会出现电压，烧坏隧道结。约瑟夫逊结能够通过很小超导电流的现象，称为超导隧道结的约瑟夫逊效应，也称直流约瑟夫逊效应。

　　直流约瑟夫逊效应表明，超导隧道结的介质层具有超导体的一些性质，但不能认为它是临界电流很小的超导体，它还有一般超导体所没有的性质。

　　实验证明，当结区两端加上直流电压时，结区会出现高频的正弦电流，其频率正比于所加的直流电压 U，即

$$f = KU \tag{4-63}$$

式中，$K = \dfrac{2e}{h} = 483.6 \times 10^6 \,\text{Hz}/\mu\text{V}$。

根据电动力学理论可知，高频电流会从结区向外辐射电磁波。通过实验，已观测到这种电磁波。正如一根天线一样也能接收电磁波，同样，结区在直流电压的作用下，也能吸收相应频率的外来电磁波。吸收电磁波后所产生的物理效果亦已被实验观测到。

综合上述分析可归结为：弱连结在直流电压作用下可产生交变电流，从而辐射和吸收电磁波。这种特性称为交流约瑟夫逊效应。

显然，约瑟夫逊的直流效应受着磁场的影响。而临界电流 I_c 对磁场亦很敏感，即随着磁场的加大临界电流 I_c 逐渐变小，如图 4-62 所示。图 4-62 是超导结的典型 I_c-H 关系曲线，临界电流 I_c 随外磁场 H 的逐渐加大而周期地起伏变小。没有磁场时，超导结的临界电流 I_c 最大，随着外磁场的增加，结的临界电流下降到零；以后又随磁场 H 增大，临界电流又恢复到极大值（小于 $H = 0$ 时的 I_c 极大值）。磁场 H 再增大时，I_c 又下降到零值。如此依次下去，磁场 H 越大，I_c 起伏的次数越多，I_c 的幅值也越来越小。

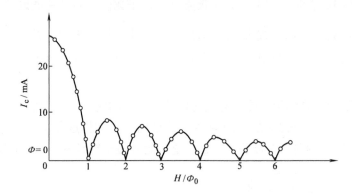

图 4-62　超导结的 I_c-H 曲线

根据量子力学理论分析，不难得到在外磁场作用下，超导结允许通过的最大超导电流 $I_{\max}$ 与 Φ 的关系式为

$$I_c(\Phi) = I_c(0) \left| \dfrac{\sin \dfrac{\Phi}{\Phi_0}\pi}{\dfrac{\Phi}{\Phi_0}\pi} \right| \tag{4-64}$$

式中　Φ——沿介质层及其两侧超导体边缘透入超导结的磁通量；

　　　Φ_0——磁通量子；

　$I_c(0)$——没有外磁场作用时，超导结的临界电流。

式（4-64）说明，临界电流 $I_c(\Phi)$ 是透入超导结的磁通量 Φ 的周期函数，周期是磁通量量子 Φ_0。当 $\Phi = 0, \dfrac{3}{2}\Phi_0, \dfrac{5}{2}\Phi_0, \cdots, \dfrac{(2n+1)}{2}\Phi_0$ 时，临界电流达到的最大值一个比一个低。当 $\Phi = \Phi_0, 2\Phi_0, 3\Phi_0, \cdots, n\Phi_0$ 时，临界电流等于零。上述分析表明，临界电流随外磁场周期起伏变化，这是由于在一定磁场作用下，超导结各点的超导电流具有确定的相位，相位相反的电流互相抵消，相位相同的电流互相叠加，位相状态随着磁场的变化而变化，如图 4-62 所示。

这种情况，非常类似于光的干涉，由此可表明超导电流与相位相关，具有相干性。

通过一系列的理论分析得知，超导结临界电流随外加磁场而周期起伏变化的原理，完全可用于测量磁场中。例如，图 4-61 中，若在超导结的两端接上电源，电压表无显示时，电流表所显示的电流为超导电流；电压表开始有电压显示时，则电流表所显示的电流为临界电流 I_c，此时，加入外磁场后，临界电流将有周期性的起伏，且其极大值逐渐衰减；振荡的次数 n 乘以磁通量子 Φ_0，可得到透入超导结的磁通量 $\Phi = n\Phi_0$。而磁通量 Φ 和磁场 H 成正比关系，如果能求出 Φ，磁场 H 即可求出。同理，若外磁场 H 有变化，则磁通量 Φ 亦随之变化，在此变化过程中，临界电流的振荡次数 n 乘以 Φ_0 即得到磁通量 Φ 的大小，亦即反映了外磁场变化的大小。因而，可利用超导技术测定外磁场的大小及其变化。

测量外磁场的灵敏度与测定振荡的次数 n 的精度及 Φ 的大小有关。设 n 可测准至一个周期的 $1/100$，则测得 Φ 最小的变化量应为 $\Phi_0/100 = 2 \times 10^{-11} \text{T} \cdot \text{cm}^2$。

若假设磁场在超导结上的透入面积为 Ld（L 是超导结的宽度，一般为 0.1 mm 左右；d 是磁场在介质层及其两侧超导体中透入的深度），如对 Sn-SnO-Sn 结来说，锡的穿透深度 $\lambda = 500\text{Å}$，亦即 $d = 2\lambda = 1000\text{Å}$，于是，$Ld = 0.01 \times 1 \times 10^{-5} \text{cm}^2 = 1 \times 10^{-7} \text{cm}^2$。这里临界电流的起伏周期是磁通量子 Φ_0，$\Phi_0 = 2 \times 10^{-11} \text{T} \cdot \text{cm}^2$，对于透入面积 Ld 为 $1 \times 10^{-7} \text{cm}^2$ 的锡结而言，临界电流的起伏周期是

$$\frac{\Phi_0}{Ld} = \frac{2 \times 10^{-11} \text{T} \cdot \text{cm}^2}{1 \times 10^{-7} \text{cm}^2} = 2 \times 10^{-4} \text{T}$$

如果想办法准确测量到一个周期的 $1/100$，也不过只能达到 0.02×10^{-4} T 的灵敏度。很明显，测量磁场灵敏度太低，没有实用价值，灵敏度不高的原因是磁场透入超导结的有效面积 Ld 太小，只检测了很小一部分磁通量，要使磁测灵敏度提高，必须设法扩大磁场透入超导结的有效面积。

二、SQUID 磁传感器的工作原理

由上述分析可知，外磁场对弱连结临界电流是有调制作用的。但如果只用上述方法测量外磁场，尤其对弱磁场的测量则是远远不够的。为提高测磁灵敏度，必须扩大磁场的有效作用面积。

目前使用的超导量子干涉器件（SQUID），能够用来扩大磁场的有效面积，并使测磁灵敏度高达 10^{-15}T 量级，使超导技术得到实际应用。

超导量子干涉器（SQUID）是指由超导弱连结和超导体组成的闭合环路。其临界电流是环路中外磁通量的周期函数，其周期则为磁通量子 Φ_0，它具有宏观干涉现象。

超导量子干涉器件有两种类型：射频超导量子干涉器（RF SQUID）和直流超导量子干涉器（DC SQUID）。

（一）RF SQUID

RF SQUID 是含有一个弱连结的超导环，当超导环被适当大小的射频电流偏置后，会

呈现一种宏观量子干涉效应，即弱连结两端的电压是通过超导环外磁通量变化的周期性函数，周期为一个 Φ_0。RF SQUID 传感器结构如图 4-63 所示。超导环工作时，需要一个谐振电路通过互感向其提供能量，同时反映外部磁通变化的电压信号也通过该谐振电路输出。

　　超导环不发生磁通量跃迁时，不消耗能量，处于稳定状态，谐振电路不向超导环提供能量，谐振电路两端的电压幅度随着电流幅度的增大而增大。若超导环发生磁通量跃迁，谐振电路则向超导环提供其消耗的能量，此时，谐振电路两端电压幅度不随电流幅度的增大而增大，基本保持一水平状态。超导环的特性表现在谐振电路的 V_{rf}-I_{rf} 特性曲线上，如图 4-64 所示。

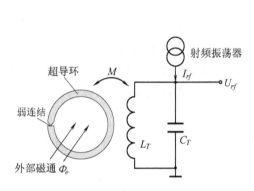

图 4-63　RF SQUID 结构示意图

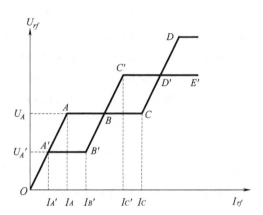

图 4-64　谐振电路的 U_{rf}-I_{rf} 特性曲线

　　设射频电流幅度 I_{rf} 从 0 开始增大，超导环内射频磁通量幅度 $\Phi_{rf} = MQI_{rf}$、射频电压幅度 $U_{rf} = Q\omega L_T I_{rf}$ 也从 0 开始增大，这时超导环中感应电流 I_s 产生的感应磁通量 $L_s I_s$ 起到抵消作用，使得总磁通量 Φ 缓慢增大，在感应电流小于超导环临界电流 I_c 之前，超导环不发生磁通量跃迁，谐振电路处于稳定状态，U_{rf} 随着 I_{rf} 线性增大，形成图 4-64 中的 OA 段。在 A 点处，I_{rf} 继续增加，超导环因发生磁通量跃迁而消耗能量，消耗的能量通过互感从谐振电路获得，此时 U_{rf} 和 I_{rf} 值发生振荡，但振荡的幅度很小，U_{rf} 基本维持为一个常数，表现在图 4-64 中的 AC 段。在 C 点处，谐振电路能量得到补充，U_{rf} 将继续上升，重复 OA 段的步骤。以此类推，U_{rf}-I_{rf} 特性曲线就会形成一个个台阶。如果 $\Phi_e = (n+1/2)\Phi_0$，发生第一次跃迁时，所需的射频偏置电流 I_{rf} 就会减小，台阶提前出现，表现在图 4-64 中的 $OA'B'C'E'$ 段。

　　若选择一射频电流的幅值 I_{rf}，使得 I_{rf} 在 I_A 和 $I_{B'}$ 之间，则当 Φ_e 发生变化时，U_{rf} 便在 U_A 和 $U_{A'}$ 之间变化，出现一周期性变化的三角波曲线，三角波周期为一个磁通量子 Φ_0，如图 4-65 所示。RF SQUID 工作时，选择合适的射频偏置电流，将待测的外界磁场信号变化为电压信号，并以适当的方式读出该电压信号，从而计算被测磁场值。

　　U_{rf}-Φ_e 三角波振幅称为电压调制深度，表示为

$$\Delta U = U_A - U_{A'} = \frac{\omega L_T}{M}\frac{\Phi_0}{2}$$

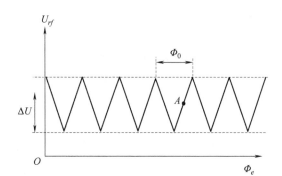

图 4-65　谐振电路的 U_{rf}-Φ_e 特性曲线

U_{rf}-Φ_e 三角波斜率即磁通量灵敏度，表示为

$$\frac{\Delta U_{rf}}{\Delta \Phi_e} = \frac{\pm \Delta U}{\Phi_0/2} = \pm \frac{\omega L_T}{M} = \pm \frac{\omega}{k}\sqrt{\frac{L_T}{L_s}}$$

式中　k——谐振电路线圈和超导环之间的耦合系数。

要提高磁通量灵敏度需要提高射频频率，需增加谐振电路线圈电感，减小超导环自感和谐振电路线圈与超导环之间的耦合系数 k。采用典型的 LC 谐振电路制作的 RF SQUID 器件，谐振频率约 20MHz，超导环自感约 $0.2\mu H$，谐振线圈电感为 $10^{-9}H$，耦合系数为 0.2，磁通量灵敏度仅为 $15\mu V/\Phi_0$。而目前采用超导共面谐振器制作的 RF SQUID 器件，谐振频率为 500MHz ~ 1GHz，超导环自感约为 150pH，超导共面谐振器电感和耦合系数非常小，磁通量灵敏度可达 $230mV/\Phi_0$ 以上，磁通量灵敏度明显优于 LC 谐振电路制作的 RF SQUID 器件。

（二）DC SQUID

直流超导量子干涉器（DC SQUID）是在一块超导体上由两个超导隧道结构成的超导环。超导环中存在超导量子干涉效应，测量时用直流电流进行偏置。

图 4-66 所示为 DC SQUID 结构示意图，在超导环中含有两个弱连结 a 和 b，设穿过超导环的外磁通量 Φ_e 为一个定值，当超导环被适当大小的直流电流 I 偏置后，会呈现宏观量子干涉效应，使得通过超导环的电流 I 和结两端的电压 U 呈现如图 4-67a 所示的关系曲线，称为 I-U 特性曲线。当外加磁通 $\Phi_e = n\Phi_0$（n 为整数）时，I-U 特性曲线为上限位置，此时临界电流为最大 $I_{c(max)}$。当外加磁通 $\Phi_e = (n+1/2)\Phi_0$ 时，I-U 特性曲线为下限位置，对应的临界电流为最小 $I_{c(max)}$。当外加磁通 Φ_e 为其他值时，I-U 特性曲

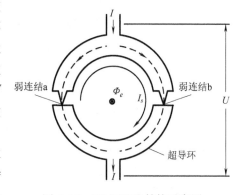

图 4-66　DC SQUID 结构示意图

线为上、下限之间的某一位置。如果选择某一固定的偏置电流 I_b，则超导结两端的电压 U 随着外磁场呈周期性变化，周期为一个磁通量子 Φ_0，如图 4-67b 所示，该曲线称为 U-Φ

特性曲线。周期性变化的电压 U 的幅度 $\Delta U = U_{max} - U_{min}$ 为 DC SQUID 的电压调制深度，与偏置电流 I_b 的选取密切相关。DC SQUID 工作时，选择合适的偏置电流 I_b，将待测的外界磁场信号变化为电压信号，并以适当的方式读出该电压信号，从而计算被测磁场值。

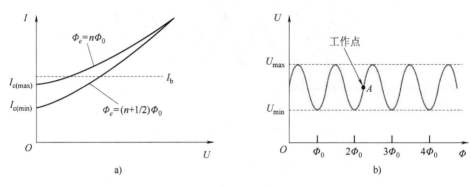

图 4-67 DC SQUID 的 I-U 特性曲线及 U-Φ 特性曲线

三、SQUID 磁传感器的检测方法

无论是 RF SQUID 还是 DC SQUID，理论上都可以对其输出的磁通量子进行计数来得到外界被测磁场值，但由于一个磁通量子 Φ_0 对应的磁场值较大，利用该方法难以发挥 SQUID 高灵敏度的优势。因此，为了提高磁测灵敏度和输出信号的线性度，一般都采用磁通锁定环技术（Flux-Locked Loop，FLL）。下面分别对两种类型的 SQUID 传感器采用的 FLL 读出电路进行讲解。

1. RF SQUID 读出电路

在 RF SQUID 的 U_{rf}-Φ_e 特性曲线上选一点 A 作为工作点（见图 4-65），若此刻外磁通量发生变化，超导环内则会产生一个磁通量偏移量 $\Delta\Phi$，相应地在特性曲线上出现偏移电压 $\Delta U = U_\Phi \Delta\Phi$，其中 $U_\Phi = \Delta U_{rf}/\delta_{dc}$ 为磁通量灵敏度。偏移工作点的电压 ΔU 经过放大、积分以后再经过反馈电阻 R_f 反馈到与超导环耦合的谐振电路，补偿掉磁通量偏移量 $\Delta\Phi$，使工作点重新回到 A 处，通过测量反馈电压 U_f 即可算出被测的外界磁通量。

RF SQUID 读出电路结构框图如图 4-68 所示。射频信号发生器和可调衰减器在 RF SQUID 谐振电路线圈中产生用于其工作的射频偏置电流，当 RF SQUID 检测到外磁通量变化时，加在与其耦合谐振电路线圈上的射频信号被调制，被调制的信号经过定向耦合器，经由射频放大器放大后进入混频器，与射频信号发生器产生的本振信号进行相敏检波，检波后得到解调后的低频信号，经过低频放大器进一步放大后进入积分器，积分后输出一个与外磁通变化量成比例的电压信号。该电压经过反馈电路后形成反馈电流通入到 RF SQUID 谐振电路耦合线圈上，在 RF SQUID 内产生一个与外磁通变化量大小相等、方向相反的磁场以抵消超导环内的外磁通变化，使得 RF SQUID 始终处于零磁通锁定状态。这样，积分器输出的电压值经过标定即可得到 RF SQUID 测定的磁场值。

2. DC SQUID 读出电路

同样，在 DC SQUID 的 U-Φ 特性曲线上选择一个工作点 A（见图 4-67b），采用零磁通锁定原理进行信号读出，读出电路如图 4-69 所示。电流源产生一恒定电流作为 SQUID 的偏

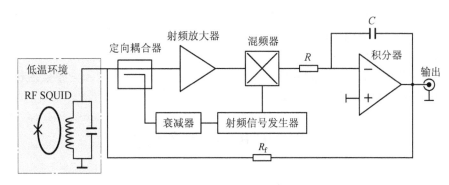

图 4-68　RF SQUID 读出电路结构框图

置电流，当有外界磁场变化时，SQUID 输出电压信号，该电压信号经过放大后由积分器进行积分，并经过反馈电阻形成反馈电流通入到与 SQUID 耦合的一个反馈线圈中，反馈线圈产生的磁场用于补偿 SQUID 中外磁场的变化，使得 SQUID 中的总磁通量变化为零，即工作点始终处于 A 处，这样外磁场变化即可通过积分器输出的电压信号经过标定来获得。

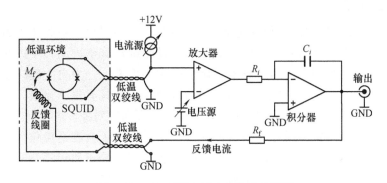

图 4-69　DC SQUID 读出电路结构框图

四、SQUID 磁传感器的应用

应用超导量子干涉器（SQUID）可构成各种测磁仪器。例如，用于磁测量的超导磁力仪、超导磁力梯度仪、超导岩石磁力仪、超导磁化率仪等；用于电测量的超导检流计、超导微伏计、超导电位计等；用于重力测量的超导重力仪、超导加速仪、超导重力梯度仪等；用于辐射测量的超导辐射检测器等；用于磁共振测量的超导核磁共振仪、超导核磁共振磁力仪、超导核磁共振测井仪等。

超导磁力仪由 SQUID 传感器、杜瓦（用于盛放冷却 SQUID 的制冷剂，一般为液氦或液氮）、SQUID 信号读出电路、测控系统等几部分组成。图 4-70 为美国 TRISTAN 公司研制

图 4-70　高温超导磁力仪

的高温超导磁力仪。其灵敏度可达20fT，磁测范围为±5μT，可以进行地面磁测或作为瞬变电磁法的接收探头使用。由于其在低频段仍具有很高的磁测灵敏度，因此在瞬变电磁法的晚期也能获得高信噪比的信号，从而有效提高其探测深度。此外，利用多个SQUID传感器按照一定方式组合成阵列式探头，可以进行航空三分量磁测和全张量磁梯度测量，是目前地球物理磁测领域研究的热点。

第八节　SERF原子磁传感器

一、SERF原子磁传感器的物理基础

1973年，物理学家Happer和Tam教授通过实验发现碱金属铷原子（Rb^{185}）和铯原子（Cs^{133}）在近零磁场和高温状态下，其自旋交换碰撞增宽被限制甚至消除，这一现象称为"无自旋交换弛豫机制（SERF机制）"。这一现象使SERF原子磁传感器实现超高灵敏度成为可能，目前已知的SERF原子磁传感器灵敏度可达$0.16fT/Hz^{1/2}$，比SQUID还要高出1~2个数量级。

SERF原子磁传感器采用圆偏振光泵浦碱金属原子，在微弱磁场作用下碱金属原子进行拉莫尔进动，进动频率与磁场呈线性关系，通过测量拉莫尔进动频率进而得到磁场的值。自旋碰撞增宽是限制原子磁传感器灵敏度的主要因素，分为自旋破坏碰撞增宽和自旋交换碰撞增宽，其中自旋交换增宽由于碰撞截面积大而具有更高量级，占磁共振线宽的主导部分，因此成为提高原子磁传感器灵敏度的主要研究对象。

自旋交换弛豫是指碱金属原子间自旋交换碰撞导致电子自旋退极化，信号信噪比降低，系统线宽增宽，原子磁传感器噪声灵敏度下降。SERF原子磁传感器超高灵敏度的原因主要在于快速自旋交换碰撞使碱金属原子在两个基态超精细能级之间来回跃迁，提高原子相干性，增加自旋极化寿命，并且消除了原子磁共振线宽中自旋交换增宽部分。SERF主要作用机理在于自旋交换碰撞会使电子自旋方向改变，总体自旋角动量不发生变化，这个过程可以采用下式表示：

$$A(\uparrow) + B(\downarrow) \Rightarrow A(\downarrow) + B(\uparrow)$$

式中　A——碱金属原子的基态超精细能级$F = I + 1/2$；

B——超精细能级$F = I - 1/2$，箭头为原子的自旋方向。

处于A、B两个基态超精细能级的碱金属原子拉莫尔进动频率大小相同、方向相反，分别为$+\omega_0$和$-\omega_0$，造成原子自旋退极化。自旋交换碰撞使碱金属原子所处能级发生改变，如处于A能级的原子进动微小角度后与其他原子交换碰撞跃迁至B能级，然后以相反方向进动微小角度后再次交换碰撞跃迁至A能级，导致原子在基态塞曼子能级上重新分布。在高碱金属原子蒸气浓度和低磁场条件下，自旋交换碰撞速率远远大于拉莫尔进动频率，碱金属原子在一个拉莫尔进动周期中多次发生能态转换，单个原子在碰撞前后仅进动微小角度，每一个原子仅在极短的时间内便可经历基态超精细能级的所有塞曼子能级。按照自旋温度统计分布，原子趋向于处在A超精细能级的寿命更长，尤其对于低极化率碱金属蒸气，超精细能级A的原子数比B能级多，因此整体原子的进动方向与A

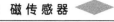

能级进动方向一致，进动净频率 $\overline{\omega}$ 比 A 能级进动频率 ω_0 缓慢，大幅提高了原子之间相干性，如图 4-71 所示。

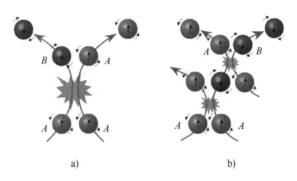

图 4-71　自旋交换弛豫现象

a）非相干　b）相干

当自旋交换速率远远小于拉莫尔进动频率时，原子在一个拉莫尔进动周期内不发生能级转换，进动频率为 $+\omega_0$ 或 $-\omega_0$，对原子共振谱线进行傅里叶分析，原子傅里叶谱中出现两个共振曲线，中心频率分别等于 A、B 能级上原子的自由进动频率。共振曲线的线宽即自旋交换增宽 $\Gamma_{\pm}$ 与自旋交换速率成正比。如图 4-72 所示，自旋交换速率越大，共振谱线越宽。

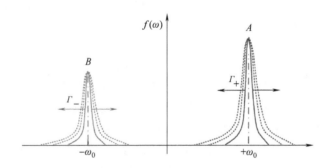

图 4-72　碱金属原子共振曲线的傅里叶变换（自旋交换速率远小于拉莫尔进动频率）

当自旋交换速率远远大于拉莫尔进动频率时，原子在一个拉莫周期内多次转换能态，原子在每个超精细能级上进动微小角度后转换至另一能级，所有原子仅以净频率 $\overline{\omega}$ 进动，原子傅里叶谱中只有一条共振曲线，$\overline{\omega}$ 为正，但其值小于 A 能级的自由进动频率，其线宽与自旋交换速率成反比。自旋交换速率越大，自旋交换增宽 Γ_+ 越小，最终被完全消除。如图 4-73 所示，自旋交换速率越大，原子净进动频率越小，共振谱线越窄。

消除碱金属原子磁共振的自旋交换增宽后，系统线宽窄化 2 ~ 3 个量级，磁灵敏度 δB 为：

$$\delta B = \frac{\Delta B}{\gamma S/N}$$

式中　S——椭圆率；

ΔB——磁共振线宽；

γ——旋磁比；

S/N——信噪比。

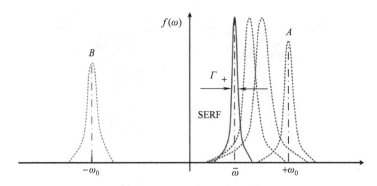

图 4-73　碱金属原子共振曲线的傅里叶变换（自旋交换速率远大于拉莫尔进动频率）

在固定信噪比的前提下，原子磁传感器的灵敏度相比于光泵磁传感器必然大幅度提高。

磁共振的反常行为，即线宽压制，可采用原子密度矩阵速率变化率来分析。密度矩阵方程（Density-Matrix Equation，DME）是研究 SERF 原子磁力仪或其他原子磁力仪中碱金属原子行为的基本方法。DME 中包含自旋交换碰撞、光泵浦作用和其他作用项，描述气室中碱金属原子自旋系统中的相互作用：

$$\frac{d\rho}{dt} = A_{hf}\frac{[\boldsymbol{I} \cdot \boldsymbol{S}, \rho]}{ih} + \mu_B g_s \frac{[\boldsymbol{B} \cdot \boldsymbol{S}, \rho]}{ih} + \frac{\phi(1 + 4 <S> \cdot \boldsymbol{S}) - \rho}{T_{se}} + \frac{\phi - \rho}{T_{sd}} +$$
$$R_p [\phi(1 + 2s \cdot \boldsymbol{S}) - \rho] + D \nabla^2 \rho$$

式中，$\boldsymbol{I}$ 为碱金属原子核角动量；$\boldsymbol{S}$ 为电子自旋角动量；A_{hf} 为超精细耦合因子；h 为普朗克常量；μ_B 为玻尔磁子；g_s 为朗德因子；$\boldsymbol{B}$ 为环境磁场；s 为沿光传播方向的圆偏振光的椭圆率；$\phi = \rho/4 + \boldsymbol{S} \cdot \rho$ 为密度矩阵的纯核部分；T_{se} 为自旋交换弛豫时间；T_{sd} 为自旋破坏弛豫时间；R_p 为泵浦速率；D 为扩散因数。DME 中等号右侧第一项为原子核自旋与电子自旋的超精细耦合作用，第二项为弱磁场的作用，第三项为自旋交换碰撞产生的弛豫作用，第四项为自旋破坏碰撞产生的弛豫作用，第五项为泵浦作用，第六项为扩散作用。

DME 中的自旋交换速率、泵浦速率和磁场等参数可通过数值解方式得到，并可采用实验验证。

二、SERF 原子磁传感器的工作原理

SERF 原子磁传感器的测磁原理可以采用如图 4-74 所示的结构来说明，沿 z 轴传播的圆偏振泵浦光极化碱金属原子，其吸收泵浦光角动量从而被光子强制在 z 方向上定向排列，产生宏观磁矩 $\boldsymbol{P}$。此时，若在 y 方向加一微弱磁场 $\boldsymbol{B}$，其与磁矩相互作用将产生垂向力矩使原子绕 y 轴在 xOz 平面上产生拉莫尔进动，进动频率与外磁场的关系

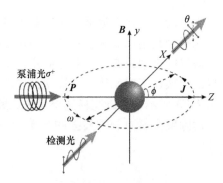

图 4-74　极化碱金属原子宏观
磁矩做拉莫尔进动

为 $\omega = \gamma |\boldsymbol{B}|$，$\gamma$ 是旋磁比。横向弛豫的存在会导致原子自旋退极化，使宏观磁矩量值减小。原子宏观磁矩在 xOz 平面的进动过程中，于 x 方向会产生一个等效磁矩 P_x，该磁矩的变化频率为 ω，其等效于原子在 x 方向投影的不同基态塞曼子能级上原子的数量差（布居数差）。与碱金属原子 D_2 线失谐共振的线偏振检测光沿 x 方向传输与极化碱金属原子作用时，极化原子对线偏振检测光左右圆偏振分量的吸收强度不同。这样线偏振光经过原子气室后，其偏振面就会发生偏转，极化信号越强即磁矩分量 P_x 越大，偏转角 θ 越大。通过测量检测光极化方向旋转角度就可以知道 y 轴所加磁场 $\boldsymbol{B}$ 的大小，即达到了弱磁场探测的目的。

被极化的原子自旋在磁场中的拉莫尔进动及弛豫过程可以采用布洛赫方程来描述：

$$\frac{\partial \boldsymbol{P}}{\partial t} = D\nabla^2 \boldsymbol{P} + \frac{1}{Q(|\boldsymbol{P}|)}(\gamma \boldsymbol{P} \times \boldsymbol{B} + R_p(s - \boldsymbol{P}) - R_{sd}\boldsymbol{P})$$

式中，s 为沿光传播方向的圆偏振光的椭圆率，对于圆偏振光，$|s| = 1$；D 为扩散系数；$Q(|\boldsymbol{P}|)$ 为衰减系数；γ 为旋磁比；R_p 为泵浦速率；R_{sd} 为弛豫速率。

布洛赫方程是经典宏观的密度矩阵自旋温度方程，表述整体原子在泵浦光和弱磁场作用下的运动状态和变化过程。布洛赫方程的解由泵浦光调制方式制约着，通过多方法调制泵浦光，得到不同形式宏观磁矩在 x 轴向的分量 P_x，对应原子磁力仪不同的工作模式，也正是不同类型 SERF 原子磁力仪设计方法的理论基础。

三、SERF 原子磁力仪的设计

原子磁力仪基本装置如图 4-75 所示。SERF 原子磁力仪需要两束偏振光分别起泵浦作用和检测作用。首先采用一束圆偏振泵浦光使原子沿着泵浦光方向极化，在外磁场作用下，原子的自旋极化矢量将会绕磁场做拉莫尔进动。在与泵浦光垂直的方向用一束线偏振光来检测极化矢量在检测光方向的投影。碱金属原子放置在由硼硅酸盐制成的立方体气室中，气室中还充满氦气作为缓冲气体和氮气作为淬灭气体。气室被放置在由高温材料聚四氟乙烯制成的加热室中，无磁加热至 $80 \sim 190℃$ 范围内保证原子磁力仪的正常工作模式。加热室放置在三轴亥姆霍兹线圈构成的磁场主动补偿装置内。采用激射频率与碱金属原子 D_1 线频率共振的激光器作为泵浦光源，其发出的光通过光隔离器、光衰减器、起偏器和 $\lambda/4$ 波片产生光功率可自由调节的圆偏振泵浦光，沿 z 轴极化原子气室内碱金属原子，产生宏观磁矩 $\boldsymbol{P}$。透射光强由光探测器转化为反馈电信号，通过调节亥姆霍兹线圈电流控制线圈内剩余磁场强度在 10nT 以内，保证原子磁力仪工作环境。y 轴方向的被测弱磁场，使宏观磁矩 $\boldsymbol{P}$ 绕 y 轴在 xOz 平面上产生拉莫尔进动。同时，采用光轴与泵浦光轴和弱磁场垂直，激射频率与碱金属原子 D_2 线频率失谐共振的激光器作为检测光源，其发出的光通过光隔离器、光衰减器、起偏器产生光功率可自由调节的线偏振检测光沿 x 轴通过原子气室偏振面发生旋转，偏振光束分路器分解 p 光和 s 光，差除和检测电路测量偏转角经锁相放大器后由计算机记录。

对泵浦光进行方波调制，即在一个周期内对碱金属原子气室的操作分为泵浦和非泵浦两个过程。泵浦过程即周期 on 阶段，由布洛赫方程的解可知，输出信号最终稳定到非零稳态解，若撤去泵浦光即周期 off 阶段，宏观磁矩 $\boldsymbol{P}$ 以拉莫尔频率 $\omega = \gamma |\boldsymbol{B}|$ 振荡的同时

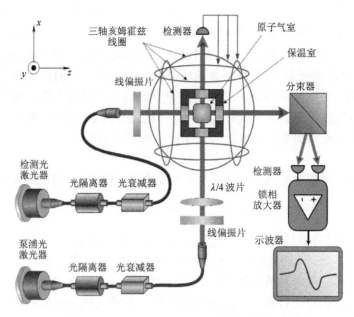

图 4-75　Bell- bloom SERF 原子磁力仪装置图

幅值以 e 指数衰减，此时最终稳定到零，因原子旋磁比为物理常量并且已知，则通过测量在振荡时间段（暂态）内的频率便可得到磁场大小，如图 4-76 所示。

　　通过测量两个过零点时间距，得到拉莫尔进动频率。由于被测磁场与直测量对应关系参数为固定物理常数（旋磁比），拉莫尔进动频率直接除以旋磁比即得被测磁场。这种 SERF 原子磁力仪的工作模式称为泵浦光方波调制模式。此外，国内外一些科研人员也在研究泵浦光非调制模式和泵浦光正弦调制模式等不同的工作模式。

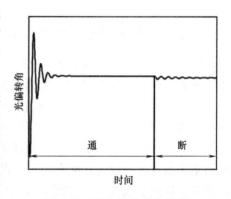

图 4-76　输出信号变化形式

　　在原子磁力仪引入后很短时间内，以钾、铷、铯三种元素为主要工作物质的碱金属蒸气原子磁力仪以其超高精确度优势用来测量地磁场，成为目前世界上微弱磁场测量领域最前沿的研究方向。SERF 原子磁力仪的超高灵敏度、结构简单，有利于其集成化、小型化和微型化改革，具有很好的发展前景。

思考题与习题

4-1　利用霍尔传感器设计一个齿轮转速检测装置，画出其工作电路框图并进行详细分析。

4-2　某霍尔元件 l、b、d 尺寸分别为 1.0cm、0.35cm、0.1cm，沿 l 方向通以电流 $I = 1.0$mA，在垂直 lb 面方向加有均匀磁场 $B = 0.3$T，传感器的灵敏度系数为 22V/(A·T)，试求其输出霍尔电动势及载流子浓度。

4-3　试分析霍尔元件输出接有负载 R_L 时，利用恒压源和输入回路串联电阻 R 进行温度补偿的条件。

4-4　利用磁阻传感器如何设计一个三分量磁测仪器，需要注意哪些设计要点？

4-5　自行查询资料，详述目前国内外磁通门传感器发展的现状，重点说明现状磁通门的几个重要指标和应用场合。

4-6　解释磁滞回线和磁饱和现象、磁致伸缩现象。

4-7　说明感应式磁传感器的结构。

4-8　说明质子旋进磁力仪的测磁原理及特点。

4-9　解释光泵作用、磁共振作用。

4-10　自行查询资料，详述目前光泵磁传感器发展的现状，重点说明其磁测性能指标和应用场合。

4-11　自行查询资料，详述目前 SQUID 主要应用在哪些场合？有什么独特的优势？

4-12　说明 SERF 原子磁力仪的定义、特点和应用场合。

第五章 光传感器

光传感器是将被测量的变化通过光信号变化转换为电信号的一类元器件，是在各种光电检测系统中实现光电转换的关键器件。

光传感器具有很多优良的特性，如频谱宽、非接触测量、体积小、重量轻、造价低等。特别是20世纪60年代以来，随着激光、光纤、CCD等技术的进步和发展，光传感器也得到了飞速发展，广泛地应用在生物、化学、物理、医学和工程技术等各个领域中。

光传感器检测光参量，也可用来检测其他被测量。其工作原理是：首先通过一定的手段，把被测量的变化转换成光信号的变化，然后通过光敏器件变换成电信号，从而实现对被测量的测量。

按用途，可将光传感器分为成像传感器及非成像传感器。按光辐射与物质相互作用原理的不同，可把光传感器分为光子传感器及热传感器两大类。

光子传感器是基于光子与物质相互作用所引起的光电效应为原理的一类传感器，主要有光电发射传感器（真空或充气光电倍增管）和半导体光敏传感器（如光敏电阻、光导传感器、光电池和光生伏特传感器）。热传感器是基于光与物质作用产生热电效应为原理的一类传感器，如红外传感器等。

第一节 概 述

一、光谱

通常把波长为$10 \sim 10^6$nm的电磁波称为光波，其中只有$380 \sim 780$nm间波长的光波是可见光。$10 \sim 380$nm的光波称为紫外线，有时把波长$300 \sim 380$nm的光波称为近紫外线，把波长$200 \sim 300$nm的光波称为远紫外线，把波长$10 \sim 200$nm的光波称为极远紫外线；$780 \sim 10^6$nm的光波称为红外线，有时把波长短于3μm的红外线称为近红外线，超过3μm的红外线称为远红外线。

光波谱分布如图5-1所示。

光具有波动和粒子二象性，在不同的场合和条件下表现出波动或粒子的属性。作为粒子的属性，光子具有的能量为$E = h\nu$，ν对应电磁波的频率。

光的波长与频率之间的关系由光速确定，真空中的光速用c表示，为2.99793×10^8m/s，通常近似地取为3×10^8m/s。光速与光的波长λ和频率ν的关系为

$$c = \nu\lambda = 3 \times 10^8 \text{m/s} \tag{5-1}$$

二、光源（发光器件）

在用光敏传感器件检测除光参量以外的其他被测量时，经常需要通过一定的手段，

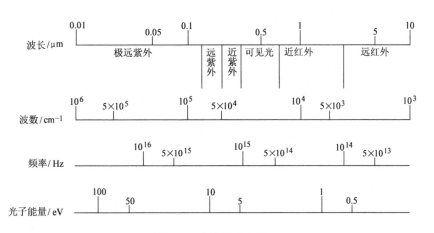

图 5-1　光波谱分布图

把被测量的变化转换成光信号的变化，往往与发光器件配合使用，这时要考虑发光器件的辐射特性、光谱特性、光电转换特性及光源的环境特性等参数。

1. 白炽灯

用钨丝通电加热作为光辐射源最为普通，一般白炽灯的辐射光谱是连续的，除了可见光外同时还辐射出大量红外线和紫外线。

一般来说，普通钨丝白炽灯相当于温度为 2700～2900K 的黑体辐射，这一范围在近红外区。但由于它的光谱是连续性的，在可见光及紫外波段也有相当强的辐射，所以任何光敏元件都能和它配合接收到光信号。也就是说，这种光源虽然寿命不够长，而且发热大、效率低、动态特性差，但当接收光敏元件对光谱特性要求不高时，是可取的。

在普通白炽灯基础上制作的发光器件有溴钨灯和碘钨灯，其体积较小、光效高、寿命也较长。

2. 气体放电灯

电流通过气体会产生发光现象，利用这种原理制成的灯称为气体放电灯。气体放电灯的光谱是不连续的，光谱与气体的种类及放电条件有关。改变气体的成分、压力、阴极材料和放电电流的大小，可以得到主要在某一光谱范围的辐射。

低压汞灯、氢灯、钠灯、镉灯、氦灯是光谱仪器中常用的光源，统称为光谱灯。例如，低压汞灯的辐射波长为 254nm，钠灯的辐射波长为 589nm，它们经常用作光电检测仪器的单色光源。如果光谱灯涂以荧光剂，由于光线与涂层材料的作用，荧光剂可以将气体放电谱线转化为更长的波长。目前荧光剂的选择范围很广，通过对荧光剂的选择可以使气体放电发出某一范围的波长，照明荧光灯就是一个典型的例子。

在需要线光源或面光源的情况下，在同样的光通量下，气体放电灯消耗的能量仅为白炽灯的 1/3～1/2。气体放电灯发出的热量少，对检测对象和光电器件的温度影响小，对电压恒定的要求也比白炽灯低。

若利用高压或超高压的氙气放电发光，可制成高效率的氙灯，它的光谱与荧光灯非常接近。目前氙灯又可分为长弧氙灯、短弧氙灯、脉冲氙灯。短弧氙灯的电弧长几毫米，

是高亮度的点光源。但氙灯的电源系统复杂，须用高电压触发放电。

3. 发光二极管

发光二极管（Light Emitting Diode，LED）由半导体PN结构成，它的工作电压低、响应速度高、寿命长、体积小、重量轻，因此获得了广泛的应用。

在半导体PN结中，P区的空穴由于扩散而移动到N区，N区的电子则扩散到P区，在PN结处形成势垒，从而抑制了空穴和电子的继续扩散。当PN结上加有正向电压时，势垒降低，电子由N区注入到P区，空穴则由P区注入到N区，称为少数载流子注入。所注入到P区里的电子和P区里的空穴复合，注入到N区里的空穴和N区里的电子复合，这种复合同时伴随着以光子形式放出能量，因而有发光现象。

电子和空穴复合，所释放的能量 E_g 也就是PN结的禁带宽度（即能量间隙）。所放出的光子能量可用 $h\nu$ 表示，h 为普朗克常数，$h = 6.6 \times 10^{-34} \text{J} \cdot \text{s}$，$\nu$ 为光的频率，故可写为

$$h\nu = E_g$$

即

$$h \frac{c}{\lambda} = E_g$$

因此

$$\lambda = \frac{hc}{E_g} \tag{5-2}$$

式中 c——光速，$c = 3 \times 10^8 \text{m/s}$；

E_g——PN结的禁带宽度（eV），$1\text{eV} = 1.6 \times 10^{-19}\text{J}$。

经过计算，$hc = 19.8 \times 10^{-26} \text{m} \cdot \text{W} \cdot \text{s} = 12.4 \times 10^{-7} \text{m} \cdot \text{eV}$。可见光的波长 λ 近似地认为在 $7 \times 10^{-7}\text{m}$ 以下，所以按式（5-2）计算，制作发光二极管的材料，其禁带宽度至少应大于 $hc/\lambda = 1.8\text{eV}$。

普通二极管是用锗或硅制造的，这两种材料的禁带宽度 E_g 分别为 0.67eV 和 1.12eV，显然不能使用。通常用砷化镓和磷化镓两种材料的固溶体，该固溶体写作 $\text{GaAs}_{1-x}\text{P}_x$，$x$ 代表磷化镓的比例，当 $x > 0.35$ 时，便可得到 $E_g \geqslant 1.8\text{eV}$ 的材料。

磷化镓的成分越多，其外部量子效率越低，所以 x 不能太大，最佳值约为 0.4，即由 GaP 40% 和 GaAs 60% 构成的固溶体最适合作为发光二极管的材料。改变 x 值还可决定发光波长，使 λ 在 550～900nm 间变化，该波长的光波已经进入红外区。

与此相似的可供制作发光二极管的材料还有不少，见表5-1。

表5-1   LED材料

材　　料	波长/nm	材　　料	波长/nm
ZnS	340	CuSe-ZnSe	400～630
SiC	480	$\text{Zn}_x\text{Cd}_{1-x}\text{Te}$	590～830
GaP	565，680	$\text{GaAs}_{1-x}\text{P}_x$	550～900
GaAs	900	$\text{InP}_x\text{As}_{1-x}$	910～3150
InP	920	$\text{In}_x\text{Ga}_{1-x}\text{As}$	850～1350

发光二极管的伏安特性与普通二极管相似，但随材料禁带宽度的不同，开启（点燃）

电压略有差异。图 5-2 为砷磷化镓发光二极管的伏安特性曲线,开启电压:红色约为 1.7V,绿色约为 2.2V。

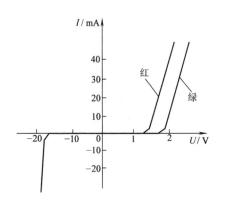

注意,图 5-2 上的横坐标正负值刻度比例不同。一般而言,发光二极管的反向击穿电压大于 5V,为了安全起见,使用时反向电压应在 5V 以下。

发光二极管的光谱特性如图 5-3 所示。图中砷磷化镓的曲线有两根,这是因为其材质成分稍有差异而得到不同的峰值波长 λ_p。

除峰值波长 λ_p 决定发光颜色之外,峰的宽度(用 $\Delta\lambda$ 描述)决定光的色彩纯度,$\Delta\lambda$ 越小其光色越纯。

图 5-2　发光二极管的伏安特性

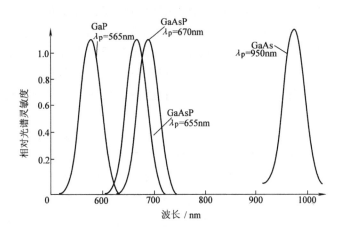

图 5-3　发光二极管的光谱

发光二极管的发光强度 I_V 与正向电流 I_F 的关系如图 5-4 所示。

必须注意的是,发光强度和观察角度有关。

透明封装体的前端如为平面,则出射光呈发散状,在较大的范围内有比较均匀的发光强度,适合用作指示灯,以便使各处都能发现。若前边有半透明型透镜,则对光线有聚光作用,只有正前方发光强度最大,适合于光电耦合或对某个固定目标进行照射。

各种发光二极管都受温度影响,温度升高其发光强度减小,呈线性关系。因此,使用时应注意环境对 PN 结温度的影响。

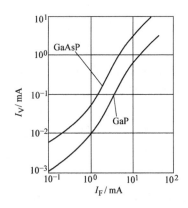

图 5-4　发光二极管的发光特性

发光二极管的响应时间很短,一般为几纳秒至几十纳秒,便于与集成电路配合。

由于发光二极管是电流驱动器件,对电压并无严格要求,只要电流不超过允许值便可正常工作,一般 I_F 都在 40mA 以下。如果有反向保护措施也可以用交流驱动。

4. 激光器

具有光的受激辐射放大功能的器件称为激光器,激光器是高亮度光源。某些物质的分子、原子、离子吸收外界特定能量(如特定频率的辐射),从低能级跃迁到高能级上(受激吸收),如果处于高能级的粒子数大于低能级上的粒子数,就形成了粒子数反转,在特定频率的光子激发下,高能粒子集中地跃迁到低能级上,发射出与激发光子频率相同的光子(受激发射)。由于单位时间受激发射光子数远大于激发光子数,因此上述现象称为光的受激辐射放大。激光器的突出优点是单色性好、方向性强、亮度高,不同激光器在这些特点上又各有不同的侧重。

激光器的种类繁多,按工作物质来分,激光器可以分为固体激光器(如红宝石激光器)、气体激光器(如氦-氖气体激光器、二氧化碳激光器)、半导体激光器(如砷化镓激光器)、液体激光器等。

(1)固体激光器 固体激光器的典型实例就是红宝石激光器,它是人类发明的第一种激光器。红宝石激光器的工作介质是掺 0.5% 铬的氧化铝(即红宝石),激光器采用强光灯作泵浦,红宝石吸收其中的蓝光和绿光,形成粒子数反转,受激发出深红色的激光(波长约 694nm)。红宝石激光器除了在遥测和测距外已很少用作光源,而是更多地用在实验室仪器上。固体激光器通常工作在脉冲状态下,功率大,在光谱吸收测量方面有一些应用。

(2)气体激光器 可用作气体激光器的介质很多。与固体激光器介质相比,气体介质的密度低很多,因而单位体积能够实现的粒子反转数目也低得多。为了弥补气体密度低的不足,气体激光器的体积一般都比较大。但是,气体介质均匀,激光稳定性好。另外,气体可在腔内循环,有利于散热,这是固体激光器所不具备的。由于气体吸收线宽比较窄,故气体激光器一般不宜于用光泵作激励,更多的是采用电作激励。在光电传感器中比较常见的气体激光器主要有氦-氖激光器、亚离子激光器、氩离子激光器、二氧化碳激光器以及准分子激光器等,它们的波长覆盖了从紫外到远红外的频谱区域。

氦-氖激光器是实验室常见的激光器,具有连续输出激光的能力。它能够输出从红外的 $3.3\mu m$ 到可见光等一系列谱线,其中 632.8nm 谱线在光电传感器中应用最广。该谱线的相干性和方向性都很好,输出功率通常小于 1mW,可以满足很多光敏传感器的要求。氩离子、氪离子激光器功率比氦-氖激光器大,氩离子发出可见的蓝光和绿光,比较典型的谱线有 488nm 和 514.5nm 等,氪离子发出的是红光(647.1 ~ 752.5nm),它们连续输出的功率可以达到几瓦的数量级,适用于对光源的功率要求比较大的场合,如光纤分布式温度传感器等。二氧化碳激光器是目前效率最高的激光器,它的输出波长为 $10.6\mu m$,连续输出方式功率可达几瓦,脉冲方式达到几千瓦,是远红外的重要光源。许多气体和有机物在红外区域有吸收谱线,二氧化碳激光器可用作物质分析的光源。在紫外区域气体激光器更是一枝独秀,其他类型激光器还不能工作于这一区域,比较典型的氮气分子激光器输出波长为 337nm,在脉冲工作方式下功率可达到 10^6W 量级,脉冲宽度可达到 $10^{-9}s$ 量级。能够工作在紫外区域的还有一些准分子激光器,目前能够提供从 353nm 到 193nm 的激光输出。由于包括污染物在内的许多物质在紫外区域有独特的吸收特征,随着激光器小型化技术的发展，这类激光器在化学分析、环境保护等方面有很好的应用前景。

（3）半导体激光器 半导体激光器除了具有一般激光器的特点外，还具有体积小、能量高的特点，特别是它对供电电源的要求极其简单，使之在很多科技领域得到了广泛应用。

半导体激光器虽然也是固体激光器，但是同红宝石和其他固体激光器相比，半导体的能级宽得多，更类似于发光二极管，但谱线却比发光二极管窄得多。半导体激光器的特征是通过掺杂一定的杂质改变半导体的性质，杂质能够增加导带的电子数目或者增加价带的空穴数目，当半导体接正向电压时，载流子很容易通过 PN 结，多余的载流子参加复合过程，能量被释放发出激光。目前半导体激光器可以选择的波长主要局限在红光和红外区域。

半导体激光器的输出波长和功率是供电电流的函数，这给半导体激光器用于干涉测量带来不少问题，但是改变供电电流或者温度可以实现对波长在一定范围内的调制，使之成为可调谐激光器。

三、光电效应

光敏传感器是一种将光参量的变化转化为电量变化的传感器。它的物理基础就是光电效应。光电效应分为外光电效应和内光电效应两大类。

1. 外光电效应

在光线的作用下，物体内的电子逸出物体表面向外发射的现象称为外光电效应。向外发射的电子叫作光电子。基于外光电效应的光电器件有光电管、光电倍增管等。

众所周知，光子是具有能量的粒子，每个光子具有的能量可由下式确定：

$$E = h\nu \tag{5-3}$$

式中 h——普朗克常数，$h = 6.626 \times 10^{-34} \mathrm{J \cdot s}$；

　　ν——光的频率（s^{-1}）。

若物体中的电子吸收了入射光子的能量，当足以克服逸出功 A_0 时，电子就逸出物体表面，产生光电子发射。如果要想逸出，光子能量 $h\nu$ 必须超过逸出功 A_0，超过部分的能量表现为逸出电子的动能。根据能量守恒定律，有

$$h\nu = \frac{1}{2}m\nu_0^2 + A_0 \tag{5-4}$$

式中 m——电子质量；

　　ν_0——电子逸出速度。

该方程称为爱因斯坦光电效应方程。由该式可知：

1）光电子能否产生，取决于光电子的能量是否大于该物体的表面电子逸出功 A_0。不同的物质具有不同的逸出功，这意味着每一个物体都有一个对应的光频阈值，称为红限频率或波长限。光线频率低于红限频率，光子能量不足以使物体内的电子逸出，因而，小于红限频率的入射光，光强再大也不会产生光电子发射；反之，入射光频率高于红限频率，即使光线微弱，也会有光电子射出。

2）当入射光的频谱成分不变时，产生的光电流与光强成正比，即光强越大，意味着

入射光子数目越多，逸出的电子数也就越多。

3）光电子逸出物体表面具有初始动能 $\frac{1}{2}mv_0^2$，因此外光电效应器件（如光电管）即使没有加阳极电压，也会有光电子产生。为了使光电流为零，必须加负的截止电压，而且截止电压与入射光的频率成正比。

2. 内光电效应

光照射在物体上，使物体的电阻率发生变化，或产生光生电动势的效应叫作内光电效应。内光电效应又可分为光电导效应和光生伏特效应两类。

（1）光电导效应　在光线作用下，电子吸收光子能量从键合状态过渡到自由状态，而引起材料电导率的变化，这种现象称为光电导效应。基于这种效应的光敏器件有光敏电阻。

当光照射到光电导体上时，若这个光电导体为本征半导体材料，而且光辐射的能量又足够强，光电导材料价带上的电子将被激发到导带上去，如图 5-5 所示，从而使导带的电子和价带的空穴增加，致使光电导体的电导率变大。为了实现能级的跃迁，入射光的能量必须大于光电导材料的禁带宽度 E_g，即

$$h\nu = \frac{hc}{\lambda} \geq E_g \qquad (5\text{-}5)$$

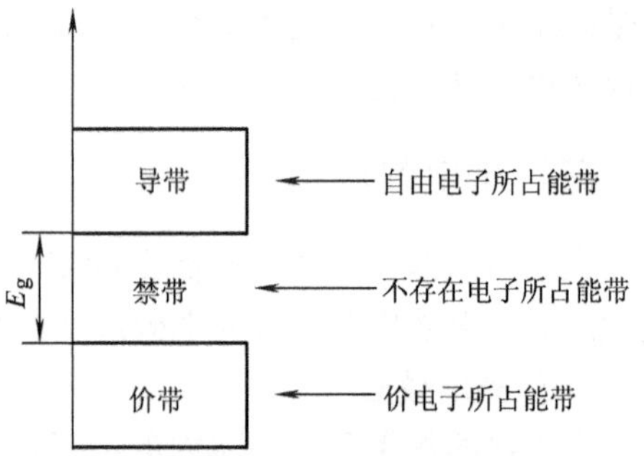

式中　ν、λ——入射光的频率和波长。

图 5-5　电子能级示意图

也就是说，对于一种光电导材料，总存在一个照射光波长限 λ_0，只有波长小于 λ_0 的光照射在光电导体上，才能产生电子能级间的跃迁，从而使光电导体的电导率增加。

（2）光生伏特效应　在光线作用下能够使物体产生一定方向的电动势的现象叫作光生伏特效应。基于该效应的光敏器件有光电池和光敏二极管、光敏晶体管。

1）势垒效应（结光电效应）。接触型半导体的 PN 结中，当光线照射其接触区域时，便引起光电动势，这就是结光电效应。以 PN 结为例，光线照射 PN 结时，设光子能量大于禁带宽度 E_g，使价带中的电子跃迁到导带，而产生电子空穴对，在阻挡层内电场的作用下，被光激发的电子移向 N 区外侧，被光激发的空穴移向 P 区外侧，从而使 P 区带正电，N 区带负电，形成光电动势。

2）侧向光电效应。当半导体光电器件受光照不均匀时，产生载流子浓度梯度，将会引发侧向光电效应。当光照部分吸收入射光子的能量产生电子空穴对时，光照部分载流子浓度比未受光照部分的载流子浓度大，就出现了载流子浓度梯度，因而载流子就要扩散。如果电子迁移率比空穴大，那么空穴的扩散不明显，则电子向未被光照部分扩散，就造成光照射的部分带正电，未被光照射的部分带负电，光照部分与未被光照部分产生光电动势。

四、光敏传感器的性能参数

光敏传感器的性能参数描述了在规定使用条件下传感器的性能指标。了解光敏传感

器的性能参数是正确使用传感器并使光电系统达到预计性能指标所必须的。传感器的性能参数通常包括传感器测量和使用条件等参数。

1. 响应度

传感器输出信号电压 U_o 或信号电流 I_o 与入射光功率 P_i 之比称为光敏传感器的响应度。换句话说，在单位入射光功率的作用下，传感器的输出电压 U_o 或输出电流 I_o 称为电压响应度 R_V 或电流响应度 R_I，即

$$R_V = \frac{U_o}{P_i}, \quad R_I = \frac{I_o}{P_i}$$

由于历史的原因，把外光电效应传感器的响应度称为灵敏度。

2. 光谱响应特性

光敏器件两端的电压一定，如果照射在光敏器件上的是波长一定的单色光，则对相同的入射功率，输出的光电流 I 会随着波长 λ 的不同而变化。光电流（一般以最大值的百分数或相对灵敏度表示）与入射光波长的关系 $I = F(\lambda)$ 为光谱特性。各种光敏传感器的光谱特性如图5-6所示。

这些特性曲线反映了：

1) 它们的光谱特性都与制造的材料有关，而且还与制造工艺有关。

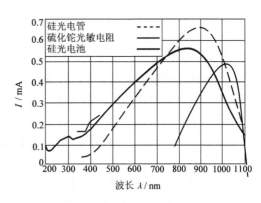

图5-6　几种光敏传感器的光谱响应曲线

2) 不同的材料有不同的红限频率，小于红限频率就不会产生光电效应。

3) 各种敏感材料对于不同波长的灵敏度不一样。

4) 每一种材料只对某一种波长的灵敏度最高。

光谱特性对选择器件和辐射源有重要意义。选择光敏器件时应使其最大灵敏度在需要测定的光谱范围内，即与系统所使用的光源的光谱特性分布一致。这时，光敏传感器的性能较好，效率较高。在检测时，光敏传感器的最高灵敏度最好在需要测量的波长处。

3. 伏安特性

在给定的光通量和照度下，光电流 I 与光敏器件两端电压 U 的关系，即 $I = F(U)$ 称为伏安特性。

伏安特性曲线的意义在于帮助我们计算选择光敏元件的负载电阻，设计整个电路。特别是管子类光敏元件的伏安特性曲线与晶体管伏安特性曲线相似，只要将入射光所产生的光电流看成是基极电流就可看成一般的晶体管的伏安特性曲线。因此可以像晶体管作图法一样来确定负载电阻。光敏晶体管与光敏二极管的伏安特性曲线形状一样，只是输出电流大小不一样（即 I 坐标值不同）。由于晶体管的放大作用，在同样的照度下，光敏晶体管的光电流和灵敏度要比相同管型的光敏二极管大几十倍，这是因为电流放大系数 β 在小电流时随着光电流上升而增大。

4. 频率特性和响应时间

在同样的电压和同样幅值的光强度下，当入射光强度以不同的正弦交变频率调制时，

光敏器件输出的光电流 I 或灵敏度 S 会随调制频率 f 变化，它们的关系 $I = F_1(f)$ 或 $S = F_2(f)$ 称为频率特性。外光电效应元件在表面上受到光照时就立刻出现光电流，因此可看作是无惯性的。光生伏特效应元件响应较慢，而内光电效应元件响应最慢。

当光敏传感器件工作于开关状态或大信号状态时，随着信号光的频率升高，输出的电流脉冲会发生相对于信号光脉冲的延迟和畸变。当它工作于交流小信号状态时，其输出光电流将随着信号光的调制频率的升高而下降。造成这些现象的原因是器件的响应速度低于光信号的变化。响应时间是描述器件响应速度的参数。

氧化铯真空光电管的频率特性表明，在很高的光通量变化频率下，它仍有相当大的灵敏度，其调制频率可达1MHz以上。光敏二极管的频率特性较好，是半导体光电器件中最好的一种。光敏晶体管由于存在发射结电容和基区渡越时间（发射极的载流子通过基区所需要的时间），它的频率特性比光敏二极管要差，而且与光敏二极管一样，负载电阻越大，高频响应越差。光电池的PN结或阻挡层的面积大，极间电容大，因此频率特性较差。即使同是光电池。其材料不同，特性也不一样，如硅光电池就比硒光电池强，能适应高速计数器快速的变化，而硒光电池就不适宜检测交变光通量。

第二节　外光电效应器件

利用物质在光的照射下发射电子的外光电效应而制成的光敏器件，称为外光电效应器件。它一般是真空的或充气的光敏器件，主要有光电管和光电倍增管。

一、光电管及其基本特性

1. 结构与工作原理

光电管有真空光电管和充气光电管两种，两者结构相似，如图5-7a所示。它们由一个阴极和一个阳极构成，并且密封在一只玻璃管内。阴极装在玻璃管内壁上，其上涂有光电发射材料。阳极通常用金属丝弯曲成矩形或圆形，置于玻璃管的中央。当光通过光窗照在阴极上时，阳极可以收集从阴极上逸出的电子，在外电场 E 作用下形成光电流 I，如图5-7b所示，在负载电阻 R_L 上的输出电压 U_0 将随光电流的变化而变化。

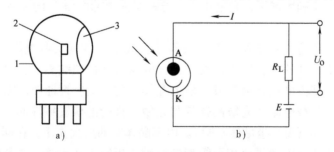

图5-7　光电管的结构及检测原理示意图

a) 结构示意图　b) 检测原理示意图

1—阴极 K　2—阳极 A　3—光窗

充气光电管内充有少量的惰性气体（如氩或氖）。当充气光电管的阴极被光照射后，光电子在飞向阳极的途中和气体的原子发生碰撞而使气体电离，因此增大了光电流，从而使光电管的灵敏度增加，但这会导致充气光电管的光电流与入射光发光强度不成比例，因而使其具有稳定性较差、惰性大、温度影响大、容易衰老等一系列缺点。目前由于放大技术的提高，对于光电管的灵敏度不再要求那样严格，而且真空光电管的灵敏度也正在不断提高。在自动检测仪表中，由于要求温度影响小和灵敏度稳定，所以一般都采用真空光电管。

2. 主要性能

光电器件的性能主要由伏安特性、光照特性、光谱特性、响应时间、峰值探测率和温度特性来描述。

（1）光电管的伏安特性　在一定的光照射下，对光电器件的阴极所加电压与阳极所产生的电流之间的关系称为光电管的伏安特性。光电管的伏安特性如图 5-8 所示。它是应用光电传感器参数的主要依据。

（2）光电管的光照特性　当光电管的阳极和阴极之间所加电压一定时，光通量与光电流之间的关系为光电管的光照特性。其特性曲线如图 5-9 所示。曲线 1 表示氧化铯阴极光电管的光照特性，光电流 I 与光通量呈线性关系。曲线 2 为锑铯阴极光电管的光照特性，光电流与光通量呈非线性关系。光照特性曲线的斜率（光电流与入射光光通量之比）称为光电管的灵敏度。

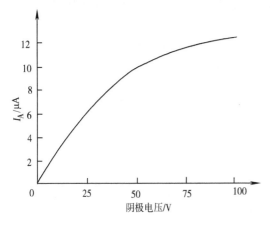

图 5-8　光电管的伏安特性

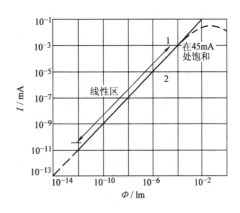

图 5-9　光电管的光照特性

（3）光电管的光谱特性　一般对于光电阴极材料不同的光电管，它们有不同的红限频率 ν_0，因此，它们可用于不同的光谱范围。除此之外，即使照射在阴极上的入射光的频率高于红限频率 ν_0，并且强度相同，随着入射光频率的不同，阴极发射的光电子的数量还会不同，即同一光电管对于不同频率的光的灵敏度不同，这就是光电管的光谱特性。所以，对各种不同波长区域的光，应选用不同材料的光电阴极。国产 GD—4 型光电管的阴极是用锑铯材料制成的，其红限 $\lambda_0 = 7000\text{Å}(1\text{Å} = 10^{-12}\text{m})$，它对可见光范围的入射光灵敏度比较高，转换效率可达 25% ~ 30%。这种管子适用于白光光源，因而广泛地应用于各种光电式自动检测仪表中。对红外光源，常用银氧铯阴极构成红外传感器。对紫外光源，常用锑铯阴极和镁镉阴极。另外，锑钾钠铯阴极的光谱范围较宽，为3000～8500Å，灵敏度也较高，与人的视觉光谱特性很接近，是一种新型的光电阴极。

二、光电倍增管及其基本特性

当入射光很微弱时，普通光电管产生的光电流很小，只有零点几微安，很不容易探测。这时常用光电倍增管对电流进行放大，图5-10是光电倍增管的结构和工作原理图。

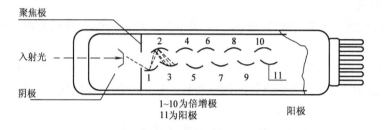

图5-10　光电倍增管的结构和工作原理图

1. 光电倍增管的结构

光电倍增管由光阴极、次阴极（倍增电极）以及阳极三部分组成，如图5-10所示。光阴极是由半导体光电材料锑铯做成的。次阴极是在镍或铜-铍的衬底上涂上锑铯材料而形成的。次阴极多的可达30级。阳极是最后用来收集电子的，它输出的是电压脉冲。

2. 工作原理

光电倍增管除光电阴极外，还有若干个倍增电极，使用时在各个倍增电极上均匀加上电压。阴极电位最低，从阴极开始，各个倍增电极的电位依次升高，阳极电位最高。同时这些倍增电极用次级发射材料制成，这种材料在具有一定能量的电子轰击下，能够产生更多的"次级电子"。由于相邻两个倍增电极之间有电位差，因此存在加速电场，对电子加速。从阴极发出的光电子，在电场的加速下，打到第一个倍增电极上，引起二次电子发射。每个电子能从这个倍增电极上打出3～6倍个次级电子，被打出来的次级电子再经过电场的加速后，打在第二个倍增电极上，电子数又增加3～6倍，如此不断倍增，阳极最后收集到的电子数将达到阴极发射电子数的10^5～10^6倍，即光电倍增管的放大倍数可达几万倍到几百万倍，如图5-11所示。这样，光电倍增管的灵敏度就比普通光电管高几万倍到几百万倍。因此在很微弱的光照时，它就能产生很大的光电流。

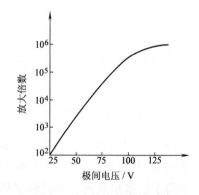

图5-11　光电倍增管的特性曲线

3. 主要参数

（1）倍增系数 M　倍增系数 M 等于 n 个倍增电极的二次电子发射系数 δ_i 的乘积。如果 n 个倍增电极的 δ_i 都一样，则 $M = \delta_i^n$，因此，阳极电流 I 为

$$I = i\delta_i^n$$

式中　i——光电阴极的光电流。

光电倍增管的电流放大倍数 β 为

$$\beta = \frac{I}{i} = \delta_i^n$$

M 与所加电压有关，一般 M 在 $10^5 \sim 10^8$ 之间。如果所加电压有波动，倍增系数也要波动，因此 M 具有一定的统计涨落。一般阳极和阴极之间的电压为 $1000 \sim 2500V$，两个相邻的倍增电极的电位差为 $50 \sim 100V$。对所加电压越稳越好，这样可以减小统计涨落，从而减小测量误差。

（2）光电阴极灵敏度和光电倍增管总灵敏度　一个光子在阴极上能够打出的平均电子数叫作光电倍增管的阴极灵敏度。而一个光子在阳极上产生的平均电子数叫作光电倍增管的阳极灵敏度。光电倍增管的最大灵敏度可达 $10A/lm$ 以上，极间电压越高，灵敏度越高；但极间电压也不能太高，太高反而会使阳极电流不稳。另外，由于光电倍增管的灵敏度很高，所以不能受强光照射，否则将会损坏。

（3）暗电流　一般在使用光电倍增管时，必须把管子放在暗室里避光使用，使其只对入射光起作用。但是由于环境温度、热辐射和其他因素的影响，即使没有光信号输入，加上电压后阳极仍有电流，这种电流称为暗电流。这种暗电流通常可以用补偿电路消除。

（4）光电倍增管的光谱特性　光电倍增管的光谱特性与相同材料的光电管的光谱特性很相似，主要取决于光电阴极材料。国产光电管和光电倍增管的主要参数见表 5-2 和表 5-3。

表 5-2　光电管参数

型号	光谱响应范围/Å	光谱峰值波长/Å	灵敏度/(μA/lm)	阳极工作电压/V	暗电流/μA	环境温度/℃	直径/mm	高度/mm	主要用途
GD—3	4000 ~ 6000	4500 ± 500	≥80	240	1×10^{-2}	10 ~ 30	30	62	各种自动装置仪器
GD—51	4000 ~ 6000	4500 ± 500	≥80	240	1×10^{-2}	10 ~ 30	26	59	各种自动装置仪器

表 5-3　光电倍增管参数

型号	光谱响应范围/Å	光谱峰值波长/Å	阴极灵敏度/(μA/lm)	阳极灵敏度/(A/lm)	暗电流/nA	倍增系数	直径/mm	高度/mm	主要用途
GDB—106	2000 ~ 7000	4000 ± 500	30	30(860V)	7(30A/lm)	9	14	68	光度测量
GDB—235	3000 ~ 6500	4000 ± 200	40	1(750V)	60(10A/lm)	5	30	110	闪烁计数器
GDB—413	3000 ~ 7000	4000 ± 200	40	100(1250V)	10(10A/lm)	11	30	120	分光光度计
GDB—546	3000 ~ 8500	4200 ± 200	70	20(1300V)	100(200A/lm)	11	50	154	激光接收器

4. 光电倍增管的供电电路

光电倍增管工作时，需要在阴极和阳极之间加 $500 \sim 3000V$ 的高压。该电压将根据光电倍增管类型的不同以适当的比例分配给阴极、聚焦极、倍增极和阳极，保证光电子能被有效地收集，光电流通过倍增系统得到放大。实际应用中，各极间的电压都是由连接于阳极与阴极之间的分压电阻所提供的，这一电路称为高压分压器或分压电路。

高压分压器可采用阳极接地或阴极接地方式，如图 5-12 所示。多数情况下采用阳极接地（见图5-12a），阴极接负高压的方式。此方案消除了外部电路与阳极之间的电压差，便于电流计或电流-电压转换运算放大器直接与光电倍增管相连接。但在这种阳极接地的方案中，由于靠近光电倍增管玻壳的金属支架或磁屏蔽套管接地，它们与阴极和倍增极之间存在比较高的电位差，结果会使某些光电子打到玻壳内侧，产生玻璃闪烁现象，从而导致噪声的显著增加。图5-12b为阴极接地方式，可以克服阳极接地方式的不足，但需要使用一个耦合电容 C_c 在接有正高压的阳极提取信号，所以这种接地方式不能提取直流信号。

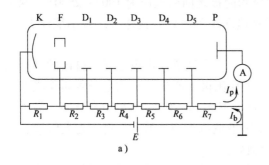 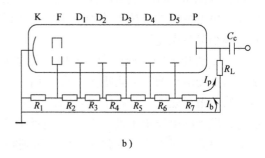

图5-12　光电倍增管的供电电路

a）阳极接地　b）阴极接地

第三节　内光电效应器件

一、光敏电阻

光敏电阻又称光导管，是一种均质半导体光敏器件。它具有灵敏度高、光谱响应范围宽、体积小、重量轻、机械强度高、耐冲击、耐振动、抗过载能力强和寿命长等特点。

1. 光敏电阻的结构

光敏电阻是利用光电导效应制作的一类光敏器件。图5-13所示为金属封装的硫化镉光敏电阻的结构图。管芯是一块安装在绝缘衬底上带有两个欧姆接触电极的光电导体。光电导体吸收光子而产生的光电效应，只限于光照的表面薄层，虽然产生的载流子也有少数扩散到内部去，但扩散深度有限，因此光电导体一般都做成薄层。为了获得高的灵敏度，光敏电阻的电极一般采用梳状图案，如图5-14b所示。它是在一定的掩膜下向光电导薄膜上蒸镀金或铟等金属形成的。这种梳状电极，由于在间距很近的电极之间有可能采用大的灵敏面积，所以提高了光敏电阻的灵敏度。图5-14c是光敏电阻的代表符号。

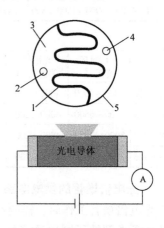

图5-13　金属封装的硫化
镉光敏电阻结构图
1—光导电材料　2、4—引线
3—电极　5—绝缘衬底

光敏电阻的灵敏度易受湿度的影响，因此要将光电导体严密封装在玻璃壳体中。

　　光敏电阻具有很高的灵敏度、很好的光谱特性，光谱响应可从紫外区到红外区范围内，而且体积小、重量轻、性能稳定、价格便宜，因此应用比较广泛。

2. 光敏电阻的主要参数和基本特性

　　（1）暗电阻、亮电阻、光电流　光敏电阻在室温条件下，全暗后经过一定时间测量的电阻值，称为暗电阻。此时流过的电流称为暗电流。光敏电阻在某一光照下的阻值，称为该光照下的亮电阻。此时流过的电流称为亮电流。亮电流与暗电流之差，称为光电流。

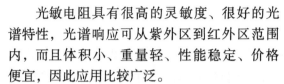
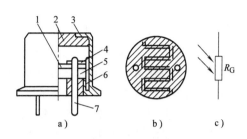

图 5-14　CdS 光敏电阻的结构和符号
a）结构　b）电极　c）符号
1—光导层　2—玻璃窗口　3—金属外壳　4—电极
5—陶瓷基座　6—黑色绝缘玻璃　7—电阻引线

　　光敏电阻的暗电阻越大，亮电阻越小则性能越好。也就是说，暗电流越小，光电流越大，这样的光敏电阻的灵敏度越高。实际上，大多数光敏电阻的暗电阻往往超过 1MΩ，甚至高达 100MΩ，而亮电阻即使在正常白昼条件下也可降到 1kΩ 以下，可见光敏电阻的灵敏度是相当高的。

　　（2）光照特性　图 5-15a 所示为 CdS 光敏电阻的光照特性。不同类型光敏电阻的光

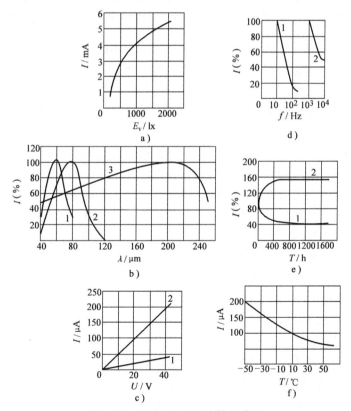

图 5-15　光敏电阻的基本特性曲线
a）光照特性　b）光谱特性　c）伏安特性　d）频率特性　e）稳定性　f）温度特性

照特性不同，但是光照特性曲线均呈非线性。因此它不宜作为测量元件，这是光敏电阻的不足之处，一般在自动控制系统中常作开关式光电信号传感元件。

（3）光谱特性 光谱特性与光敏电阻的材料有关。图5-15b中的曲线1、2、3分别表示硫化镉、硒化镉、硫化铅三种光敏电阻的光谱特性。从图中可知，硫化铅光敏电阻在较宽的光谱范围内均有较高的灵敏度。光敏电阻的光谱分布，不仅与材料的性能有关，而且与制造工艺有关。例如，硫化镉光敏电阻随着掺铜浓度的增加，光谱峰值由$50\mu m$移到$64\mu m$；硫化铅光敏电阻随薄层的厚度减小，光谱峰值位置向短波方向移动。图5-16和图5-17分别表示光敏电阻在红外和可见光区的光谱特性曲线。

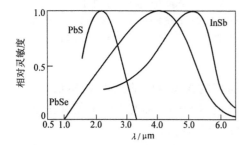

图5-16　在红外区灵敏的几种光敏电阻的光谱特性曲线

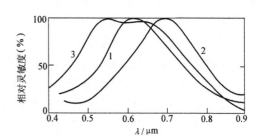

图5-17　在可见光区几种光敏电阻的光谱特性曲线
1—硫化镉单晶　2—硫化镉多晶　3—硒化镉多晶

（4）伏安特性 在一定照度下，光敏电阻两端所加的电压与电流之间的关系称为伏安特性。图5-15c中曲线1、2分别表示照度为零及照度为某值时的伏安特性。由曲线可知，在给定偏压下，光照度越大，光电流也越大。在一定的光照度下，所加的电压越大，光电流越大，而且无饱和现象。但是电压不能无限地增大，因为任何光敏电阻都受额定功率、最高工作电压和额定电流的限制。

（5）频率特性 图5-15d中曲线1和2分别表示硫化镉和硫化铅光敏电阻的频率特性。从图中可看出，这两种光敏电阻的频率特性较差。这是因为光敏电阻的导电性与被俘获的载流子有关，当入射光强上升时，被俘获的自由载流子达到相应的数值需要一定时间；同样，入射光强降低时，被俘获的电荷释放出来也比较慢，光敏电阻的阻值要经过一段时间后才能达到相应的数值（新的平衡值），故其频率特性较差。有时以时间常数的大小说明频率响应的好坏。当光敏电阻突然受到光照时，电导率上升到饱和值的63%所用的时间，称为上升时间常数。同样地，下降时间常数是指器件突然变暗时，其电导率降到饱和值的37%（即降低63%）所用的时间。

（6）稳定性 图5-15e曲线1、2分别表示了不同型号的两种CdS光敏电阻的稳定性。初制成的光敏电阻，由于体内机构工作不稳定，以及电阻体与其介质的作用还没有达到平衡，所以性能是不够稳定的。但在人为地加温、光照及加负载情况下，经1~2周的老化，性能可达稳定。光敏电阻在开始一段时间的老化过程中，有些样品阻值上升，有些样品阻值下降，但最后达到一个稳定值后就不再变了。这是光敏电阻的主要优点。

光敏电阻的使用寿命在密封良好、使用合理的情况下，几乎是无限长的。

（7）温度特性 光敏电阻和其他半导体器件一样，它的性能受温度的影响较大，随着温度的升高灵敏度要下降。硫化镉的光电流 I 和温度 T 的关系如图 5-15f 所示。有时为了提高灵敏度,将元件降温使用。例如,可利用制冷器使光敏电阻的温度降低。

随着温度的升高,光敏电阻的暗电流上升,但是亮电流增加不多。因此,它的光电流下降,即光电灵敏度下降。不同材料的光敏电阻,温度特性互不相同,一般硫化镉的温度特性比硒化镉好,硫化铅的温度特性比硒化铅好。

光敏电阻的光谱特性也随温度变化。例如,硫化铅光敏电阻,在 $+20℃$ 与 $-20℃$ 温度下,随着温度的升高,其光谱特性向短波方向移动。因此,为了使元件对波长较长的光有较高的响应,有时也可采用降温措施。

3. 光敏电阻与负载的匹配

每一光敏电阻都有允许的最大功耗 P_{max}。如果超过这一数值,则光敏电阻容易损坏。因此,光敏电阻工作在任何照度下都必须满足

$$IU \leqslant P_{max} \ 或\ I \leqslant \frac{P_{max}}{U} \tag{5-6}$$

式中 I、U——通过光敏电阻的电流和它两端的电压。

因 P_{max} 数值一定,所以满足式(5-6)的图形为双曲线。在图 5-18b 中,P_{max} 双曲线的左下部分为允许的工作区域。

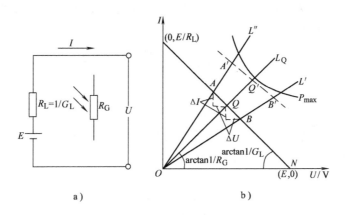

图 5-18 光敏电阻的测量电路及伏安特性
a)测量电路 b)伏安特性

由图 5-18a 得电流 I 为

$$I = \frac{E}{R_L + R_G} \tag{5-7}$$

式中 R_L——负载电阻;

R_G——光敏电阻;

E——电源电压。

图 5-18b 中绘出了光敏电阻的负载线 $NBQA$ 及伏安特性 OB、OQ、OA,它们分别对应的照度为 L'、L_Q、L''。设光敏电阻工作在 L_Q 照射下,当照度变化时,工作点 Q 将变至 A 或 B,它的电流和电压都改变。设照度变化时,光敏电阻值的变化为 ΔR_G,则此时电流为

$$I + \Delta I = \frac{E}{R_{\mathrm{L}} + R_{\mathrm{G}} + \Delta R_{\mathrm{G}}} \tag{5-8}$$

由以上两式可解得信号电流 ΔI 为

$$\Delta I = \frac{E}{R_{\mathrm{L}} + R_{\mathrm{G}} + \Delta R_{\mathrm{G}}} - \frac{E}{R_{\mathrm{L}} + R_{\mathrm{G}}} = \frac{-E\Delta R_{\mathrm{G}}}{(R_{\mathrm{L}} + R_{\mathrm{G}})^2} \tag{5-9}$$

式（5-9）中，负号所表示的物理意义是：当照度增加时，光敏电阻的阻值减小，即 $\Delta R_{\mathrm{G}} < 0$，而信号电流却增加，即 $\Delta I > 0$。

当电流为 I 时，由图 5-18a 可求得输出电压 U 为

$$U = E - IR_{\mathrm{L}}$$

电流为 $I + \Delta I$ 时，其输出电压为

$$U + \Delta U = E - (I + \Delta I)R_{\mathrm{L}}$$

由以上两式得信号电压为

$$\Delta U = -\Delta IR_{\mathrm{L}} = \frac{E\Delta R_{\mathrm{G}}}{(R_{\mathrm{L}} + R_{\mathrm{G}})^2}R_{\mathrm{L}} \tag{5-10}$$

光敏电阻的 R_{G} 和 ΔR_{G} 可由实验或伏安特性曲线求得。由式（5-9）、式（5-10）可以看出，在照度的变化相同时，ΔR_{G} 越大，其输出信号电流 ΔI 及信号电压 ΔU 也越大。

当光敏电阻的 R_{G} 和 ΔR_{G} 及电源电压 E 为已知时，则选择最佳的负载电阻 R_{L} 有可能获得最大的信号电压 ΔU，令

$$\frac{\partial(\Delta U)}{\partial R_{\mathrm{L}}} = \frac{\partial}{\partial R_{\mathrm{L}}}\left[\frac{E\Delta R_{\mathrm{G}}R_{\mathrm{L}}}{(R_{\mathrm{L}} + R_{\mathrm{G}})^2}\right] = 0 \tag{5-11}$$

解得

$$R_{\mathrm{L}} = R_{\mathrm{G}}$$

即选负载电阻 R_{L} 与光敏电阻 R_{G} 相等时，可获得最大的信号电压。

当光敏电阻在较高频率下工作时，除选用高频响应好的光敏电阻外，负载电阻 R_{L} 应取较小值，否则时间常数较大，对高频影响不利。

4. 光敏电阻的使用

光敏电阻的重要特点是光谱响应范围宽、测光范围宽、灵敏度高、无极性之分，但由于材料不同，在性能上差别较大。使用中应注意：

1）当用于模拟量测量时，因光照指数 γ 与光照强弱有关，只有在弱光照下光电流与入射辐射通量呈线性关系。

2）用于光度量测试仪器时，必须对光谱特性曲线进行修正，保证其与人眼的光谱光视效率曲线符合。

3）光敏电阻的光谱特性与温度有关，温度低时，灵敏范围和峰值波长都向长波方向移动，可采取冷却灵敏面的办法来提高光敏电阻在长波区的灵敏度。

4）光敏电阻的温度特性很复杂，电阻温度系数有正有负，一般来说，光敏电阻不适于在高温下使用，温度高时输出将明显减小，甚至无输出。

5）光敏电阻频带宽度都比较窄，在室温下只有少数品种能超过 1000Hz，而且光电增益与带宽之积为一常量，如要求带宽较宽，必须以牺牲灵敏度为代价。

6）设计负载电阻时，应考虑到光敏电阻的额定功耗，负载电阻值不能很小。

7）进行动态设计时，应考虑光敏电阻的频率特性。

二、光敏二极管和光敏晶体管

光敏二极管和光电池一样，其基本结构也是一个 PN 结。它和光电池相比，重要的不同点是结面积小，因此它的频率特性特别好。光敏二极管的光生电动势与光电池相同，但输出电流普遍比光电池小，一般为数微安到数十微安。按材料分，有硅化镓、砷化镓、锑化铟、硒化铅光敏二极管等许多种。按结构分，也有同质结与异质结之分。其中最典型的还是同质结硅光敏二极管。

国产硅光敏二极管按衬底材料的导电类型不同，分为 2CU 和 2DU 两种系列。2CU 系列以 N-Si 为衬底，2DU 系列以 P-Si 为衬底。2CU 系列光敏二极管只有两个引出线，而 2DU 系列光敏二极管有三条引出线，除了阳极、阴极外，还设了一个环极。

1. 光敏二极管

光敏二极管的符号如图 5-19 所示。锗光敏二极管有 A、B、C、D 四类，硅光敏二极管有 2CU1A～D 系列、2DU1～4 系列。

光敏二极管的结构与一般二极管相似，它装在透明玻璃外壳中，其 PN 结装在管顶，可直接受到光照射。光敏二极管在电路中一般是处于反向工作状态，如图 5-20 所示。

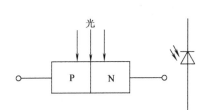

图 5-19　光敏二极管符号图

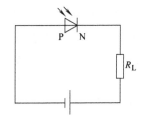

图 5-20　光敏二极管接线法

光敏二极管的光照特性是线性的，所以适合检测等方面的应用。

光敏二极管在没有光照射时，反向电阻很大，反向电流很小。反向电流也叫作暗电流。当光照射时，光敏二极管的工作原理与光电池的工作原理很相似。当光不照射时，光敏二极管处于截止状态；受光照射时，光敏工极管处于导通状态。光敏二极管的光电流 I 与照度之间呈线性关系。

（1）PIN 管　PIN 管是光敏二极管中的一种。它的结构特点是，在 P 型半导体和 N 型半导体之间夹着一层（相对）很厚的本征半导体，如图 5-21 所示。这样，PN 结的内电场就基本上全集中于 I 层中，从而使 PN 结双电层的间距加宽，结电容变小。这种光敏二极管最大的特点是频带宽，可达 10GHz。另一个特点是，因为 I 层很厚，在反偏压下运用可承受较高的反向电压，线性输出范围宽。由耗尽层宽度与外加电压的关系可知，增加反向偏压会使耗尽层宽度增加，从而结电容要进一步减小，使频带宽度变

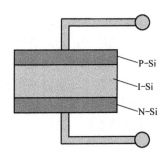

图 5-21　PIN 管结构示意图

宽。所不足的是 I 层电阻很大，管子的输出电流小，一般多为零点几微安至数微安。目前有将 PIN 管与前置运算放大器集成在同一硅片上并封装于一个管壳内的商品出售。

（2）雪崩光敏二极管　雪崩光敏二极管是利用 PN 结在高反向电压下产生的雪崩效应来工作的一种二极管。这种二极管的工作电压很高，约 $100 \sim 200V$，接近于反向击穿电压。结区内电场极强，光生电子在这种强电场中可得到极大的加速，同时与晶格碰撞而产生电离雪崩反应。因此，这种二极管有很高的内增益，可达到几百。当电压等于反向击穿电压时，电流增益可达 10^6，即产生所谓的雪崩。这种二极管响应速度特别快，带宽可达 100GHz，是目前响应速度最快的一种光敏二极管。

噪声大是其目前的一个主要缺点。由于雪崩反应是随机的，所以它的噪声较大，特别是工作电压接近或等于反向击穿电压时，以至无法使用。

2. 光敏晶体管

光敏晶体管有 PNP 型和 NPN 型两种，如图 5-22 所示。光敏晶体管的结构与一般晶体管很相似，只是它的发射极一边做得很小，以扩大光的照射面积，且其基极往往不接引线。光敏晶体管像普通晶体管一样有两个 PN 结，因此具有电流增益。光敏晶体管的基本工作电路如图 5-22 所示。当集电极加上正电压，基极开路时，集电极处于反向偏置状态。当光线照射在集电结的基区时，会产

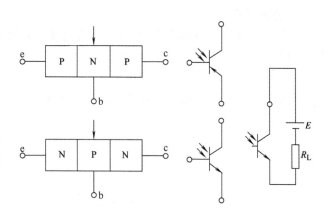

图 5-22　光敏晶体管的符号和基本工作电路

生电子空穴对，光生电子被拉到集电极，基区留下空穴，使基极与发射极间的电压升高，这样便有大量的电子流向集电极，形成输出电流，且集电极电流为光电流的 β 倍。

（1）光谱特性　光敏晶体管的光谱特性曲线如图 5-23 所示。由曲线可以看出，光敏晶体管存在一个最佳灵敏度的峰值波长。当入射光的波长增加时，相对灵敏度要下降，这是因为光子能量太小，不足以激发电子空穴对。当入射光的波长缩短时，相对灵敏度也下降，这是由于光子在半导体表面附近就被吸收，并且在表面激发的电子空穴对不能到达 PN 结，因而使相对灵敏度下降。硅的峰值波长为 9000Å，锗的峰值波长为 15000Å。由于锗管的暗电流比硅管大，因此锗管的性能较差。故在可见光或探测赤热状态物体时，一般都选用硅管；但对红外线进行探测时，则采用锗管较合适。

（2）伏安特性　光敏晶体管的伏安特性曲线如图 5-24 所示。光敏晶体管在不同的照度下的伏安特性，就像一般晶体管在不同的基极电流时的输出特性一样。因此，只要将入射光照在发射极 e 与基极 b 之间的 PN 结附近，所产生的光电流看作基极电流，就可将光敏晶体管看作一般的晶体管。光敏晶体管能把光信号变成电信号，而且输出的电信号较大。

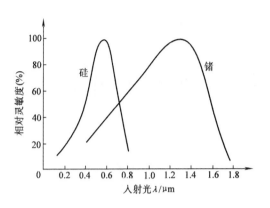

图 5-23 光敏晶体管的光谱特性

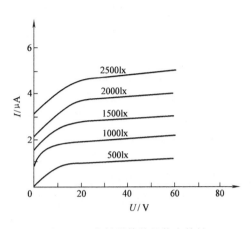

图 5-24 光敏晶体管的伏安特性

（3）光照特性　光敏晶体管的光照特性曲线如图 5-25 所示。它给出了光敏晶体管的输出电流 I 和照度之间的关系。它们之间呈现了近似线性关系。当光照度足够大（几千勒克斯）时，会出现饱和现象，从而使光敏晶体管既可作为线性转换元件，也可作为开关元件。

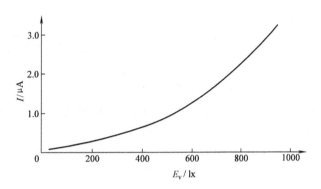

图 5-25 光敏晶体管的光照特性

（4）温度特性　光敏晶体管的温度特性曲线如图 5-26 所示。它反映的是光敏晶体管的暗电流及光电流与温度的关系。由特性曲线可以看出，温度变化对光电流的影响很大。所以电子电路中应该对其进行温度补偿，否则将会导致输出误差。

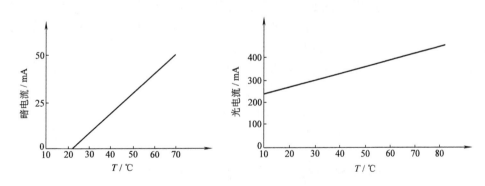

图 5-26 光敏晶体管的温度特性

（5）光敏晶体管的频率特性　光敏晶体管的频率特性曲线如图 5-27 所示。光敏晶体管的频率特性受负载电阻的影响，减小负载电阻可以提高频率响应。一般来说，光敏晶体管的频率响应比光敏二极管差。对于锗管，入射光的调制频率要求在 5000Hz 以下。硅管的频率响应要比锗管好。实验证明，光敏晶体管的截止频率和它的基区厚度成反比关系。如果要求截止频率高，那么基区就要薄；但基区变薄，光电灵敏度将降低，在制造时要适当兼顾两者。

随着高速光通信和信息处理技术的发展，提高光敏传感器的响应速度变得越来越重要，人们相继研制了一批高速光敏器件，如 PIN 结光敏二极管、雪崩光敏二极管等，可参考有关的资料。

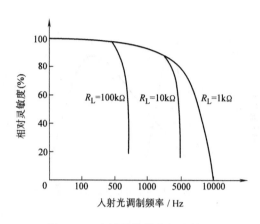

图 5-27　光敏晶体管的频率特性

三、光电池

光电池是利用光生伏特效应把光直接转变成电能的器件。由于它广泛用于把太阳能直接变成电能，因此又称为太阳电池。通常，把光电池的半导体材料的名称冠于光电池（或太阳电池）名称之前以示区别，如硒光电池、砷化镓光电池、硅光电池等。目前，应用最广的是硅光电池。硅光电池的价格便宜、光电转换效率高、寿命长，比较适于接收红外光。硒光电池虽然光电转换效率低（只有 0.02%）、寿命短，但出现得最早，制造工艺较成熟，适于接收可见光（响应峰值波长 0.56μm），所以仍是制造照度计最适宜的元件。砷化镓光电池的理论光电转换效率比硅光电池稍高一点，光谱响应特性则与太阳光谱最吻合，而且，工作温度最高，更耐受宇宙射线的辐射。因此，它在宇宙空间飞行器（如宇宙飞船、卫星、太空探测器等）电源方面的应用是有发展前途的。

1. 光电池的结构和工作原理

常用的硅光电池的结构如图 5-28a 所示。其制造方法是：在电阻率约为 0.1~1Ω·cm 的 N 型硅片上，扩散硼形成 P 型层；然后，分别用电极引线把 P 型和 N 型层引出，形成正、负电极。如果在两电极间接上负载电阻 R_L，则受光照后就会有电流流过。为了提高效率，防止表面反射光，在器件的受光面上要进行氧化处理，以形成 SiO_2 保护膜。此外，向 P 型硅单晶片扩散 N 型杂质，也可以制成硅光电池。

器件的价格与原材料消耗量密切相关，把光电池做成圆形时硅材料的利用率最高，为了满足电源电压、容量的要求，必须把单个光电池串、并联起来组成电池组使用。因为在容量相同的条件下，用圆形光电池片组装电池组，占地面积最大，所以，为了缩小占地面积，往往把单个光

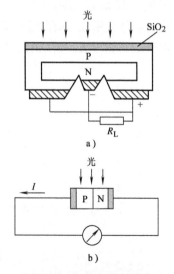

图 5-28　光电池的示意图
a）光电池的结构图
b）光电池的工作原理示意图

电池做成矩形或六角形的。综上所述，光电池的形状应根据实际需要来确定。例如，可制成方形、矩形、三角形和环形；也可在一块硅单晶片上制作多个光电池，形成多电极光电池。圆片形多电极硅光电池又可以是对称、四象限、双环及多环等形式。

如图5-28b所示，当N型半导体和P型半导体结合在一起构成一块晶体时，由于热运动N区中的电子向P区扩散，而P区中的空穴则向N区扩散，结果在N区靠近交界处聚集起较多的空穴，而在P区靠近交界处聚集起较多的电子，于是在过渡区形成了一个电场。电场的方向由N区指向P区。这个电场阻止电子进一步由N区向P区扩散，阻止空穴进一步由P区向N区扩散。但它却能推动N区中的空穴（少数载流子）和P区中的电子（也是少数载流子）分别向对方运动。当光照到PN结区时，如果光子能量足够大，就将在结区附近激发出电子-空穴对。在PN结电场的作用下N区的光生空穴被拉向P区，P区的光生电子被拉向N区，结果，在N区就聚积了负电荷，P区聚积了正电荷，这样N区和P区之间就出现了电位差。若将PN结两端用导线连起来，电路中就有电流流过，电流的方向由P区流经外电路至N区。若将外电路断开，就可以测出光生电动势。光电池的表示符号、基本电路及等效电路如图5-29所示。

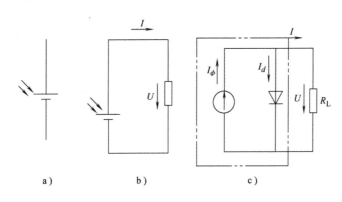

图 5-29 光电池符号和基本工作电路
a) 符号 b) 基本电路 c) 等效电路

2. 基本特性

（1）光照特性 图5-30a、b分别表示硅光电池和硒光电池的光照特性，即光生电动势和光电流与照度的关系。由图可看出，光电池的电动势即开路电压 U_{oc} 与照度 L 为非线性关系，当照度为2000lx时便趋向饱和。光电池的短路电流 I_{sc} 与照度呈线性关系，而且受光面积越大，短路电流也越大。所以，当光电池作为测量元件时应取短路电流的形式。

所谓光电池的短路电流，是指外接负载相对于光电池内阻而言是很小的电流。光电池在不同照度下，其内阻也不同，因而应选取适当的外接负载近似地满足"短路"条件。图5-30c表示硒光电池在不同负载电阻时的光照特性，从图中可以看出，负载电阻 R_L 越小，光电流与照度的线性关系越好，且线性范围越宽。

（2）光谱特性 光电池的光谱特性取决于材料，图5-30d中曲线1和2分别表示硒和硅光电池的光谱特性。从图中可看出，硒光电池在可见光谱范围内有较高的灵敏度，峰值波长在54μm附近，适宜测可见光；硅光电池应用的范围为40~110μm，峰值波长在

85μm 附近，因此硅光电池可以在很宽的范围内应用。实际使用中可以根据光源性质来选择光电池，反之，也可根据现有的光电池来选择光源。

（3）频率响应 光电池作为测量、计算、接收元件时常用调制光输入。光电池的频率响应就是指输出电流随调制光频率变化的关系。图 5-30e 中曲线 1 和 2 分别为硒和硅光电池的频率响应曲线。由图可知，硅光电池具有较高的频率响应，而硒光电池则较差。

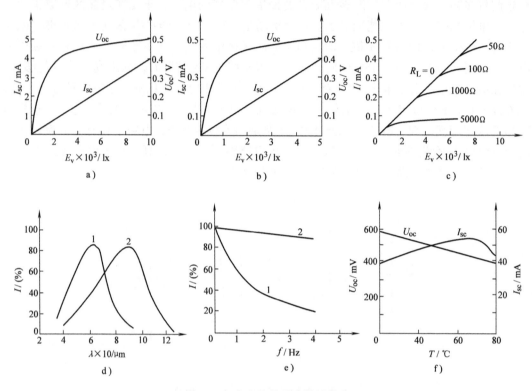

图 5-30 光电池的基本特性曲线

（4）温度特性 光电池的温度特性是指开路电压和短路电流随温度变化的关系。由于它关系到应用光电池仪器设备的温度漂移，影响到测量精度和控制精度等重要指标，因此，温度特性是光电池的重要特性之一。图 5-30f 为硅光电池在 1000lx 照度下的温度特性曲线。从图中可以看出，开路电压随温度上升而下降很快，当温度上升 1℃ 时，开路电压约降低 3mV。但短路电流随温度的变化却是缓慢的，当温度上升 1℃ 时，短路电流只增加 2×10^{-6}A。

由于温度对光电池的工作有很大影响，因此，当它作为测量元件使用时，最好保证温度恒定，或采取温度补偿措施。

3. 光电池的转换效率及最佳负载匹配

光电池的最大输出电功率和输入光功率的比值，称为光电池的转换效率。在一定负载电阻下，光电池的输出电压 U 与输出电流 I 的乘积，即为光电池输出功率，记为 P，其表达式为

$$P = IU$$

在一定的辐射照度下，当负载电阻 R_L 由无穷大变到零时，输出电压的值将从开路电压值变到零，而输出电流将从零增大到短路电流值。显然，只有在某一负载电阻 R_j 下，才能得到最大的输出功率 P_j（$P_j = I_j U_j$）。R_j 称为光电池在一定辐射照度下的最佳负载电阻。同一光电池的 R_j 值随辐射照度的增强而稍微减小。

P_j 与入射光功率的比值，即为光电池的转换效率 η。硅光电池转换效率的理论值最大可达 24%，而实际上只达到 5% ~ 10%。

可以利用光电池的输出特性曲线直观地表示出输出功率值。在图 5-31 中，通过原点、斜率为 $\tan\theta = I_H/U_H = 1/R_L$ 的直线，就是未加偏压的光电池的负载线。此负载线与某一照度下的伏安特性曲线交于 P_H，P_H 点在 I 轴和 U 轴上的投影即分别为负载电阻为 R_L 时的输出电流 I_H 和输出电压 U_H。此时，输出功率等于矩形 $OI_H P_H U_H$ 的面积。

为了求取某一照度下最佳负载电阻，可以分别从该照度下的电压-电流特性曲线与两坐标轴交点（U_{oc}，I_{oc}）作该特性曲线的切线，两切线交于 P_m 点，连接 $P_m O$ 的直线即为负载线。

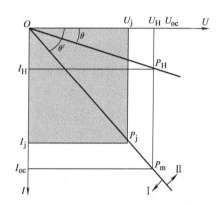

图 5-31 光电池的伏安特性及负载线

此负载线所确定的阻值（$R_j = 1/\tan\theta'$）即为取得最大功率的最佳负载电阻 R_j。上述负载线与特性曲线交点 P_j 在两坐标轴上的投影 U_j、I_j 分别为相应的输出电压和电流值。图 5-31 中阴影部分的面积等于最大输出功率值。

由图 5-31 可看出，R_j 负载线把电压-电流特性曲线分成 Ⅰ、Ⅱ 两部分，在第 Ⅰ 部分中，$R_L < R_j$，负载变化将引起输出电压大幅度变化，而输出电流变化却很小；在第 Ⅱ 部分中，$R_L > R_j$，负载变化将引起输出电流大幅度变化，而输出电压却几乎不变。

应该指出，光电池的最佳负载电阻是随入射光照度的增大而减小的，由于在不同照度下的电压-电流曲线不同，对应的最佳负载线不同，因此每个光电池的最佳负载线不是一条，而是一簇。

第四节 其他光传感器

前面介绍了几种类型的常用的光敏传感器件。随着科学技术的迅速发展，新材料、新工艺、新技术、新理论不断涌现，国内外近年来又相继开发出一批新型光敏传感器，它们代表了光敏传感器的发展水平和方向，并且得到越来越多的应用。本节将集中介绍几种较为成熟的新型光敏传感器。

一、色敏光电传感器

自然界中有各种各样的颜色，物体对光的选择吸收是产生颜色的主要原因。颜色检测和颜色变化识别在工业应用中起着重要的作用。例如，在工业方面可以用来检测生产流程及产品质量；在电子翻印方面可以用于实现颜色的真实复制而不受环境温度、湿度、纸张及调色剂的影响；医学上颜色往往是疾病的一种指示器，可以用来研究病状；在商品包装中，通过对一包装纸两相邻标签颜色的探测可实现自动控制。

颜色测量方法可以采用光谱分析法，通过测量样品的三刺激值，从而得到样品的颜色。目前，基于各种原理的颜色识别传感器有三种基本类型：其一是 RGB（红绿蓝）颜色光电传感器，检测的是三刺激值；其二是色差光电传感器，检测被测物与标准颜色的色差；其三是集成的色敏光电传感器，检测样品颜色的波长。这里介绍集成色敏光电传感器。

色敏光电传感器实际上是光敏传感器的一种特殊类型。它是两只结深不同的光敏二极管的组合体，其结构和工作原理的等效电路如图5-32所示。

双结光敏二极管的 P^+N 结为浅结，NP 结为深结。当光照射时，P^+、N、P 三个区域及其间的势垒区均有光子吸收，但是吸收效率不同。紫外光部分吸收系数大，经过很短距离就基本被吸收完毕。有光照射时，在靠近表面的 PN 结的 PD_1 对短波长的光比较灵敏，而远离表面的 PN 结的 PD_2 对长波长比较灵敏。图5-33示出了两个光敏二极

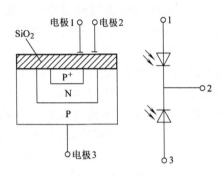

图 5-32　色敏光电传感器和等效电路

管的光谱灵敏度特性曲线。半导体中不同的区域对不同波长分别具有不同灵敏度。这一特性为识别颜色提供了可能性。利用不同结深的二极管的组合，就可以构成测定波长的半导体色敏传感器。

为了测定入射光的波长，仅有这两个光敏二极管的光谱灵敏度特性曲线还不够。为此，将这两个光敏二极管反向串联连接，取出 PD_1 和 PD_2 的短路电流 I_{SD1} 和 I_{SD2}，然后测出它们的电流比 I_{SD1}/I_{SD2}。该短路电流比与波长有一一对应的关系，如图5-34所示。因此，如果测出短路电流比，就可以求出对应的入射光的波长，即可分辨出不同的颜色。实际应用的电路如图5-35所示。I_{SD1} 和 I_{SD2} 分别由各自的运算放大器放大，同时也进行对数处理。将信号引入下一级的比较电路，就可得到 I_{SD1}/I_{SD2} 之比值。这样得出的输出电压 U_o，也是与波长一一对应的，如图5-36所示。可检测出从 400～1000nm 以上范围内的波长。

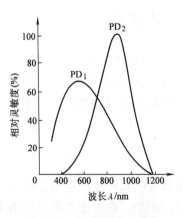

图 5-33　光谱特性灵敏度

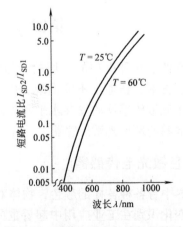

图 5-34　短路电流比与波长的关系

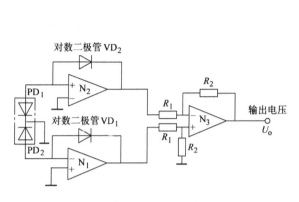

图 5-35 检测电路

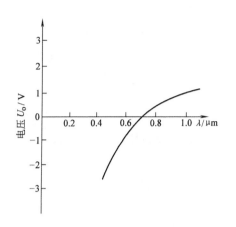

图 5-36 输出电压与波长的关系

由图 5-34 也可明显看出，色敏光电传感器的温度特性不好，有一些漂移，因此在做精密测量时要在电路中加温度补偿。色敏光电传感器起源于机器人视觉系统的研究，现已在图像处理技术、自动化检测、医疗和家用电器等领域得到广泛应用。

二、光固态图像传感器

光固态图像传感器由光敏元件阵列和电荷转移器件集合而成。它的核心是电荷转移器件（Charge Transfer Device，CTD），最常用的是电荷耦合器件（Charge Coupled Device，CCD）。CCD 自 1970 年问世以后，由于它具有低噪声等特点，CCD 图像传感器广泛应用于微光电视摄像、信息存储和信息处理等方面。

1. CCD 的结构和基本原理

CCD 是由若干个电荷耦合单元组成的，该单元的结构如图 5-37 所示。CCD 的最小单元是在 P 型（或 N 型）硅衬底上生长一层厚度约为 120nm 的 SiO_2，再在 SiO_2 层上依次沉积铝电极而构成 MOS 的电容式转移器。将 MOS 阵列加上输入、输出端，便构成了 CCD。

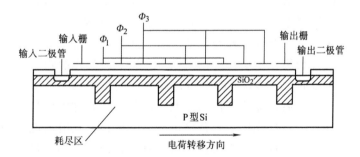

图 5-37 CCD 的 MOS 结构

当向 SiO_2 表面的电极加正偏压时，P 型硅衬底中形成耗尽区（势阱），耗尽区的深度随正偏压升高而加大。其中的少数载流子（电子）被吸收到最高正偏压电极下的区域内（如图 5-37 中 Φ_1 极下），形成电荷包。对于 N 型硅衬底的 CCD 器件，电极加负偏压，少数载流子为空穴。

如何实现电荷定向转移呢？电荷转移的控制方法非常类似于步进电动机的步进控制方式，也有二相、三相等控制方式之分。下面以三相控制方式为例说明控制电荷定向转移的过程，如图5-38所示。

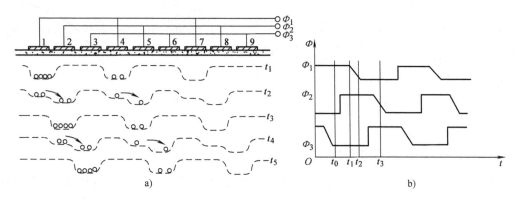

图5-38　电荷转移过程

三相控制是在线阵列的每一个像素上有三个金属电极 P_1、P_2、P_3，依次在其上施加三个相位不同的控制脉冲 Φ_1、Φ_2、Φ_3，如图5-38b所示。CCD电荷的注入通常有光注入、电注入和热注入等方式。图5-38a采用电注入方式。当 P_1 极施加高电压时，在 P_1 下方产生电荷包（$t = t_0$）；当 P_2 极加上同样的电压时，由于两电动势下面势阱间的耦合，原来在 P_1 下的电荷将在 P_1、P_2 两电极下分布（$t = t_1$）；当 P_1 回到低电位时，电荷包全部流入 P_2 下的势阱中（$t = t_2$）。然后，P_3 的电位升高，P_2 回到低电位，电荷包从 P_2 下转到 P_3 下的势阱（$t = t_3$），以此控制，使 P_1 下的电荷转移到 P_3 下。随着控制脉冲的分配，少数载流子便从CCD的一端转移到最终端。终端的输出二极管搜集了少数载流子，送入放大器处理，便实现了电荷移动。

2. 线型 CCD 图像传感器

线型CCD图像传感器由一列光敏元件与一列CCD并行且对应地构成一个主体，在它们之间设有一个转移控制栅，如图5-39a所示。在每一个光敏元件上都有一个梳状公共电极，由一个P型沟阻使其在电气上隔开。当入射光照射在光敏元件阵列上，梳状电极施加高电压时，光敏元件聚集光电荷，进行光积分，光电荷与光照强度和光积分时间成正比。在光积分时间结束时，转移栅上的电压提高（平时低电压），与CCD对应的电极也同时处于高电压状态。然后，降低梳状电极电压，各光敏元件中所积累的光电荷并行地转移到移位寄存器中。当转移完毕后，转移栅电压降低，梳状电极电压回复原来的高电压状态，准备下一次光积分周期。同时，在电荷耦合移位寄存器上加上时钟脉冲，将存储的电荷从CCD中转移，由输出端输出。这个过程重复地进行就得到相继的行输出，从而读出电荷图形。

目前，实用的线型CCD图像传感器为双行结构，如图5-39b所示。单、双数光敏元件中的信号电荷分别转移到上、下方的移位寄存器中，然后，在控制脉冲的作用下，自左向右移动，在输出端交替合并输出，这样就形成了原来光敏信号电荷的顺序。

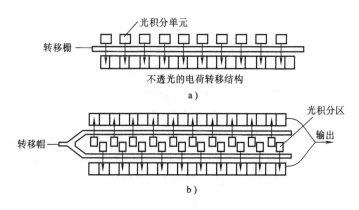

图 5-39   线型 CCD 图像传感器

a) 单行结构   b) 双行结构

线型图像传感器只能用于一维检测系统，为了能传送平面图像信息，必须增加自动扫描机构，或者直接使用面型 CCD 图像传感器。

3. 面型 CCD 图像传感器

面型 CCD 图像传感器由感光区、信号存储区和输出转移部分组成，目前存在三种典型结构形式，如图 5-40 所示。

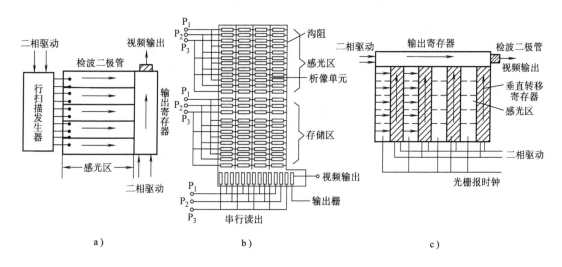

图 5-40   面型 CCD 图像传感器结构

图 5-40a 所示结构由行扫描电路、垂直输出寄存器、感光区和输出二极管组成。行扫描电路将光敏元件内的信息转移到水平（行）方向上，由垂直方向的寄存器将信息转移到输出二极管，输出信号由信号处理电路转换为视频图像信号。这种结构易于引起图像模糊。

图 5-40b 所示结构增加了具有公共水平方向电极的不透光的信息存储区。在正常垂直回扫周期内，具有公共水平方向电极的感光区所积累的电荷同样迅速下移到信息存储区。

在垂直回扫结束后，感光区回复到积光状态。在水平消隐周期内，存储区的整个电荷图像向下移动，每次总是将存储区最底部一行的电荷信号移到水平读出器，该行电荷在读出移位寄存器中向右移动以视频信号输出。当整帧视频信号自存储区移出后，就开始下一帧信号的形成。该 CCD 结构具有单元密度高、电极简单等优点，但增加了存储区。

图 5-40c 所示结构是用得最多的一种结构形式。它将图 5-40b 中感光元件与存储元件相隔排列，即一列感光单元、一列不透光的存储单元交替排列。在感光区光敏元件积分结束时，转移控制栅打开，电荷信号进入存储区。随后，在每个水平回扫周期内，存储区中整个电荷图像一次一行地向上移到水平读出移位寄存器中，接着这一行电荷信号在读出移位寄存器中向右移位到输出器件，形成视频信号输出。这种结构的器件操作简单，但单元设计复杂，感光单元面积减小，图像清晰。

三、光电耦合器

光电耦合器通常是由一发光元件和一光电传感器组合而成的转换元件，可以作为电路元件使用。

1. 光电耦合器的结构

光耦合器的结构有金属密封型和塑料密封型两种。这两种结构的光电耦合器通常作为电路元件使用，具有优良的电气隔离作用。

金属密封型如图 5-41a 所示，采用金属外壳和玻璃绝缘的结构，在其中部对接，采用环焊以保证发光二极管和光电二极管对准，以此来提高灵敏度。

塑料密封型如图 5-41b 所示，采用双列直插式用塑料封装的结构，管心先装于引脚上，中间再用透明树脂固定，具有集光作用，故此种结构灵敏度较高。

2. 光电耦合器的组合形式

光电耦合器的组合形式有多种，如图 5-42 所示。

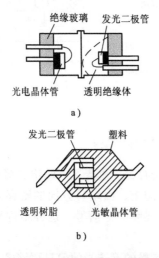

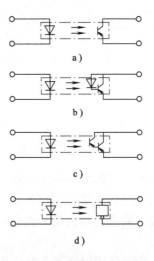

图 5-41　光电耦合器结构图　　　图 5-42　光电耦合器的组合形式
a）金属密封型　b）塑料密封型

图 5-42a 所示的形式结构简单、成本低，通常用于 50kHz 以下工作频率的装置内。

图 5-42b 为采用高速开关管构成的高速光电耦合器，适用于较高频率的装置中。

图 5-42c 所示的组合形式采用了放大晶体管构成的高传输效率的光电耦合器，适用于直接驱动和较低频率的装置中。

图 5-42d 为采用功能器件构成的高速、高传输效率的光电耦合器。

近年来，也有将发光元件和光敏元件做在同一个半导体基片上，以构成全集成化的光电耦合器。无论哪一种组合形式，都要使发光元件与光敏元件在波长上得到最佳匹配，保证其灵敏度为最高。

3. 光电开关

由一发光元件和一光电传感器组成的转换元件的另外一种如图 5-43 所示，这种器件通常称为光电开关，以作为传感器检测元件使用。它是将红外发光元件和光电元件组装在一起，典型的光电开关结构如图 5-43 所示。其中，图 5-43a 是反射式光电开关，它的发光元件和接收元件的光轴在同一平面上且以某一角度相交，交点一般即为待检物所在处。当有物体经过时，接收元件可接收到从物体表面反射的光，使输出产生电平变化。图5-43b是透射式光电开关，发光元件和接收元件两者之间有一间隙，而且它们的光轴是重合的，当被测物体位于或通过间隙时，遮断光路，输出端产一个电平变化，起到检测的作用。

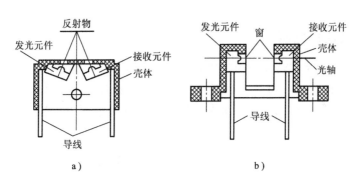

图 5-43　光电开关结构示意图
a）反射式光电开关　b）透射式光电开关

光电开关广泛应于自动控制系统、生产流水线、机电一体化设备等领域。例如，在装载机的自动换档系统中，常使用光电开关来检测换档杆的位置；在复印机和打印机中，它被用来检测复印纸的有无；在电子元件生产流水线上，检测印制电路板元件是否漏装等。

第五节　光电传感器的应用举例

一、烟尘浊度监测仪

防止工业烟尘污染是环保的重要任务之一。为了消除工业烟尘污染，首先要知道烟尘排放量，烟尘浊度可以通过光在烟道里传输过程中的变化大小来检测。如果烟道浊度增加，光源发出的光被烟尘颗粒的吸收和折射增加，到达光检测器的光减少，因而光检测器输出信号的强弱便可反映烟道浊度的变化。

图 5-44 是吸收式烟尘浊度检测系统原理图。为了检测出烟尘中对人体危害最大的亚微米颗粒的浊度和避免水蒸气与二氧化碳对光源衰减的影响，选取可见光作为光源（400～700nm 波长的白炽光）。光检测器是光谱响应范围为 400～600nm 的光电管，获取随浊度变化的相应电信号。为了提高检测灵敏度，采用具有高增益、高输入阻抗、低零漂、高共模抑制比的运算放大器，对信号进行放大。刻度校正用来进行调零与调满刻度，以保证测试准确性。显示器可显示浊度瞬时值。报警电路由多谐振荡器组成，当运算放大器输出浊度信号超过规定值时，多谐振荡器工作，输出信号经放大后推动扬声器发出报警信号。

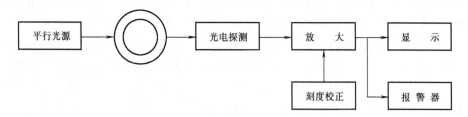

图 5-44　吸收式烟尘浊度检测系统原理图

二、光电转速传感器

图 5-45 是光电数字式转速表的工作原理图。图 5-45a 是在待测转速轴上固定一带孔的转速调置盘，在调置盘一边由白炽灯产生恒定光，透过盘上小孔到达光电二极管组成的光电转换器上，转换成相应的电脉冲信号，经过放大整形电路输出整齐的脉冲信号，转速由该脉冲频率决定。

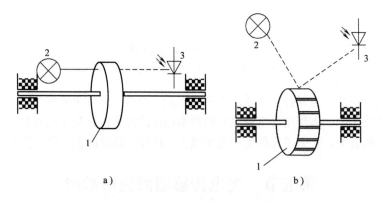

a)　　　　　　　　　　　b)

图 5-45　光电数字式转速表工作原理图
1—待测转速轴　2—白炽灯　3—光电二极管

图 5-45b 是在待测转速的轴上固定一个涂上黑白相间条纹的圆盘，它们具有不同的反射率。当转轴转动时，反光与不反光交替出现，光电敏感器件间断地接收光的反射信号，

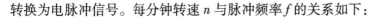

转换为电脉冲信号。每分钟转速 n 与脉冲频率 f 的关系如下：

$$n = \frac{60f}{N}$$

式中　N——孔数或黑白条纹数目。

例如，孔数 $N = 600$，光电转换器输出的脉冲信号频率 $f = 4.8\,\text{kHz}$，则

$$n = \frac{60f}{N} = \frac{4.8 \times 10^3}{600} \times 60\text{r/min} = 480\text{r/min}$$

频率可用一般的频率计测量。光敏器件多采用光电池、光电二极管和光电晶体管，以提高寿命、减小体积、减小功耗和提高可靠性。

光电脉冲转换电路如图 5-46 所示。VT_1 为光电晶体管，当光线照射 VT_1 时，产生光电流，使 R_1 上压降增大，导致晶体管 VT_2 导通，触发由晶体管 VT_3 和 VT_4 组成的射极耦合触发器，使 U_o 为高电位；反之，U_o 为低电位。该脉冲信号 U_o 可送到计数电路计数。

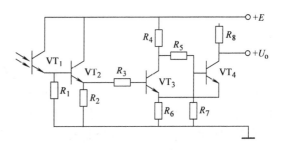

图 5-46　光电脉冲转换电路

三、光电池的应用

光电池至今主要有两大类型的应用：一类是将光电池作为光伏器件使用，利用光伏作用直接将太阳能转换成电能，即太阳电池。这是全世界范围内人们所追求、探索新能源的一个重要研究课题。太阳电池已在宇宙开发、航空、通信设施、太阳电池地面发电站、日常生活和交通事业中得到广泛应用。目前太阳电池发电成本尚不能与常规能源竞争，但是随着太阳电池技术不断发展，成本会逐渐下降，太阳电池定将获得更广泛的应用。另一类是将光电池作为光电转换器件应用，需要光电池具有灵敏度高、响应时间短等特性，但不必需要像太阳电池那样的光电转换效率。这一类光电池需要特殊的制造工艺，主要用于光电检测和自动控制系统中。

1. 太阳电池电源

太阳电池电源系统主要由太阳电池方阵、蓄电池组、调节控制和阻塞二极管组成。如果还需要向交流负载供电，则加一个直流-交流变换器。太阳电池电源系统如图 5-47 所示。

太阳电池方阵是将太阳辐射能直接转换成电能的发电装置。按输出功率和电压的要求，选用若干片性能相近的单体太阳电池，经串联、并联连接后封装成一个可以单独作为电源使用的太阳电池组件。然后，由多个这样的组件再经串、并联构成一个阵列。在有阳光照射时，太阳电池方阵发电并对负载供电，同时也对蓄电池组充电，储存能量，供无太阳光照射时使用。

蓄电池组是将太阳电池方阵在白天有太阳光照射时所发出的电量的多余能量（超过用电装置需要）储存起来的储能装置。

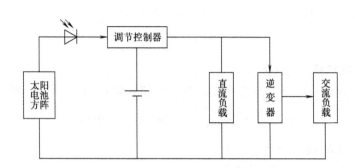

图 5-47　太阳电池电源系统

调节控制器是将太阳电池方阵、蓄电池组和负载连接起来，实现充、放电自动控制的中间控制器。它一般由继电器和电子电路组成。控制器在充电电压达到蓄电池上限电压时，能自动地切断充电电路，停止对蓄电池充电；当蓄电池电压下降到下限值时，自动切断输出电路。因此，调节控制器不仅能使蓄电池供电电压保持在一定范围，而且能防止蓄电池因充电电压过高或过低而损伤。

图 5-48 给出了一种 12V 电池充电电路。它适用于 12V 的凝胶电解质铅酸电池充电。其中 LM350 是一个正输出三端可调集成稳压器，它可以提供 1.25～33V、3A 的输出。当开关 S 合上时，充电器的输出电压为 15.5V，此时充电电流限制在 2A 左右。随着电池电压的升高，充电电流逐渐减小，当充电电流减小到 150mA 时，充电器转换到一个较低的浮动充电电压，以防止过充。随着向电池的满量充电，充电电流继续减小，输出电压从 15.5V 降到 12.5V 左右，充电终止。此时晶体管 VT 导通，使发光二极管点亮，表示电池充电已充足。当然对于大功率太阳电池电源其充电电路中的器件需要做适当的选择，使它们适配，才能适合较大的储存电流。

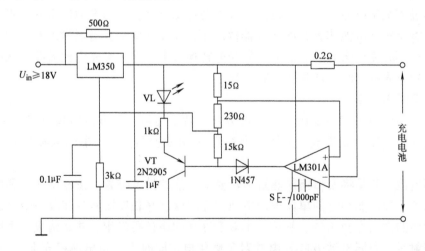

图 5-48　12V 电池充电电路

阻塞二极管的作用是利用其单向性，避免太阳电池方阵不发电或出现短路故障时，蓄电池通过太阳电池放电。阻塞二极管通常选用足够大的电流、正向电压降和反向饱和电流小的整流二极管。

直流-交流变换器是将直流电转换为交流电的装置（逆变器）。最简单的可用一只晶体管构成单管逆变器。在大功率输出场合，广泛使用推挽式逆变器。为了提高逆变器效率，特别在大功率的情况下，采用自激多谐振荡器，经功率放大，再由变压器升压，形成高压交流输出。逆变器如图 5-49 所示。

图 5-49a 是一种实用的晶体管单变压器逆变器。该逆变器输出功率较小，但线路简单，制作容易。电路中任何一个不平衡电压都会引起一个晶体管导通。例如，VT_1 正反馈使 VT_2 截止。随着 VT_1 集电极电流不断提高，变压器铁心逐渐饱和，此时变压器绕组中感应电压为零，结果造成基极激励不足，从而引起 VT_1 截止，集电极电流降为零。集电极电流的下降引起所有绕组极性反转，致使 VT_1 截止 VT_2 导通。当铁心变为负饱和时，VT_2 截止，其集电极电流变为零，VT_1 又导通。基极偏置电阻 R_1 和 R_2 的作用是提供启动电流和减小基-射极电压变化的影响。

该逆变器的直流电源电压为 12V，交流输出电压为 220V，输出功率为 55W。

图 5-49b 是双变压器逆变器，它可以输出较大的功率，且逆变效率高。

当某一晶体管，如 VT_1 导通时，其集电极电压从电源电压降到零，由此在变压器 T_2 二次侧两端产生的电压经反馈电阻 R_f 加到变压器 T_1 的二次侧，导致 VT_1 截止、VT_2 饱和，该状态一直维持到变压器 T_1 达到反向饱和为止。然后，电路返回到初始状态，完成了一个逆变周期。

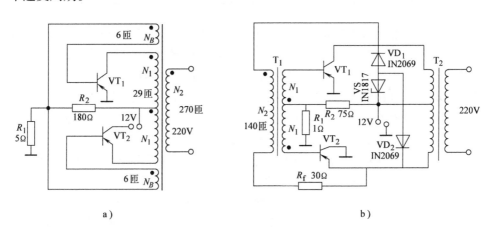

a) b)

图 5-49 实用逆变电路

该逆变电源电压为 12V，交流输出电压为 220V，功率为 250W。

2. 光电池在光电检测和自动控制方面的应用

光电池作为光电探测使用时，其基本原理与光电二极管相同，但它们的基本结构和制造工艺不完全相同。由于光电池工作时不需要外加电压，光电转换效率高，光谱范围宽，频率特性好，噪声低等，它已广泛用于光电读出、光电耦合、光栅测距、激光准直、电影还音、紫外光监视器和燃油气轮机的熄火保护装置等。

光电池在检测和控制方面应用中的几种基本电路如图 5-50 所示。

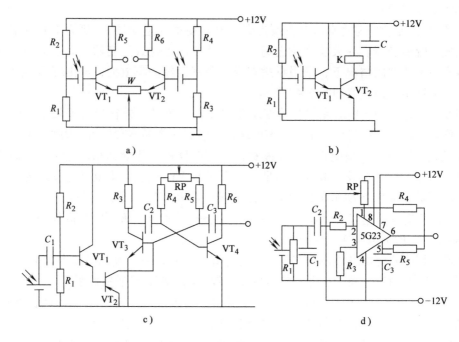

图 5-50　几种基本电路

a）光电追踪电路　b）光电开关　c）光电池触发电路　d）光电池放大电路

图 5-50a 为光电池构成的光电跟踪电路，用两只性能相同的光电池作为光电接收器件。当入射光通量相同时，执行机构按预定的方式工作或进行跟踪。当系统略有偏差时，电路输出差动信号带动执行机构进行纠正，以此达到跟踪的目的。

图 5-50b 所示电路为光电开关，多用于自动控制系统中。无光照时，系统处于某一工作状态，如通态或断态。当光电池受光照射时，产生较高的电动势，只要光强大于某一设定的阈值，系统就改变工作状态，达到开关目的。

图 5-50c 为光电池触发电路。当光电池受光照射时，使单稳态或双稳态电路的状态翻转，改变其工作状态或触发器件（如晶体管）导通。

图 5-50d 为光电池放大电路。在测量溶液浓度、物体色度、纸张的灰度等场合，可用该电路作为前置级，把微弱光电信号进行线性放大，然后带动指示机构或二次仪表进行读数或记录。

在实际应用中，主要利用光电池的光照特性、光谱特性、频率特性和温度特性等，通过基本电路与其他电子电路的组合可实现检测或自动控制的目的。

例如，路灯光电自动开关。图 5-51 为路灯自动控制器的电路。电路的主回路的相线由交流接触器 CJD—10 的三个常开触头并联以适应较大负荷的需要。接触器触头的通断由控制回路控制。

当天黑无光照射时，光电池 2CR 本身的电阻和 R_1、R_2 组成分压器，使 VT_1 基极电位为负，VT_1 导通，经 VT_2、VT_3、VT_4 构成多级直流放大，VT_4 导通使继电器 K 动作，从而接通交流接触器，使常开触头闭合，路灯亮。当天亮时，硅光电池受光照射后，产生

0.2~0.5V 电动势，使 VT$_1$ 在正偏压后而截止，后面多级放大器不工作，VT$_4$ 截止，继电器 K 释放使回路触头断开，灯灭。调节 R_1 可调整 VT$_1$ 的截止电压，以达到调节自动开关灵敏度的目的。

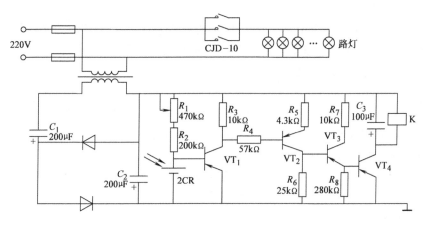

图 5-51　路灯自动控制器

第六节　光纤传感器

光纤传感器（Fiber Optical Sensor，FOS）是 20 世纪 70 年代发展起来的一种新型传感器。与传统的传感器相比，光纤传感器用光而不用电来作为敏感信息的载体，用光纤而不用导线来作为传递敏感信息的媒质。因此，它同时具有光纤及光学测量的一些特点。

（1）电绝缘　因为光纤本身是电介质，而且敏感元件也可用电介质材料制作，因此光纤传感器具有良好的电绝缘性，特别适用于高压供电系统及大容量电动机的测试。

（2）抗电磁干扰　这是光纤测量及光纤传感器的极其独特的性能特征，因此光纤传感器特别适用于高压大电流、强磁场噪声、强辐射等恶劣环境中，能解决许多传统传感器无法解决的问题。

（3）非侵入性　由于传感头可做成电绝缘的，而且其体积可以做得很小（最小可做到只稍大于光纤的芯径），因此，它不仅对电磁场是非侵入式的，而且对速度场也是非侵入式的，故对被测场不产生干扰。这对于弱电磁场及小管道内流速、流量等的监测特别具有实用价值。

（4）高灵敏度　高灵敏度是光学测量的优点之一。利用光作为信息载体的光纤传感器的灵敏度很高，它是某些精密测量与控制必不可少的工具。

（5）容易实现对被测信号的远距离监控　由于光纤的传输损耗很小，因此光纤传感器技术与遥测技术相结合，很容易实现对被测场的远距离监控。这对于工业生产过程的自动控制以及对核辐射、易燃、易爆气体和大气污染等进行监测尤为重要。

一、光导纤维导光的基本原理

光是一种电磁波，一般采用波动理论来分析导光的基本原理。根据光学理论：在尺寸远大于波长而折射率变化缓慢的空间,可以用"光线"即几何光学的方法来分析光波的传播现象,这对于光纤中的多模光纤是完全适用的。为此,采用几何光学的方法来分析。

1. 斯乃尔定理

斯乃尔定理(Snell's Law)指出:当光由光密物质(折射率大)出射至光疏物质(折射率小)时发生折射,如图5-52a所示,其折射角大于入射角,即 $n_1 > n_2$ 时,$\theta_r > \theta_i$。n_1、n_2、θ_r、θ_i 之间的数学关系为

$$n_1 \sin\theta_i = n_2 \sin\theta_r \tag{5-12}$$

由式(5-12)可以看出,入射角 θ_i 增大时,折射角 θ_r 也随之增大,且始终 $\theta_r > \theta_i$。当 $\theta_r = 90°$ 时,θ_i 仍 $< 90°$,此时,出射光线沿界面传播如图5-52b所示,称为临界状态。这时有 $\sin\theta_r = \sin 90° = 1$,则

$$\sin\theta_{i0} = n_2/n_1 \tag{5-13}$$

$$\theta_{i0} = \arcsin(n_2/n_1) \tag{5-14}$$

式中 θ_{i0}——临界角。

当 $\theta_i > \theta_{i0}$ 并继续增大时,$\theta_r > 90°$,这时便发生全反射现象,如图5-52c所示,其出射光不再折射而全部反射回来。

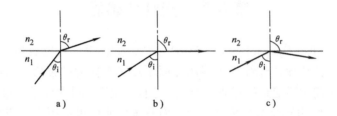

图5-52   光在不同物质分界面的传播

a) 光的折射示意图   b) 临界状态示意图   c) 光全反射示意图

2. 光纤结构

要分析光纤导光原理,除了应用斯乃尔定理外还须结合光纤结构来说明。光纤呈圆柱形,通常由玻璃纤维芯(纤芯)和玻璃包皮(包层)两个同心圆柱的双层结构组成,如图5-53所示。

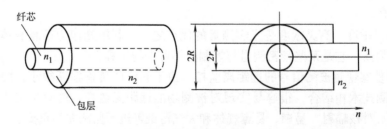

图5-53   光纤结构

纤芯位于光纤的中心部位,光主要在这里传输。纤芯折射率 n_1 比包层折射率 n_2 稍大

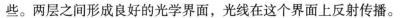

些。两层之间形成良好的光学界面，光线在这个界面上反射传播。

光纤的类型很多，按折射率变化可分为阶跃型光纤和渐变型光纤；按传输模式可分为单模光纤和多模光纤；按传感器用途可分为闪烁光纤、被覆光纤、光谱光纤、图像传输光纤、保偏光纤等。

3. 光纤导光原理及数值孔径

由图 5-54 可以看出，入射光线 AB 与纤维轴线 OO 相交角为 θ_i，入射后折射（折射角为 θ_j）至纤芯与包层界面 C 点，与 C 点界面法线 DE 成 θ_k 角，并由界面折射至包层，CK 与 DE 夹角为 θ_r。由图 5-54 可得出

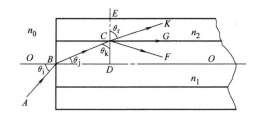

图 5-54 光纤导光示意图

$$n_0 \sin\theta_i = n_1 \sin\theta_j \qquad (5\text{-}15)$$
$$n_1 \sin\theta_k = n_2 \sin\theta_r \qquad (5\text{-}16)$$

由式（5-15）可以推出 $\sin\theta_i = (n_1/n_0)\sin\theta_j$，因 $\theta_j = 90° - \theta_k$，所以

$$\sin\theta_i = (n_1/n_0)\sin(90° - \theta_k)$$
$$= \frac{n_1}{n_0}\cos\theta_k = \frac{n_1}{n_0}\sqrt{1 - \sin^2\theta_k} \qquad (5\text{-}17)$$

由式（5-16）可推出 $\sin\theta_k = (n_2/n_1)\sin\theta_r$，并将其代入式（5-17）得

$$\sin\theta_i = \frac{n_1}{n_0}\sqrt{1 - \left(\frac{n_2}{n_1}\sin\theta_r\right)^2} = \frac{1}{n_0}\sqrt{n_1^2 - n_2^2\sin^2\theta_r} \qquad (5\text{-}18)$$

式（5-18）中，n_0 为入射光线 AB 所在空间的折射率，一般为空气，故 $n_0 \approx 1$；n_1 为纤芯折射率；n_2 为包层折射率。当 $n_0 = 1$，由式（5-18）得

$$\sin\theta_i = \sqrt{n_1^2 - n_2^2\sin^2\theta_r} \qquad (5\text{-}19)$$

当 $\theta_r = 90°$ 的临界状态时，$\theta_i = \theta_{i0}$，则

$$\sin\theta_{i0} = \sqrt{n_1^2 - n_2^2} \qquad (5\text{-}20)$$

纤维光学中把式（5-20）中的 $\sin\theta_{i0}$ 定义为"数值孔径（Numerical Aperture，NA）"。由于 n_1 与 n_2 相差较小，即 $n_1 + n_2 \approx 2n_1$，故式（5-20）可变为

$$\sin\theta_{i0} \approx n_1\sqrt{2\Delta} \qquad (5\text{-}21)$$

式中 Δ——相对折射率差，$\Delta = (n_1 - n_2)/n_1$。

由式（5-19）及图 5-54 可以看出，当 $\theta_r = 90°$ 时，$\sin\theta_{i0} = NA$，$\theta_{i0} = \arcsin NA$；当 $\theta_r > 90°$ 时，光线发生全反射，$\theta_i < \theta_{i0} = \arcsin NA$；当 $\theta_r < 90°$ 时，式（5-19）成立，$\sin\theta_i > NA$，$\theta_i > \arcsin NA$，光线消失。

这说明 arcsinNA 是一个临界角，凡入射角 $\theta_i > \arcsin NA$ 的那些光线进入光纤后都不能传播而在包层消失；相反，只有入射角 $\theta_i < \arcsin NA$ 的那些光线才可以进入光纤被全反射传播。

4. 光纤的主要参数

除临界角和数值孔径外，还应注意以下参数。

（1）传播损耗　光信号在光纤中的传播不可避免地要有损耗，这是由于光在光纤中传播时，受光纤纤芯材料和包层物质的吸收、散射、畸变，以及光纤弯曲处的辐射损耗等的影响。传播损耗通常表示光强度相对衰减与光纤长度的关系，以每千米分贝损失（dB/km）来定义，一般表示为

$$A = \frac{10}{l} \lg \frac{P_i}{P_o} \tag{5-22}$$

式中　A——光纤损耗（dB/km）；

　　　l——光纤长度（km）；

　　　P_i——光纤入射光功率；

　　　P_o——光纤出射光功率。

光纤对不同波长的光吸收率不同，从而损耗也不同。

（2）光纤模式　光纤模式是光波沿光纤传播的途径和方式。在光纤中传播模式很多，这对信息的传输是不利的。因为同一光信号若采取很多模式传播，就会使这一光信号分裂为不同时间到达接收端的多个小信号，从而导致合成信号畸变。因此希望模式数量越少越好。阶跃型的圆筒波导内传播的模式数量可简单地表示为

$$V = \pi d (n_1^2 - n_2^2)^{1/2} / \lambda_0 \tag{5-23}$$

式中　d——纤芯直径；

　　　λ_0——真空中入射光的波长。

通常阶跃型光纤中的纤芯尺寸很小（几微米），光纤传播模式很少或只能传送一种模式的光纤称为单模光纤。这类光纤传输性能好，制成的传感器线性好，灵敏度高。但单模光纤由于纤芯太小，制造、耦合和连接都较困难。多模光纤是指纤芯尺寸较大，传播模式较多的光纤。这类光纤性能较差，带宽较窄，但制造容易，连接耦合方便。

（3）色散　色散是表征光纤传输特性的一个重要参数，在光纤通信中反映传输带宽，影响通信信息的容量和质量。输入光纤的可以是强度连续变化的光束，或者一组轮廓清晰的光脉冲，当光脉冲通过光纤传播时，其振幅因衰减而降低。此外，由于许多影响，光脉冲量可展宽，如果光脉冲变得太宽，它们将在时间和空间上发生互相重叠或完全重合，则原来施加在光束上的信息就会丧失，在光纤中产生的脉冲展宽现象称为色散。它依赖于各种允许模式的传播速度差，以及模式速度随光波长度的变化。色散（也即脉冲展宽）以光脉冲在光纤中每传输1km时脉冲宽度增加的纳秒数（ns/km）为单位来表示。

光纤色散有以下几种：

1）多模色散。在多模波导中，入射光脉冲能量在多个传播模式间分配，不同模式按不同速度传播，到达端点产生的延迟不同，使一个窄的脉冲弥散而导致宽度展宽。

2）材料色散和波导结构色散。材料折射率因入射波长不同而变化的现象称为材料色散。在光纤波导结构一定时，每一模式的传播常数随入射光波长的不同而变化的现象称为波导结构色散。

（4）光纤强度 光纤强度主要取决于材料纯度、结构状态、光纤包层被拉制后外表面上的擦伤和其他缺陷的程度，以及包层表面在缠绕、成缆和使用期间得到保护的程度。

二、光纤传感器结构原理及分类

1. 光纤传感器结构原理

以电为基础的传统传感器是一种把被测量的状态转变为可测电信号的装置。它的电源、敏感元件、信号接收和处理系统以及信息传输均用金属导线连接，如图5-55a所示。光纤传感器是一种把被测量的状态转变为可测光信号的装置，由光发送器、敏感元件（光纤或非光纤的）、光接收器、信号处理系统以及光纤构成，如图5-55b所示。由光发送器发出的光经光纤引导至敏感元件，在这里，光的某一性质受到被测量的调制，已调光经接收光纤耦合到光接收器，使光信号变为电信号，最后经信号处理系统处理得到所期待的被测量。

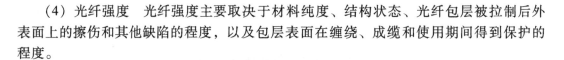

图 5-55 传统传感器与光纤传感器示意图
a）传统传感器 b）光纤传感器

由图5-55可见，光纤传感器与以电为基础的传统传感器相比较，在测量原理上有本质的差别。传统传感器以机-电测量为基础，而光纤传感器则以光学测量为基础。下面，简单地分析光纤传感器光学测量的基本原理。

从本质上分析，光就是一种电磁波，其波长范围从极远红外的1mm到极远紫外线的10nm。电磁波的物理作用和生物化学作用主要因其中的电场而引起。因此，在讨论光的敏感测量时必须考虑光的电矢量 E 的振动，其通常表示为

$$E = A\sin(\omega t + \varphi) \tag{5-24}$$

式中　A——电场 E 的振幅矢量；

　　　ω——光波的振动频率；

　　　φ——光相位；

　　　t——光的传播时间。

由式（5-24）可知，只要使光的强度、偏振态（矢量 A 的方向）、频率和相位等参量之一随被测量状态的变化而变化，或者说受被测量调制，那么，就有可能通过对光的强度调制、偏振调制、频率调制或相位调制等进行解调，获得所需要的被测量的信息。

2. 光纤传感器的分类

在光纤传感器技术领域里，可以利用的光学性质和光学现象很多，而且光纤传感器的应用领域极广，从最简单的产品统计到对被测对象的物理、化学或生物等参量进行连续监测、控制等，都可采用光纤传感器。因此，至今虽然历史很短，然而却已研制出了百余种光纤传感器，归纳起来为下列几类（见表5-4）。其分类法可根据光纤在

其中的作用、光受被测量调制的形式或根据光纤传感器中对光信号的检测方法之不同来划分。

表5-4 光纤传感器的原理及分类

传　感　器		光　学　现　象	被　测　量	光纤	分类
干涉型	相位调制光纤传感器	干涉（磁致伸缩）	电流、磁场	SM	a
		干涉（电致伸缩）	电场、电压	SM	a
		Sagnac 效应	角速度	SM	a
		光弹效应	振动、压力、加速度、位移	SM	a
		干涉	温度	SM	a
非干涉型	强度调制光纤温度传感器	遮光板遮断光路	温度、振动、压力、加速度、位移	MM	b
		半导体透射率的变化	温度	MM	b
		荧光辐射、黑体辐射	温度	MM	b
		光纤微弯损耗	振动、压力、加速度、位移	SM	b
		振动膜或液晶的反射	振动、压力、位移	MM	b
		气体分子吸收	气体浓度液位	MM	b
		光纤漏泄膜		MM	b
	偏振调制光纤温度传感器	法拉第效应	电流、磁场	SM	b, a
		泡克尔斯效应	电场、电压、	MM	b
		双折射变化	温度	SM	b
		光弹效应	振动、压力、加速度、位移	MM	b
	频率调制光纤温度传感器	多普勒效应	速度、流速、振动、加速度	MM	c
		受激喇曼散射	气体浓度	MM	b
		光致发光	温度	MM	b

注：SM表示单模光纤；MM表示多模光纤；a为功能型；b为非功能型；c为拾光型。

（1）按光纤在传感器中的作用分类　光纤传感器分为功能型、非功能型和拾光型三大类（见图5-56）。

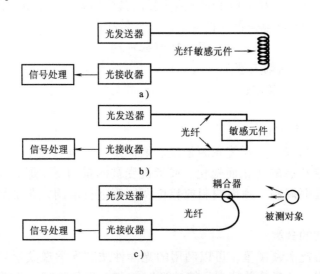

图5-56　根据光纤在传感器中作用分类

a）功能型光纤传感器

b）非功能型光纤传感器　c）拾光型光纤传感器

1）功能型（全光纤型）光纤传感器。光纤在其中不仅是导光媒质，而且也是敏感元件，光在光纤内受被测量调制。此类传感器的优点是结构紧凑、灵敏度高。但是，它须用特殊光纤和先进的检测技术。因此其成本高，典型例子如光纤陀螺、光纤水听器等。

2）非功能型（或称传光型）光纤传感器。光纤在其中仅起导光作用，光照在非光纤型敏感元件上受被测量调制。此类光纤传感器无需特殊光纤及其他特殊技术，比较容易实现，成本低。但其灵敏度也较低，用于对灵敏度要求不太高的场合。目前，已实用化或尚在研制中的光纤传感器大都是非功能型的。

3）拾光型光纤传感器。用光纤作为探头，接收由被测对象辐射的光或被其反射、散射的光。其典型例子如光纤激光多普勒速度计、辐射式光纤温度传感器等。

（2）按光受被测对象的调制形式分类　光纤传感器可分为以下四种不同的调制形式。

1）强度调制光纤传感器。这是一种利用被测对象的变化引起敏感元件的折射率、吸收或反射等参数的变化，而导致光强度变化来实现敏感测量的传感器。常见的有利用光纤的微弯损耗，各物质的吸收特性，振动膜或液晶的反射光强度的变化，物质因各种粒子射线或化学、机械的激励而发光的现象，以及物质的荧光辐射或光路的遮断等来构成压力、振动、温度、位移、气体等各种强度调制光纤传感器。这类光纤传感器的优点是结构简单、容易实现、成本低。其缺点是受光源强度的波动和连接器损耗变化等的影响较大。

2）偏振调制光纤传感器。这是一种利用光的偏振态的变化来传递被测对象信息的传感器。常见的有利用光在磁场中媒质内传播的法拉第效应做成的电流、磁场传感器，利用光在电场中的压电晶体内传播的泡克尔斯（Pockels）效应做成的电场、电压传感器，利用物质的光弹效应构成的压力、振动或声传感器，以及利用光纤的双折射性构成的温度、压力、振动等传感器。这类传感器可以避免光源强度变化的影响，因此灵敏度高。

3）频率调制光纤传感器。这是一种利用由被测对象引起的光频率的变化来进行监测的传感器。通常有利用运动物体反射光和散射光的多普勒效应的光纤速度、流速、振动、压力、加速度传感器，利用物质受强光照射时的喇曼散射构成的测量气体含量或监测大气污染的气体传感器，以及利用光致发光的温度传感器等。

4）相位调制光纤传感器。其基本原理是利用被测对象对敏感元件的作用，使敏感元件的折射率或传播常数发生变化而导致光的相位变化，然后用干涉仪来检测这种相位变化而得到被测对象的信息。通常有利用光弹效应的声、压力或振动传感器，利用磁致伸缩效应的电流、磁场传感器，利用电致伸缩效应的电场、电压传感器以及利用 Sagnac 效应的旋转角速度传感器（光纤陀螺）等。这类传感器的灵敏度很高。但由于须用特殊光纤及高精度检测系统，因此其成本高。

三、光纤传感器的应用

（一）温度的检测

光纤温度传感器的种类很多，有功能型的，也有传光型的。这里介绍几种典型的已实用化的光纤温度传感器的原理、性能及特征。

253

1. 遮光式光纤温度计

图 5-57 示出了一种简单的利用水银柱升降温度的光纤温度开关。当温度升高时，水银柱上升，到某一设定温度时，水银柱将两根光纤间的光路遮断，从而使输出光强产生一个跳变。这种光纤开关温度计可用于对设定温度的控制，温度设定值灵活可变。

图 5-58 所示为利用双金属热变形的遮光式光纤温度开关。当温度升高时，双金属片的变形量增大，带动遮光板在垂直方向产生位移从而使输出光强发生变化。这种形式的光纤温度计能测量 10 ~ 50℃ 的温度，检测精度约为 0.5℃。它的缺点是输出光强受壳体振动的影响，且响应时间较长，一般需几分钟。

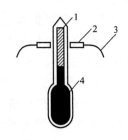

图 5-57　水银柱式光纤温度开关
1—真空　2—自聚焦透镜
3—光纤　4—水银

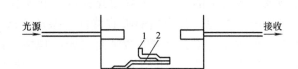

图 5-58　热双金属式光纤温度开关
1—遮光板　2—双金属片

2. 透射型半导体光纤温度传感器

当一束白光经过半导体晶体片时，低于某个特定波长 λ_g 的光将被半导体吸收，而高于该波长的光将透过半导体。这种现象主要是由于半导体的本征吸收引起的，λ_g 称为半导体的本征吸收波长。电子从价带激发到导带引起的吸收称为本征吸收。当一定波长的光照射到半导体上时，电子吸收光能从价带跃迁入导带，显然，要发生本征吸收，光子能量必须大于半导体的禁带宽度 E_g，即

$$h\nu \geqslant E_g$$

将 $\lambda = c/\nu$（c 为光速）代入上式，得到产生本征吸收的条件为

$$\lambda \leqslant \lambda_g = \frac{hc}{E_g} \tag{5-25}$$

因此，波长大于 λ_g 的光能透过半导体，而波长小于 λ_g 的光将被半导体强烈地吸收。不同种类的半导体材料具有不同的本征吸收波长，图 5-59 示出了在室温（20℃）时，120μm 厚的 GaAs 材料的透射率曲线，从图中可以看出，GaAs 在室温时的本征吸收波长约为 880nm。

从上述分析可知，半导体的吸收光谱与 E_g 有关，而半导体材料的 E_g 随温度的不同而不同，E_g 与温度 T 的关系可表示为

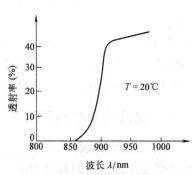

图 5-59　GaAs 的光谱透射率曲线

$$E_g(t) = E_g(0) - \frac{\alpha T^2}{\beta + T}$$

式中　$E_g(0)$——绝对零度时半导体的禁带宽度；

　　　α——经验常数（eV/K）；

　　　β——经验常数（K）。

对于 GaAs 材料，由实验得到

$$E_g(0) = 1.522\text{eV}, \ \alpha = 5.8 \times 10^{-4}\text{eV/K}, \ \beta = 300\text{K}$$

由此可见，半导体材料的 E_g 随温度上升而减小，亦即其本征吸收波长 λ_g 随温度上升而增大。反映在半导体的透光特性上，即当温度升高时，其透射率曲线将向长波方向移动。若采用发射光谱与半导体的 $\lambda_g(T)$ 相匹配的发光二极管作为光源，如图 5-60 所示，则透射光发光强度将随着温度的升高而减小。

适用于测温敏感材料的半导体有许多，如 GaAs、CaP、CdTe 等，它们在室温时的 λ_g 值及 λ_g 的温度灵敏度各不相同。GaAs 和 CdTe 在室温时的 λ_g 值约为 880nm，其温度灵敏度 $d\lambda_g/dt$ 分别为 0.35nm/℃ 和 0.31nm/℃ 左右，而 CaP 在室温时的 λ_g 值约为 540nm。选用不同发射光谱的光源及不同的半导体材料，即可获得不同的灵敏度及测量范围。显然，光源的发射光谱宽越窄，温度灵敏度越高，测温范围就越小了。

利用半导体吸收的光纤温度传感器的基本结构如图 5-61 所示，这种探头的结构简单，制作容易。但因光纤从传感器的两端导出，使用安装很不方便。

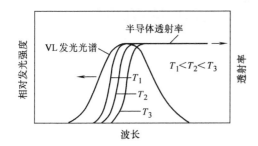

图 5-60　半导体透射测量原理

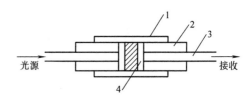

图 5-61　半导体光纤温度计的基本结构
1—固定外套　2—加强管
3—光纤　4—半导体薄片

图 5-62 示出了三种单端式温度探头的结构。这几种结构都利用了反射使光返回，并在光路中放入对温度敏感的半导体薄片。这样结构的探头可以做得很小，使用灵活方便。

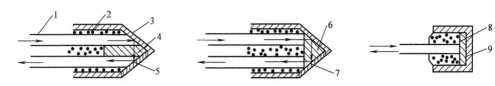

图 5-62　三种单端式温度探头的结构
1—光纤　2—环氧胶　3—外壳　4、6、8—半导体　5、7、9—反馈膜

256

3. 荧光发光型光纤温度传感器

某些荧光物质在紫外光激励下能发出可见光,紫外光激励荧光光纤温度传感器的发射光谱与温度有关。某些波长的荧光强度对温度有强列的依存关系,而某些波长的荧光强度几乎不受温度变化的影响。因此,通过检测特定波长的荧光强度即可测出温度的变化。

图 5-63 示出了利用上述原理制成的荧光光纤温度计的结构。光纤探头的端部装有磷光物质 $[(Cd_{0.99}Eu_{0.01})_2O_2S]$,紫外激励由光纤导向磷光物质,受激光发射的荧光亦由该光纤导出。该磷光物质的受激发射光谱如图 5-64b 所示。其中波长为 510nm 的谱线强度随着温度的升高而急剧地下降(图 5-64a 中的曲线 b),而波长为 630nm 的谱线强度几乎不受温度变化的影响(图 5-64a 中的曲线 a)。因此,若用干涉滤光片分别检测出这两条谱线的荧光强度,取它们的比值(图 5-64a 中的曲线 c)作为输出,则可以有效地消除激励光源强度不稳定及光纤耦合、传输损耗变化等因素的影响。传感器中使用的光纤应具有较大的紫外光透过率,选用紫外光纤。

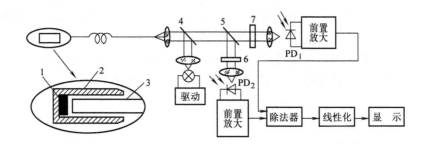

图 5-63　荧光光纤温度计结构

1—磷光物质　2—外壳　3—光纤　4、5—分光束　6、7—滤光片

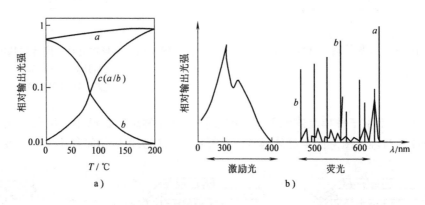

图 5-64　荧光温度计的测量原理

a)荧光谱线强度与温度的关系　b)激励光源及受激发射的光谱

这种形式的荧光光纤温度计能精确地测量 $-50 \sim 200$℃ 的温度,检测精度达 0.1℃,响应时间在 1s 以内。由于探头的体积很小,因此可用于高压变压器的线圈温度及人体体

内温度的检测等场合。

（二）压力的检测

光纤压力传感器主要有强度调制型、相位调制型和偏振调制型三类。强度调制型光纤压力传感器大多是基于弹性元件受压变形，将压力信号转换成位移信号来检测，故常用于位移的光纤检测技术；相位调制型光纤压力传感器则是利用光纤本身作为敏感元件；偏振调制型光纤压力传感器主要是利用晶体的光弹性效应。

1. 采用弹性元件的光纤压力传感器

这类形式的光纤压力传感器都是利用弹性体的受压变形将压力信号转换成位移信号，从而对光强进行调制。因此，只要设计好合理的弹性元件及结构，就可以实现压力的检测。图 5-65 示出了简单的利用 Y 形光纤束的膜片反射式光纤压力传感器。在 Y 形光纤束前端放置一感压膜片，当膜片受压变形时，使光纤束与膜片间的距离发生变化，从而使输出光强受到调制。

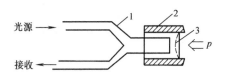

图 5-65　膜片反射式光纤
压力传感器示意图
1—Y 形光纤束　2—壳片　3—膜片

弹性膜片材料可以是恒弹性金属，如殷钢、铍青铜等。但金属材料的弹性模量有一定的温度系数，因此要考虑温度补偿。若选用石英膜片，则可以减小温度变化带来的影响。

膜片的安装采用周边固定，焊接到外壳上。对于不同的测量范围，可选择不同的膜片尺寸。一般膜片的厚度在 0.05 ~ 0.2mm 之间为宜。对于周边固定的膜片，在小挠度（$y < 0.5t$，t 为膜片厚度）条件下，膜片的中心挠度 y 可按下式计算：

$$y = \frac{3(1 - \mu^2) R^4}{16Et^3} p \tag{5-26}$$

式中　　R——膜片有效半径；

　　　　t——膜片厚度；

　　　　E——膜片材料的弹性模量；

　　　　μ——膜片的泊松比；

　　　　p——外加压强（Pa）。

可见，在一定范围内，膜片中心挠度与所加的压力呈线性关系。若利用 Y 形光纤束检测位移特性的线性区，则传感器的输出光功率与待测压力亦呈线性关系。

传感器的固有频率可表示为

$$f_r = \frac{2.56t}{\pi R^2} \sqrt{\frac{gE}{3\rho(1 - \mu^2)}} \tag{5-27}$$

式中　　ρ——膜片材料的密度；

　　　　g——重力加速度。

这种光纤压力传感器结构简单、体积小、使用方便，但如果光源不够稳定或长期使用后膜片的反射率有所下降，其精度就要受到影响。

图 5-66a 示出了改进型的膜片反射式光纤压力传感器的结构，其中采用了特殊结构的

光纤束。该光纤束的一端分成三束，其中一束为输入光纤，两束为输出光纤。三束光纤在另一端结合成一束，并且在端面成同心环排列分布，如图 5-66b 所示。其中最里面一圈为输出光纤束 3，中间一圈为输入光纤束 2，外面一圈为输出光纤束 1。当压差为零时，膜片不变形，反射回两束输出光纤的光强相等，即 $I_1 = I_2$。当膜片受压变形后，使得处于里面一圈的光纤束输出的反射光强减小，而处于外面一圈的光纤束 1 输出的反射光强增大，形成差动输出。

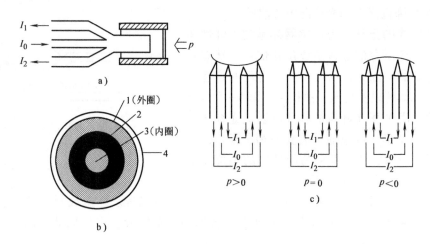

图 5-66 差动式膜片反射型光纤压力传感器
a) 传感器结构 b) 探头截面结构 c) 测量原理
1—输出光纤 2—输入光纤 3—输出光纤 4—膜片

两束输出光的光强之比可表示为

$$\frac{I_2}{I_1} = \frac{1 + Ap}{1 - Ap} \tag{5-28}$$

式中 A——与膜片尺寸、材料及输入光纤束数值孔径等有关的常数；
$\quad\quad p$——待测压强。

式 (5-28) 表明，输出光强比 I_2/I_1 与膜片的反射率、光源强度等因素均无关，因而可有效地消除这些因素的影响。

将式 (5-28) 两边取对数且满足 $(Ap)^2 \leqslant 1$ 时等式右边展开后取第一项，得到

$$\ln\frac{I_2}{I_1} = \frac{p}{2A} \tag{5-29}$$

这表明待测压强与输出光强比的对数呈线性关系。因此，若将 I_1、I_2 检出后分别经对数放大后，再通过减法器即可得到线性的输出。

若选用的光纤束中每根光纤的芯径为 $70\mu m$，包层厚度为 $3.5\mu m$，纤芯和包层折射率分别为 1.52 和 1.62，则该传感器可获得 115dB 的动态范围，线性度为 0.25%。采用不同尺寸、材料的膜片，即可获得不同的测量范围。

2. 光弹性式光纤压力传感器

晶体在受压后其折射率发生变化，从而呈现双折射现象，这种效应称为光弹性效

应。利用光弹性效应来测量压力的原理及传感器结构如图 5-67 所示。发自 LED 的入射光经起偏器后成为直线偏振光。当有与入射光偏振方向呈 45°的压力作用于晶体时，使晶体呈双折射从而使出射光成为椭圆偏振光，由检偏器检测出与入射光偏振方向相垂直方向上的光强，即可测出压力的变化。其中 1/4 波长板用于提供一偏置，使系统获得最大灵敏度。

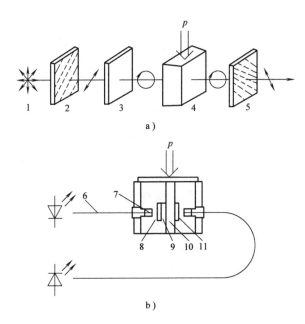

图 5-67　光弹性式光纤传感器结构

a）检测原理　b）传感器结构

1—光源　2、8—起偏器　3、9—1/4 波长板　4、10—光弹性元件

5、11—检偏器　6—光纤　7—自聚焦透镜

为了提高传感器的精度和稳定性，图 5-68 示出了另一种检测方法的结构。输出光用偏振分光镜分别检测出两个相互垂直方向的偏振分量，并将这两个分量经"差/和"电路处理，即可得到与光源强度及光纤损耗无关的输出。该传感器的测量范围为 $10^3 \sim 10^6$ Pa，精度为 ±1%，理论上分辨力可达 1.4Pa。

这种结构的传感器在光弹性元件上加上质量块后，也可用于测量振动、加速度。

3. 微弯式光纤压力传感器

微弯式光纤压力传感器基于光纤的微弯效应，即由压力引起变形器产生位移，使光纤弯曲而调制光强度。其基本结构如图 5-69 所示。

图 5-69 所示的结构中，光纤从两块变形器中穿过，上面的变形板与被测压力相连，随着压力作用而产生位移；下面的变形板固定在基座上，借助于一可调节的螺钉，可给光纤施加一个初始压力，以设置传感器的直流工作点。该传感器当选用 NA = 0.2 的多模光纤，光源为 1mW 的 He-Ne 激光，变形器齿距为 2mm，齿数为 10，受压面积为 1.3cm² 时，对 1.1kHz 的声信号，最小可测压力为 95dB（相当于 1μPa）。

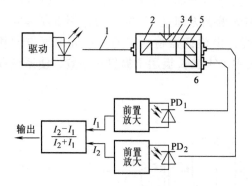

图 5-68　光弹性式光纤压力传感器的另一种结构
1—光纤　2—起偏器　3—光弹性元件
4—1/4 波长板　5—偏振分光镜　6—反射镜

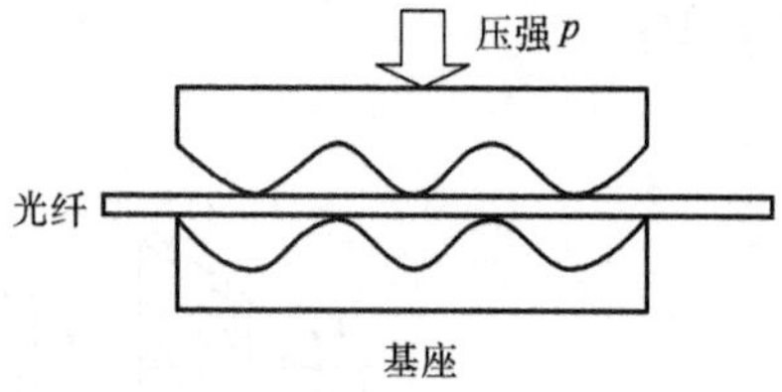

图 5-69　微弯式光纤压力传感器

思考题与习题

5-1　叙述光电效应的光电倍增管的工作原理。若入射光子为 10^3 个（1 个光子等效于是 1 个电子电量），光电倍增管共有 16 个倍增极，输出阳极电流为 20A，试求光电倍增管的电流放大倍数。

5-2　试述光敏电阻、光电二极管、光电晶体管和光电池的工作原理，如何正确选用这些器件？举例说明。

5-3　何谓光电池的开路电压及短路电流？为什么作为检测元件时要采用短路电流输出形式？

5-4　试分别使用光敏电阻、光电池、光电二极管和光电晶体管设计一种适合 TTL 电平输出的光电开关电路，并叙述工作原理。

5-5　利用光电晶体管和 NPN 型硅晶体管实现图 5-70 所示的控制电路，并叙述其工作过程。

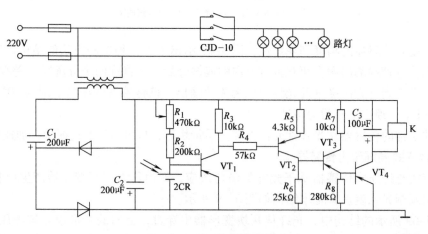

图 5-70　路灯自动控制器

5-6　试拟定光电开关用于自动装配流水线上工件的计数检测系统，并设计计数电路，说明其工作原理。

5-7 试拟定用光电二极管控制、用交流电压供电照明的明通及暗通直流电磁继电器电路原理图，并说明之。

5-8 光在光纤中是怎么传输的？对光纤入射光的入射角有什么要求？

5-9 光导纤维为什么能够导光？光纤传感器中光纤的主要优点有哪些？

5-10 求光纤 $n_1 = 1.46$，$n_2 = 1.45$ 的数值孔径值。如光纤外部介质的 $n_0 = 1$，求最大入射角 θ_c 的值。

第六章 其他类型传感器

除前面讲述的几类传感器外，还有很多其他种类，如气敏传感器、湿度传感器、生物传感器、声表面波传感器、谐振式传感器、微波传感器、微机械传感器等。本章限于篇幅，主要讲述气敏传感器、湿度传感器和生物传感器的工作原理及应用。

第一节 气敏传感器

随着科学技术的进步和工业化的发展，人类的生活以及社会活动都发生了相应的变化，人们所利用的和在生活、工业上排放出的气体种类、数量都日益增多。这些气体中，许多都是易燃、易爆（如氢气、煤矿瓦斯、天然气、液化石油气等）或者对于人体有毒害的（如一氧化碳、氟里昂、氨气等）。如果它们泄漏到空气中，就会污染环境，影响生态平衡，甚至导致爆炸、火灾、中毒等灾害性事故发生，影响人类的生存与健康。为了保护自然环境，防止事故的发生，需要对各种有害、可燃性气体在环境中存在的情况进行有效的监控。

气体敏感元件是指能感知环境中某种气体及其含量的一种装置或者器件。气体传感器能将气体种类及其与含量有关的信息转换成电信号（电流或者电压）输出。根据这些电信号的强弱就可以获得与待测气体在环境中存在情况有关的信息，从而可以进行检测、监控、报警；还可以通过接口电路与计算机或微处理器组成自动检测、控制和报警系统。气体敏感元件（简称气敏元件）的主要类型见表6-1。

表6-1 气敏元件的主要类型

名　称		检测原理、特性	气 体 元 件	主要检测气体
半导体气敏元件	电阻	表面控制器	氧化锡、氧化锌	可燃性气体
		体控制型	氧化钴、氧化镁、氧化钛、氧化锡	酒精、可燃性气体、氧气
	非电阻	二极管整流特性	铂-硫化镉、铂-氧化钛	氢气、一氧化碳、酒精
		晶体管特性	铂栅 MOS 场效应晶体管	氢气、硫化氢
		表面电位	氧化银	乙醇
		静电电容	高分子感湿膜 MOSFET	水蒸气
固体电解质气敏元件		电池、电动势	$CaO\text{-}ZrO_2$、$Y_2O_3\text{-}ZrO_2$、$Y_2O_3\text{-}TiO_2$、LaF_3、KAg_4I_5、$PbCl_2$、$PbBr_2$、K_2SO_4、Na_2SO_4、$\beta\text{-}Al_2O_3$、$LiSO_4\text{-}Ag_2SO_4$、K_2CO_3、$Ba(NH_3)_2$、$SrCe_{0.95}$、$Yb_{0.05}O_3$	氢气、一氧化碳、氧气、一氧化碳、二氧化硫、三氧化硫、水蒸气
		混合电位	$CaO\text{-}ZrO_2$、$Zr(HPO_4)_2 \cdot nH_2O$，有机电解质	氢气、一氧化碳
		电解电流	$CaO\text{-}ZrO_2$、YF_6、LaF_3	氧气
		电流	$Sb_2O_3 \cdot nH_2O$	氢气
接触燃烧式		燃烧热（电阻）	Pt 丝 + 催化剂（Pd、$Pt\text{-}Al_2O_3$、CuO）	可燃性气体
电化学式		恒电位电解电流	气体透过膜 + 贵金属阴极 + 贵金属阳极	CO、NO、SO_2、O_2
		伽伐尼电池式	气体透过膜 + 贵金属阴极 + 贱金属阳极	O_2、NH_3

本节主要介绍接触燃烧式气敏元件、金属氧化物半导体气敏元件以及氧化锆氧敏元件的工作原理、主要类型，最后对气体传感器的应用做一简单介绍。

一、接触燃烧式气体传感器

（一）检测原理

接触燃烧式气体传感器是利用与被检测气体进行化学反应中产生的热量与气体含量之间的关系进行检测的。可燃性气体（H_2、CO、CH_4 等）与空气中的氧接触，发生氧化反应，产生反应热（无焰接触燃烧热），使得作为敏感材料的铂丝温度升高，电阻值相应增大。一般情况下，空气中可燃性气体的含量都不太高（体积分数低于 10%），可燃性气体就可以完全燃烧，其发热量与可燃性气体的含量有关。空气中可燃性气体含量越大，氧化反应（燃烧）产生的反应热量（燃烧热）越多，铂丝的温度变化（增高）越大，其电阻值增加就越多。因此，只要测定作为敏感元件的铂丝的电阻变化值（ΔR），就可以检测空气中可燃性气体的含量。

但是，使用单纯的铂丝线圈作为检测元件，其寿命较短，所以，目前实际应用的检测元件都在铂丝圈外面涂覆了一层氧化物触媒。这样既可以延长其使用寿命，又可以提高检测元件的响应特性。接触燃烧式气体敏感元件是由图 6-1 所示的桥式电路构成的。图中 F_1 是检测元件；F_2 是补偿元件，其作用是补偿可燃性气体接触燃烧以外的环境温度、电源电压等因素变化所引起的偏差。接触燃烧式气体敏感元件工作时，要求在 F_1 和 F_2 上经常保持一定的电流（一般为 $100 \sim 200mA$）通过，以供可燃性气体在检测元件 F_1 上发生氧化反应（接触燃烧）所需要的热量。当检测元件 F_1 与可燃性气体接触时，由于剧烈的氧化作用（燃烧），释放出热量，使得检测元件的温度上升，电阻值相应增大，桥式电路失去平衡，则在 A、B 间产生电位差。

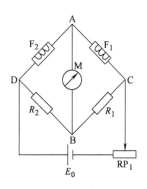

图 6-1 接触燃烧式气敏
元件的基本电路

如果 A、B 两点之间的电位差是 E，桥式电路 BC 臂上的电阻为 R_1，BD 臂上的电阻为 R_2，检测元件 F_1 的电阻为 R_{F1}，补偿元件 F_2 的电阻为 R_{F2}。由于接触燃烧作用，检测元件的电阻变化为 ΔR_F，且 ΔR_F 与 R_{F1}、R_{F2}、R_1、R_2 相比较非常小，所以，由式（2-17）可导出 A、B 点间的电位差 E 为

$$E = E_0 \frac{(R_{F1} + \Delta R_F)R_2 - R_1 R_{F2}}{(R_{F1} + R_{F2} + \Delta R_F)(R_1 + R_2)} \tag{6-1}$$

因为 ΔR_F 很小，可以将它在分母中略去。并且，由于 $R_{F1}R_2 = R_{F2}R_1$，则

$$E = E_0 \left[\frac{R_2}{(R_1 + R_2)(R_{F1} + R_{F2})} \right] \Delta R_F \tag{6-2}$$

如果令 $k = E_0 R_2 / (R_1 + R_2)(R_{F1} + R_{F2})$，则有

$$E = k \Delta R_F \tag{6-3}$$

这样，A、B 两点间的电位差 E 近似地与 ΔR_F 成比例。在此，ΔR_F 是由于可燃性气体

接触燃烧所产生的温度变化（燃烧热）引起的，是与接触燃烧热（可燃性气体氧化反应热）成比例的。即 ΔR_F 可以用下面的公式来表示：

$$\Delta R_F = \rho \Delta T = \rho \frac{\Delta H}{C} = \rho \alpha m \frac{Q}{C} \tag{6-4}$$

式中　ρ——检测元件的电阻温度系数；

　　　ΔT——由于可燃性气体接触燃烧所引起的检测元件的温度增加值；

　　　ΔH——可燃性气体接触燃烧的发热量；

　　　Q——可燃性气体的燃烧热；

　　　m——可燃性气体的体积分数；

　　　C——检测元件的热容量；

　　　α——由检测元件上涂覆的催化剂决定的常数。

ρ、C 和 α 的数值与检测元件的材料、形状、结构、表面处理方法等因素有关。Q 是由可燃性气体的种类所决定的。因而，在一定条件下，都是确定的常数。根据式（6-3）和式（6-4）可以得到

$$E = kmb \qquad \left(b = \rho \alpha \frac{Q}{C} \right) \tag{6-5}$$

由式（6-5）可以看出，A、B 两点间的电位差 E 与可燃性气体的体积分数 m 成比例。如果在 A、B 两点间连接一只电流计或者电压计，就可以测得 A、B 间的电位差 E，并由此求得空气中可燃性气体的含量。若与相应的电路配合，就能在空气中当可燃性气体达到一定含量时，自动发出报警信号。其感应特性曲线如图 6-2 所示。

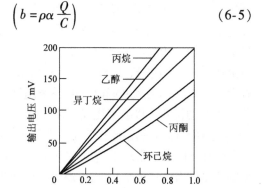

图 6-2　接触燃烧式气敏元件的感应特性

（二）接触燃烧式气敏元件的结构

接触燃烧式气敏元件的结构如图 6-3 所示。用直径 $50 \sim 60 \mu m$ 的高纯铂（Pt）丝（ω（Pt）= 99.999%）绕制成直径约为 0.5mm 的线圈，为了使线圈具有适当的阻值（$1 \sim 2\Omega$），一般应绕 10 圈以上。在线圈外面涂以氧化铝或者氧化铝和氧化硅组成的膏状涂覆层，干燥后在一定温度下烧结成球状多孔体。将烧结后的小球放在贵金属铂、钯等的盐溶液中，充分浸渍后取出烘干；然后经过高温热处理，使在氧化铝或氧化铝和氧化硅载体上形成贵金属触媒层；最后组装成气体敏感元件。除此之外，也可以将贵金属触媒粉

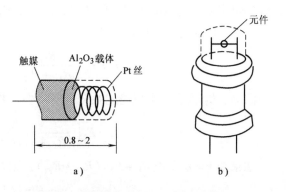

图 6-3　接触燃烧式气敏元件结构示意图

a）元件的内部示意图　b）敏感元件外形图

体与氧化铝、氧化硅等载体充分混合后配成膏状，涂覆在铂丝绕成的线圈上，直接烧成后备用。另外，作为补偿元件的铂线圈，其尺寸、阻值均应与检测元件相同，也应涂覆氧化铝或者氧化硅载体层，只是无须浸渍贵金属盐溶液或者混入贵金属触媒粉体形成触媒层而已。

二、半导体气体传感器

半导体气体传感器是利用半导体材料与气体相接触时，产生半导体特性（如电导率等）变化原理，进行检测气体成分或测量气体含量的传感器。

按半导体与气体的相互作用主要局限于半导体表面，还是涉及半导体内部，半导体气体传感器可分为表面控制型和体控制型两种。根据半导体物理特性的变化，又可将其分为电阻式和非电阻式两种。电阻式半导体气体传感器是利用其电阻值的改变来反映被测气体的含量，大多数这种传感器是利用氧化锡、氧化锌等氧化物半导体材料制成的，有烧结型、厚膜型、薄膜型等；而非电阻式半导体气体传感器则是利用半导体的其他机理对气体进行直接或间接检测的，有金属/半导体结型二极管和 MOSFET 等。

（一）半导体气敏元件的特性参数

1. 气敏元件的电阻值

通常将电阻式气敏元件在常温下洁净空气中的电阻值称为气敏元件（电阻式）的固有电阻，也称静态电阻，用 R_0 表示。一般电阻式半导体气敏元件的固有电阻值大多为 $10^3 \sim 10^5 \Omega$。气敏元件在一定含量的检测气体中的电阻值称为工作电阻值，用 R_s 表示。

测定电阻式气敏元件的固有电阻值 R_0，对于测量仪表的要求并不高。但是，对于测量时的环境却要求较高，必须在洁净空气环境中进行。这是由于经济地理环境的差异，各地区空气中所含有的气体成分差别较大，即使对于同一气敏元件，在温度相同的条件下，在不同地区进行测定，其固有电阻 R_0 都将出现差别。为了统一测定条件，必须在洁净的空气环境中进行测量。

一般规定，组成满足表 6-2 要求的空气，称为洁净空气。显然，如果严格地按照表 6-2 的规定来配制洁净空气，是相当麻烦的。对于要求不是太高的测量环境，通常是用氮（N_2）和氧（O_2）按照 $N_2(79.09\%)$、$O_2(20.91\%)$ 的体积百分比，在真空中混合，模拟洁净空气。但是，其中所含有的其他气体成分不能超过表 6-3 所列的数据范围。

表 6-2 洁净空气的组成

成　　分	体积分数（%）	成　　分	体积分数（%）
N_2	78.1	O_2	20.93
Ar	0.93	Ne	0.0018
CO_2	0.003 ~ 0.004	He	0.0005
Kr	0.0001	Xe	0.00001

表 6-3 洁净空气中其他气体的含量

成　　分	体积分数/ $\times 10^{-6}$	成　　分	体积分数/ $\times 10^{-6}$
CO	$(1 \sim 20) \times 10^{-2}$	N_2O	0.5 ~ 0.6
CO_2	0.5×10^{-1}	$NO + NO_2$	$(0 \sim 3) \times 10^{-2}$
H_2	0.1 ~ 1	NH_3	$(0 \sim 2) \times 10^{-2}$
CH_4	1.2 ~ 1.5		

2. 气敏元件的灵敏度

气敏元件的灵敏度是表征气敏元件对于被测气体敏感程度的指标。它反映了气体敏感元件的电参量（如电阻式气敏元件的电阻值）与被测气体含量之间的关系。表示气敏元件灵敏度的方法较多，常用的表示方法有如下三种。

1）电阻比灵敏度 K：

$$K = \frac{R_\text{s}}{R_0} \tag{6-6}$$

式中　R_0——气敏元件在洁净空气中的电阻值；

　　　R_s——气敏元件在规定含量的被测气体中的电阻值。

2）气体分离度 α：

$$\alpha = \frac{R_{c1}}{R_{c2}} \tag{6-7}$$

式中　R_{c1}——气敏元件在含量为 c_1 的被测气体中的阻值；

　　　R_{c2}——气敏元件在含量为 c_2 的被测气体中的阻值。

一般情况下，选取 $c_1 > c_2$。

3）输出电压比灵敏度 K_U：

$$K_U = \frac{U_\text{s}}{U_\text{o}} \tag{6-8}$$

式中　U_o——气敏元件在洁净空气中工作时，负载电阻上的输出电压；

　　　U_s——气敏元件在规定浓度被测气体中工作时，负载电阻上的输出电压。

3. 气敏元件的分辨率

气敏元件的分辨率是指气敏元件对被测气体的识别（选择）以及对干扰气体的抑制能力，通常表示为

$$S = \frac{\Delta U_\text{s}}{\Delta U_{\text{si}}} = \frac{U_\text{s} - U_\text{o}}{U_{\text{si}} - U_\text{o}} \tag{6-9}$$

式中　S——气敏元件的分辨率；

　　　U_o——气敏元件在洁净空气中工作时，负载电阻上的输出电压；

　　　U_s——气敏元件在规定含量被测气体中工作时，负载电阻上的输出电压；

　　　U_{si}——气敏元件在 i 种气体含量为规定值中工作时，负载电阻上的输出电压。

4. 气敏元件的响应时间

气敏元件的响应时间是指在最佳工作条件下，气敏元件接触被测气体后，负载电阻上的电压（电流）变化到规定值时所需要的时间，用 t_res 表示。它反映了气敏元件对被测气体的响应速度。

5. 气敏元件的恢复时间

气敏元件的恢复时间是指在最佳工作条件下，气敏元件脱离被测气体后，负载电阻上的电压（电流）变化到规定值时所需要的时间，用 t_rec 表示。它反映了被测气体由该元件上解吸的速度。

6. 初期稳定时间

长期在非工作状态下存放的气敏元件，因表面吸附空气中的水分或者其他气体，导

致其表面状态的变化，在通电并加负荷工作后，随着元件温度的升高，会发生解吸现象。因此，气敏元件恢复正常工作状态需要一定的时间，这段时间称为气敏元件的初期稳定时间。一般电阻式气敏元件，在刚通电的瞬间，其电阻值下降，然后再上升，最后达到稳定。由开始通电直到气敏元件阻值到达稳定所需时间称为初期稳定时间。初期稳定时间是敏感元件存放时间和环境状态的函数。存放时间越长，其初期稳定时间也越长。在一般条件下，气敏元件存放两周以后，其初期稳定时间即可达最大值。例如，α-Fe_2O_3 气敏元件存放两周后，其初期稳定时间一般为 5~10min。

7. 气敏元件的加热电阻和加热功率

气敏元件一般要在高温（200℃以上）下工作。为气敏元件提供必要工作温度的加热电路的电阻（通常指加热器的电阻值）称为加热电阻，用 R_H 表示。直热式气敏元件的加热电阻值一般较小（小于5Ω）；旁热式气敏元件的加热电阻较大（大于20Ω）。气敏元件正常工作所需的加热电路功率称为加热功率，用 P_H 表示。一般气敏元件的加热功率在 0.5~2.0W 范围内。

（二）烧结型 SnO_2 气敏元件

目前，常见的 SnO_2 系列气敏元件有烧结型、薄膜型和厚膜型三种。其中，烧结型气敏元件是目前工艺最成熟、应用最广泛的气敏元件。这种气敏元件的敏感体用粒径最小（平均粒径≤1μm）的 SnO_2 粉体为基本材料，根据需要添加不同的添加剂，混合均匀作为原料。这种 SnO_2 气敏元件采用典型的陶瓷制备技术制造，工艺简单、成本低廉。这种 SnO_2 气敏元件主要用于检测可燃的还原性气体，敏感元件的工作温度约300℃。按照其加热方式，可以分为直热式和旁热式两种类型。

1. 直热式 SnO_2 气敏元件

直热式 SnO_2 气敏元件是由芯片（包括敏感体和加热丝）、基座和金属防爆网罩三部分组成的，如图6-4所示。其芯片结构特点是在以 SnO_2 为主要成分的烧结体中，埋设两根作为电极并兼作加热丝的螺旋形铂-铱合金线（阻值约为2~5Ω）。这种结构的气体敏感元件制造工艺简单、成本低廉。其不足是热容量小，易受环境气流的影响；

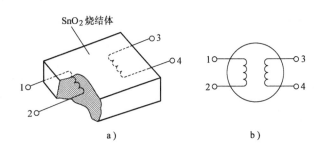

图6-4　直热式气敏器件结构及符号
a）结构　b）符号
1、2、3、4—加热极兼电极

测量电路与加热电路之间容易相互干扰；加热丝在加热和不加热状态下产生膨胀、压缩，容易造成与材料接触不良。

2. 旁热式 SnO_2 气敏元件

旁热式 SnO_2 气敏元件是一种厚膜型元件，其结构如图6-5所示。在一根内径为 0.8mm，外径为 1.2mm 的薄壁陶瓷管（大多用含 $Al_2O_3$75% 的陶瓷管）的两端设置一对金电极及铂铱合金丝（ϕ≤80μm）引出线，在陶瓷管的外壁涂覆以 SnO_2 为基础材料配制的浆料层，经烧结后形成厚膜气体敏感层（厚度<100μm）。在陶瓷管内放入一根螺旋形

高电阻加热丝（如 Ni-Cr 丝），加热
丝电阻值一般为 $30 \sim 40\Omega$。这种结构
形式的气敏元件管芯，测量电极与加
热器分离，避免了相互干扰，而且元
件的热容量较大，减小了环境温度变
化对敏感元件特性的影响。其可靠性
和使用寿命都较直热式气敏元件为
高。目前市售的 SnO_2 系气敏元件大
多数为这种结构形式。例如，国产的
MQ—31 型、QM—N5 型和（日本）
F—G812 型等均属此种类型。MQ 型

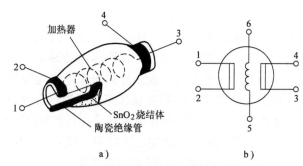

图 6-5　旁热式气敏器件结构及符号
a）结构　b）符号
1、2、3、4—电极

气敏元件的主要电参数见表 6-4。QM—N5 型气敏元件的主要电参数见表 6-5。其外形和
引出线分布如图 6-6 所示。

表 6-4　MQ 型气敏元件电气参数

参数名称	符　号	单　位	MQ311		MQ312		备　注
			A	B	A	B	
元件阻值	R_{s200}	kΩ	$2.5 \sim 25$	≤ 50	≤ 50	≤ 50	
灵敏度	$\dfrac{R_{s200}}{R_{s100}}$	/	0.35 ± 0.15	≤ 70	0.45 ± 0.15	≤ 0.70	CO 中
分辨率	F	倍	≥ 30	≥ 30	/	/	CO 与 C_4H_8 之比
加热功率	P_H	mW	≤ 180	≤ 180	≤ 650	≤ 650	
响应时间	t_1	s	≤ 10	≤ 10	≤ 5	≤ 5	
恢复时间	t_2	s	≤ 60	≤ 60	≤ 30	≤ 30	
工作条件 测试电压	U_C	V	10	10	10	10	
工作条件 加热电压	U_H	V	2.5	2.5	5	5	
工作条件 负载电阻	R_L	kΩ	2	2	2	2	
工作条件 清洗电压	U_{HC}	V	5	5	/	/	

表 6-5　QM—N5 型气敏元件电气参数

参数名称	空气中电压	标定气体中电压	电　压　比	响应时间	恢复时间
符号	U_0	$U_{0.1}$	$U_{0.1}/U_{0.5}$	t_{res}	t_{rec}
单位	V	V		s	s
数值	$0.1 \sim 1.8$	> 2	≤ 0.9	≤ 10	≤ 30

参数名称	测试条件			工作条件		
	回路电压	加热电压	负载电阻	回路电压	加热电压	负载电阻
符号	U_C	U_H	R_L	U_C	U_H	R_L
单位	V	V	kΩ	V	V	kΩ
数值	10	5	1	$5 \sim 15$	$4.5 \sim 5.5$	$0.5 \sim 2.2$

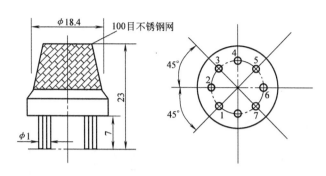

图 6-6　气敏元件外形和引出线分布

三、氧化锆氧气传感器

固体电解质是具有离子导电性能的固体物质。一般认为，固体物质（金属或半导体）中，作为载流子传导电流的是正、负粒子。可是，在固体电解质中，作为载流子传导电流的却主要是离子。很早就知道，二氧化锆（ZrO_2）在高温下（但尚远未达到熔融的温度）具有氧离子传导性。

纯净的二氧化锆在常温下属于单斜晶系。随着温度的升高，发生相转变。在1100℃下，为正方晶系；2500℃下，为立方晶系。2700℃下在熔融二氧化锆中添加氧化钙、三氧化二钇、氧化镁等杂质后，成为稳定的正方晶型，具有萤石结构，称为稳定性二氧化锆。由于杂质的加入，在二氧化锆晶格中产生氧空位，其含量随杂质的种类和添加量而改变，其离子电导性也随杂质的种类和数量而变化。

由图 6-7 可见，在二氧化锆中添加氧化钙、三氧化二钇等添加物后，其离子电导都将发生变化。尤其是在氧化钙添加量的摩尔分数为 15% 左右时，离子电导出现极大值。但是，由于 ZrO_2-CaO 固溶体的离子活性较低，在高温下，气敏元件才有足够的灵敏度。添加三氧化二钇的 ZrO_2-Y_2O_3 固溶体，离子活性较高，在较低的温度下，其离子电导都较大，如图 6-8 所示。因此，通常都用这种材料制作固定电解质氧敏元件。添加 Y_2O_3 的 ZrO_2 固体电解质材料称为 YSZ 材料。

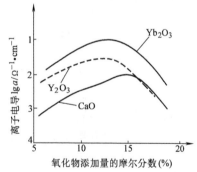

图 6-7　ZrO_2 中杂质含量与电导关系

二氧化锆氧敏元件也与多数固体电解质氧敏元件一样，是做成浓差电池的形式。在二氧化锆的两侧装上不电解的铂电极，当两个电极的电位不同时，两电极间将产生浓差电动势，因此这种传感器也称为浓差电池型传感器。通过测定固体浓差电池的电动势，可以判定被测气体含量的大小。

二氧化锆浓差电池型氧敏元件常常作为汽车发动机空燃比的控制元件。汽车发动机在适合的空燃比下，燃料可获得充分地燃烧，既可节省能源，又可减少废气排出量对环境造成的污染。在容积为 2000mL 以上的大型汽车发动机上装置的汽车排气控制系统如图

6-9 所示。

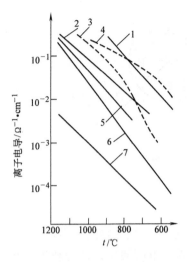

图 6-8 ZrO₂ 系固体电解质的
离子电导率与温度的关系

1—Yb₂O₃ 添加量的摩尔分数为 8%
2—Y₂O₃ 添加量的摩尔分数为 10%
3—ZrO₂
4—ZrO₀.₉₂Sc₂O₃ ₀.₀₄Yb₂O₃ ₀.₀₄
5—CaO 添加量的摩尔分数为 13%
6—Y₂O₃ 添加量的摩尔分数为 15%
7—CeO 添加量的摩尔分数为 10%

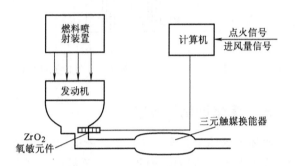

图 6-9 三元触媒式燃烧控制系统

在冶金工业上，转炉炼钢需要将氧气强行鼓入炉中，以缩短冶炼时间。另外，在调整水成分的过程中，需要及时而准确地检测钢水中的氧含量。传统的检测方法是化学分析，费时较多，不能满足要求。使用 ZrO_2 固体电解质浓差电池型氧敏元件，可直接检测钢水中氧含量，符合快速炼钢的要求。由于钢水温度极高（1600℃以上），并且腐蚀性很强，因此，ZrO_2 氧敏元件是一种消耗性元件。

一般情况下，钢水中氧的含量很低（体积分数为 50×10^{-6} 以下），ZrO_2 氧敏元件的输出电压很小，需要在测量电路中进行放大处理，以提高检测精度。

四、气敏传感器的应用

气敏传感器的应用范围十分广泛，涉及汽车、工业、大气污染、医疗、煤矿和家庭等许多领域。就其功能而言，大体上可分为检测、报警、监控等几种类型。

气敏传感器应用电路的种类很多，其基本组成部分有下列几种。

1. 电源电路

一般气敏元件的工作电压不高，在 3 ~ 10V 之间。如果由交流供电，首先将市电（220V 或者 110V）转换为低压直流。气敏元件的工作电压，特别是供给加热的电压，必须稳定；否则，将导致加热丝的温度变化幅度过大，使气敏元件的工作点漂移，影响检测精度。因此，在设计、制作电源电路时应予以充分注意。

2. 辅助电路

由于气敏元件自身的特性（温度系数、湿度系数、初期稳定性等），在设计、制作应用电路时，应予以考虑。例如，采用温度补偿电路，以减少因气敏元件的温度系数所引起的误差；设置延时电路，以防止通电初期因气敏元件阻值大幅度变化造成的误报；使用加热器失效时可产生报警信号，防止因加热器失效而导致的漏报现象。

图6-10是一种温度补偿电路，当环境温度降低时，则负温度系数热敏电阻 R_t 的阻值增大，使相应的输出电压得到补偿。

图6-11是使用正温度系数热敏电阻 R_t 的延时电路。在刚接通电源时，热敏电阻自身的温升很小，其电阻值增加也小，电流大部分经热敏电阻回到变压器，蜂鸣器 H 不会发出报警信号。当通电 1～2min 后，热敏电阻温度升高，阻值急剧增大，通过蜂鸣器的电流增大，电路进入正常的工作状态。

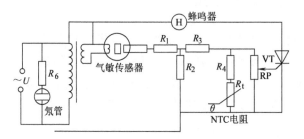

图6-10　温度补偿电路　　　　　　　图6-11　延时电路

3. 检测工作电路

（1）气体报警器电路　图6-12 所示为一种对泄漏气体达到危险限值时自动报警的，并设有串联蜂鸣器的家用报警电路。当室内气体增加时，由于气敏元件接触可燃性气体而使其阻值降低，这样蜂鸣器回路中的电流增加，可驱动蜂鸣器发出报警信号。

设计报警电路时应十分注意选择开始报警的气体含量，选得过高，灵敏度降低，容易造成气体含量超标漏报，达不到报警的目的；选得低了，灵敏度过

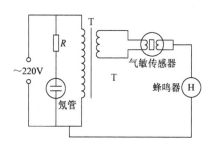

图6-12　家用气体报警器电路

高，容易造成误报。一般情况下，对于甲烷、丙烷、丁烷等气体，都选择在爆炸下限的 1/10 左右。在家用报警器中，考虑到温度、湿度和电源电压的影响，开始报警含量应有一定的范围，以确保环境条件变化时，不发生误报或漏报。

（2）气体检漏仪电路　图6-13 所示为一种具有声光报警功能的气体检漏仪电路原理图。它是利用气敏元件的气敏特性，将其作为电路中的气电转换元件，配以相应的电路和声光显示部件组成的。该电路灵敏度高、调试方便、结构简单、元器件少。图中仅用一片四与非门集成电路，用镉镍电池供电，用压电蜂鸣器和发光二极管进行声光报警。

气敏元件安装在输气管道端部进行探测时，可从机内引出。

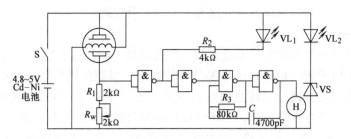

图6-13　简易气体检测电路原理图

对检测现场有防爆要求时，必须使用防爆气体检漏仪进行检测，与普通检漏仪相比，这种检漏仪壳体结构及有关部件要根据探测气体和防爆等级要求进行设计。

第二节　湿度传感器

湿度传感器是指对环境湿度敏感并能转换成可测信号（如电阻、电容或频率等）的传感器。在工业生产中，湿度的测控直接关系到产品的质量。精密仪器、半导体集成电路与元器件制造场所，湿度的测控就显得更加重要。此外，湿度测控在气象预报、医疗卫生、食品加工等行业都有广泛的应用。表6-6列举了需测湿度的场合与测量范围。

表6-6　需测湿度的主要场合与测量范围

行　业	使用场合	测湿范围 湿度（%RH）	备　注
家用电器	空调机 衣服干燥机 微波炉 VTR磁带录像机	50~70 0~40 2~100 60~100	房间空调 衣类的干燥 食品的加热及烹调控制 防止结露
工业	纤维工业 精密电子器件 干燥机 精密机械 粉体水分	50~100 0~50 0~50 0~50 0~50	丝 磁头、LSI、IC 陶瓷、木材干燥 钟表组装、光学仪器 陶瓷、窑业原料
汽车	汽车玻璃窗	50~100	防止结露
医疗	医疗器件 婴儿保育器	80~100 50~80	呼吸器系统 空气调节器
气象	恒温恒湿槽 气象观测 温度计	0~100 0~100 0~100	精密测量、特定环境 气象台、气球精密测量 控制记录装置
农林牧	温室（大棚）空调 茶田防霜 仔畜保育	0~100 50~100 40~70	空气调节 防霜防冰 健康保卫、管理

湿度传感器种类繁多，按其输出电学量分类可分为：电阻式、电容式、频率式等；按其

探测功能可分为：相对湿度、绝对湿度、结露和多功能式四种；按材料则可分为：电解质型、陶瓷型、有机高分子型和单晶半导体型等。本书主要以按材料分类内容进行讲述。

（1）电解质型　如氯化锂湿度传感器，它是在绝缘基板上制作一对电极，涂上氯化锂盐胶膜。氯化锂极易潮解，并产生离子电导，随湿度升高而电阻减小。氯化锂电阻变化的大小反映湿度的变化。

（2）陶瓷型　一般以金属氧化物为原料，通过陶瓷加工技术，制成一种多孔陶瓷。多孔陶瓷的阻值对空气中水蒸气十分敏感。陶瓷型湿度传感器就是根据多孔陶瓷的这一特性而制成的。

（3）有机高分子型　先在玻璃等绝缘基板上蒸发梳状电极，通过浸渍或涂覆，使其在基板上附着一层有机高分子感湿膜。有机高分子的材料种类也很多，工作原理也各不相同。

（4）单晶半导体型　所用材料主要是硅单晶，利用半导体制作工艺，制成二极管湿敏器件和 MOSFET 湿度敏感器件等。其特点是易于和半导体电路集成。

一、湿度表示法

空气中含有水蒸气的量称为湿度，含有水蒸气的空气是一种混合气体。湿度表示的方法很多，主要有质量分数和体积分数、相对湿度和绝对湿度、露点（霜点）等表示法。

1. 质量分数和体积分数

在质量为 M 的混合气体中，若含水蒸气的质量为 m，则其质量分数为

$$m/M \times 100\% \qquad (6\text{-}10)$$

在体积为 V 的混合气体中，若含水蒸气的体积为 v，则其体积分数为

$$v/V \times 100\% \qquad (6\text{-}11)$$

这两种方法统称为水蒸气百分含量法。

2. 相对湿度和绝对湿度

水蒸气压是指在一定的温度条件下，混合气体中存在的水蒸气分压（e）。而饱和水蒸气压是指在同一温度下，混合气体中所含水蒸气压的最大值（e_s）。温度越高，饱和水蒸气压越大。在某一温度下，水蒸气压同饱和水蒸气压的百分比称为相对湿度，一般用百分数表示，记作 RH（Relative Humidity），其表示式为

$$RH = \frac{e}{e_s} \times 100\% \qquad (6\text{-}12)$$

绝对湿度是指在一定温度和压力下，单位体积中空气所含水蒸气的质量，其定义为

$$\rho_V = \frac{m}{V} \qquad (6\text{-}13)$$

式中　m——待测空气中水蒸气质量；

　　　V——待测空气的总体积；

　　　ρ_V——待测空气的绝对湿度。

如果把待测空气看作是一种由水蒸气和干燥空气组成的二元理想混合气体的话，根据道尔顿分压定律和理想气体状态方程，可以得出

$$\rho_V = \frac{eM}{RT} \tag{6-14}$$

式中　e——空气中水蒸气分压；

　　　M——水蒸气的摩尔质量；

　　　R——理想气体常数；

　　　T——空气的绝对温度。

3. 露（霜）点

由于水的饱和蒸气压随着温度的降低而逐渐下降。因此，在同样的空气水蒸气压下，空气的温度越低，则空气的水蒸气压与同温度下水的饱和蒸气压差值就越小。当空气的温度下降到某一温度时，相对湿度为100%，空气中的水蒸气压将与同温度下水的饱和水蒸气压相等。此时，空气中的水蒸气将向液相转化而凝结成露珠。这一特定的温度称为空气的露点温度，简称露点。如果这一特定温度低于0℃时，水蒸气将结霜。因此，又可称为霜点温度，通常两者不予区分，统称为露点。空气中水蒸气压越小，露点越低，因而可以用露点表示空气中的湿度大小。

二、湿度传感器的主要参数

由于湿度传感器种类繁多，其表征特性的参数也很多，为了简便起见，只介绍一些湿度传感器重要的参数并举例说明。

1. 湿度量程

湿度量程表示湿度传感器技术规范中所规定的感湿范围。全湿度范围用相对湿度（0～100%）表示，量程是湿度传感器工作性能的一项重要指标。最理想的湿度传感器应当是全量程、高精度、高稳定性、易测量的，但这是很难得到的。所以，为适合某一湿度量程，通常分为三种类型：高湿型（RH > 70%）、低湿型（RH < 40%）、全湿型（RH = 0～100%）。

2. 感湿特征量——相对湿度特性

每种湿度传感器都有其感湿特征量，如电阻、电容等，通常用电阻比较多。以电阻为例，在规定的工作湿度范围内，湿度传感器的电阻值随环境湿度变化的关系特性曲线，简称阻湿特性。有的湿度传感器的电阻值随湿度的增加而增大，这种为正特性湿敏电阻器，如 Fe_3O_4 湿敏电阻器。有的其阻值随着湿度的增加而减小，这种为负特性湿敏电阻器，如 $TiO_2 \text{-} SnO_2$ 陶瓷湿敏电阻器。对于这种湿敏电阻器，低湿时阻值不能太高，否则不便于和测量系统或控制仪表相连接。

3. 感湿灵敏度

感湿灵敏度简称灵敏度，又叫湿度系数，是指在某一相对湿度范围内，相对湿度改变1%时，湿度传感器电参量的变化值或百分率。

各种不同的湿度传感器对灵敏度的要求各不相同。对于低湿型或高湿型的湿度传感器，它们的量程较窄，要求灵敏度很高。但对于全湿型湿度传感器，并非灵敏度越大越好，因为电阻值的动态范围很宽，这反而给配制二次仪表带来不利，所以灵敏度的大小要适当。

4. 特征量温度系数

特征量温度系数是反映湿度传感器在感湿特征量——相对湿度特性曲线随环境温度而变化的特性。感湿特征量随环境温度的变化越小，环境温度变化所引起的相对湿度的误差就越小。

在环境温度保持恒定的情况下，湿度传感器特征量的相对变化量与对应的温度变化量之比，称为特征量温度系数，可分为电阻温度系数和电容温度系数。

$$电阻温度系数 = \frac{R_1 - R_2}{R_1 \Delta T} \times 100\% \tag{6-15}$$

$$电容温度系数 = \frac{C_1 - C_2}{C_1 \Delta T} \times 100\% \tag{6-16}$$

式中　ΔT——温度 25℃ 与另一规定环境温度之差；

R_1、C_1——温度 25℃ 时湿度传感器的电阻值和电容值；

R_2、C_2——另一规定环境温度时湿度传感器的电阻值和电容值。

5. 感湿温度系数

感湿温度系数是反映湿度传感器温度特性的另一个比较直观、实用的物理量。它表示在两个规定的温度下，湿度传感器的电阻值（或电容值）达到相等时，其对应的相对湿度之差与两个规定的温度变化量之比。或者说，环境温度每变化 1℃ 时，所引起的湿度传感器的湿度误差，即

$$感湿温度系数 = \frac{H_1 - H_2}{\Delta T} \tag{6-17}$$

式中　ΔT——温度 25℃ 与另一规定环境温度之差；

H_1——温度 25℃ 时湿度传感器某一电阻值（或电容值）对应的相对湿度值；

H_2——另一规定环境温度下湿度传感器另一电阻值（或电容值）对应的相对湿度值。

图 6-14 为感湿温度系数示意图。

6. 响应时间

响应时间也称为时间常数，它直接反映了湿度传感器在湿度变化时反应速率的快慢。其定义是：在一定环境温度下，当相对湿度发生改变时，湿度传感器的感湿特征量达到稳态变化量的规定比例所需要的时间。一般是以相应的起始湿度和达到终止湿度稳定的 90% 所需要的时间来计算响应时间，单位是 s。响应时间又分为吸湿响应时间和脱湿响应时间。大多数湿度传感器都是脱湿响应时间大于吸湿响应时间，一般以脱湿响应时间作为湿度传感器的响应时间。

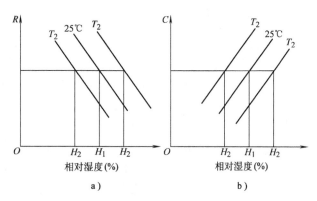

图 6-14　感湿温度系数示意图
a）电阻型　b）电容型

7. 电压特性

当用湿度传感器测量湿度时，应采用交流测试电压。这是由于加直流电压引起感湿体内水分子的电解，致使电导率随时间的增加而下降，故测试电压采用交流电压。

图 6-15 表示湿度传感器的电阻与外加交流电压之间的关系。从图中可知，测试电压小于 5V 时，电压对阻-湿特性没有影响。但交流电压大于 15V 时，由于产生焦耳热的缘故，对湿度传感器的阻-湿特性产生了较大影响，因而一般湿度传感的使用电压都小于 10V。

8. 频率特性

湿度传感器的阻值与外加测试电压频率的关系如图 6-16 所示。从图中可知，在高湿时，频率对阻值的影响很小；当低湿高频时，随着频率的增加，阻值下降。对于湿度传感器，在各种湿度下，当测试频率小于 10^3Hz 时，阻值几乎不随使用频率而变化，故该湿度传感器使用频率的上限为 10^3Hz。湿度传感器的使用频率上限应通过实验确定。直流电压会引起水分子的电解，因此，测试电压频率也不能太低。

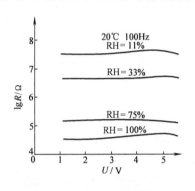

图 6-15　电阻-电压特性

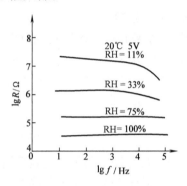

图 6-16　电阻-频率特性

三、电解质湿度传感器

电解质是以离子形式导电的物质，它可分为固体电解质和液体电解质。若物质溶于水中后，在极性水分子作用下，能全部或部分地离解为能自由移动的正、负离子，这类物质叫液体电解质。电解质溶液的电导率与溶液的浓度有关，而溶液的浓度在一定的温度下又是环境相对湿度的函数，利用这种特性制成了电解质湿度传感器。

电解质的材料很多，但以电解质氯化锂湿度传感器最为典型。其结构主要有柱状和片状两种，图 6-17 所示为柱状氯化锂湿度传感器的结构示意图，器件的基体是圆筒形支架，在它上面涂一层聚苯乙烯薄膜作为憎水层，再在此薄膜上并排缠绕两条相互绝缘的金属线，在金属线上涂一层聚乙烯醇和氯化锂

图 6-17　柱状氯化锂湿度
传感器的结构
1—涂有聚苯乙烯薄膜的圆筒
2—钯丝

（LiCl）水溶液的混合液，并均匀地涂于圆筒表面。当被涂溶液的溶剂挥发干后，即凝聚成一层阻值可随环境湿度变化的感湿薄膜。在一定的温度（20～50℃）和一定的相对湿

度（20～90%）范围内，经过 7～15d 老化处理，即可得到可供实用的电解质湿度传感器。氯化锂含量不同的单片湿度传感器，其感湿的范围也不同。含量低的单片湿度传感器对高湿度敏感，含量高的单片湿度传感器对低湿度敏感。一般单片湿度传感器的敏感范围仅在相对湿度为 30% 左右，如 10%～30%、20%～40%、40%～70%、70%～90%、80%～99% 等。图 6-18 是氯化锂湿度传感器的电阻-湿度特性曲线。把不同感湿范围的单片湿度传感器组合起来，能制成相对湿度工作量程为 20%～90% 的湿度传感器。图 6-19 是多片组合式氯化锂湿度传感器的特性曲线。

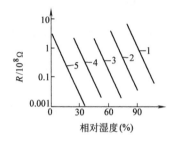

图 6-18　氯化锂湿度传感器
的电阻-湿度特性
1—PVAC　2—0.25% LiCl
3—0.5% LiCl　4—1.0% LiCl
5—2.2% LiCl

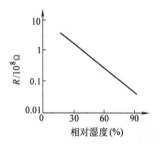

图 6-19　组合式氯化锂的电阻-湿度特性

四、陶瓷湿度传感器

单片氯化锂湿度传感器测湿范围窄，而多片组合体积大、成本高。但主要不足是氯化锂湿度传感器怕结露，不抗污染，难于在高湿和低湿的环境中使用，还有它的工作温度不高、寿命短、响应时间也比较长。陶瓷湿度传感器具有许多独特的优点：测湿范围宽，基本上可以实现全湿范围内的湿度测量；工作温度高，常温湿度传感器的工作温度在 150℃ 以下，而高温湿度传感器的工作温度可达 800℃；响应时间比较短，精度高，抗污染能力强，工艺简单，成本低廉。

最早研制并投入使用的烧结型陶瓷湿敏元件是 $MgCr_2O_4$-TiO_2 系。此外，还有 TiO_2-V_2O_5 系、ZnO-Li_2O-V_2O_5 系、$ZnCr_2O_4$ 系、ZrO_2-MgO 系、Fe_3O_4 系、Ta_2O_5 系等。这类湿度传感器的感湿特征量大多数为电阻。除 Fe_3O_4 外，都为负特性湿度传感器，即随着环境相对湿度的增加，阻值下降。也有少数陶瓷湿度传感器，它的感湿特性量为电容。

目前，各国湿度传感器的产量中，约有 50% 以上是烧结体型的，而厚膜和薄膜型各占 15%～20%。以不同的金属氧化物为原料，通过典型的陶瓷工艺制成了品种繁多的烧结型陶瓷湿度传感器，其性能也各有优劣。这里以 $MgCr_2O_4$-TiO_2 系为例，介绍这种陶瓷湿度传感器的结构及其特性。

（一）结构

陶瓷湿度传感器的结构如图 6-20 所示。该湿度传感器的感湿体是 $MgCr_2O_4$-TiO_2 系多孔陶瓷。根据扫描电子显微镜观察，这种多孔陶瓷的气孔大部分为粒间气孔，气孔直径随 TiO$_2$ 添加量的增加而增大，平均气孔直径在 100～300nm 范围内。粒间气孔与颗粒大小无关，可看作一种开口毛细管，容易吸附水分。经 X 射线衍射分析说明，材料的主晶相是 MgCr$_2$O$_4$ 相，此外，还有 TiO$_2$ 相等，感湿体是一个多晶多相的混合物。经汞压法测定，各种配方的感湿气孔率各不相同，气孔率在 20%～35% 之间，平均粒径在 1μm 左右。感湿体的两个侧面制成多孔的氧化钌（RuO$_2$）电极，电极的引线一般为 Pt-Ir 丝。陶瓷基片在周围装置有一只坎瑟尔电阻丝绕制的加热器。陶瓷感湿体和加热器固定在 Al$_2$O$_3$ 陶瓷基座上。陶瓷基座上采用带有护圈的绝缘子，这样能消除传感器接头之间因电解质粘附而引起的泄漏电流的影响。

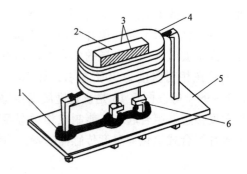

图 6-20　陶瓷湿敏传感器的结构图
1—护圈电极　2—感湿陶瓷　3—氧化钌电极
4—加热器　5—基板　6—电极引线

（二）主要特性与性能

1. 电阻-湿度特性

MgCr$_2$O$_4$-TiO$_2$ 系陶瓷湿度传感器的电阻-湿度特性如图 6-21 所示。从图中可以看出，这种传感器在低湿范围有较高的灵敏度。取对数后，大体呈线性，基本是全湿量程型传感器。当相对湿度由 0 变为 100% 时，阻值从 $10^7\Omega$ 下降到 $10^4\Omega$，即变化了三个数量级。这个阻值变化是适当的，因为阻值过高或过低，都难以被一般的仪器所测量，而且阻值变化范围太大，必然带来仪器换挡的麻烦。

2. 电阻-温度特性

MgCr$_2$O$_4$-TiO$_2$ 系陶瓷湿度传感器的电阻-温度特性如图 6-22 所示。它是在不同的温度环境下，测量陶瓷湿度传感器的电阻-湿度特性。从图中可以看出，从 20℃ 到 80℃ 各条曲线的变化规律基本一致，具有负温度系数，其感湿负温度系数为 $-3.8\times10^{-3}/℃$。如果要求精确的湿度测量，对这种湿度传感器需要进行温度补偿。

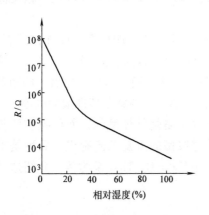

图 6-21　MgCr$_2$O$_4$-TiO$_2$ 系湿度传感器
的电阻-湿度特性

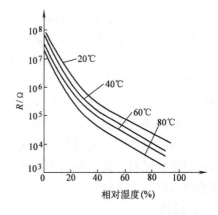

图 6-22　MgCr$_2$O$_4$-TiO$_2$ 系湿度传感器
的电阻-温度特性

3. 响应时间特性

$MgCr_2O_4$ - TiO_2 系陶瓷湿度传感器的响应时间特性如图 6-23 所示。根据响应时间的规定，从图中可知，这种传感器吸湿和脱湿响应速度非常快（ < 10s），是一种快速响应的湿度传感器。

4. 稳定性

为了说明 $MgCr_2O_4$ - TiO_2 系陶瓷湿度传感器的稳定性，需要经过下列实验：高温负荷实验（大气中，温度 150℃，交流电压 5V，时间 10^4h）；高湿负荷实验（相对湿度大于 95%，温度 60℃，交流电压 5V，时间 10^4h）；常温常湿实验（相对湿度为 10% ~ 90%，温度为 -10 ~ +40℃）；油气循环实验（油蒸气↔加热清洗循环 25 万次，交流电压 5V）。经过以上各种实验，大多数陶瓷湿度传感器仍能可靠地工作，可见，这种湿度传感器稳定性比较好。

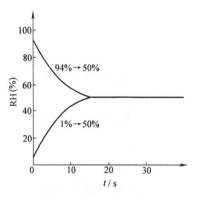

图 6-23 $MgCr_2O_4$ - TiO_2 系湿度传感器的响应时间特性

这种湿度传感器已经在国内得到比较广泛的应用。国产的 $MgCr_2O_4$ - TiO_2 系陶瓷湿度传感器的主要性能见表 6-7。

表 6-7 $MgCr_2O_4$ - TiO_2 系陶瓷湿度传感器的性能

产品型号	测湿范围(%)	测湿精度(%)	工作温度/℃	响应时间/s	工作电压/V	清洗电压/V	生 产 厂 商
CSK—1	1 ~ 100	<4	1 ~ 100	<10 ~ 15	3（AC）	7（AC）	哈尔滨电子敏感所
SM—1	1 ~ 100	4	0 ~ 150	<10	7（AC）	9（AC）	通江晶体管厂
MCSB	1 ~ 100	4	0 ~ 150	<20	3（AC）	10（AC）	南京无线电元件十一厂

$MgCr_2O_4$ - TiO_2 系陶瓷湿度传感器的不足之处是性能还不够稳定，需要加热清洗，这又加速了敏感陶瓷的老化，对湿度不能进行连续测量。

五、高分子湿度传感器

针对电解质湿度传感器遇高湿或结露时，易造成氯化锂电解质液流失而损坏的特点，近年来研制了高分子材料湿度传感器。用有机高分子材料制成的湿度传感器，主要是利用自身的吸湿性与胀缩性及离子导电性。某些高分子电介质吸湿后，介电常数明显改变，制成了电容式湿度传感器；某些高分子电解质吸湿后，电阻明显变化，制成了电阻式湿度传感器；利用胀缩性高分子（如树脂）材料和导电粒子在吸湿之后的开关特性，制成了结露传感器。

（一）电容式高分子膜湿度传感器

1. 结构与制法

图 6-24 所示为高分子薄膜电介质电容式湿度传感器。图 6-24a 为其基本结构，图 6-24b 为其制造工艺流程。首先在洗净的玻璃基片上，蒸镀一层极薄（50nm）的梳状金电极，作为下部电极；然后在其表面上涂覆已经配制好的醋酸纤维素溶液，待其干涸成介质薄膜后，再在其上蒸镀一层多孔透水的金属薄膜作为上部电极；最后将上、下电极焊接引

线，就制成了电容式高分子膜湿度传感器。通常是在 50mm×10mm 的玻璃基片上，一次制成 100 多只湿度传感器，再切割成 5mm×5mm 的小片。

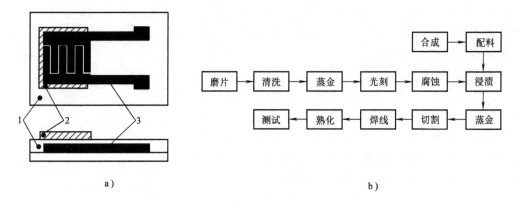

图 6-24　高分子薄膜电介质电容式湿度传感器
a）基本结构　b）制造工艺流程
1—高分子薄膜　2—上部电极　3—下部电极

除醋酸纤维素可作湿敏材料外，常用的还有醋胺纤维素或硝化纤维素等。所用的溶媒多为丙酮、酒精等。感湿薄膜厚度约 500nm，膜厚小于 200nm 时，上部与下部电极可能短路。当膜厚大于 1μm 时，测湿响应特性将变坏。电极厚度一般要求为 50nm。

2. 感湿机理与性能

电容式高分子湿度传感器，其上部多孔的金属电极可使环境中水分子透过，水的相对介电常数比较大，室温时约为 79。感湿高分子材料的介电常数并不大，当水分子被高分子薄膜吸附时，介电常数发生变化。随着环境湿度的提高，高分子薄膜吸附的水分子增多，因而湿度传感器的电容量增加，所以根据电容量的变化可测得相对湿度。

电容式高分子膜湿度传感器的主要特性如下：

（1）电容-湿度特性　湿度传感器的电容随着环境湿度的增加而增加，基本上呈线性关系。但实验表明，当测试电源的频率不同时，其输出特性的线性度差异很大。根据传感器的频率特性，选择适当的测试频率，可以实现传感器电容-湿度的线性化。对于高分子湿度传感器，实验表明，当测试频率为 1.5MHz 左右时，其输出特性有较好的线性度，如图 6-25 所示。对于其他测试频率，如 1kHz、10kHz，尽管传感器的电容量变化很大，但线性度欠佳。对于线性度欠佳的湿度传感器，可以通过外加补偿电路或采用适当数据处理软件，使电容-湿度特性趋于线性。

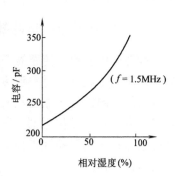

图 6-25　电容-湿度特性

（2）响应时间特性　由于高分子薄膜可以做得极薄，所以吸湿响应时间都很短，一般都小于 5s，有的响应时间仅为 1s。

（3）电容-温度特性　电容式高分子膜湿度传感器的感湿特性受温度影响非常小，在 5～50℃ 范围内，电容温度系数约为 $6×10^{-4}/℃$。

国内已有不少单位在生产电容式高分子湿度传感器，表6-8是芬兰同类产品的性能指标。

表 6-8　HMP—14U 型湿度传感器的性能（芬兰）

名　称	测湿范围	测湿精度	响应时间	温度范围	线 性 度	温度系数	高湿漂移
指标	0～100%	(0～80)% ±2% (80～100)% ±3%	1s	−40～+80℃	(0～80)% ±1%	$5×10^{-4}$/℃	6±1%

（二）电阻式高分子膜湿度传感器

电阻式湿敏高分子材料很多，本节只介绍高分子电解质——聚苯乙烯磺酸锂制成的湿度传感器。

1. 结构与制法

聚苯乙烯磺酸锂湿度传感器的结构如图 6-26 所示。其主要制法是，将占质量 8% 的二乙烯苯作交联剂与占质量 92% 的苯乙烯共聚，制成聚苯乙烯作为基片。它是具有一定机械强度和绝缘性能的亲水性高分子聚合物。将基片浸入 98% 的硫酸中，进行磺化，硫酸中应加入约 1% 左右的硫酸银催化剂，磺化温度为 40℃，经过 30～65min 后，用去离子水进行冲洗，并烘干，这样，在基片的表面上就制备了一层亲水性的磺化聚苯乙烯。将磺化聚苯乙烯基片放入温度为 20～40℃氯化锂饱和溶液中进行离子交换，时间不等，把吸湿性很强的锂离子交换到磺化聚苯乙烯上去。于是，就得到一种感湿性很强的聚苯乙烯磺酸锂感湿膜。在感湿膜上印制梳状电极，即制成了高分子湿度传感器。

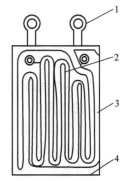

图 6-26　聚苯乙烯磺酸锂
湿度传感器的结构
1—引线端　2—感湿膜
3—梳状电极　4—基片

聚苯乙烯磺酸锂是一种强电解质。由于极强的吸水性，吸水后电离，在其水溶液里就含有大量的锂离子。吸湿量不同，聚苯乙烯磺酸锂的阻值也不同，根据阻值变化可以测量相对湿度。

2. 主要特性

（1）电阻-湿度特性　当环境湿度变化时，传感器在吸湿和脱湿两种情况下的感湿特性曲线如图6-27所示。在整个湿度范围内，传感器均有感湿特性，其阻值与相对湿度的关系在单对数坐标纸上近似为一直线。从图中可以看出，吸湿和脱湿时湿度指示的误差值为3%～4%。

（2）温度特性　聚苯乙烯磺酸锂的电导率随温度的变化较为明显，具有负温度系数。传感器的感湿特性随温度的变化而变化，如图6-28所示。在0～55℃时，温度系数为−0.006～−0.01/℃。

（3）其他特性　聚苯乙烯磺酸锂湿度传感器的升湿响应时间比较快，脱湿响应时间比较慢，响应时间在1min之内。湿滞比较小，在1%～2%之间。这种湿度传感器具有良好的稳定性，存储一年后，其最大变化不超过2%，完全可以满足器件稳定性的要求。

281

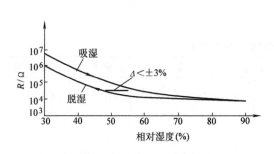

图 6-27　电阻-湿度特性　　　　　图 6-28　聚苯乙烯磺酸锂湿度传感器的温度特性

高分子薄膜湿度传感器的缺点是：对于在含有机溶媒气体的环境下测湿时，器件易损坏；不能用于80℃以上的高温场合。

六、湿度传感器的测量电路

（一）检测电路的选择

1. 电源选择

通常湿度传感器使用时要求提供失真度小的正弦交流电源，否则影响传感器的特性、寿命和可靠性。

电解质湿度传感器的电导是靠离子的移动实现的，在直流电源作用下，正、负离子必然向电源两极运动，产生电解作用，使感湿层变薄甚至破坏；在交流电源作用下，正、负离子往返运动，不会产生电解作用，感湿膜不会破坏。

交流电源的频率选择是，在不产生正、负离子定向积累情况下尽可能低一些。在高频情况下，测试引线的容抗明显下降，会使湿敏电阻短路。另外，湿敏膜在高频下也会产生趋肤效应，阻值发生变化，影响到测湿灵敏度和准确性。

2. 温度补偿

湿度传感器具有正或负的温度系数，其温度系数大小不等，工作温度范围也有宽有窄。所以在考虑是否进行温度补偿时，要依据实际情况来确定补偿的必要性及方法。

对于半导体陶瓷传感器，其电阻与温度的关系一般为指数函数关系，通常其温度关系属于 NTC 型，即

$$R = R_0 \exp\left(\frac{B}{T} - AH \right) \tag{6-18}$$

式中　H——相对湿度；

　　　R_0——在 $T=0℃$、相对湿度 $H=0$ 时的阻值；

　　　T——绝对温度；

　　　A——湿度常数；

　　　B——温度常数。

对式（6-18）求偏导，则温度系数和湿度系数为

$$温度系数 = \frac{1}{R}\frac{\partial R}{\partial T} = -\frac{B}{T^2} \tag{6-19}$$

$$湿度系数 = \frac{1}{R}\frac{\partial R}{\partial H} = -A \tag{6-20}$$

$$湿度温度系数 = \left|\frac{温度系数}{湿度系数}\right| = \left|\frac{\partial H}{\partial T}\right| = \frac{B}{AT^2} \tag{6-21}$$

若湿度传感器的湿度温度系数为 $7 \times 10^{-4}/\text{HR}/\text{℃}$ ，工作温度差为 30℃ ，测量误差仅为 $2.1 \times 10^{-3}/\text{℃}$ ，则不必考虑温度补偿；若湿度温度系数为 $4 \times 10^{-3}/\text{HR}/\text{℃}$ ，则会引起 $0.12/\text{℃}$ 的误差，必须进行温度补偿。

对于负温度系数的湿度传感器，最简单而有效的温度补偿法是在测湿探头回路中串接正温度系数（即 PTC）型热敏电阻，其电阻与温度的关系为

$$R = R_N \exp\left(\frac{B_N}{T}\right) + R_P \exp(B_P T) \tag{6-22}$$

式中，N、P 分别表示 NTC 和 PTC。设 $R_N = R_P$ ，要使湿度传感器的电阻 R 不随温度变化，必须使负温度系数和正温度系数的数值相等，即

$$B_P = \frac{B_N}{T^2}$$

所选择的正温度系数的热敏电阻只要满足上式，就达到了补偿负温度系数的湿度传感器的目的。由于正、负温度系数很难完全相同，故只能得到一定程度的温度补偿，不可能完全抵消。

3. 线性化处理

在大多数情况下，湿度传感器难以得到相对于湿度变化而线性变化的输出电压，这给湿度的测量、控制和补偿带来了困难。为此，在需要精确测量湿度的场合，必须加入线性化电路，使传感器测量电路的输出信号转换成正比于湿度变化的电压。

对于电阻值变化幅度较小的传感器，可用电阻来监控电流，进行非线性校正，即线性化。传感器与电阻串联连接，常采用热敏电阻兼作温度补偿。图 6-29 为湿度传感器用电阻进行线性化的电路原理图。由于湿度传感器 R_x 的变化所导致的输出电压 U_o 改变，可通过适当选择 R_1 、 R_2 和 R_3 使其线性化。

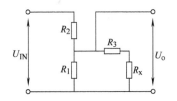

图 6-29　用电阻来改善线性电路

对于相对湿度为 0～100% 范围内湿度测量的非线性校正，一般可认为中等范围传感器输出与湿度为线性关系，在低湿时其变化率较小，而在高湿范围会出现饱和现象。为此，要采取放大倍数随输入值变化的放大电路，使其输出与输入呈近似线性关系，这就是所谓折线近似电路，如图 6-30 所示。

（二）典型电路

对于湿度传感器，必须配以相应的电路才能进行湿度的测量与控制。对于电阻式湿度传感器，其测量电路主要有如下两种形式：

（1）电桥电路　便携式湿度计电气原理图如图 6-31 所示。振荡器对电路提供交流电源。电桥的一臂为湿度传感器，由于湿度变化使湿度传感的阻值发生变化，电桥失去平衡，产生信号输出，放大器可把不平衡信号加以放大，整流器将交流信号变成直流信号，

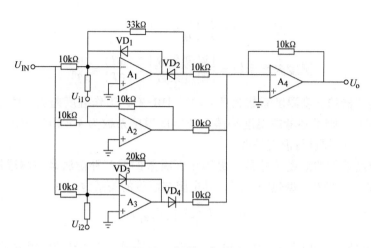

图 6-30 折线近似电路

由直流毫安表显示。振荡器和放大器都由 9V 直流电源供给。电桥法适合于氯化锂湿度传感器。

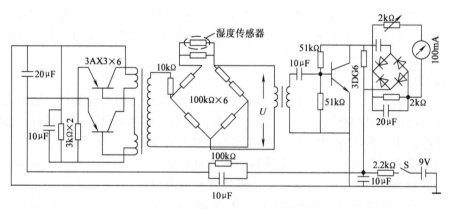

图 6-31 便携式湿度计电气原理图

（2）带温度补偿的湿度测量电路 在实际应用中，需要同时考虑对湿度传感器进行线性处理和温度补偿，常常采用运算放大器构成湿度测量电路。图 6-32 所示为一种带温度补偿的湿度测量电路，图中 R_t 是热敏电阻器（$20k\Omega$，$B = 4100K$），R_H 为 H204C 湿度

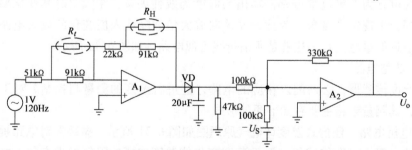

图 6-32 湿度测量电路

传感器，运算放大器型号为 LM2904。该电路的湿度电压特性及温度特性表明，在相对湿度为 30% ~ 90%、温度为 15 ~ 35℃范围内，输出电压表示的湿度误差不超过 3%。

第三节　生物传感器

生物传感器是利用生物活性物质选择性来识别和测定生物化学物质的传感器，是分子生物学与微电子学、电化学、光学相结合的产物，是在基础传感器上耦合一个生物敏感膜而形成的新型器件，它将成为生命科学与信息科学之间的桥梁。例如，生物场效应晶体管（BiOFET）就是 MOSFET（金属氧化物半导体场效应晶体管）的栅极金属膜用生物功能膜代替，构成了酶 FET、免疫 FET 等传感器。生物传感器技术与纳米技术相结合将是生物传感器领域新的生长点，其中以生物芯片为主的微阵列技术是当今研究的重点。生物传感器广泛应用于生命科学、医学、食品科学、环境监测等领域。

一、生物传感器的原理

1. 生物识别功能物质及固定化技术

生物体内具有各种能选择性地识别特定化学物质的化学受体，如嗅觉、味觉、激素受体、神经突触受体等。这些化学受体称为分子识别部位，也称为信号变换部位。它决定生物传感器的选择性，是表征生物传感器特性的基础。

目前所用的识别功能物质主要有：①具有高选择性、起催化作用的酶，有实用价值的氧化还原酶（如葡萄糖氧化酶）和水解酶（如尿素酶）；②与免疫反应有关的抗体；③激素受体、结合蛋白质；④具有特殊酶活性的细胞小器官、微生物等。

酶、抗体、微生物等具有识别功能的物质通常是水溶性的，如果把它们与适当的载体结合起来变得不溶于水，制成传感器用的识别功能膜（大致可分为生物关联膜式、半导体复合膜式、光导复合膜式和压电晶体复合膜式），这种技术称为固定化技术。将识别功能物质受体与载体之间或受体相互间至少形成一个共价键以进行固定，使受体的活性高度稳定的固定方法称为化学方法。将受体与载体之间或受体之间，利用物理吸附作用进行固定的方法称为物理方法。例如，在离子交换树脂膜、聚氯乙烯膜等表面上物理吸附感受体就是物理方法。

2. 生物传感器的工作原理

生物传感器的共同结构一般由两部分组成，其一是生物分子识别元件（感受器），是指将一种或数种相关生物活性材料固定在其表面（也称生物敏感膜）；其二是能把生物活性表达的信号转换为电、声、光等信号的物理或化学换能器。其工作原理如图 6-33 所示。图中生物功能膜上（或膜中）附着有生物传感器的敏感物质，被测量溶液中待测定的物质经扩散作用进入生物敏感膜层，经分子识别或发生生物学反应，其所产生的信息可通过相应的化学或物理原理转变成可定量和显示的电信号，通过对电信号的分析就可知道被测物质的成分或含量。

（1）换能器与生物信号转换方式　换能器是生物传感器的另一个重要组成部分，可以感知固定化生物膜与待测物质特异性结合产生的微小变化，并把这种变化转变成可记

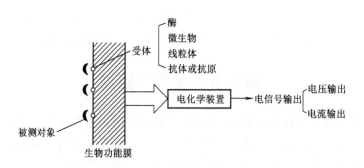

图 6-33 生物传感器工作原理示意图

录的信号，如检测电学变化（如电位、电流等），光信号（如吸收光、散射光、折射光、荧光、化学发光、电化学发光等）、密度和质量的变化，振幅和频率及声波相位的改变，或用热敏元件测量热学的改变，或把这些信号经放大后输出并记录结果。换能器质量的好坏决定了传感器灵敏度的高低。

目前生物信号的转换方式有以下四种：

1）化学变化转换为电信号方式。用酶能识别分子的原理催化这种分子发生特异反应，产生特定物质的增减，并将特定物质的增减量转换为电信号。

2）热转换为电信号方式。有的生物物质在进行分子识别时伴随有热变化，将这种热变化转换成电信号进行识别，一般用热敏电阻器完成热电转换。

3）光转换为电信号方式。萤火虫的光是在常温常压下由酶催化产生的化学发光，还有很多种可以催化产生化学发光的酶，利用这些酶可以在分子识别时导致发光，再转换为电信号。

4）直接诱导式电信号。如果分子识别出的变化是电信号的变化，则不需要信号转换器件，但是必须有导出信号的电极。如在金属或半导体的表面固定上抗体分子，成为固定化抗体，它和溶液中的抗原发生反应时就形成抗原体复合体，若用适当的参比电极测量它与这种金属或半导体间的电位差，就可测出反应前后的电位变化。

（2）基本电极测量　生物传感器通常利用物理化学装置把识别信息以电信号的形式从识别功能膜上取出来，最常用的是电极测量法，常用电极有 O_2 电极、H_2O_2 电极、pH 电极、CO_2 电极、NH_3 电极和 NH_4^+ 电极。用电极将被测物含量变换成电信号的方式分为电流法和电位法两种。电流法是测量生物化学反应中所消耗或生成的电极活性物质的电极反应所产生的电流的方法，所用电极有 O_2 电极、H_2O_2 电极等。电位法是测量与生物化学反应有关的各种粒子在识别功能膜上产生的膜电位的方法，所用电极有 H^+ 电极、NH_3 电极、NH_4^+ 电极和 CO_2 电极等。当把生物传感器插入某一试液时，由于电极活性物质被消耗或形成，对应得到一个恒定的电流值或电位值，从它们与被测物含量之间的关系就可测量被测对象的含量。

3. 生物传感器的分类与特点

（1）生物传感器的分类　生物传感器还没有形成公认完整的分类体系。但是，生物传感器的共同结构一般由生物分子识别元件（敏感物质）和信号转换器两部分组成。

目前，根据生物传感器中信号检测器上的敏感物质可将其分为酶传感器、微生物传感器、免疫传感器、基因传感器、组织传感器、细胞器传感器等。根据生物传感器的信号转换器可将其分为半导体生物传感器（如酶 FET、免疫 FET）、压电晶体免疫传感器、测光型生物传感器（酶光敏二极管、光纤生物传感器）、测热型传感器（热敏电阻生物传感器）等。

（2）生物传感器的特点

1）根据生物反应的特异性和多样性，理论上可以制成测定所有生物物质的传感器，因而测定范围广泛。

2）一般不需进行样品的预处理，它利用本身具备的优异选择性把样品中被测组分的分离和检测统一为一体。测定时一般不需另加其他试剂，使测定过程简便迅速，容易实现自动分析。

3）体积小、响应快、样品用量少，可以实现连续在位检测。

4）通常其敏感材料是固定化生物元件，可以反复多次使用。

5）准确度高，一般相对误差可达到 1% 以内。

6）可进行活体分析。

4. 常用的生物传感器

（1）酶传感器 酶传感器是最早达到实用化的一种生物传感器，由分子识别功能的固定化酶膜与电化学装置两部分构成。当把装有酶膜的酶传感器插入试液时，被测物质在固定化酶膜上发生催化化学反应，生成或消耗电极活性物质（如 O_2、H_2O_2、CO_2 和 NH_3 等），用电化学测量装置（如电极）测定反应中电极活性物量的变化，电极就能把被测物质的含量变换成电信号，从被测物质含量与电信号之间的关系就可测定未知含量，如图 6-34 所示。

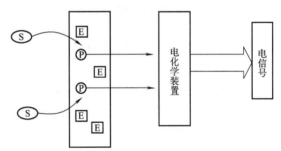

图 6-34 酶传感器原理示意图
S—底物 P—反应物 E—酶

大多数酶是水溶性的，需要通过固定化技术制成酶膜，才能构成酶传感器的受体。在酶传感器中构成固定化酶有三种方式：①把酶制成膜状，将其设置在电极附近，这种方式应用最普遍；②金属或 FET 栅极表面直接结合酶，使受体与电极结合起来；③把固定化酶填充在小柱中作为受体，使受体与电极分离开。

酶传感器的响应特性除了与电极的特性有关外，也与酶反应的特性有关，如酶的活性、底物含量、酶膜厚度、pH 值和温度等。利用酶传感器可以测定各种糖、氨基酸、酯质和无机离子等，在医疗、食品、发酵工业和环境分析等领域获得多方面的应用。多功能酶传感器、测定酶活性传感器、半导体酶传感器以及检测难溶于水的物质的酶传感器正在研究之中。对人工脏器体内应用的酶传感器进行了大量的研究，重点放在作为胰岛的血糖传感上，现在还存在着体内长期安全性、校准等问题。

（2）微生物传感器 微生物传感器是由一个含有固定细菌、酵母或其他微生物的膜，以及氧电极构成的电化学换能器组成的。目前微生物传感器已用到发酵工艺及环境监测等部门。例如,通过测水中有机物含量即可测量江河及工业废水中有机物污染程度。医疗部门通过测定血清中的微量氨基酸(苯基丙氨酸和亮氨酸),在早期诊断苯基酮尿素病毒和糖尿病是有效的。好气性微生物生存生长过程离不开氧,它吸入氧气呼出二氧化碳,可用 O_2 电极或 CO_2 电极来测定。日本东京技术研究所已研制出测量生物耗氧量(BOD)的微生物传感器。BOD 是水中有机物污染程度特征系数,用一般测量方法需 5 天时间,手续复杂,而用微生物传感器,可在半小时内自动测出 BOD 数值,测量范围可达 5 ~ 100mL/L,在发酵、化学及污水处理工程中,这种微生物传感器用途极为广泛,如果在微生物膜上覆盖一种透膜,则可测量如酒精、二氧化碳、醋酸等挥发性物质。

(3)免疫传感器 酶和微生物传感器主要是以低分子有机化合物作为测定对象,但对高分子有机化合物的识别能力不佳。利用抗体对抗原的识别功能和与抗原的结合功能构成对蛋白质、多糖类结构略异的高分子有高选择性的传感器称为免疫传感器。

一旦病原菌或其他异性蛋白质(即抗原)侵入人体,会在人体内产生能识别抗原并将其从体内排除的物质(称为抗体),抗原与抗体结合形成复合物(称免疫反应),从而将抗原清除。免疫传感器是利用抗体对抗原的识别功能和与抗原结合功能研制成功的。

将抗原或抗体固定于膜上形成具有识别免疫反应的分子功能膜,根据抗体膜的膜电位的变化可以测定抗原的吸附量。

二、血糖传感器与检测装置

近年来,随着人们生活模式的变化,糖尿病的患病人数不断上升,由糖尿病引发的各种并发症已经成为糖尿病人健康的一大元凶。糖尿病国际联盟发出响亮的口号"减少因对糖尿病无知而付出的代价"。要想早期发现,及时治疗糖尿病,关键是要做到及时地进行血糖检测。目前,市面上血糖检测仪的种类繁多,它们有着共同特点,都属于直流电子产品,其中的检测元(器)件统称为试纸或电极。以酶电极作为检测传感器,将生物传感器技术和微型计算机技术以及微电子技术相结合开发的便携式血糖测试仪,测试过程中血样经电极检测后,仪器自动显示存储结果。这种仪器体积小,轻便灵活,携带方便。

基于手机的血糖测试仪将血糖检测传感器和手机结合在一起,在保持手机原有功能的前提下,实现血糖测量。

我们采用的血糖传感器由两种电极组成:一种电极就是测血糖含量值的传感器,又名血糖测试电极(酶传感器);另一种是检验电极(物理传感器),主要用来对血糖测试模块的硬件进行检测和校准。两个电极外形尺寸相同,使用同一个电极插座进行检测。

1. 血糖检测电极结构与工作原理

基于手机的血糖测试仪使用的血糖检测电极是由韩国喜康医疗器械公司生产的斯马特检测电极或称血糖试纸,它是在碳电极表面上涂了一层与葡萄糖定量反应的葡萄糖氧化酶(GOX)和传输电子的物质(介质,Fe^{3+})制得的电化学式生物传感器。当血液滴入这种血糖电极上时,在葡萄糖酶的催化作用下,血糖测试试纸上的传输电子物质在碳电极表面被强制性氧化，其氧化还原反应过程中形成的氧化电流跟葡萄糖含量呈线性关系，通过测定氧化电流来计算血糖含量。

斯马特血糖检测电极是三电极结构的测试装置，在非透明塑料上装有三个电极，一面为白色的正方形片状传感器件。其外观结构及构造如图6-35所示。

斯马特血糖检测电极的内部结构如图6-36所示。底层塑料基板上的三个电极是银电极，其中两个银电极上面涂有碳材料，在碳膜上覆盖有葡萄糖酶，图6-36示意了血液滴入电极后的反应过程。

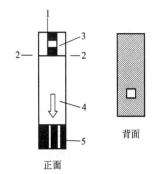

图6-35 斯马特血糖
测试仪外观结构图
1—血液注入口 2—放气口
3—试样确认窗 4—插入方向箭头
5—电极连接端子

在血糖测试过程中，当血液滴入血糖测试电极后，发生了氧化还原反应。传输介质中的 Fe^{2+} 失去电子，发生了氧化反应，生成 H_2O_2 和葡萄糖酸，H_2O_2 将 Fe^{2+} 氧化，氧化还原过程中发生了电子得失现象，形成了氧化电流。此反应过程称为电化学反应过程。

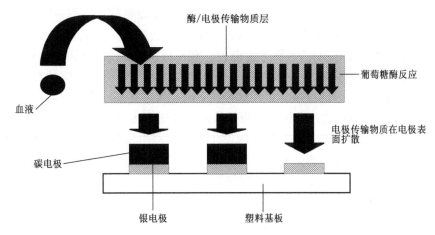

图6-36 斯马特血糖测试电极内部结构示意图

2. 检验电极工作原理

检验电极与血糖测试电极尺寸规格相同。它对血糖测试模块系统稳定性进行检验，测试模块输入短路时的输出大小，即本底噪声。因此，检验电极没有血糖检测电极上的葡萄糖酶。检验电极的底部有三个金属铜做的长方形的连接端子，形状和大小与血糖测试电极的三个连接端子相同，其中三个连接端子中的前两个短路连接。在进行电极检测时，检验电极和血糖测试电极使用的是相同插座。因此在接入检测电路时，在不同的时序控制开关动作过程中，经过前端运算放大器处理过后的信号会与血糖检测电极不同，正常情况下此信号是一个固定的电压值，如果此电压值太高或太低说明血糖测试模块工作不正常。检验电极就是根据这一点来进行血糖测试模块稳定性检测的。

3. 血糖含量测量

在血糖含量测量时，给血糖检测电极加恒定的直流工作电压，将被测血样滴在电极的血液注入口，电极上的葡萄糖酶与血样中的葡萄糖发生反应，经过一段时间（约10s）后，根据所使用的斯马特血糖检测电极电化学特性，在0.4V工作电压下，电极上的相应电流与血糖含量呈线性关系，血糖测试电极电流响应特性曲线如图6-37所示。

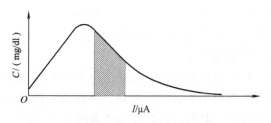

图6-37　血糖测试电极电流响应特性曲线

（1）参比测量算法　根据测血糖电极的特性，由于酶电极具有一定的分散性，所以实际测量中采用了参比电极测量法。参比电极按如下方法确定：从同一批酶电极中抽样选择若干酶电极对已知含量（c_0）的试样进行测量，其响应电流的平均值I_0就是反映这一批酶电极性能的特征参数。这批电极称作参比电极，参比电极就是一个固定电阻，其阻值等于工作电压U除以平均响应电流I_0。

使用参比电极的测量步骤：首先将参比电极插入测试仪的电极插座中，仪器测得电流I_0，该过程称作标定；再用酶电极对血样进行正常的测量，测得电流I，则血糖含量$c = (c_0 \times I)/I_0$。

（2）温度影响的补偿　斯马特血糖检测电极上涂有葡萄糖酶，酶一般对温度反应敏感，即使是对血糖浓度相同的样品，假如测定温度发生变化，参与反应的酶的活性也会有很大的差异，从而导致测定结果产生误差。在40℃以上，葡萄糖氧化酶的相对活性随温度增高变大，近似为线性增长。在0~40℃范围内，葡萄糖酶响应的温度系数K_t为0.7~1.2。温度补偿后的血糖含量计算公式$c = (c_0 \times I)/(I_0 \times K_t)$。

此外，存在于血液中的过量尿酸或服用特殊药物所产生的多巴胺、乙酰氨基苯酚等，因为这些氧化性的干扰物质会在电极表面发生氧化而产生氧化电流，从而影响血糖测量的结果，尤其在低血糖时影响更大。对于透析患者或儿童等不同的人群，红血球的容积率低，应选用不同批号的检测电极（试纸）。

三、生物芯片技术

生物芯片的出现是近年来高新技术领域中极具时代特征的重大进展，它是物理学、微电子学与分子生物学综合交叉形成的新技术，目前已经成为人们高效、准确、大规模地获取相关信息的重要手段之一。

生物芯片技术通过微加工和微电子技术在固体芯片表面构建微型生物化学分析系统，以实现对生命机体的组织、细胞、蛋白质、核酸、糖类及其他生物组分进行准确、快速、大信息量的检测。利用生物芯片技术，可以一次对被检测对象进行多个指标的检验。生物芯片的主要特点是高通量、微型化和自动化。生物芯片上高度集成的成千上万密集排列的分子微阵列，能够在很短的时间内分析大量的生物分子，使人们能够快速准确地获取样品中的生物信息，检测效率是传统检测手段的成百上千倍。因此，生物芯片技术将引起继大规模集成电路之后的又一次具有深远意义的科学技术革命。

1. 生物芯片的制备和种类

生物芯片是利用微电子工业和其他加工工业中比较成熟的一些微细加工工艺，在硅片、玻璃、塑料等基质上加工出用于生物样品分离、反应的微米尺寸的微结构，然后对芯片进行必要的表面化学处理，以减少生物样品非特异性吸附等，才能在芯片上进行所需的生物化学反应和分析。

在微细加工工艺上，目前比较成熟的有光学掩膜光刻技术、激光切削、反应离子刻蚀、微注入模塑和聚合膜浇注法等，科学家们仍在不断地改进加工工艺并将新的技术应用于此方面。相信在不久的将来，随着材料科学和微加工技术的不断发展，生物芯片也会取得更大的进展。

目前的生物芯片主要分为三大类，即基因芯片、蛋白质芯片和芯片实验室。

基因芯片又称为寡核苷酸探针微阵列，是基于核酸探针互补杂交技术原理研制的。所谓核酸探针只是一段人工合成的碱基序列，在探针上连接一些可检测的物质，根据碱基互补的原理，利用基因探针在基因混和物中识别特定基因。基因芯片是生物芯片技术中发展最成熟和最先实现商品化的产品。它和人们日常所说的计算机芯片非常相似，只不过高度集成的不是半导体元件，而是成千上万的网格状密集排列的基因探针，通过已知碱基顺序的 DNA 片段，来结合碱基互补序列的单链 DNA，从而确定相应的序列，通过这种方式来识别异常基因或其产物等。

蛋白质芯片是生物芯片研制中极有挖掘潜力的一种芯片，因为它是从蛋白质水平去了解和研究各种生命现象背后更为真实的情况。它与基因芯片的原理类似，只是芯片上固定的分子是蛋白质（如抗原或抗体等），而且检测的原理是依据蛋白分子、蛋白与核酸、蛋白与其他分子的相互作用。

芯片实验室是生物芯片技术发展的最终目标，常规的生物化学反应和分析过程通常包括三个步骤，即样品的制备、生化反应、结果的检测和数据处理。据此还可将生物芯片分为样品制备芯片、生化反应芯片和毛细管电泳检测芯片。而芯片实验室正是将以上三个步骤连续化、集成化，得到的一个封闭式、全功能、微型化、便携式的微型分析系统。

2. 主要应用领域

随着生物芯片技术的迅猛发展，已有多种不同功用的生物芯片问世。目前生物芯片技术，尤其是最成熟的基因芯片技术已经成功地应用于分子生物学中基因结构与功能的研究，在食品科学和医学等领域，发挥出前所未有的巨大作用。

（1）基因结构与功能研究　DNA 微阵列中的杂交测序是一种高效快速的测序方法。德国一所大学成功地利用肽核酸生物传感器芯片进行 DNA 测序，通过检测 DNA 上的磷酸基团，证实了使用时间飞行二次离子质谱技术可以很容易地鉴别杂交到肽核酸生物传感器芯片上的 DNA。研究还显示，该技术在基因诊断方面具有很大的应用潜力。

基因表达分析功能基因组学研究的是在特定组织中发育的不同阶段，或者是疾病的不同时期基因的表达情况，需要在同一时刻获得多个分子遗传学的分析结果，生物芯片技术很好地满足了这一要求。

基因突变和多态性检测、基因突变和单核苷酸多态性（SNP）正受到人们的重视，分析 SNP 最有效、应用最广泛的方法是用等位基因特异的寡核苷酸探针进行示差杂交。

（2）食品科学

1）转基因食品的检测。近年来，人们对转基因食品的安全性问题争议很大。检测和鉴定转基因食品是满足公众知情权的必然要求，也是相关法规的必然要求。传统的测试方法如 PGR 扩增法、化学组织检测法等，一次只能对一种转基因成分进行检测，且存在假阳性高和周期长等问题。而采用基因芯片技术仅靠一个实验就能筛选出大量的转基因食品，因此该技术被认为是最具潜力的检测手段之一。

2）食品中微生物的检测。基因芯片技术在微生物研究领域取得了许多成功的经验，其检测周期短、结果准确的优点已经得到了广泛的认可，可以将其用于对食品中的微生物特别是致病菌的检测。

3）食品卫生检验。食品营养成分的分析，食品中有毒、有害化学物质的分析，以及食品中生物毒素（细菌、真菌毒素等）的监督、检测工作都可以用生物芯片来完成。

4）DNA 芯片在对水、食品中所含微生物的种类及有无致病性的成分检测和鉴定中也发挥着重要作用。广泛存在于环境中的细菌与人类有着密切关系，在适当的温度和湿度条件下，细菌能通过水和食物迅速传播，若能及时准确地检测出这些致病细菌，对保障人民健康具有重要意义。基因芯片检测技术体现出高通量、高效率的优势，一张芯片一次实验即可对水中可能存在的常见致病菌进行全面、系统的检测与鉴定，且操作简便、快捷。

（3）医学　生物芯片技术用于疾病的诊断，除了具有大规模和高通量的特点之外，还具有高度的灵敏性和准确性，为临床医学研究提供了一种强有力的手段。在肿瘤研究和治疗领域，由于基因芯片可以大规模地观察细胞的基因表达，因而显示出了独特的优势。在疫苗研制领域，生物芯片技术也展现出了巨大的优势。此外，生物芯片技术在药物筛选、遗传药理学、毒理学和病毒感染的快速诊断等领域也有许多成功应用的例子。

思考题与习题

6-1　气敏传感器有哪几种类型？简要说明每种传感器的检测原理。

6-2　如何提高 ZnO 气敏传感器对 H_2 和 CO 气体的选择性？

6-3　湿敏元件使用中为什么要再生加热？

6-4　湿敏元件检测电路为什么不宜采用直流信号源？采用交流信号源时其信号频率大小应如何考虑？

6-5　氯化锂和半导体陶瓷湿敏电阻各有何特点？半导体陶瓷湿敏元件的工作原理是什么？

6-6　什么叫生物传感器？根据生物传感器中信号检测器上的敏感物质和生物传感器的信号转换器分类，各有哪几种类型的生物传感器？

6-7　说明你了解的一种生物传感器的工作原理及主要性能指标。

6-8　一氧化碳在空气中允许含量一般不超过 50×10^{-6}（体积分数），否则将致人死亡，当一氧化碳在空气中含量达到 12.5%（体积分数）时，将引起爆炸火灾，试设计一个一氧化碳含量报警电路，并简述其工作原理。

6-9　图 6-32 所示为一种带温度补偿的湿度测量电路，试分析其工作原理，并说明图中热敏电阻器 R_t 是 NTC 型还是 PTC 型？

第七章　智能化网络化传感器技术

本章介绍智能传感器的概念与发展、构成与功能以及主要应用领域，重点讲述 IEEE 1451 网络化智能传感器及其应用和 IEEE 802.15.4/ZigBee 无线传感器网络，并对模糊传感器做一些必要的讨论。

第一节　智能传感器

由敏感元件、转换元件、基本转换电路三部分组成的传感器称为传统传感器或经典传感器，又称聋哑型传感器（Dumb Sensor），其特征是把被测对象信息变换成电信号。近 30 年来，信息技术对仪器仪表行业的发展起到了巨大的推动作用。随着现代测控系统自动化程度和复杂性的增加，对传感器的精度、稳定性、可靠性和动态响应要求越来越高。仪器仪表行业提出了基于微处理器控制的新型传感器系统，使微处理器与传感器得以结合。在互联网与物联网技术引领下，具有一定数据处理能力与联网功能，并能自检、自校、自补偿的新一代传感器，被称作智能传感器（Smart Sensor 或 Intelligent Sensor）。

一、智能传感器的定义与发展

在传感器数字化的基础上，20 世纪 80 年代由美国宇航局（NASA）提出了智能传感器这一类产品；伴随着传感器智能化程度的发展，特别是针对硅芯片技术与微机电系统（MEMS）深度融合的高集成传感器，在 IEEE 1451 委员会的 IEEE 1451.2—1997 标准中，从最小化传感器结构的角度，将能提供传感量大小且能典型简化其应用于网络环境的集成传感器称为智能传感器，该类传感器既能输出传感信息，又能方便用于网络环境。该定义的本质特征在于：①集感知、信息处理与通信于一体；②能以数字量方式传播具有一定知识级别的信息；③具有自诊断、自校正、自补偿等功能。

近年来，我国互联网与物联网迅猛发展，全国工业过程测量控制和自动化标准化技术委员会（SAC/TC124）制定了一系列关于智能传感器的国家标准。GB/T 33905—2017《智能传感器》系列标准已发布了五个部分，分别对智能传感器的总则、物联网应用行规、术语、性能评定方法以及检查和例行试验方法进行了规范。其中，对于智能传感器的定义，提交给 IEC/TC65 作为国际标准的参考。同时，针对物联网对智能传感器的技术要求制定了三项国家标准：GB/T 34069—2017《物联网总体技术　智能传感器特性与分类》、GB/T 34071—2017《物联网总体技术　智能传感器可靠性设计方法与评审》和 GB/T 34068—2017《物联网总体技术　智能传感器接口规范》。由于传感技术的复杂性、产品需求多样性等因素，使传感器产业发展明显滞后于网络技术，已成为物联网技术发展的瓶颈。

伴随高速数据处理能力的增强和人工智能算法的引入，智能传感器不断被赋予新的内涵和功能，使信号传感器转变为信息传感器，在更高级层面上体现智能。例如，传感器具有自学习、自组织、自适应和信息融合能力，实现从感知到认知的跨越；出现具有医学专家知识系统的传感器，提供的不是被检测的参数，而是身体状况或疾病出现的概率结果并用语言进行描述。

二、智能传感器的构成形式与基本功能

1. 智能传感器的三种构成形式

为清晰认识复杂多样的智能传感器，按构成形式可将其分成如下三种构型。

（1）非集成化构型　由独立的传统传感器与最小化的嵌入式系统组合而成，具备信号感知、采集、处理与通信等功能。其优点是维护更换比较方便，可构建由多个独立传统传感器构成的网络节点，也存在着体积或功耗较大、故障率偏高的不足。

（2）集成化构型　采用微机械加工技术和大规模集成电路工艺技术，利用硅基底材料来制作敏感单元、信号处理电路、接口电路、微控制器单元，且将这些功能单元集成在一块芯片上。其显著优点表现在三个方面：①微型化，如微型化压力传感器可以小到放在注射器针头内送进血管测量血液流动，微型加速度计可以使火箭或飞船的制导系统质量从几千克下降至几克；②多功能化，如集成了 1 颗三轴地磁传感器、1 颗三轴陀螺仪、1 颗三轴加速度计以及 1 颗 32 位处理器的智能传感器模块，内置处理算法，可检测运动平台的三维方向、航向、角速度和地球重力；③阵列化，MEMS 技术已经可以在 $1cm^2$ 大小的硅芯片上制作含有多个传感器的阵列。

（3）混合构型　根据需要将系统各个集成化环节，如敏感单元、信号处理电路、微处理器单元、数字总线接口等，以不同的组合方式集成在两块或三块芯片上。混合实现方式既能充分发挥集成化构型的优势，又能克服敏感元件与集成电路材料的兼容性：集成电路可用的材料很有限，而敏感材料十分广泛；有效解决制造工艺的兼容性：如多晶硅是传感器常用到的结构材料，其加工工艺温度高达 1000℃，而标准 CMOS 电路无法承受如此高的温度；解决有限的芯片面积问题：随着敏感单元的阵列化和集成化，处理电路将越来越复杂，必将挤占更多的面积，为保证敏感阵列规模密度，往往采取将集成处理电路与敏感单元独立的方式。

2. 智能传感器的基本功能

智能传感器与传统传感器的不同在于不仅是在物理层次上进行分析设计，而且重要的是有数据处理或软件算法。其在基本智能或初级智能方面使传感器增加了如下新功能。

（1）自补偿功能。例如，非线性、温度误差、响应时间、噪声、交叉耦合干扰以及缓慢的时漂等的补偿。

（2）自诊断功能。例如，在接通电源时进行自检，在工作中实现运行检查、诊断测试，以确定哪一组件有故障等。由于智能化传感器具有自补偿能力和自诊断能力，所以基本传感器的精度、稳定性、重复性和可靠性都将得到提高和改善。

（3）信息存储和记忆功能。例如，可以存储传感器工作的日期时间、空间位置坐标、校正数据等。

（4）数字量输出或总线式输出功能。

（5）双向通信功能。微处理器和基本传感器之间具有双向通信的功能，构成闭环工作模式。这是基本型智能传感器的标志之一。在网络化分布式测控系统中，可远程对传感器实施量程以及组合状态控制，使其成为一个受控的灵巧检测节点，而传感器又可通过网络节点把信息反馈给测控中心。如果不是智能化传感器，必须到现场重新设定量程等操作。

三、智能传感器的基本算法

智能传感器的一系列工作都是在软件（程序）支持下进行的，一般具有很强的实时数据处理能力，尤其在动态测量时，常要求在几微秒内完成数据的采样、处理、计算和输出。传感器功能的多少与强弱、使用方便与否、工作是否可靠等，都在很大程度上依赖于软件设计的质量。按照处理顺序其软件算法主要包括下列内容。

（1）数字滤波 当传感器信号经过 A-D 转换输入微处理器时，经常混有如尖脉冲之类的随机噪声干扰，尤其在传感器输出电压低的情况下，这种干扰更不可忽视，必须予以削弱或滤除。对于周期性的工频（50Hz）干扰，采用积分时间等于 20ms 的整数倍的双积分 A-D 转换器或数字累加平均，可以有效地消除其影响；对于随机干扰，利用软件数字滤波技术有助于解决这个问题。

（2）数字调零 在检测系统的输入电路中，一般都存在零点漂移、增益偏差和器件参数不稳定等现象，它们会影响测量数据的准确性，必须对其进行自动校准。在实际应用中，常常采用程序来实现偏差校准，称为数字调零；还可在系统开机时或每隔一定时间，自动测量基准参数，实现自动校准。

（3）非线性校正 在检测系统中，希望传感器具有线性特性，这样不但读数方便，而且使仪表在整个刻度范围内灵敏度一致，从而便于对系统进行分析处理。但是传感器的输入/输出特性往往有一定的非线性，为此必须对其进行校正。用微处理器进行非线性校正，常采用插值或拟合方法实现。首先用实验方法测出传感器的特性曲线，然后进行分段插值，只要插值点数取得合理且足够多，即可获得良好的线性度。在某些检测系统中，有时参数的计算非常复杂，仍采用计算法会增加编写程序的工作量和占用计算时间。对于这些检测系统，更适合于采用查表的数据处理方法，经微处理器对非线性进行校正。

（4）温度补偿 环境温度的变化会给测量结果带来不可忽视的误差。在智能化传感器的检测系统中，只要能建立起表达温度变化的数学模型（如多项式），用插值或查表的数据处理方法，便可有效地实现温度补偿。实际应用中，由温度传感器在线测出主传感器所处环境的温度，将测温传感器的输出经过放大和 A-D 转换送到微处理器处理，即可实现温度误差的补偿。

采用上述数字补偿和滤波，可使传感器的精度比不补偿时获得较明显的提高，有时能提高一个数量级。

（5）标度变换 在被测信号转换成数字量后，往往还要转换成人们所熟悉的测量值，如压力、温度和流量等。这是因为被测对象的输入值，经 A-D 转换后得到一系列的数码，必须把它转换成带有量纲的数据后才能显示和打印输出。这种转换叫作标度变换。

四、智能传感器的应用

如今智能传感器已广泛应用于航天、航海、国防、工农业、医疗、交通和机器人等各个领域。智能传感器作为整个物联网的最前端，潜在需求量巨大。

（1）航空航天领域　为检测制造载人飞船的材料是否达到使用寿命，为及时掌控航天器舱内设施以及各个关键部件结构的健康状况，要在舱身各部分安装传感器和接收器，构成监测网络。在接收到中央传感器发射的电磁波后，将其转换为实时数据并传输到计算机中，计算机利用自身的一套算法处理该数据并实现信息反馈，提供了一种结构健康监测的实现方法。

（2）海洋监测领域　开发海洋资源的前提是海洋信息的实时收集与监测，随着物联网技术在海洋环境领域的广泛应用，为实现海洋环境实时监测，对包括海水温度、盐度、深度和海况等基本海洋信息的智能采集成为保证海洋环境监测的基础。

（3）国防军事领域　军事力量是衡量国防实力的关键指标，其武器装备智能化水平对于国防建设具有重要的作用。在武器装备系统中引入智能传感器不仅能够实时监测战场形势变化，从而及时调整侦察和作战计划，而且可以通过应用各类微小传感装置实现隐蔽性监视，为摧毁敌人目标点和攻击武装力量奠定技术和环境基础。

（4）工业生产领域　利用传统的传感器无法对某些产品质量指标（如黏度、硬度、表面光洁度、成分、颜色及味道等）进行快速直接测量并在线控制。而利用智能传感器可直接测量与产品质量指标有函数关系的生产过程中的某些量（如温度、压力、流量等），再利用智能算法建立的数学模型进行计算，可推断出产品的质量（称为模型化测量）。智能传感器成为支撑智能制造的必备基础。

（5）智慧农业领域　智慧农业是现代农业发展的高级阶段，依托安置在农产品种植区（包括有规模的室内）的各个传感器节点和通信网络，实时监测温湿度、光照、环境气体组分等农业生产的田间智慧种植数据，实现可视化智能监管、智能预警等。因此，先进的传感器技术是现代农业发展的一项关键技术。

（6）生物医学领域　生物医学信号传感器作为核心部件应用到了众多的检测仪器中，由于关乎到人体健康，对医用传感器往往有更高要求，不仅对其精确度、可靠性、抗干扰性，同时在传感器的体积、重量等外部特性上也有特殊的要求，因此传感器在医学中的应用在一定程度上反映了传感器的发展水平。随着可穿戴式、可植入式微型智能传感器逐渐面世，如前所述的测量血液流动的微型化压力传感器可以小到放在注射器针头内送进血管，医学检测仪器的发展有了里程碑式的飞跃。

（7）自动驾驶与机器人领域　自动驾驶汽车由于车体本身空间有限，普通的传感器难以满足自动驾驶提出的新需求，这时候智能传感器的优势便凸显出来。相比较于传统传感器，智能传感器不仅可实现精准的数据采集，而且能将成本控制在一定范围内。目前，比较常见的用于自动驾驶汽车上的传感器有激光雷达、图像传感器、毫米波雷达等。机器人是由计算机控制的复杂机器，它具有类似人的肢体及感官功能，动作灵活，有一定程度的智能，在工作时可以不依赖人的操纵，传感器在机器人控制中起了非常重要的作用，传感器智能化水平决定着未来机器人可达到的类似人类的感知功能和反应能力。

在上述应用中，压力传感器是应用最广泛的传感器之一。图7-1所示智能压力传感器是美国Honeywell公司推出的首款智能传感器，其采用了由基本传感器、微处理器和现场通信器三个独立模块构成的非集成化构型。它包含两个压力传感器（差动压力传感器和静态压力传感器）和一个温度传感器（用于补偿），并能多路转换到A-D转换器和微处理器上。基本传感器采用硅压阻力敏元件，它是一个多功能器件，即在同一单晶硅芯片上集成有可

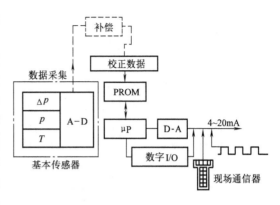

图7-1　智能压力传感器

测差压、静压和温度的多功能器件。它输出的差压、静压和温度三个信号，经前置放大、A-D转换，送入微处理器中。其中静压和温度信号用于对差压进行补偿，经过补偿处理后的差压数字信号再经D-A转换成$4\sim20$mA的标准信号输出，也可经由数字接口直接输出数字信号。该智能化传感器指标：量程比高达400∶1；精度在其满量程内优于0.1%。

HP203B芯片是近几年具有代表性的用于智能压力传感器的芯片，其以数据串行方式输出温度、压力和海拔等信息，采用了集成化构型。它将MEMS压力传感器和温度传感器、24位A-D转换器、4MHz的浮点处理器和I^2C总线接口等集成在一块芯片上，具有三个突出特点：一是高精度，通过24位高分辨率采集、浮点处理补尝算法和高度计算，输出高精度的压力、温度和海拔数据；二是超小体积，芯片尺寸为3.8mm×3.6mm×1.2mm；三是低功耗，在默认过采样率下每秒采样一次的平均工作电流约5.3μA。智能压力传感器芯片HP203B广泛应用在无人机等各类飞行器中。

第二节　IEEE 1451标准网络化智能传感器

为了推广和发展IEEE 1451标准网络化智能传感器，有必要对IEEE 1451.2协议标准进行全面研究，研制了符合IEEE 1451.2标准的智能变送器模块（STIM）和能够对STIM操作的网络应用处理器（NCAP）。现场总线选择了正在发展的工业以太网，它代表了现场总线的发展方向。研制成功的传感器节点能够在矿井安全监测与监视、远程监控和智能建筑等领域得到很好应用。

一、网络化智能传感器演变与标准提出

数字处理器的低成本适于生产具有数字输出的价位适中的智能传感器，能完成自识别、自测试、自适应校准、有噪声数据的滤波、发送和接收数据、进行逻辑判决等。然而，由于众多不兼容的工业网络或现场总线不允许传感器的直接插入，从而使这些优越性略有失色。IEEE 1451系列"用于传感器和执行器的智能换能器接口标准"的目标涵盖了网络化智能传感器的各个方面：从接口到换能器本身直到高层次需求，反映目标建模的性能、特征以及数据通信，以确保换能器与网络的互操作能力和互换能力。

如图 7-2 所示，网络化传感器的发展大致历经了模拟传感器、数字传感器和现场总线智能传感器三个阶段，并逐步向标准网络化智能传感器的方向发展。虽然它们具有相同的变送器单元，但是在结构和功能上都发生了巨大变化。

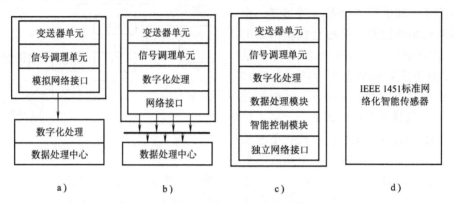

图 7-2 网络化智能传感器发展方向
a）模拟传感器 b）数字传感器 c）现场总线智能传感器 d）标准网络化智能传感器

早期的模拟传感器（Analog Sensor）功能、结构比较简单，由变送器单元、信号调理单元和模拟网络接口单元组成，输出可用于电测量的原始信号，如模拟电压或电流信号。模拟传感器的输出信号没有经过处理，不具备智能化，更谈不上信息化，功能单一，性能差。典型的模拟传感器接口为 4~20mA 电流环。随着集成电路的发展，将 A-D 转换技术集成到传感器中，对传感器输出信号进行数字化处理，再进行数字化传输，提高了传感器性能，产生了数字传感器。与模拟传感器相比，它增加了数字化处理模块和数字化的网络接口，如 RS-485 总线。这种传感器具有了一定数据处理能力，但智能化程度较低。1982 年，Wen H. Ko 和 Clifford D. Fung 首先提出了智能变送器（Smart Transducer）概念。智能变送器即智能传感器与执行器的总称，就是把模拟/数字传感器或执行器单元与集成了处理器、存储器、接口电路和网络控制的本地微控制器进行整合，使变送器具备一定程度的智能。20 世纪 80 年代末至 90 年代初，为了适应工业测控网络的需求，提出了现场总线（Fieldbus）技术。现场总线是连接智能化现场设备和主控系统之间的全数字、开放式、双向通信网络。将现场总线技术应用于智能传感器，大大减少了传感器与主控系统的连线，提高了通信带宽，有效降低了系统成本和复杂度。这个阶段的传感器就是基于现场总线的智能传感器。但是由于种种原因，各种现场总线之间是相互独立的，大大制约了网络传感器技术的发展。20 世纪 90 年代末，面对纷繁复杂的现场总线局面，人们开始制定各种标准，规范网络化智能传感器接口，使得传感器的系统集成、维护和设计制造更加方便。因此，网络化智能传感器往标准化的网络化智能传感器方向发展，这是一个崭新的阶段，是传感器被广泛应用的新纪元。

标准网络化智能传感器以嵌入式微处理器为核心，集成了传感单元、信号处理单元和网络接口，使传感器具备自检、自校、自诊断及网络通信功能，实现信息的采集、处理和传输真正规范统一的新型网络化智能传感器。

二、IEEE 1451 网络化智能传感器标准概述

为了解决现场总线多样性带来的不同厂商网络化智能传感器接口之间互不兼容问题，以美国 Kang Lee 为首的一些学者在 1993 年开始构造一种通用智能传感器的接口标准，在 1993 年 9 月，IEEE 第九次技术委员会（传感器测量和仪器仪表技术协会）决定制定一种网络化智能传感器通信接口的协议。1995 年 4 月，成立了两个专门的技术委员会：P1451.1 工作组和 P1451.2 工作组。P1451.1 工作组主要负责定义智能变送器的公共对象模型和相应的接口；P1451.2 工作组主要定义 TEDS（电子数据表格）和数字接口标准，包括 STIM 和 NCAP 之间的通信接口协议和引脚分配。经过几年的努力，IEEE 分别在 1997 年和 1999 年投票通过了 IEEE 1451.2 和 IEEE 1451.1 两个网络化智能传感器标准，同时成立了几个新的工作组，包括 IEEE 1451.3、IEEE 1451.4、IEEE 1451.0 和 IEEE 1451.5。其中 IEEE 1451.3 和 IEEE 1451.4 分别于 2004 年前后通过 IEEE 组织审议。IEEE 1451 标准推出之后得到了 NIST 和波音、惠普等一些大公司的积极支持，并在传感器国际会议上演示了基于 IEEE 1451 标准的网络化智能传感器系统。

IEEE 1451 协议族体系结构和各协议之间的关系如图 7-3 所示。整个协议可以分为面向软件接口与面向硬件接口两大部分。软件接口部分借助面向对象模型来描述网络化智能变送器的行为，定义了一套使智能传感器顺利接入不同测控网络的软件接口规范；同时通过定义一个通用的通信协议和电子数据表格，加强了 IEEE 1451 协议族系列标准之间的互操作性。软件接口部分主要由 IEEE 1451.1 和 IEEE 1451.0 组成。硬件接口部分由 IEEE 1451.2、IEEE 1451.3、IEEE 1451.4 和 IEEE 1451.5 协议组成，主要是针对智能传感器的具体应用提出来的。需要注意的是，IEEE 1451.X 不仅可以相互协同工作，而且也可以彼此独立发挥作用。IEEE 1451.1 可以不需要任何 IEEE 1451.X 硬件接口而使用，

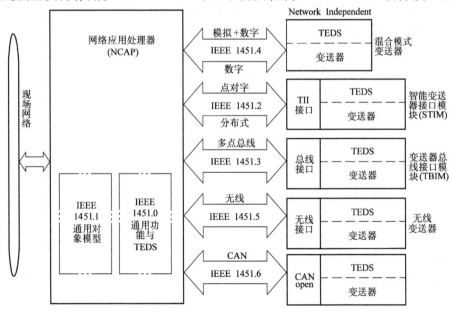

图 7-3 IEEE 1451 协议族体系结构

IEEE 1451.X 硬件接口也可以不需要 IEEE 1451.X 软件接口而独立工作。下面对 IEEE 1451.2 做简要介绍。

三、IEEE 1451.2 网络化智能传感器接口标准

1. 协议中涉及的相关术语

1）智能变送器接口模块（Smart Transducer Interface Module，STIM）。一个 STIM 可以拥有多达 255 通道的传感器或执行器。

2）网络应用处理器（Networked Capable Application Processor，NCAP）。NCAP 是介于 STIM 和现场网络之间的控制模块。STIM 工作时通过 NCAP 连接到通信网络。NCAP 可以对来自 STIM 或者客户端的原始数据进行校正和补偿。

3）电子数据表格（Transducer Electronic Data Sheet，TEDS）。它描述了 STIM 总体和传感器各通道的相关参数，是 IEEE 1451 协议的精华之一。

4）校正引擎（Correction Engine，CE）。校正引擎是指应用特定的数学函数将来自一个或多个 STIM 的数据或者来自其他途径的数据融合起来，应用数学公式或者存储的多项式系数为校准通道校正出一个精确的数据，体现了传感器智能。

5）传感器类型。IEEE 1451 协议标准对传感器进行了分类，主要分为 6 种类型：传感器（Sensor）、执行器（Actuator）、缓存传感器（Buffered Sensor）、数据缓存传感器（Data Buffered Sensor）、缓存数据传感器（Buffered Data Sequence Sensor）及事件序列传感器（Event Sequence Sensor）。

6）物理单位。标准采用 10B 长度的二进制流来表示物理单位，单位的定义基于 7 个国际标准单位，通过这 7 个 SI 单位重组可以得到任何单位。

7）UUID（全局唯一标识符）。UUID 是全球唯一的标识符，通过时间及地理位置等参数来产生一个 10B 长度的二进制流，作为每个传感器节点的唯一标识。

2. 独立数字接口规范

独立数字接口（Transducer Independent Interface，TII）是 NCAP 和 STIM 之间的硬件接口。它基于 SPI 模型进行数据通信。TII 的信号线和控制线如图 7-4 所示。每个引脚的分配及功能见表 7-1。

TII 操作分为触发和读写传感器两种事务。读写事务由 NIOE 发起，传感器读写操作是 TII 的主要功能，从 NCAP 的角度来看，STIM 可以被看成一个存储设备，访问不同的功能地址和通道地址实现不同操作。触发由 NCAP 置低 NTRIG 发起，

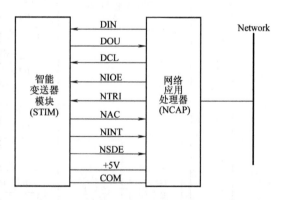

图 7-4　IEEE 1451 标准独立数字接口 TII 示意图

STIM 同样驱动 NACK 应答，然后根据触发通道号对相应通道进行操作。值得注意的是，触发事务和读写事务不能同时进行，并且在上电配置过程中，TII 总线采用最低的默认通信速率进行数据传输，配置成功之后，可以将 TII 总线通信速率调整到 TEDS 中规定的最

大值，这样可以提高 TII 总线的通信速率（关于 TII 时序见参考文献）。

表 7-1　独立数字接口引脚分配及功能

引脚号	信号名称	线色分配	驱动源	功能说明
1	DCLK	褐色	NCAP	提供串行数据时钟
2	DIN	红色	NCAP	从 NCAP 向 STIM 传输地址和数据
3	DOUT	橘黄色	STIM	从 STIM 向 NCAP 传输数据
4	NACK	黄色	STIM	提供触发应答和数据传输应答信号
5	COMMON	绿色	NCAP	信号公共端或者地
6	NIOE	蓝色	NCAP	启动数据传输信号
7	NINT	蓝紫色	STIM	STIM 发送服务请求信号
8	NTRIG	灰色	NCAP	触发信号
9	POWER	白色	NCAP	+5V 电源信号
10	NSDET	黑色	STIM	由 NCAP 检测 STIM 是否存在

3. 接口命令规范

NCAP 可以将 STIM 看成一个外部存储单元，每次 STIM 的访问都需要对应的地址，其地址分为通道地址和功能地址。通道地址最多可以达到 255 个，通道 0 地址不针对某个通道，而是针对整个 STIM。功能地址表示对 STIM 操作的具体功能，其中最高位为读写方向位。功能地址为 1 时，表明 NCAP 要向 STIM 发送控制命令。标准中定义的控制命令具有 2B 长度。控制命令 0 和 1 对所有的通道有效；控制命令 2~4 是 STIM 的可选命令；控制命令 5~7 对 STIM 中的事件连续传感器有效；控制命令 9、10 对 STIM 中的连续传感器或者缓存式数据连续传感器有效（具体详细的功能地址和控制命令见参考文献）。

4. 电子数据表格规范

电子数据表格是 IEEE 1451 标准的精华所在，它并不是一个新的概念，在这之前很多公司就采用过这样的思想，这里的创新之处在于它支持所有种类的传感器，是一个通用的电子数据表格。IEEE 1451.2 标准一共规定了 6 种不同的电子数据表格：

（1）总体 TEDS（Meta-TEDS）　它包含了这个 STIM 的总体信息，如 TEDS 数据结构、最坏情况下的时序参数、通道数等。

（2）通道 TEDS（Channel TEDS）　它包含了该通道的具体信息，如上下限、物理单位、预热时间、有无自检测、不确定度、数据模型、校正标定模型和触发参数等。

（3）校正 TEDS（Calibration TEDS）　它包含了最新的标定数据、标定间隔以及支持多段标定模型的所需全部参数。

（4）总体识别 TEDS（Meta-Identification TEDS）　它提供了一些人工可读的描述符信息，包含制造厂商、类型号、日期和一些产品的描述。

（5）标定识别 TEDS（Calibration-Identification TEDS）　它提供了每个通道标定相关的一些人工可读信息。

（6）终端用户应用 TEDS（End Users Application-specific TEDS）　每个 STIM 可以有

多个这样的电子描述表格，也是可选和人工可读的。它包含一些维护电话等信息。

四、IEEE 1451 网络化智能传感器模型及其特点

IEEE 1451 网络化智能传感器模型结构如图 7-5 所示。传感器节点分成两大模块：以太网络应用处理器模块（NCAP）和智能变送器接口模块（STIM）。NCAP 用来运行经精简的 TCP/IP 协议栈、嵌入式 Web 服务器、数据校正补偿引擎、TII 总线操作软件、用户特定的网络应用服务程序以及用来管理软硬件资源的嵌入式操作系统。STIM 包括实现功能的变送器、数字化处理单元、TEDS 以及 TII 总线操作软件。

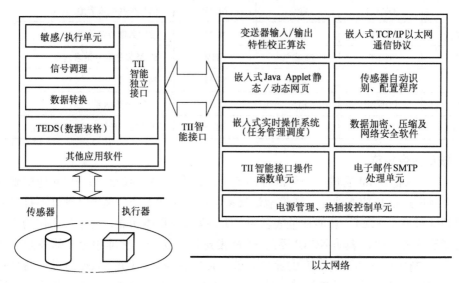

图 7-5　IEEE 1451 网络化智能传感器模型

IEEE 1451 网络化智能传感器节点拥有两种工作模式：主动模式和被动模式。在主动模式下，NCAP 和远程的服务器主动建立 TCP 连接，通过电子邮件传输方式将传感器检测到的数据发送到服务器的数据库内。对于故障监测类传感器，该种工作模式是最佳选择。在被动模式下，客户端通过"请求-响应"方式获取数据，实现传感器远程数据交换。

总的来说，IEEE 1451 智能传感器接口标准的特点可概括为：

1）IEEE 1451 是一个开放、与网络无关的通信接口，用于将智能传感器直接连接到计算机、仪器系统和其他网络。

2）可以使得传感器制造厂商和系统集成商没有必要对很多复杂的现场总线协议进行研究就可以完成各种现场总线测控系统的集成。

3）加速了智能传感器采用有线或者无线的手段连入测控网络系统；建立了智能传感器的"即插即用"（Plug and Play）标准。

4）使得智能传感器拥有 TEDS，包含足够的描述信息，增强了传感器"智能"。

5）定义了传感器模型，包括传感器接口模块（TIM）和网络应用处理器（NCAP）。

五、IEEE 1451 标准网络化智能传感器节点设计与应用

1. 基于以太网的网络化智能传感器节点设计方案与组成原理

基于以太网的测控系统主要由现场设备和监控中心两部分构成，现场设备和监控中心之间通过以太网络进行通信。现场设备由符合 IEEE 1451 标准的网络化智能传感器节点构成，包括温湿度智能传感器节点、气体智能传感器节点和步进电动机控制器等模块。标准的网络化智能传感器节点由两部分构成，一部分是完成测控功能的智能变送器模块，另一部分是完成通信、智能测控的网络应用处理器单元。该测控系统架构和标准化智能传感器节点，在远程环境监测、矿井安全监测、智能建筑以及地质灾害监测等很多分布式测控领域得到应用。

研制符合 IEEE 1451.2 标准的网络化智能变送器采用以太网总线，由 STIM 和 NCAP 两部分构成的设计原理框图如图 7-6 所示。STIM 包含敏感/执行单元、信号调理模块、数据转换模块、TEDS（电子数据表格）、TII 协议处理软件及其他应用软件。信号调理模块根据变送器的类型有所不同，它实现将传感器信号调理到合适的范围输送至 A-D 转换单元或者将 D/A 转换结果调理之后发送给执行单元。TEDS 表格是 STIM 的核心之一，它保存在非挥发存储器中，供其他软件读写。NCAP 包含的模块较多，和 IEEE 1451 协议相关的有智能接口 TII 协议处理单元，变送器输入/输出特性校正算法，自动识别、配置加密算法等应用软件；和以太网络相关的有嵌入式 TCP/IP 通信协议单元、嵌入式 Java Applet 静态/动态网页模块、SMTP（简单邮件传输协议）等；另外，为了实现 STIM 热插拔和提高系统性能，NCAP 还包含热插拔控制单元和嵌入式实时任务调度系统。

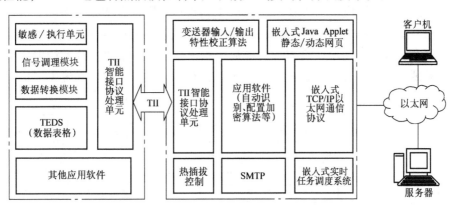

图 7-6 IEEE 1451.2 标准网络化智能传感器原理框图

2. 基于以太网的网络应用处理器设计与实现

基于以太网总线的网络应用处理器（NCAP）实现 Internet 的接入，并且能够识别 IEEE 1451.2 标准智能传感器模块，能够完成一定的数据处理功能。为了满足不同应用的需求，可以采用低端微型 MCU 和高端 DSP 设计网络应用处理器。

基于 TMS320VC5402DSP 的网络应用处理器（NCAP）硬件设计原理框图如图 7-7 所示。其硬件核心单元为 16 位定点 DSP 处理器 TMS320VC5402，与 IS61C3216、AM29LV800BT

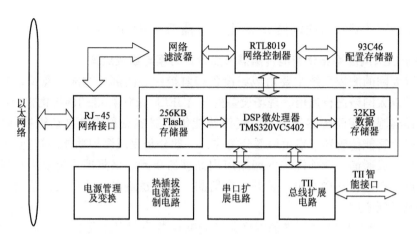

图 7-7 NCAP 硬件设计原理框图

构成 DSP 最小系统。网络控制部分采用了 RealTek 公司提供的 10Mbit/s 以太网络主控制器 RTL8019AS,并利用 AT93C46 实现对网络控制器的上电配置。VC5402 内部没有集成 UART,因此采用 Maxim 公司提供的 MAX3111 扩展异步串行口,通过该接口实现对系统的配置和调试。IEEE 1451 标准定义的智能传感器独立接口 TII 采用 DSP 的 MCBSP 串行接口结合 I/O 资源扩展。该接口具有即插即用、热插拔的能力,因此采用 UCC3918 热插拔控制器抑制热插拔过程中产生的浪涌电流。

软件部分是 NCAP 的设计重点,也是 NCAP 的设计难点。网络应用处理器软件体系架构如图 7-8 所示,主要模块包括嵌入式 TCP/IP 协议栈、嵌入式 Web 服务器、客户端电子邮件客户机、IEEE 1451.2 协议栈及人工智能校正算法。所有的软件功能由实时任务调度系统进行调度。这里采用的调度方法为前后台程序架构,如果想提高系统的实时性,更好地管理软硬件资源,可以精简嵌入实时操作系统 μC/OS。在软件系统中,精简嵌入式

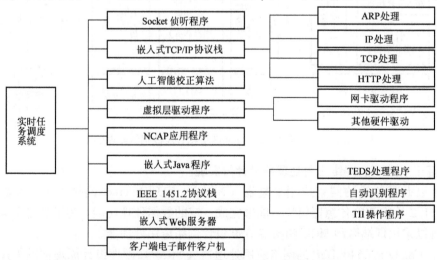

图 7-8 基于 DSP 的网络应用处理器软件体系架构

TCP/IP 协议栈、IEEE 1451 协议处理程序和校正引擎的设计是系统设计关键。限于篇幅，具体的软硬件设计实现见参考文献。

3. 温湿度智能变送器模块的设计与实现

智能变送器模块（Smart Transducer Interface Module，STIM）模型在 IEEE 1451.2 协议中做了详细规定，一个 STIM 可以拥有多达 255 个通道的传感器或者执行器，STIM 由电子数据表格（TEDS）、ADC、DAC、敏感元件或者执行单元以及标准的地址逻辑构成。传感器/执行器（组）为物理传感器或执行器，IEEE 1451.2 标准仅仅定义了接口逻辑和标准 TEDS 数据格式，其他部分由各传感器制造商自主实现，以保持各自在性能、质量、特性与价格方面的竞争力。同时，IEEE 1451 协议还提供了一个连接 STIM 和 NCAP 的 10 线标准接口 TII，使得传感器制造商可以把 STIM 应用到多种网络和应用系统中去。

基于 IEEE 1451.2 标准的温湿度智能变送器模块总体设计方案如图 7-9 所示。微控制器为单片机 AT89S52，由于涉及 IEEE 1451 协议栈的处理以及采集数据缓存，因此采用 IS61C256 扩展了 32KB 静态数据存储单元。电子数据表格是智能变送器模块的重要组成部分，部分表格可以任意修改，设计采用 24 系列 EEPROM 作为系统 TEDS 的存储介质。IEEE 1451.2 协议定义的独立智能接口 TII 由微控制器的 I/O 模拟，容易实现该接口。

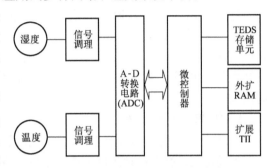

图 7-9　温湿度智能传感器模块原理框图

温度和湿度敏感元件经过信号调理之后输送至 A-D 转换器转换成数字信号，通过微控制器读取转换完毕的数据并且通过 TII 发送给 NCAP。

设计选用电阻式高分子湿度传感元件 JVZ—HM 和 AD590 温度传感元件，经过简单的调理电路之后的温湿度信号送入 ADC 进行 A-D 转换，设计采用了 TI 公司提供的多通道数据采集芯片 TLC2543 实现温湿度信号采集。与 NCAP 连接后通过以太网实现了对温湿度参数的远程获取。实践证明，研制的 IEEE 1451 标准温湿度智能变送器节点达到了预期目标。

第三节　基于 ZigBee 技术的无线传感器网络

在军事领域、生态环境检测、交通管理等迫切需求驱动下，随着无线通信技术、嵌入式计算技术及传感器技术的飞速发展和日益成熟，具有感知能力、计算能力和无线通信能力的传感器开始在世界范围内出现，这些集成化的微型传感器协作地实时监测、感知和采集各种环境或监测对象的信息，如军事战场状况信息、温度、湿度、土壤成分甚至放射或化学元素的存在等。采用飞行器、直升机或炮弹携带等方式将微型传感器抛撒在监测区域，然后通过自组织无线通信网络（网络的布设或展开不需要依赖于任何网络设施）以多跳中继方式将所感知信息传送到用户终端，使人们能够实时准确地获取监测区域的详细信息。由于其广泛的应用前景，国内外众多的大学、科研机构都从不同的方向开始了对无线传感器网络研究。

无线传感器网络被认为是影响人类未来生活的重要技术之一，能为人们提供了一种全新的获取信息、处理信息的途径。而无线传感器网络与传统网络技术之间存在较大的区别，给人们提出了很多新的挑战。由于无线传感器网络对国家和社会意义重大，国内外的研究正热烈开展，希望本节内容能够引起学生和测控领域的读者对这一技术的重视，推动对这一具有国家战略意义的技术的研究、应用和发展。

一、无线传感器网络及其规范标准问题

具有感知能力、计算能力和通信能力的无线传感器网络（Wireless Sensor Networks, WSN）综合了传感器技术、嵌入式计算技术、分布式信息处理技术和通信技术，能够协作地实时监测、感知和采集网络分布区域内的各种环境或监测对象的信息，并对这些信息进行处理，获得详尽而准确的信息，传送到需要这些信息的用户。由于WSN 的巨大应用价值，它已经引起了世界许多国家的军事部门、工业界和学术界的广泛关注，也预示着其在军事、工业过程控制、国家安全、环境监测等领域的广泛应用前景。

1. WSN 定义和术语

WSN 是由一组传感器节点以自组织的方式构成的无线网络，其目的是协作地感知、采集和处理网络覆盖的地理区域中对象的信息，并发布给观察者。

（1）WSN 节点　无线网络中的传感器节点称为 WSN 节点。WSN 节点由内置传感器、数据采集单元、数据处理单元、无线数据收发单元及小型电池单元组成，通常尺寸很小，具有低成本、低功耗、多功能等特点，因此，又称为微型传感器节点。WSN 节点可把有效探测所处区域的环境参数及待测对象物理参数通过无线网络传送到数据汇聚中心进行处理、分析和转发。应注意的是，WSN 节点不能理解为一个传感器。

（2）自组织网络　网络的布设和展开无需依赖于任何预设的网络设施，节点通过分层协议和分布式算法协调各自的行为，节点开机后就可以快速、自动地组成一个独立的网络。

（3）动态拓扑 Ad-hoc　WSN 是一个动态的网络，节点可以随处移动。一个节点可能会因为电池能量耗尽或其他故障而退出网络运行，也可能由于工作的需要而被添加到网络中。这些都会使网络的拓扑结构随时发生变化，因此网络应该具有动态拓扑组织功能。

2. 典型的无线传感器网络的组成结构

典型的 WSN 组成结构如图 7-10 所示。图中用 N 表示传感器节点，多个传感器节点构成一个 Sink 节点（称为汇点），多个汇点构成的传感器网络相当于网关节点。传感器节点被密集地投放于待监测区域获取第一手信息，而网关节点储备较多的能量或者本身可以进行充电，这样就可以将节点收集到的信息通过以太网、数字移动网或卫星与较远的信息平台进行交换或传输。

3. IEEE 802.15.4/ZigBee

无线传感器网络是一种以数据为中心的网络，具有小型化、低复杂度、低成本的特

点。由于其广泛的应用前景，国内外众多的大学、科研机构都从不同的方向对无线传感器网络进行了研究。因而必须建立标准和规范，考虑选用合适的通信技术。

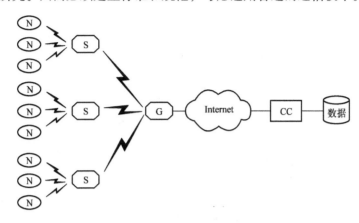

图 7-10　典型 WSN 组成结构图

N—传感器节点　S—Sink 节点　G—网关　CC—监控服务器

2000 年 12 月，国际电子电气工程师协会成立了 IEEE 802.15.4 工作组，致力于定义一种供廉价的固定、便携或移动设备使用的极低复杂度、低成本、低功耗的低速率无线连接技术标准。2002 年 8 月，由英国 Invensys 公司、日本三菱电气公司、美国摩托罗拉公司及荷兰飞利浦半导体公司成立了 ZigBee 联盟。ZigBee 正是这种技术的商业化命名。这个名字来源于蜂群使用的赖以生存和发展的通信方式，蜜蜂通过跳 ZigZag 形状的舞蹈来分享新发现的食物源的位置、距离和方向等信息。

IEEE 802.15.4 标准一出现就引起了业界的广泛重视，短短一年多的时间内便有上百家集成电路、运营商等宣布支持 IEEE 802.15.4/ZigBee，并且很快在全球自发成立了若干联盟，推动了无线传感器网络在军事、环境监测、家居智能、医疗健康、科学研究等领域中的应用。

二、IEEE 802.15.4/ZigBee 技术

1. 主要技术特征

目前已经建立的近距离无线通信协议主要有 IEEE 802.11b、IEEE 802.15.1（蓝牙）、IEEE 802.15.4（ZigBee）等。IEEE 802.11b 主要用于海量数据、高带宽传输，不适合以数据为中心的无线传感器网络；IEEE 802.15.1（蓝牙）技术越来越复杂，设备功耗大，无法满足传感器节点超低功耗无须更换电池的要求；而 IEEE 802.15.4/ZigBee 技术是一种供廉价的固定、便携或移动设备使用的极低复杂度、低功耗、低速率、低成本、近距离的双向无线通信技术，可以嵌入在各种设备中，同时支持地理定位功能，是非常适合于无线传感器网络的通信协议。表 7-2 归纳了 IEEE 802.15.4/ZigBee 主要技术特征。

ZigBee 作为一种无线连接新规格，可工作在 2.4GHz（全球流行）、868MHz（欧洲流行）和 915MHz（美国流行）这三个频段上，并在这三个频段上分别具有 250kbit/s、20kbit/s 和 40kbit/s 的最高数据传输速率。它的传输距离在 10～75m 的范围内，但也可以

表7-2　IEEE 802.15.4/ZigBee 主要技术特征

技术特征类别	特征描述
复杂程度	比现有标准低
成本	ZigBee 协议免专利费，ZigBee 无线芯片 1.5～2.5 美元
工作频段、数据率、信道数	868MHz：20kbit/s，1（欧洲流行） 915MHz：40kbit/s，10（美国流行） 2.4GHz：250kbit/s，16（全球流行）
传输范围	室内：10m/250kbit/s 室外：30～75m/40kbit/s，300m/20kbit/s
ZigBee 网络容量	一个 ZigBee 网络最多容纳 254 个从节点和一个主节点，一个区域可以同时存在最多 100 个 ZigBee 网络
MAC 控制方式	星形网络、对等网络（孔形）
安全性	提供了数据完整性检查和鉴权功能，加密算法采用 AES—128，同时各个应用可以灵活确定其安全属性
通信延时	≥15ms
寻址方式	64bit IEEE 地址，8bit 网络地址
功耗	≤45μA
温度	-40～85℃

更大。实际的传输距离依据发射功率的大小、传输速率和应用模式而定。

2. IEEE 802.15.4/ZigBee 协议栈简介

IEEE 802.15.4 满足国际标准组织（ISO）开放系统互连（OSI）参考模式。IEEE 802.15.4 主要负责制定物理（PHY）层和媒体控制（MAC）层的协议，其余协议主要参照和采用现有的标准，高层应用、测试和市场推广等方面的工作将由 ZigBee 联盟（ZigBee Alliance）负责。ZigBee 协议栈层次结构如图 7-11 所示。

ZigBee 协议栈主要由应用层、应用接口、网络层、数据链路层和物理层组成。

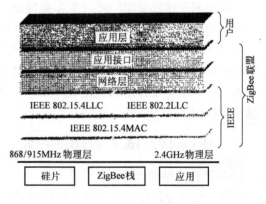

图 7-11　ZigBee 协议栈层次结构

（1）物理层　采用直接序列扩频（Direct Sequence Spread Spectrum, DSSS）技术，可提供 27 个信道用于数据收发。IEEE 802.15.4 定义了 2.4GHz 频段和 868MHz/915MHz 频段两种物理层标准。物理层的主要功能包括激活和休眠射频收发器、信道能量检测、信道接收数据包的链路质量指示、空闲信道评估、收发数据。

（2）数据链路层　IEEE 802 系列标准把数据链路层分为媒质接入层 MAC 和逻辑链路控制层 LLC。IEEE 802.15.4MAC 子层支持多种 LLC 标准。MAC 子层使用物理层提供的服务实现设备之间的数据帧传输；而 LLC 子层在 MAC 子层的基础上，给设备提供面向连接和无连接的服务。MAC 子层功能包括设备之间无线链路的建立、维护和结束，确认模式的帧传送与接收，信号接入控制，帧校检等。LLC 子层主要功能包括传输可靠性保障和控制、数据包的分段与重组、数据包的顺序传输。

（3）网络层　建立新的网络，处理节点的进入和离开网络。根据网络类型设置节点的协议堆栈，使网络协调器对节点分配地址，保证节点之间的同步，提供网络的路由，保证数据的完整性，使用可选的 AES—128 对通信加密。

（4）应用接口层　主要负责把不同的应用映射到 ZigBee 网络上，具体包括设备发现、业务发现、安全与鉴权、多个业务数据流的汇聚。

3. ZigBee 网络拓扑结构

IEEE 802.15.4 提供了三种有效的网络结构和三种器件工作模式，如图 7-12 所示。网络结构有树形、孔形和星形结构，模式有协调器、全功能模式和简化功能模式。其中，协调器只能作为 Sink 节点（汇点），全功能模式既可以作为 Sink 节点也可作为终端传感器节点，而简化功能模式只能作为传感器节点。

无线传感器网络可以大致组成三种基本的拓扑结构：

（1）星形拓扑结构　它具有天

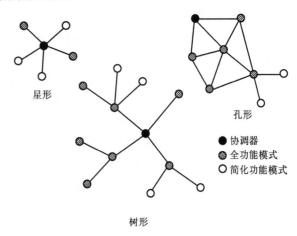

图 7-12　ZigBee 网络拓扑结构

然的分布式处理能力，星形中的路由节点就是分布式处理中心，即它具有路由功能，也有一定的数据处理和融合的能力，每个终端无线传感器节点都把数据传给其所在拓扑的路由节点，在路由节点完成数据简单有效的融合，然后对处理后的数据进行转发。考虑到路由节点的功能和通信的频率相对终端传感器节点较多，一般其功耗也较大，所以其电源容量也较终端传感器节点电源的容量大，可考虑为大容量电池或太阳能电源。

（2）孔形拓扑结构　这种结构的无线传感器网络连成一张网，网络非常健壮，伸缩性好，在个别链路和传感器节点发生失效时，不会引起网络分立，可以同时通过多条路由通道传输数据，传输可靠性非常高。

（3）树形拓扑结构　在这种结构下传感器节点被串联在一条或多条链上，链尾与终端传感器节点相连。这种方案在中间节点失效的情况下，会使其某些终端节点失去连接。所以，在 ZigBee 网络中不采用树形拓扑结构。

4. ZigBee 的优点

（1）省电　ZigBee 节能技术可以确保两节五号电池支持长达 6 个月到 2 年左右的使用时间。采取以下节能技术：

ZigBee 节省的大部分能量归功于为低功率设计的 IEEE 802.15.4 协议。IEEE 802.15.4 采用 DSSS（直接序列扩谱）技术取代 FHSS（跳频扩谱）技术，这是由于后者为保持同步跳频会消耗较多的功率。ZigBee 的 MAC 层有两种信道访问机制，即 non2beacon 网络和 beacon2enab led 网络。non2beacon 网络采用标准的 ALOHA CS2MA 2CA

方式，节点成功接收到信息包后能产生一个积极的回应。beacon2enab led 网络采用超帧结构，这一方面为了有专有的带宽和低的反应时间，另一方面通过网络协调器设定在预定的时间间隔内传输标识 beacons。

ZigBee 采用一种"准备好才发送"的通信策略，也是为了尽可能多地节省能量。它只在有数据要发送时才发送数据，然后再等待自动确认。"准备好才发送"是一种"面对面"式的方案，也是一种能量效率非常高的方案。这种"面对面"式策略导致 RF 干扰非常低。这主要是由于 ZigBee 节点具有非常低的占空因数，只偶尔发射信号而且只发送少量的数据。简单可以理解为工作周期很短、收发信息功耗较低，并且采用了休眠模式。当然，构成 ZigBee 节点器件必须是超低功耗的。

ZigBee 通过减少对相关处理的需要来进一步节省能量。一个简单 8 位处理器就可以轻松地完成 ZigBee 的任务，而且 ZigBee 协议栈占用很少的内存。而蓝牙技术则需要占用约 250KB 内存。ZigBee 相对简单的实现也节省了费用。

（2）可靠　采用了碰撞避免机制，同时为需要固定带宽的通信业务预留了专用时隙，避免了发送数据时的竞争和冲突。MAC 层采用了完全确认的数据传输机制，每个发送的数据包都必须等待接收方的确认信息。

（3）成本低　模块的初始成本估计在 6 美元左右，很快就能降到 1.5~2.5 美元，由于 ZigBee 协议是免专利费的。

（4）时延短　针对时延敏感的应用做了优化，通信时延和从休眠状态激活的时延都非常短。设备搜索时延典型值为 30ms，休眠激活时延典型值为 15ms，活动设备信道拉入时延为 15ms。

（5）网络容量大　一个 ZigBee 网络可以容纳最多 254 个从设备和一个主设备，一个区域可以同时存在最多 100 个 ZigBee 网络。

（6）安全　ZigBee 提供了数据完整性检查和鉴权功能，加密算法采用 AES—128，同时各个应用可以灵活确定其安全属性。

三、ZigBee 无线传感器网络节点

1. ZigBee 无线传感器网络节点的基本结构

一般来讲，ZigBee 节点和传感器就可以构成基本的网络传感器节点。一个典型的 ZigBee 节点由微控制器（MCU）、无线射频收发器和天线构成，如图 7-13 所示。

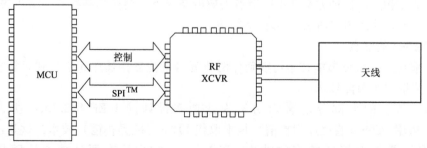

图 7-13　ZigBee 节点硬件结构图

MCU 控制器可以选用带有 SPI 接口的器件，IEEE 802.15.4 MAC 层和 ZigBee 协议层是在 MCU 中实现的，它还主要用于处理射频信号、控制和协调各部分器件的工作，具体包括比特流调制和解调后的所有比特级处理、控制 RF 收发器等。

RF 无线收发器是 ZigBee 设备的核心。任何 ZigBee 设备都要有射频收发器。它与用于广播的普通无线收发器的不同之处在于体积小、功耗低，支持电池供电的设备。射频收发器的主要功能包括信号的调制与解调、信号的发送和接收及帧定时恢复等。

天线也是 ZigBee 设备所必需的，它可以是 PCB 上的引线形成的天线或单根天线。近程通信中最常用的天线有单极天线、螺旋形天线和环形天线。对于低功耗应用，建议使用范围最佳且简单的 1/4 波长单极天线。天线必须尽可能靠近集成电路连接。如果天线位置远离输入引脚，则必须与提供的传输线匹配（50Ω）。

把传感器（含 A-D 采集单元）与上述的 MCU 无缝连接后，就组成了典型的 ZigBee 无线传感器网络节点硬件，如图 7-14 所示。而根据其应用的不同，节点的组成部分也会有些差别。

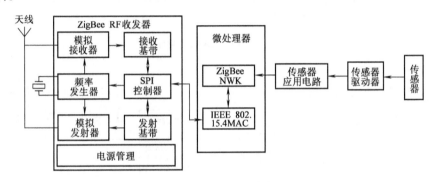

图 7-14 ZigBee 无线传感器网络节点硬件结构

2. ZigBee 无线芯片——CC2420 无线 RF 收发器

现在市场上比较成熟的 ZigBee 无线芯片主要有 Chipcon 公司推出的 CC2420 RF 收发芯片和 Freescale 公司的 MC13192 芯片。下面简要介绍 CC2420 芯片的内部结构及应用实例。

CC2420 是 Chipcon 公司推出的一款兼容 2.4GHz IEEE 802.15.4 的无线收发芯片，可快速应用到 ZigBee 产品中。CC2420 基于 Chipcon 公司的 SmartRF03 技术，使用 0.18μmCMOS 工艺生产，采用 QLP48 封装，具有很高的集成度。利用此芯片开发的 ZigBee 节点支持数据传输率高达 250kbit/s，可以实现多点对多点的快速组网。CC2420 的内部结构如图 7-15 所示。

CC2420 采用低中频接收器，所接收到的射频信号首先经过低噪声放大器（LNA），然后正交下变频到 2MHz 的中频上，形成中频信号的同相分量和正交分量。两路信号经过滤波和放大后，直接通过 A-D 转换器转换成数字信号。后续的处理（如自动增益控制、最终信道选择、解调以及帧同步等）都是以数字信号形式处理的。

CC2420 发送数据时，使用直接正交上变频。基带信号的同相分量和正交分量直接被 D/A 转换器转换成模拟信号，通过低通滤波器后，直接变频到设定的信道上。

CC2420 的一个实际应用电路如图 7-16 所示。其射频信号的收发采用差分方式传送，最佳差分负载是（115 + j180）Ω，阻抗匹配电路应该根据该数值进行调整，以达到最佳收发效果。

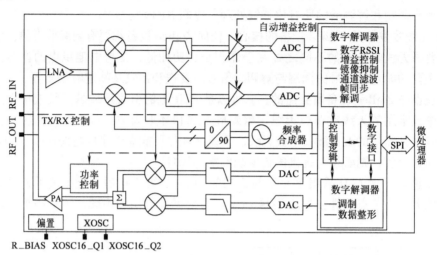

图 7-15   CC2420 的内部结构

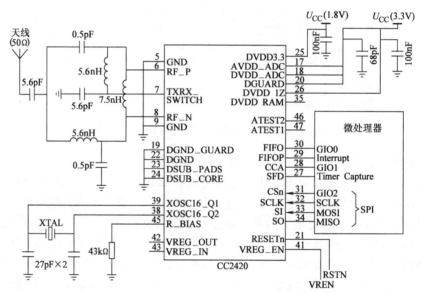

图 7-16   CC2420 应用电路实例

3. ZigBee 无线传感器网络节点的嵌入式操作系统（软件）

节点内的嵌入式操作系统也是整个传感器网络中非常重要的组成部分，它需要针对传感器网络的特点高效协调和管理硬件资源，为应用软件提供服务，满足不同传感器网络节点的计算能力及存储能力有限、实时性、自适应、容错性及节能等各方面的需要。由于传感器网络的应用特点是以数据流为中心的，而那些已有的以实现硬件资源的访问控制为主的嵌入式系统（如 WinCE、VxWorks、PalmOS 等）就不适合传感器网络系统的要求了。当前对传感器网络操作系统的研究主要还是集中在如何改善传感器网络资源受限制上，采用事件模型、线程模型、状态机模型等来匹配传感器事件驱动的应用特征，最终能够减小系统尺寸，降低系统功耗并支持操作的并发性。对于原型环境与无线通信相符合，动态重编程，有效地实时保证和节能措施中存在的问题及怎样支持无线传感器的自适应、动态配置和高可靠性都是有待深入研究的内容。已经存在的典型操作系统包括加洲大学伯克利分校开发的 TinyOS、美国科罗拉多大学开发的 MantisOS、SenOS 及有着广泛应用领域的 Lunix 等。

TinyOS 是专门为无线嵌入式传感网络设计的操作系统，其目标是用最少的硬件支持网络传感器的并发密集型操作。TinyOS 的特征是面向组件的结构，通过提供一套模块软件构造工具实现。设计者可以选择所需要的组件，这样就可以使嵌入式操作系统在代码实施要求非常严格的情况下做到尽可能的小，文件的大小甚至可以小到 200B。组件库包括网络协议、分布式服务、传感驱动器和数据采集工具，这些组件都可以作为进一步开发的基础。

TinyOS 是用 NesC 编写的，NesC 是一种专门面向组件的语言，它是专门为嵌入式系统比如嵌入式传感器设计的。NesC 具有与 C 语言类似的语法，支持 TinyOS 的并发模式以及命名，具有连接其他软件组件的机制。NesC 定义了组件的模型，支持事件驱动系统。这种模型对于简单的时间流程提供了双向的接口，同时支持灵活的软硬件边界处理。NesC 定义了一个简单的但是很有效的并发机制，这样可以让 NesC 的编译器在编译的时候发现竞争的数据，同时可以在资源很有限的情况下实现很好的并发行为。基于上面的这些性质，NesC 设计时具有如下特点：NesC 是一种扩展性的 C 语言，由于 C 语言具有高效性，几乎兼容所有的微控制器，并且 C 语言的可读性很强，同时 C 语言的掌握者也很多，有助于 NesC 技术的推广；NesC 的程序易于整体的程序分析，NesC 没有动态的内存分配，这一规定使整个系统调用非常简单、准确；NesC 支持并且反映着 TinyOS 的设计。

此外，针对某种具体的 ZigBee 无线传感器网络应用系统，无论是自主研制还是购买传感器节点模块，都要测试传感器节点的功耗、传输距离、无线传输速率等指标。

四、ZigBee 无线传感器网络主要应用领域

由于无线传感器网络是一项多学科高度交叉的前沿技术，因各方面原因在国内还未能有很成熟的技术将其完全的应用起来，大部分都还处于研究开发阶段，而国外的研究成果及应用则相对较多一些。希望通过现有在军事等相关应用和预测的主要应用领域的了解，能够激发兴趣、增强学习和研究的动力。ZigBee 联盟预测的无线传感器网络主要应用于工业控制、环境监测、遥控、遥测、消费类电子设备和医用设备控制等。

1. 军事领域的应用

美国军方已成立多个项目将传感器网络技术充分地运用到军事领域。它的密集型、低成本、随机分布以及它的自组织性、抗毁性和强大容错能力是为军方首要利用的。敌我军情监控：在友军的人员、装备及军火上加装传感器节点以供识别，随时掌控自己的情况；通过在敌方阵地部署各种传感器，在确定敌方武器部署后第一时间内作出决策，做到知己知彼。战场状况监控：在战场上、自己的阵地周围、敌人可能行军路线上布设

大量的传感器，可以了解目前战地情况、目标破坏程度、战场技术数据统计及敌人最新动向，及时调整自身兵力部署。另外，传感器网络还可以作为智慧型军火的引导器，以及代替专业人员收集到战场上核、生物、化学攻击现场的详细数据。

2. 生态环境与灾害监测

随着科学技术的飞速发展，生态环境逐渐被更多人所关注，从研究到保护都需要掌握大面积地域中的大量数据，甚至有些勘测区域人类无法触及，而传感器网络的许多特性正好适应了这样一种需求。所以该技术在环境监测中的应用越来越受到人们的关注。可以根据需要在待监测区域安放不同功能的传感器来组成传感器网络，可以长时期大面积地监测微小的气候变化，包括温度、湿度、风力；跟踪野生动物的栖息、觅食习惯等；在某河流沿线分区域布设传感器节点，随时监测水位和相关水文及被污染的信息；在山区中泥石流、滑坡等自然灾害容易发生的地方布设传感器节点，这样可提前发出预警报告以做好准备或采取相应措施防止它们进一步的发生；还可以在重点保护林区铺设大量节点随时监控内部火险情况，一旦有可能酿成火灾，立刻发出警报并给出具体方位及当前火势大小。2002—2003年，由英特尔公司的研究小组和加洲大学伯克利分校共同完成了用无线传感器网络实现对大鸭岛的生态环境监测的项目；夏威夷大学在夏威夷火山国家公园内组建传感器网络以监测那些濒临灭种的植物所在地的微小的气候变化；美国俄勒冈洲研究生院在哥伦比亚河设置了13个站来监测每个站所在区域的流速、盐度、温度及水位。

3. 智能交通管理

1995年，美国交通部提出了"国家智能交通系统项目规划"，预计到2025年全面投入使用。这种新型系统将有效地使用传感器网络进行交通管理，不仅可以使汽车按照一定的速度行驶、前后车距自动地保持一定的距离，而且还可以提供有关道路堵塞的最新消息，推荐最佳行车路线、提醒驾驶员避免交通事故等。

4. ZigBee 联盟预测的无线传感器网络主要应用

在工业领域，利用传感器和 ZigBee 网络，使得数据的自动采集、分析和处理变得更加容易，可以作为决策辅助系统的重要组成部分。在汽车上，主要是传递信息的通用传感器。由于很多传感器只能内置在飞转的车轮或者发动机中，如轮胎防爆压力监测系统，这就要求内置的无线通信设备使用的电池有较长的寿命（大于或等于轮胎本身的寿命），同时应该克服嘈杂的环境和金属结构对电磁波的屏蔽效应。例如，危险化学成分的检测、火警的早期检测和预报、高速旋转机器的检测和维护。这些应用不需要很高的数据吞吐量和连续的状态更新。

在农业生产领域，无线电传播特性良好，但是需要成千上万的传感器构成比较复杂的控制网络。传统农业主要使用孤立的、无通信能力的机械设备，主要依靠人力监测作物的生长状态。采用了无线传感器网络后，农业可以逐渐地转向以信息和软件为中心的生产模式，使用更多的自动化、网络化、智能化和远程控制的设备来耕种和管理。

在医学领域，将借助于无线传感器网络，准确而且实时地监测每个病人的血压、体温和心率等信息，从而减少医生查房的工作负担，有助于医生做出快速反应，特别是对重病和病危患者的监控与治疗。

消费和家庭自动化市场是无线传感器网络有潜力的市场。据估测，每个家庭需要

100~150 个无线端点，可以联网的家用设备包括电视、录像机、PC 外设、儿童玩具、游戏机、门禁系统、窗户和窗帘、照明设备等。引入无线传感器网络后，将大大改善人们居住环境和舒适度，特别适合于儿童、老年人和残疾人使用。

第四节　模糊传感器

一、模糊传感器的概念及其认识

1. 模糊传感器的产生

我们已经比较牢固地建立了"传感器的作用就是测量，是测试计量系统和自动化系统的关键环节，是获取自然和生产领域中准确可靠信息的主要途径与手段，这种信息表现为精确的数值"的概念。这样的传统的传感器是数值传感器，它将被测量映射到实数集中，用数据来描述被测量的状态，即对被测对象给以定量的描述。这种方法既精确又严谨，还可以给出许多定量的算术表达式。但随着测量领域的不断扩大与深化，由于被测对象的多维性、被分析问题的复杂性或信息的直接获取、存储方面的困难等原因，只进行单纯的数值测量且对测量结果以数值符号来描述，这样做有很大缺陷。有些信息无法用数值符号描述，在技术上实现很困难或者很复杂。例如：

1）某些信息难以用数值符号来描述。如在产品质量评定中，人们常用的是"优""次优""合格""不合格"，也可用数字 1、2、3、4 来描述，但数字在这里已失去通常的测量值的意义，它仅作为一个符号，不能来表征被测实体的具体特征。

2）很多数值化的测量结果不易理解。如在测量人体血压时，人们更关注的是老年人的血压是否正常、青年人的血压是否偏高。而实测的数据往往不能被普通人读懂，因而满足不了人们的需求。

3）被控对象的运动规律或测量对象极其复杂，很难用数学语言的形式来表达或很难建立数学模型。例如，全自动洗衣机洗涤过程控制和衣质、脏污等对象很难用传统的数值传感器检测。

因此，有待用新的测量理论和方法来补充。模糊传感器（Fuzzy Sensors）正是顺应人类的生活实践、生产与科学实践的需要而提出的。

模糊传感器是在经典传感器数值测量的基础上，经过模糊推理与知识集成，以自然语言符号描述的形式输出测量结果的智能传感器。一般认为，模糊传感器是以数值量为基础，能产生和处理与其相关测量的符号信息的传感器件。无论是从理论研究，还是从技术发展的角度看，模糊传感器都是十分值得注意研究的。

模糊传感器是在 20 世纪 80 年代末出现的术语。随着模糊理论技术的发展，模糊传感器也得到了国内外学者们的广泛关注。开展模糊传感器的研究，不仅是学科发展的实际需要，而且随着计算机软、硬件的高速发展，现代机器信息处理技术在理论和实践上的日臻完善也具有现实可能性。从 1992 年开始，世界电气与电子工程师协会举行的仪表和测量技术国际会议（IEEE Instrumentation and Measurement Technology Conference，IMTC）专门开辟了模糊仪器专题，模糊传感器和模糊仪器的研究已引起了国际学术界的普遍重视。近年来，国际上不少学者从不同角度认识模糊传感器。例如，法国学者 L. Foulloy 指出，模糊传感器是一种能够在线实现符号处理的聪敏传感器，它集成了数值符号转换器，可直接应用于模糊控制；英国学者 D. Stipanicer 指出，模糊传感器是一种智能测量设备，将被测量转换为适于人类理解和感知的信号；英国学者 K. Tukahashi 认为，数值传感器是只见树木的微观传感器，而模糊传感器是一种"既见森林，又见树木"的宏观传感器，它在测量中的作用正日益增大。

2. 测量的发展与模糊传感器

从测量仪器的发展趋势看，未来的测量仪器将是一个信息处理机，引入人工智能以实现智能测量，已是一种必然的趋势。智能表现出最大的特点是知识性。而知识的表示则在于符号而不是数值。智能测量中，无论是学习、推理、判断，还是自适应等功能都离不开符号，从这个基本观点出发，测量应该包含定量、定性以及定量与定性综合集成信息的获取过程，把人的思维、思维的成果、人的知识及各种信息集成起来，获取定性或定量描述被测对象的高层逻辑信息。

从测量要求看，人们要求测量结果接近人的习惯，而不是人去接近测量仪器。这包括三个方面：第一，人们要求测量结果不但给出量值的显示，而且给出对结果的判断和最终结论，即对被测对象定性的描述。第二，对于非统计方法可处理的误差，应立足于模糊集理论和区间值分析法，给出更切实际的不确定性。第三，人类经过大脑加工处理后所产生的输出信息，不管是语言、动作，还是某种暂存于大脑中的决策，大都不是唯一最佳的，而是属于能解决问题的满意类型的。大脑神经系统输出满意解而不是最佳解的原因就在于保证智能系统的实时性和多功能性。因此，人们希望测量的基础建立在知识模型上，实现传感器高度细腻的人类感觉，得出自然语言描述的测量结果。

从测量信息处理方式演变过程来看，由传统的数据处理→以数学模型为主的数据处理→以人类经验和知识为基础的知识处理→数学模型和知识模型组合处理方式发展。其中，基于定性符号描述的知识的作用变得越来越重要。现代医疗仪器应该输出基于知识的诊断结果，为此要在相关物理量测试的基础上进行诊断。以血压测量为例，按传统的测量概念，测得人体血压数值后，测量就已经结束了。诚然，对于有经验的医生或专家来说，从测得的数值可以做出血压状态的诊断。然而对于普通人来说，测得的只是不能直接理解的数字。要想使非专家直接理解，人体血压测量与诊断系统必须有基于人体血压知识库和有关条件构造的数值符号变换器，它不仅给出血压测量的数字值，还应给出人们容易理解的用符号表示的测量结果。可以说，刻画、模仿和实现人类的定性知识推理促成了符号化表示的研究。

从测量结果的表示和处理来看，随着测量领域的扩大，现实世界的各种模糊对象及其联系决定了不可能完全采用常规的精确数值来表述这些信息。当人们寻求用定量方法学处理复杂行为系统时，容易注意数学模型的逻辑处理，而忽视数学模型微妙的经验含义或解释，从而脱离真实。科学的方法首先应当是有意义的，把复杂的事物人为的精确化，势必降低所用方法的有意义性。模糊集合论创始人 Zadeh 将复杂性与精确性之间的矛盾概括为不相容原理：当系统的复杂性增大时，我们对系统特性的精确而有意义的描述能力将相应降低，在达到一定的阈值时，精确性和有意义性将相互排斥。

知识在实现智能测量中的重要性正日益增大，而知识的最大特点在于其模糊性。因此，模糊逻辑在测量领域的应用得到了人们广泛的注意。模糊理论在测量中应用的主要思想是将人们在测量过程中积累的对测量系统及测量环境的知识和经验融合到测量结果中，使测量结果更加接近人的思维。

模糊控制的基础是被控对象若干物理量的测量（检测），通过传感器测量结果的符号化表示，然后根据经验和知识对这些符号进行模糊推理，再解模糊输出精确控制量。

因此，模糊传感器是智能测量与控制发展的必然产物，可以认为是智能传感器的延伸。

3. 模糊传感器的基本功能

（1）学习功能是模糊传感器特殊和重要的功能　人类知识集成的实现、测量结果高级逻辑表达等都是通过学习功能完成的，能够根据测量任务的要求学习知识是模糊传感器与传统传感器的重要差别。学习功能通过学习算法实现。

（2）推理联想功能　单输入模糊传感器当接受外界刺激时（有输入），可以通过训练记忆联想得到符号化测量结果；而多输入模糊传感器通过人类知识的集成进行推理实现时空信息整合或信息融合，得到复合概念的符号化表示结果。

（3）感知功能　模糊传感器包括传统传感器的测量单元，但是根本区别在于它不仅可以输出数值量，而且能输出语言符号量。因此，模糊传感器必须具有数值-符号转换器。

（4）通信功能　传感器通常作为大系统中的子系统，应该能与上级系统进行信息交换，即通信功能是模糊传感器的基本功能。

4. 模糊传感器的结构

模糊传感器的基本功能决定了它的结构。其简化结构如图 7-17 所示。模糊传感器以微处理器（或计算机）为核心，以传统测量传感器为基础，在硬件支持下，采用软件实现学习功能和符号的生成及处理。特别强调的是，在数值-符号转换单元中进行的数值模糊化转换为符号的工作要在专家的指导下进行，这样有助于提高模糊传感器的智能化水平。

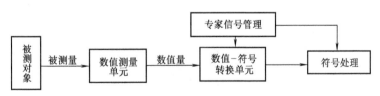

图 7-17　模糊传感器简化结构图

二、模糊传感器的符号化表示与语言概念生成原理

1. 符号化表示原理

模糊语言是人类表述语言的一种，因为人们对自然界事物的认识存在着一定的模糊性，用模糊符号来表述信息具有较为简单、方便，且易于进行高层逻辑推理等优点。模糊符号化表示就是利用模糊数学的理论和方法，借助于专门的技术工具，把测量得到的信息，用适合人们模糊概念的模糊语言符号加以描述的过程。符号是信息的载体，是对一个物体或事件状

态的描述，它定义了实体的特征属性或实体间的关系。设 Q 为数值域，S 为语言域，在各自的论域上有若干个元素 q_i、s_i，且表示为

$$Q = \langle q_1, q_2, \cdots \rangle, q_i \in Q \tag{7-1}$$

$$S = \langle s_1, s_2, \cdots \rangle, s_i \in S \tag{7-2}$$

同时，在论域 Q 和 S 上分别定义一组关系族：

$$R = \langle R_1, R_2, \cdots, R_n \rangle, R_i \text{ 为 } Q \text{ 域的关系} \tag{7-3}$$

$$P = \langle P_1, P_2, \cdots, P_n \rangle, P_i \text{ 为 } S \text{ 域的关系} \tag{7-4}$$

并且定义

$$D = \langle Q, R \rangle, L = \langle S, P \rangle$$

式中 D——对象关系系统，描述数值域元素及其相互关系；

L——符号关系系统，描述符号域元素及其相互关系。

设有两个映射 M 和 F，$M: Q \rightarrow S$，使得 $S_i = M(q_i)$，$F: R \rightarrow P$，使得 $P_i = F(R_i)$ 成立，且 $M \subseteq Q \times S$ 和（q_i，s_i）$\subseteq M$，则称 s_i 是 q_i 的一个符号。s_i 的含义是 q_i 从数值域下向语言域映射的投影，而对每一次测量 q_i，符号 s_i 成为 q_i 的描述。系统原理如图7-18所示。

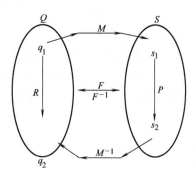

图7-18　数值符号映射原理

符号化表示的本质是在不同的论域中用不同的符号表示相同的信息。语言概念生成的基本思想是定义一个模糊语言映射 M 作为数值域 Q 至语言域 S 的模糊关系，从而在数值测量的基础上，将数值域中的数值映射到符号域 S 上，实现模糊传感器的功能。

2. 概念生成的基本方法举例

（1）线性划分法　这是最为简单的一种方法，根据研究对象的具体情况，选定相应的自然语言描述符号后，将被测对象的论域均匀划分。以图7-19所示的温度测量为例，感温元件采用 K 型热电偶，测温范围为 $-200 \sim 1000℃$，以对称的三角函数作为模糊集合的隶属函数，给出了生成概念的隶属函数 μ。

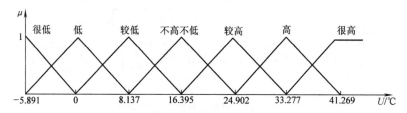

图7-19　概念生成的线性划分法

这种方法对于在模糊控制中，人类在一定范围内不能直接感知的某些被测量的测量，如高炉炼钢的温度测量、研究超导现象的低温测量等应用具有简单、实用的特点。当然隶属函数选择三角形也是出于简单考虑，此外，钟形、梯形等也是常用的隶属函数。

（2）非线性划分法　这种方法主要应用于采用了非线性敏感元件如热敏电阻等的模糊传感器中，如图7-20所示。

由于热敏电阻等许多敏感元件具有较大的非线性（见图7-20a），因而在概念生成的同

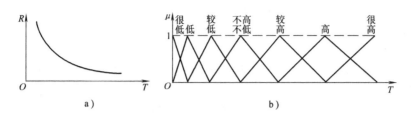

图 7-20 概念生成的非线性划分法

a) R-T曲线 b) 隶属函数划分

时，通过采用非线性隶属函数的划分（见图 7-20b），可以同时进行测量的非线性校正。

三、模糊传感器在集气管压力控制上的应用

焦炉集气管压力值是焦化行业的重要技术指标，关系到炼焦的质量、焦炉的使用寿命和焦炉对环境的污染。采用模糊传感器的原理，成功地控制了两座焦炉共用一套鼓冷系统的集气管压力。控制系统如图 7-21 所示。

通过语义关系将 0 ~ 250Pa 的集气管压力值描述为"很高""较高""高""适中""低""较低"和"很低"作为模糊传感器的概念输出。压力在 180 ~ 250Pa 范围内，可以认为"很高"，而 90 ~ 110Pa 为最合适的压力值。因此在语义关系上将 90 ~ 110Pa 用"适中"来描述。

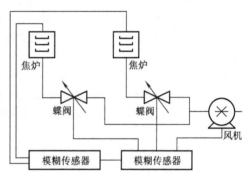

图 7-21 焦炉集气管压力控制系统结构图

模糊传感器通过在焦炉集气管压力控制系统的应用，说明了在某些控制场合传统信号传感器的不足。但是并不是模糊传感器可以取代传统信号传感器，而只是一种特定场合的更好应用。

目前，模糊传感器的应用进入了平常百姓家，如模糊控制洗衣机中布量检测、水位检测、水的浑浊度检测，电饭煲中的水、饭量检测，模糊手机充电器等。另外，模糊距离传感器、模糊温度传感器、模糊色彩传感器等也是国外专家们研制的成果。随着科技的发展、科学分支的相互融合，模糊传感器也应用到了神经网络、模式识别等体系中。

模糊传感器的出现，不仅拓宽了经典测量学科，而且使测量科学向人类的自然语言理解方面迈出了重要的一步。模糊传感器虽然在色彩、距离等领域有一些成功的应用，但只是分散的、个别的，远未形成系统的理论体系和技术框架，实现模糊传感器的诸多关键技术尚未完全解决，还需广大测量工作者继续探索。

思考题与习题

7-1 经典传感器与微处理器结合形成的基本型智能传感器增加了哪些新功能？

7-2 智能传感器很大程度上依赖于算法软件设计的质量，一般包括哪些算法软件？提高实时性在技术上有哪些措施？

7-3 IEEE 1451 标准是在怎样背景下产生的? 其主要解决什么问题?

7-4 试理解智能变送器模块 (STIM)、网络应用处理器 (NCAP)、电子数据表格 (TEDS) 等术语的含义与作用。

7-5 IEEE 1451.2 标准一共规定了哪 6 种不同的电子数据表格规范? 为什么说电子数据表格是 IEEE 1451 标准的精华?

7-6 试总结 IEEE 1451.2 网络化智能传感器接口标准的特点。

7-7 简要论述基于以太网和 IEEE 1451 标准的传感器节点组成原理。

7-8 根据图 7-9 所示的温湿度智能传感器模块原理框图,选择你熟悉的传感器件、电路和微处理器,设计 STIM 模块。给出具体硬件连接图、模块化软件组成框图。

7-9 论述 IEEE 802.15.4/ZigBee 无线传感器网络产生的背景。

7-10 请思考以数据为中心的无线传感器网络与以传输为中心的一般通信网络的本质区别。

7-11 解释 WSN 节点、自组织网络、动态拓扑概念。

7-12 目前已经建立的近距离无线通信协议主要有哪几种? 试比较各自的特点和适用领域。

7-13 简述 IEEE 802.15.4/ZigBee 主要技术特征。

7-14 采取了哪些技术措施使 IEEE 802.15.4/ZigBee 省电?

7-15 请搜集 2.4GHz 的 ZigBee 无线收发芯片生产商、型号、技术特点等。针对其中一款,简要介绍工作原理。

7-16 综述 ZigBee 无线传感器网络的国内外研究现状和可能的应用领域。

7-17 试总结模糊传感器和精确的数值传感器的异同点。

7-18 试从测量发展的角度认识和理解模糊传感器,解释为什么模糊传感器可能成为更高级智能传感器。

7-19 请查找模糊传感器成功应用实例。

7-20 有兴趣的同学,试设计具有语音输出功能的模糊体温计。

7-21 查阅文献资料了解互联网、移动互联网、传感网、物联网等知识,试对比分析这几种网络的本质区别。

参 考 文 献

[1] 王君，凌振宝. 传感器原理及检测技术 [M]. 长春：吉林大学出版社，2003.

[2] 强锡富. 传感器 [M]. 3 版. 北京：机械工业出版社，2001.

[3] 王化祥，张淑英. 传感器原理及应用 [M]. 天津：天津大学出版社，1999.

[4] 樊尚春. 传感器技术及应用 [M]. 北京：北京航空航天大学出版社，2004.

[5] Ramon Pallas – Areny, John G Webster. 传感器和信号调节 [M]. 张伦，译. 2 版. 北京：清华大学出版社，2004.

[6] 李科杰. 新编传感器技术手册 [M]. 北京：国防工业出版社，2002.

[7] 周继明，江世明. 传感器技术与应用 [M]. 长沙：中南大学出版社，2005.

[8] 何希才. 传感器技术及应用 [M]. 北京：北京航空航天大学出版社，2005.

[9] 孙利民. 无线传感器网络 [M]. 北京：清华大学出版社，2005.

[10] 宋文绪，杨凡. 传感器与检测技术 [M]. 北京：高等教育出版社，2004.

[11] 王雪文，张志勇. 传感器原理及应用 [M]. 北京：北京航空航天大学出版社，2004.

[12] 胡向东，李锐，等. 传感器与检测技术 [M]. 2 版. 北京：机械工业出版社，2013.

[13] 孙建民，杨清梅. 传感器技术 [M]. 北京：清华大学出版社，2005.

[14] 陈杰，黄鸿. 传感器与检测技术 [M]. 北京：高等教育出版社，2002.

[15] 周润景，刘晓霞，等. 传感器与检测技术 [M]. 2 版. 北京：电子工业出版社，2014.

[16] 严钟豪，谭祖根. 非电量电测技术 [M]. 2 版. 北京：机械工业出版社，2001.

[17] 王卫兵，张宏，等. 传感器技术及其应用实例 [M]. 北京：机械工业出版社，2013.

[18] 朱晓青，凌云，等. 传感器与检测技术 [M]. 北京：清华大学出版社，2014.

[19] 凌振宝，田光，王君. 传感器原理及检测技术实验指导与习题集 [M]. 长春：吉林大学出版社，2003.

[20] 吴忠杰. IEEE 1451 标准网络化智能传感器研究 [D]. 长春：吉林大学，2006.

[21] 王东. 利用 ZigBee 技术构建无线传感器网络 [J]. 重庆大学学报（自然科学版），2006 (8)：95-97.

[22] 王权平. ZigBee 技术简析 [J]. 通讯世界，2003 (4)：41-43.

[23] 原弄. 基于 ZigBee 技术的无线网络应用研究 [J]. 计算机应用与软件，2004 (7)：89-91.

[24] 凌振宝. 一种多点温度检测的方法 [J]. 仪表技术与传感器，2002 (12)：34-35.

[25] 林继鹏，王君，凌振宝. HMC1001 型磁阻式传感器及应用 [J]. 传感器技术，2002 (3)：51-52.

[26] 凌振宝，王君，张瑞鹏，等. 集成温度传感器原理及应用 [J]. 传感器世界，2002 (9)：29-31.

[27] 林继鹏，王君，凌振宝. 温度传感器与一线总线协议 [J]. 传感器技术，2002 (2)：44-45.

[28] 林继鹏，王君，凌振宝，等. 基于非晶态合金感应式传感器的研制 [J]. 仪器仪表学报，2004，25 (2)：195-197.